21世纪经济管理新形态教材 · 管理科学与工程系列

运筹学

本科版（第5版）

《运筹学》教材编写组 ◎ 编

清華大學出版社
北 京

内 容 简 介

为适应大学本科教学，本书在《运筹学》(第 5 版) 的基础上，根据运筹学理论和方法的新进展，经济管理实践的新需求，以及广大读者的意见，在内容上进行了一定调整，写作方式上进行了一些更新。

本书介绍了运筹学的基本原理和方法，内容包括线性规划、目标规划、整数规划、非线性规划、动态规划、图与网络、排队论、存储论、对策论、决策分析等。本书特别注重结合经济管理的实践，讲解运筹学各主要分支的理论、模型和求解方法，具有一定的广度和深度。

本书可作为高等院校相关专业本科生教材，亦可作为报考研究生的参考书。

图书在版编目（CIP）数据

运筹学：本科版/《运筹学》教材编写组编. —5 版. —北京：清华大学出版社，2022.5（2025.1 重印）
21 世纪经济管理新形态教材. 管理科学与工程系列
ISBN 978-7-302-60710-6

Ⅰ. ①运… Ⅱ. ①运… Ⅲ. ①运筹学-高等学校-教材 Ⅳ. ①O22

中国版本图书馆 CIP 数据核字(2022)第 069286 号

责任编辑：贺 岩
封面设计：汉风唐韵
责任校对：王荣静
责任印制：刘海龙

出版发行：清华大学出版社
网 址：https://www.tup.com.cn，https://www.wqxuetang.com
地 址：北京清华大学学研大厦 A 座 邮 编：100084
社 总 机：010-83470000 邮 购：010-62786544
投稿与读者服务：010-62776969，c-service@tup.tsinghua.edu.cn
质量反馈：010-62772015，zhiliang@tup.tsinghua.edu.cn
课件下载：https://www.tup.com.cn，010-83470332
印 装 者：河北鹏润印刷有限公司
经 销：全国新华书店
开 本：185mm×260mm **印 张**：24.5 **字 数**：546 千字
版 次：2005 年 9 月第 1 版 2022 年 5 月第 5 版 **印 次**：2025 年 1 月第 8 次印刷
定 价：59.00 元

产品编号：093031-01

编写组成员

主　编：陈秉正

编　委：王光辉　肖勇波　周　蓉　韩　松

前言（第5版）PREFACE

《运筹学：本科版》第 4 版自 2013 年 1 月出版以来，得到了广大读者的热情支持，成为很多高等院校本科生相关课程的教材或参考书，为运筹学知识的普及和方法的应用尽献了微薄之力。

近年来，随着大数据、人工智能、商务分析等学科的兴起，特别是随着我国社会进入高质量发展阶段后在经济发展、社会治理等方面出现的新需求，使运筹学的应用面临新的挑战，运筹学的新思想、观点和方法不断涌现。运筹学教育方面也出现了新变化，高等院校中开设运筹学课程的专业越来越多，教学中更加注重培养学生将运筹学方法用于解决实际问题的能力，而非讲解复杂的数学推导。此外，求解运筹学问题的相关计算机软件的发展和普及，在为学习运筹学课程的学生和实际工作者提供了便捷的问题求解工具的同时，也使得传统运筹学教材中大量对算法的介绍已不再合时宜。

本书的一些老作者特别是第 4 版的主编钱颂迪教授，敏锐地察觉到运筹学发展和教学中出现的新变化，几年前就开始酝酿第 5 版的修订工作。考虑到第 4 版的作者大多年事已高（我是所有作者中最年轻的一个），2015 年钱老来北京时，希望我能接过老作者们的接力棒，将这本凝聚了我国几代运筹学教育工作者心血的教材传承下去。

钱老的托付是我难以推辞的。1982 年 6 月本书的第 1 版出版，满足了改革开放初期国内高等院校在经济管理教学和培训方面对运筹学教材的渴求。40 年来，这本教材历经多次修订，内容不断更新、扩充和完善，同时也见证了我国在运筹学教育和应用方面不断进步的历程。1985 年 4 月，清华大学出版社在清华大学组织了《运筹学》（修订版）讨论会，我有幸受清华大学经济管理学院委派，成为本书最年轻的作者，同时也结识了钱颂迪、顾基发、李维铮等老先生。这些年来，在和本书老作者们共事的过程中，我不仅深深体会到他们在编写过程中展现出的科学精神和严谨作风，更感受到了老作者们对这本书的挚爱。因此，我只能不辜负老作者们的希望，在他们铺好的路上继续前行，让这本《运筹学》在未来继续发出它的光和热。

我在这里要感谢参与过本书前 4 版写作和修订工作的所有作者，特别是第 4 版的作者，他们是：钱颂迪教授、顾基发研究员、胡运权教授、李维铮教授、郭耀煌教授、甘应爱教授、田丰研究员、李梅生教授。他们为本书的不断完善作出了巨大贡献，特别是对第 5 版的修订工作给予了无私的支持，使这本已经持续了 40 年的教材得以顺利传承并焕发出新的生机。

此次修订的第 5 版整体上仍然保持了第 4 版的架构，删减了一些章节，合并了一些章节，补充了一些新内容。

- 第 1 章“绪论”中，增加了对运筹学研究和应用方面新进展的介绍，增加了对运筹学未来发展动向的阐述。
- 第 2 章“线性规划”中，重新设计和补充了相关案例，对单纯形法原理的介绍进行了调整，增加了对利用 Excel 等工具求解线性规划的介绍。
- 第 3 章“对偶理论与敏感性分析”中，重新设计和补充了相关案例，引入了用于线性规划敏感性分析的 100%法则等内容。
- 第 4 章“运输问题”中，增加了计算机解法的介绍；4.1 节中增加了运输问题的图示；4.2 节中增加了用沃格尔法求解的详细过程；4.3 节中介绍了产销不平衡运输问题；4.4 节中介绍了转运问题；4.5 节中增加了利用 LINGO 程序求解运输问题的介绍。
- 第 5 章“线性目标规划”中，增加了计算机解法的介绍；5.4 节中增加了目标规划的计算机解法步骤和例子的介绍。
- 第 6 章“整数规划”中，增加了两个小节：6.6 节“整数规划的建模和应用”和 6.7 节“利用 Excel 求解整数规划问题”。
- 第 7 章“非线性规划”，简要介绍了非线性规划的基本问题、建模及在经济管理中的应用。
- 第 8 章“动态规划”中，重新设计和补充了相关案例，对动态规划基本概念和原理的介绍过程进行了适当调整。
- 第 9 章“图与网络”中，增加了 9.7 节“用 Matlab 求解图论问题”；删去了避圈法、Dijkstra 方法正确性的证明。
- 第 10 章“网络计划”中，增加了计算机解法的介绍；增加了对关键路线法和甘特图的介绍；增加了网络评估评审技术的介绍；增加了对网络计划软件的介绍和如何用 Microsoft Project 软件得出网络关键路线和网络图的方法。
- 第 11 章“排队论”中，增加了计算机解法的介绍；改写了有关例子的计算机模拟过程，增加了对模拟软件的介绍。
- 第 12 章“存储论”中，大幅删减了相关库存模型的介绍，保留了几个典型的库存模型。
- 第 13 章“对策论”中，增加了对利用 Excel 求解矩阵对策的介绍。
- 第 14 章“决策分析”中，增加了利用 Excel 建立层次分析模型并求解的介绍；删除了对多目标决策的介绍。
- 删去了第 4 版中的“启发式算法”一章。

参加本书第 5 版修订的作者为

第 1 章　绪论　　陈秉正（清华大学经济管理学院）
第 2 章　线性规划　　肖勇波（清华大学经济管理学院）
第 3 章　对偶理论与敏感性分析　　肖勇波（清华大学经济管理学院）
第 4 章　运输问题　　周蓉（复旦大学管理学院）

第 5 章　线性目标规划　　周蓉（复旦大学管理学院）
第 6 章　整数规划　　王光辉（山东大学数学学院）
第 7 章　非线性规划　　韩松（中国人民大学经济学院）
第 8 章　动态规划　　肖勇波（清华大学经济管理学院）
第 9 章　图与网络　　王光辉（山东大学数学学院）
第 10 章　网络计划　　周蓉（复旦大学管理学院）
第 11 章　排队论　　周蓉（复旦大学管理学院）
第 12 章　存储论　　肖勇波（清华大学经济管理学院）
第 13 章　对策论　　陈秉正（清华大学经济管理学院）
第 14 章　决策分析　　陈秉正（清华大学经济管理学院）

我还要特别感谢清华大学出版社经管与人文社科分社的刘志彬主任、贺岩编辑，他们在本书第 5 版的修订过程中，在组织协调、书稿审校等方面做了大量工作，付出了辛勤劳动，使本书得以顺利出版。

陈秉正

2021 年 7 月于清华园

前言（第1版）PREFACE

为了实现我国的四个现代化，我们不但要学习和掌握先进的科学技术，而且要学习和掌握现代化的科学管理方法。近几年来，我们从管理实践中更加认识到，由于计划和管理不当，在时间、人力、物力和资金等方面造成了很大的浪费，从而给我国的经济建设带来了严重损失。为了适应现代化管理的需要，最近几年在我国许多工科院校中，相继建立了一些工业经济、工商管理或系统工程等系或专业，并且都开设了运筹学的课程。

运筹学是近四十年来发展起来的一门新兴学科。它的目的是为行政管理人员在作决策时提供科学的依据。因此，它是实现管理现代化的有力工具。运筹学在生产管理、工程技术、军事作战、科学试验、财政经济以及社会科学中都得到了极为广泛的应用。

应用运筹学去处理问题时，有两个重要的特点：一是从全局的观点出发；二是通过建立模型，如数学模型或模拟模型，对于需要求解的问题给出最合理的决策。在建立模型和求解的过程中，往往要用到一些数学方法和技巧。因此，许多运筹学工作者，特别是中国的运筹学工作者，往往都是来自数学专业。由于这个原因，目前国内流行的有关运筹学的教科书，多半偏重于数学方法的论证，对于解决实际问题时所需要的建立模型的概念与解题的技巧不够重视。这种情况不太适宜于工科院校学生的需要。本书是专为工科院校的经济管理专业的学生编写的。内容上力求深入浅出，文字通俗易懂，方法上着重于思路和几何的直观解释，并尽量结合经济管理专业举一些实例。

本书是在较短时间内完成的，作为第一次尝试编写一本适宜于工科院校的运筹学教科书，无疑对我国运筹学教学以及促进运筹学的研究都将是有意义的。

中国数学会运筹学会　许国志　桂湘云

1981 年 9 月

目 录 CONTENTS

CHAPTER 1 第1章

绪　论

1.1 运筹学发展简史

运筹学的思想在古代就已经产生了。敌我双方交战，要克敌制胜就要在了解双方情况的基础上，做出最优的对付敌人的方案，这就是所谓“运筹帷幄之中，决胜千里之外”。在中国古代文献的记载中，可以发现许多体现运筹学思想和方法的经典著作和案例，如《孙子兵法》、围魏救赵、减灶之法、田忌赛马、丁渭修皇宫、沈括运粮、高超治河等。说明在已有的条件下，经过筹划、安排，选择一个最好的方案，就会取得最好的效果。

现代意义下的运筹学出现于 20 世纪 30 年代末。当时英美等国为对付德国的空袭，已经从技术上研发出了雷达用于防空系统，但实际运用效果并不理想。为此，一些科学家开始研究如何合理运用雷达系统，以便更好地发挥作用。因为所研究的问题与一般技术问题不同，故称为“运作研究”，英文是“operational research”，后来又改用“operations research”，缩写为 OR①。当时的运筹学研究主要集中在军事领域，英美等国的军队中成立了一些专门小组，开展相关研究，如研究了护航舰队的编队问题，当船队遭受敌方潜艇攻击时，如何使船队损失减到最少；研究了反潜深水炸弹的合理爆炸深度，使敌方潜艇被摧毁的数量增加了 400%；研究了船只在受敌机攻击时，大船和小船的有效逃避方法，使船只在受敌机攻击时的中弹率由 47%降到了 29%。由此可见，运筹学早期的应用主要集中于军事方面，研究的问题大多是短期和战术性的。

第二次世界大战后，英美军队相继成立了更正式的运筹学研究组织，但由于所研究的内容多与军事有关而没有公开。到 20 世纪 40 年代末和 50 年代初，其中一些与军事密切相关的内容才逐渐公开出来，莫尔斯 (P. M. Morse) 与金博尔 (G. E. Kimball) 1951 年出版的《运筹学方法》（Methods of Operations Research）一书即可被认为是那段时期运筹学工作的一个总结。

---

① 实际上，运筹学思想和方法的出现可以追溯到更早的时期。例如，军事运筹学中的兰彻斯特 (Lanchester) 战斗方程是在 1914 年提出的；1917 年，排队论的先驱丹麦工程师爱尔朗 (Erlang) 在哥本哈根电话公司研究电话通信系统时，就提出了排队论的一些著名公式；存储论的最优批量公式在 20 世纪 20 年代初就被提出来了；列温逊在 20 世纪 30 年代就已用运筹学思想分析商业广告、顾客心理等。

后来，以兰德公司 (RAND) 为首的一些机构开始利用运筹学方法研究战略性问题、未来武器系统的设计及合理运用方法等。例如，为美国空军评价各种轰炸机系统，讨论未来武器系统和未来战争战略；还研究了苏联的军事能力，分析了苏联政治局计划的行动原则等。20 世纪 50 年代各种洲际导弹相继问世，对于到底发展哪种导弹，运筹学界也参与了争论。兰德公司后来又提出了系统分析 (systems analysis, SA) 的概念和相应技术方法，应用开始更偏重于战略方面，参与了战略力量的构成和数量问题方面的研究。

除了在军事方面的应用研究外，运筹学和系统分析相继在工业、农业、经济和社会问题等各领域都开始有了应用，于是经常将这两个名词放在一起，叫作 SA/OR。与此同时，运筹数学也有了飞速发展，形成了运筹学的许多分支。如数学规划（线性规划、非线性规则、整数规划、目标规划、动态规划、随机规划等）、图论与网络、排队论、存储论、对策论、决策论、维修更新理论、搜索论、可靠性和质量管理等。

在运筹学发展的历史上，线性规划起到了非常重要的作用。作为运筹学最重要的一个分支，从某种意义上可以说，正是由于线性规划的提出和成功应用，才成就了作为应用数学、管理科学、系统工程等学科重要组成部分的运筹学辉煌的今天。线性规划是由丹齐格 (G.B.Dantzig) 在 1947 年提出的，并给出了至今仍被广泛应用的求解线性规划问题的单纯形算法。实际上，早在 1939 年苏联学者康托洛维奇 (Л.В.Канторович) 在解决工业生产的组织和计划问题时，就已经提出了类似线性规划的模型，并给出了“解乘数法”的求解方法。不过当时他的工作并未受到重视，直到 1960 年康托洛维奇再次出版了《最佳资源利用的经济计算》一书后，他的工作才得到了重视，并因此获得了诺贝尔经济学奖。还值得一提的是，丹齐格本人也认为，线性规划模型的提出受到了列昂惕夫 (Wassily Leontief)1932 年提出的投入产出模型的影响，后来列昂惕夫也因为其提出的投入产出模型而获得了诺贝尔经济学奖。线性规划的理论还受到了冯・诺依曼 (Von Neumann) 的影响。冯・诺依曼和摩根斯坦 (O.Morgenstern) 在 1944 年合著的对策论的奠基性著作《对策论与经济行为》一书中，已隐约指出了对策论与线性规划对偶理论之间的紧密联系。

线性规划理论和方法的问世很快受到了经济学家的重视，如在第二次世界大战中从事运输模型研究的美国经济学家库普曼斯 (T.C.Koopmans) 很快看到了线性规划在经济中应用的意义，并呼吁年轻的经济学家要关注线性规划。库普曼斯在 1975 年获得了诺贝尔经济学奖。后来，许多获得过诺贝尔经济学奖的学者，如阿罗、萨缪尔森、西蒙、多夫曼和胡尔威茨等，都先后在运筹学的某些领域中发挥过重要作用。

从以上对运筹学发展简史的回顾可见，为运筹学的建立和发展作出贡献的有物理学家、经济学家、数学家、其他专业的学者、军官和各行业的实际工作者。最早建立运筹学会的国家是英国（1948 年），接着是美国（1952 年）、法国（1956 年）、日本和印度（1957 年）等。我国的运筹学会成立于 1980 年。1959 年，英、美、法三国发起成立了国际运筹学联合会（IFORS），各国运筹学会纷纷加入，我国于 1982 年加入该会。此外还有一些地区性组织，如欧洲运筹学协会（EURO）、亚太运筹学协会（APORS）等。

20 世纪 50 年代中期，钱学森、许国志等教授将运筹学引入我国，并结合我国的特点开

始推广应用。他们在中国科学院力学所建立了运筹室, 在运筹学的多个领域开展研究和应用工作, 其中在经济数学特别是投入产出表的研究和应用方面开展得较早，在质量控制（后改为质量管理）方面的应用也很有特色。在此期间，以华罗庚教授为首的一大批数学家加入到运筹学的研究队伍，使中国在运筹数学的很多分支上很快跟上了当时的国际水平。

运筹学发展的历史表明，推动运筹学在第二次世界大战后迅速发展的因素至少有三个。一是由于“二战”后很多国家在经济发展和企业经营管理方面对运筹学研究和方法的需求，很多科学家进入这个领域，将运筹学研究和方法用于经济和社会发展的众多领域，推动了运筹学的发展。二是运筹数学的快速发展，为运筹学的应用提供了坚实的数学理论，特别是线性规划理论和单纯形方法的提出，极大推动了运筹学研究和方法在很多领域的应用。三是电子计算机的出现和快速发展，以及运筹学算法相关软件包的出现，进一步推动了运筹学的应用。这一作用在进入 21 世纪后进一步加快，如广泛使用的电子表格软件包 Excel 已经可以提供解决多种运筹学问题的计算工具，人们可以随时访问使用该软件，使运筹学方法得以迅速普及，发挥出日益重要的作用。

1.2 运筹学的定义和特点

运筹学（operations research），顾名思义，就是对运作过程（operations）进行研究（research），通常用于研究在一个组织内如何运行和协调运作的相关问题。目前，运筹学已广泛应用于制造业、交通运输、建筑、电信、金融规划、医疗保健、军事和公共服务等领域，范围非常广泛。

作为一门应用科学，运筹学至今并没有一个统一的定义。莫尔斯和金博尔对运筹学的定义是:“**为决策机构在对其控制下的业务活动进行决策时，提供以数量化为基础的科学方法。**”该定义强调运筹学是一种科学方法，即不单是某种研究方法的分散和偶然应用，而是可用于整个一类问题上，并能进行传授和有组织地开展活动。同时，该定义强调运筹学是以量化分析为基础的，必然要用到数学。然而，任何决策都包含定量和定性两方面，而定性方面又不能简单地用数学来表示，如政治、社会等因素，只有综合多种因素的决策才是全面的。所以，运筹学工作者的职责是为决策者提供可以量化方面的分析，指出那些定性的因素。另外也有人认为:“运筹学是一门应用科学，它广泛应用现有的科学技术知识和数学方法，解决实际中提出的专门问题，为决策者选择最优决策提供定量依据。”该定义表明运筹学具有多学科交叉的特点。还有观点认为，运筹学强调帮助组织中的决策者作出“最优”决策，然而由于实践中追求“最优”往往过于理想，故可用“次优”“满意”等来代替“最优”。

不论对运筹学的具体定义有何不同，运筹学具有的下列显著特点可以帮助我们很好地理解什么是运筹学。

1. 用科学的方法进行研究

运筹学英文名称中的“研究”（research）一词意味着运筹学使用的方法类似于在既定科学领域进行研究的方式。运筹学强调用科学的方法来研究所关注的问题。（事实上，管理科学这个术语有时被用作运筹学的同义词。）具体来说，运筹学研究问题的过程是：从仔细观察和设定问题开始，收集所有相关数据；接下来是建立一个科学模型（通常是数学模型），试图抽象出实际问题的本质；然后假设这个模型对实际问题的基本特征有足够精确的表示，即假设从模型中得到的结论（解）对实际问题是有效的；接下来，进行适当的实验来检验相关假设是否适当，并根据需要进行修改（这个步骤通常被称为模型验证）。因此，从某种意义上说，运筹学涉及对运作过程基本性质的创造性科学研究。当然，运筹学工作过程并不止这些，运筹学研究还会关注组织的实际管理，必须在需要时向决策者提供积极的、可理解的结论。

2. 整体的视角

运筹学的另一个特点是分析视角的整体性。运筹学研究将一个组织视为一个整体，会研究如何以对整个组织最有利的方式来解决组织中各部分之间的利益冲突。因此，运筹学研究中并不必须明确考虑组织的所有方面，而是要寻求与整个组织一致的目标。

3. 寻求最优

运筹学经常试图从所考虑的问题的数学模型中搜索出一个“最优解”（注意我们说的是一个最优解，而不是唯一的最优解，因为可能存在多个最优解）。运筹学工作的目的不是简单地改善现状，而是要帮助管理者确定一个可能的最优行动方案。尽管必须根据管理的实际需要来仔细解释什么是“最优”，但寻求最优的确是运筹学工作的一个重要特征。

4. 多学科的交叉

显然，由于任何一个人都不可能成为运筹学所研究问题的所有方面的专家，这就需要一组具有不同背景和技能的人进行合作。因此，在对一个新问题进行全面的运筹学研究时，通常需要建立一个团队，这个团队通常需要包括在数学、概率和统计学、经济学、工商管理、计算机科学、工程和物理科学、行为科学以及运筹学等特殊技术方面受过专门训练的人，同时还需要团队的成员具备必要的经验和相关技能，从而可以对组织中的各种问题所带来的复杂影响进行恰当的解释。

1.3 运筹学的工作步骤

本书的主要内容是介绍运筹学的数学方法，因为这些定量分析技术构成了运筹学的主要部分。然而，这并不意味着运筹学就是数学。事实上，运筹学工作中的量化分析工作通常可能只占全部工作的一小部分，典型的运筹学工作过程大致可分成以下几个阶段。

1. 明确问题和收集数据

首先要根据解决问题的要求，提出希望实现的目标，分析相关的约束条件、可能的备选行动方案、作出决策的时间，确定相关参数，并收集有关的数据。这一步是定义问题的过程，是整个工作的关键一步，会极大影响研究结论的有用性，因为人们很难从错误的问题界定中寻找到正确的答案。

同时，应明确运筹学小组的角色定位。运筹学小组通常是以顾问的身份参与决策分析，他们的主要职责是根据管理者的要求，明确需要研究的问题，找出解决问题的方案，并向管理者（真正的决策者）提出如何解决问题的建议。通常情况下，提交给管理者的报告应包括在不同假设下或某些政策参数的不同范围内，对管理者来说可以考虑的一些具有替代性的方案。管理者对运筹学小组研究的结果和建议进行评估，并在考虑各种其他因素的影响后，根据自己的最佳判断作出最终决定。因此，运筹学小组在整个工作过程中，应该注意和管理层保持一致，包括从管理者的角度识别问题，并为管理者的学习过程提供支持。

运筹学工作过程的第一阶段是要明确问题，特别是要明确需要实现的目标。要做到这一点，首先必须确定管理层的成员都是谁，谁将作出有关的决策，研究并探讨作出决策的人对相关目标的思考。也就是说从一开始就应该让决策者参与到运筹学工作过程中，这对整个工作过程的结果能否得到最终决策者的支持至关重要。

在确定目标时，应该关注整个组织的利益，而不是组织中某一部分的利益，因为运筹学研究要寻求的是对整个组织来说最优的解决方案，而不是只对一部分来说是“最佳”的次优解决方案。因此，解决问题的目标应该是整个组织的目标。当然这样做可能并不容易，因为许多问题可能只涉及组织中的一部分，如果阐述的目标过于笼统，如果目标过多地考虑到对组织中其他部分的副作用，分析将会变得难以处理。因此，在确定研究目标时，应使目标尽可能具体，并应包括决策者的主要目标，且与组织层面的目标保持一致。

那么一个组织的目标通常会包括哪些呢？对营利性组织（企业）来说，一个经常可能的选择是将长期利润最大化作为目标。“长期”一词体现了这一目标的灵活性，因为其中已经考虑到了那些不能立即转化为利润的活动（如研究和开发活动）。这个目标的最大优点是比较具体，便于执行，且包含的范围也足够广泛，涵盖了营利性组织的基本目标，甚至有人认为一个营利性组织的其他所有相关目标都可以转化为长期利润最大化这个目标。

当然在实践中，很多营利性组织不一定会选择长期利润最大化这个目标，管理者可能更倾向于采用满意的利润目标与其他目标的结合，这些其他目标通常可能包括保持稳定的利润、增加（或保持）市场份额、提供的产品多样化、保持稳定的价格、提高员工士气、保持股东对企业的控制以及提高公司声誉等。这些目标的实现可能会有助于长期利润的最大化，但其中的关联关系可能是非常模糊的，也并不方便将这些目标都纳入研究的问题中来。

此外，近年来开始强调企业的社会责任问题，使得企业管理者开始考虑如何履行自身的社会责任，而社会责任显然不同于企业的利润。一般来说，企业需要从五个方面来考虑自身的发展：

（1）所有者或股东的利益，他们通常希望所有者权益最大化，如利润、股息、股票增值等；

（2）雇员的利益，他们希望获得合理的工资和稳定的就业机会；

（3）客户的利益，他们希望以合理的价格获得质量可靠的产品；

（4）供应商的利益，他们希望企业稳健经营，保持持久的合作关系；

（5）政府的利益，他们希望能从企业盈利中获得税收且企业的经营符合国家利益。

所有这五个方面对企业来说都应该是重要的，不应重视一方而忽视其他方的利益。因此，在注意到管理层的首要目标是盈利（这一目标的实现实际上最终会使上述五方都受益）时，也应关注到管理层需要履行的社会责任。

运筹学小组通常还会花费很多精力来收集相关数据，有时可能需要大量的数据来获得对问题的准确理解，并为后续研究中数学模型的建立提供所需要的数据。通常情况下，当研究刚开始时，许多需要的数据可能无法获得，要么是因为信息从未被保存过，要么是因为保存的信息过时或格式错误。因此，可能需要建立一个新的以计算机为基础的管理信息系统，以持续不断地根据需要收集必要的数据。运筹学小组因而需要获得组织中相关部门（如信息技术部门）和人员的帮助，以获得和跟踪所有重要数据。

近年来，随着数据库的广泛使用和数据量的爆炸式增长，一个大数据时代正在到来。运筹学团队有时会发现，他们最大的问题或许已经不是数据太少，而是数据太多了。可能有数千个数据源，数据总量可能以 GB 甚至 TB 为单位。在这种环境中确定特别相关的数据并识别这些数据中有意义的模式就成为一项艰巨的任务。运筹学团队最新的工具之一就是所谓的数据挖掘技术，可以帮助人们在大型数据库中搜索出可能对决策有用的数据模型。

2. 建立数学模型

在定义清楚了决策者希望解决的问题后，下一步工作内容就是将希望达到的目标、需要决策的变量、可能的约束条件、相关的参数等要素之间的关联，用相应的数学公式进行表示，以便用分析的形式来重新描述问题，即建立一个数学模型。在讨论如何建立这样一个模型之前，我们首先探讨一下一般模型特别是数学模型的性质。

模型是对客观现实经过思维抽象后，用文字、图表、符号、关系式以及实体模样来描述的客观对象，常见的例子包括飞机模型、肖像、地球仪等。模型在科学研究和经济管理中发挥着重要作用，如原子模型、遗传结构模型、描述运动或化学反应规律的数学方程、图表、组织结构图和工业会计系统等。这些模型对于抽象出研究问题的本质、显示相互关系和促进分析都是非常重要的。

数学模型也是对现实问题或现象的“理想化”表示，但它们是用数学符号和公式来表示的，像 $F = ma$ 和 $E = mc^2$ 这样的物理定律就是常见的例子。同样，商业问题中的数学模型是由描述商业问题本质的方程和相关数学表达式组成的系统。例如，如果要作出 n 个相关的可量化决策，则它们可表示为**决策变量**（如 x_1，x_2，$\cdots$，x_n），其具体数值有待确定。绩效方面的指标（如利润）可表示为这些决策变量的函数（如 $P=3x_1+5x_2+\cdots+6x_n$），这个函数称为**目标函数**。对决策变量取值的任何限制也可用数学公式来表示，通常用不等式或方程（如 $x_1+3x_2+5x_3 \leqslant 10$）来表示，这种限制通常称为**约束**。约束和目标函数中的常数称为模型的**参数**。于是，通过数学模型所表示的问题就是：如何选择符合约束条件限制的决策变量，使得目标函数值达到最大，这就是一个典型的运筹学模型。

如何对模型中的参数赋值，是模型构建过程中一项关键和极具挑战性的工作。教科书中一般都会直接向学生给出模型中的参数取值，但在解决实际问题的过程中，参数是需要模型的设计者自己根据收集的相关数据进行估计或计算的。由于收集准确的数据往往比较困难，所以对参数的估计或计算往往只是一个粗略的“估计”，而参数的实际值和“估计值”之间通常会存在一定偏差。由于参数的这种不确定性，自然会使人们关心当参数值发生变化时，从模型中求出的解会如何变化，这一过程被称为**敏感性分析**。

此外，在实践中，分析问题的模型可能不止一个，可能需要根据模型的结果不断对模型进行调整，甚至设计新的模型，目的都是获得对所研究问题的越来越好的表示。

数学模型最显著的优点是能更简洁地描述问题，有助于对问题整体结构的理解，有助于揭示重要的因果关系。通过这种表示方式，可以更清楚地表明哪些数据与问题相关，有助于从整体上理解和处理问题，并同时考虑到所有的相互关系。数学模型还可以搭建一个桥梁，使人们能够利用数学技术和计算机来分析问题。

然而，在使用数学模型时要注意避免一些陷阱。由于数学模型是现实问题的抽象化和理想化，并希望使问题易于处理（能够求解），所以通常会进行一些必要的近似或简化的假设，如线性假设、正态分布假设等。因此，必须确保在作出这些近似或简化假设时，该模型仍然是对所要研究对象的有效表示。而判断模型有效的恰当标准就是：模型能以足够的准确度预测各个可能的决策方案（也称替代方案、备选方案）的相对效果，从而作出正确的决策，即模型的预测结果与现实世界中实际发生的情况之间具有很高的相关性。为了确定是否满足这一要求，必须对模型进行测试和后期的修改。

在开发模型的过程中，一个好的方法是尽量从简单开始，然后以递进的方式朝更精细的模型发展，使模型不断反映真实问题的复杂性。在不断提升模型复杂性时要进行的基本权衡就是：在模型的精度和可处理性之间作好平衡。

总之，建模过程是运筹学工作中最重要也是最具挑战性的部分，从某种意义上说，尽管需要设计的是一个数学模型，但对建模者的主要要求或许并不是数学知识和工具掌握的多少，而是看他将实际问题转化为数学表示的经验和能力，更多的是一种艺术。实际工作中可以采用的数学模型的形式是多种多样的：可以是随机的，也可以是非随机的；可以是动态的，也可以是静态的；可以是线性的，也可以是非线性的。到底采用何种模型，完全根据研究和解决问题的需要，以及参加决策分析和建模人员的专业背景及对各类模型的熟悉情况，并没有一个统一的标准。一个能够揭示所研究问题本质、描述清楚主要变量及其相关关系、满足解决问题要求的模型就是一个“好模型”。而且，模型不是越复杂越好，也不是考虑的因素越多越好，而是在不失对问题本质及主要量化关系有效把握的前提下，越简单越好。

3. 开发相应计算机程序，根据模型求解问题的解决方案

建立了数学模型后，下一阶段工作就是开发相应的计算机程序，从模型中求出问题的解决方案。一般来看，这是一个相对简单的步骤，因为很多运筹学模型都已经有了标准算法或可应用在计算机上的现成软件包，真正的工作是需要对求出的解进行分析，以及下面介绍的**优化后分析**。

我们知道，运筹学工作的目的是帮助决策者找到相关问题的最佳解决方案。运筹学的很多相关分支已经给出了如何求解问题最优解的方法、计算机程序和相应软件包。但需要明确的是，这些所谓的最佳方案是针对所使用的模型而言的，只是根据所设计的模型得到

的所谓“最优解”。由于模型只是实际问题的理想化而不是精确的表示，因此并不能保证根据模型得到的“最佳解决方案”就是实际问题的最佳解决方案。当然，如果模型能被很好地描述和经过了测试，那么得到的解决方案应该是实际问题中理想方案的一个很好近似。

已故著名管理学家赫伯特·西蒙指出：“**在实践中，满意解比最优解更为普遍**。”西蒙认为，管理者具有寻求问题“足够好”的解决方案的倾向。与其试图制定一个全面的绩效衡量标准，以最佳地协调各种理想目标之间的冲突，不如采用更务实的态度：可以根据过去的绩效水平或竞争对手取得的成绩设定目标，确定各个领域的最低满意绩效水平，这就是“满意”的本质。

最优与满意的区别反映了理论与现实的差异，在实践中尝试实现某一理论时经常会面临现实的约束，用一位英国先驱者塞缪尔·艾伦的话来说：“**最优是终极的科学，满意是可行的艺术**。”

运筹学试图将尽可能多的科学分析引入决策过程。然而，成功的运筹学工作者会认识到，决策者在合理时间内获得令人满意的行动指南是第一需求。因此，尽管运筹学研究的目标应该是追求最优，同时还应考虑研究的成本和延迟完成研究的不利影响，使研究产生的净效益最大化。在认识到这一点后，运筹学团队可能会只使用启发式程序（即根据直觉设计的程序，不能保证获得最优解）来找到一个好的次优解。当为建立问题的适当模型和找到最佳解决方案所需的时间或成本非常高时，这种情况十分常见。近年来，在高效的元启发式算法方面已经取得了很大进展，为设计适合特定问题的启发式程序提供了一个通用结构和策略指导。

以上论述表明，运筹学研究实质上只是为了寻求一个好的解决方案，这个方案可能是最佳的，也可能不是最佳的。根据原始模型求出的最优解可能远远不适合实际问题，因此需要进行进一步的分析，即所谓的**优化后分析**，也被称为假设分析，因为它需要回答最优解会发生什么问题，并对未来的条件作出不同假设。这些问题通常是由作出最终决策的管理者提出的，而不是由运筹学团队提出的。电子表格软件的出现，使得电子表格在进行优化后分析时可以发挥重要作用。电子表格的一大优点是，任何人都可以轻松地交互使用，以查看对模型进行更改时最优解决方案发生了什么变化，这个实验式的交互过程非常有助于管理者理解模型，并增加对模型有效性的信心。

优化后分析包括了**敏感性分析**。敏感性分析有助于确定模型中哪些参数在确定解决方案时最为关键（称为敏感参数）。**敏感参数是指模型中那些发生改变后可以导致模型结果发生改变的参数**。在给一个敏感参数赋值时需要格外谨慎，要注意更精确地估计这类参数，或者至少估计其可能取值的范围。然后，在寻求解决方案时，应尽量使在敏感参数的各种可能取值下，该方案仍然是一个好的解决方案。除了敏感性分析外，优化后分析还包括下面将提到的模型验证，以及提出一系列相应解决方案，这些解决方案包括一系列对理想行动方案的改进。

4. 模型验证

开发数学模型类似于开发一个大型计算机程序。当第一个版本完成时，不可避免地存在许多错误，必须经过彻底测试，尽可能多地发现并纠正错误。最终，在一系列改进之后，使当前的程序给出合理有效的结果。尽管一些小错误仍然存在（而且可能永远不会被检测到），但主要错误已被消除，程序可以可靠地使用了。同样，数学模型的第一个版本不可避免地包含许多缺陷：一些相关因素或相互关系没有被纳入模型，一些参数也没有得到正确的估计，这是不可避免的。因此在使用模型之前，必须对其进行测试，以尽可能多地发现和纠正缺陷。最终，使当前的模型可以给出合理有效的结果，尽管一些小的缺陷仍然存在。测试和改进模型以提高其有效性的过程被称为**模型验证**。

由于运筹学团队可能会花费很多时间和精力来开发模型的细节部分，容易出现“只见树木不见森林”的情况。因此，在完成了模型初始版本后，开始模型验证的有效方法就是重新审视整个模型，检查是否存在明显错误或疏忽。进行审查时，最好在运筹学小组中包括至少一名没有参与模型设计的人。需要重新审视问题的定义，并将其与模型进行比较，可能会有助于揭示错误。有时，通过改变参数和/或决策变量的值并检查模型的输出是否合理，可以有效地洞察模型。

更系统的测试模型的方法是采用回顾性测试，即使用历史数据重现过去，然后确定：如果使用模型和其结果给出的解决方案，结果会有多好，即使用此模型是否会比当前的实践产生显著的改进。这样的比较还可以指出模型存在缺陷和需要修改的地方。此外，通过使用模型中的替代解决方案并估计其假设的历史表现，可以收集大量的证据，说明模型如何很好地预测了替代行动方案的相对效果。不过，回顾性测试的一个缺点是，它使用了设计模型时使用的相同数据，而关键的问题是过去是否能代表未来，如果不是这样的话，那么这个模型在未来的表现可能与过去完全不同。

5. 做好应用准备

测试阶段完成后，如果模型未来要被重复使用，就需要制作一个文档系统，以便按照管理层的规定应用模型。该文档系统应包括模型描述、求解程序（包括优化后分析）、实施的操作程序等。这样，即使发生了人员变动，系统也可以被规范地调用。该文档系统通常是基于计算机的。此外，可能有大量的计算机程序需要使用和集成。数据库和管理信息系统可以在每次使用模型时为模型提供最新的输入，在这种情况下需要接口程序。对模型应用求解过程后，其他计算机程序会自动触发结果的实现。在有些情况下，可以建立一个交互式的基于计算机的系统，称为决策支持系统，帮助管理者根据需要使用数据和模型来支持他们的决策。

6. 实施

运筹学工作的最后阶段就是要按照管理层的要求进行实施，这是一个关键阶段，因为正是在这个阶段，运筹学研究的好处才会得以收获。因此，运筹学小组参与此阶段是非常重要的，确保模型解决方案准确地转化为组织的操作程序，并及时纠正解决方案中可能出现的任何缺陷。

实施阶段的成功很大程度上取决于最高管理层和运营管理层的支持。如果运筹学团队在整个研究过程中能让管理层充分了解情况，并鼓励管理层积极指导，那么就更有可能获得这种支持。良好的沟通有助于确保研究工作实现管理层的要求，也使管理层对运筹学研究有更高的主人翁意识，从而鼓励他们支持研究结果的实施。

实施阶段包括以下几个步骤。首先，运筹学小组要向运营管理层详细解释将采用的新系统以及它与运营现实的关系。接下来，由这两方面共同负责制定该系统投入运行时所需要的程序。最后，运营管理层会对相关人员进行详细培训，并启动新的运行方案。如果成功的话，新系统可能会在未来使用多年。考虑到这一点，运筹学团队在初始阶段应进行监控，获得经验，并确定将来应进行的任何可能的修改。在整个新系统使用期间，重要的是继续获得有关系统工作情况以及模型假设是否得到了满意的反馈。当与原始假设发生重大偏差时，应重新检查模型，以确定是否应对系统进行修改。

在一项研究工作达到终点时，运筹学小组应清楚、准确地将全部过程特别是有关方法用文档记录下来，从而使其工作具有可复制性。可复制性应该是运筹学研究人员职业道德规范的重要组成部分，在从事一些可能引发争议的公共政策问题研究时，这一点尤为关键。

1.4 运筹学的应用

在介绍运筹学发展简史时，已经提到了运筹学早期的一些应用，主要集中在军事领域。第二次世界大战后，运筹学的应用开始转向民用，下面是运筹学应用的一些传统领域。

（1）市场销售。主要应用在广告预算和媒介的选择、竞争性定价、新产品开发、销售计划的制订等方面。如美国杜邦公司在 20 世纪 50 年代起就非常重视将运筹学用于广告、产品定价和新产品的引入；通用电力公司运用运筹学对某些市场进行了模拟研究。

（2）生产计划。在总体计划方面主要用于总体上确定生产、存储和劳动力的配合，以适应波动的需求，方法包括线性规划和模拟方法等。如巴基斯坦某重型机械制造厂用线性规划安排生产计划，节省 10%的生产费用。相关应用还包括生产作业计划、日程表的编排等；此外还有在合理下料、配料问题、物料管理等方面的应用。

（3）库存管理。主要应用于多种物资库存量的管理，确定某些设备的能力或容量，如停车场的大小、新增发电设备的容量大小、电子计算机的内存量、合理的水库容量等。美国某机器制造公司应用存储论后，节省 18%的费用。目前国外的新动向是将库存理论与计算机物资管理信息系统相结合。如美国西电公司，从 1971 年起用 5 年时间建立了“西电物资管理系统”，为公司节省了大量物资存储费用和运费，而且减少了管理人员。

（4）运输问题。这方面的应用涉及空运、水运、公路运输、铁路运输、管道运输、厂内运输。空运问题涉及飞行航班和飞行机组人员服务时间安排等。在国际运筹学协会中设有航空组，专门研究航空运输中的运筹学问题。水运方面的应用有船舶航运计划、港口装卸设备的配置和船到港后的运行安排。公路运输应用方面除了汽车调度计划外，还有公路网的设计和分析，市内公共汽车路线的选择和行车时刻表的安排，出租车的调度和停车场的设立。铁路运输方面的应用就更多了。

（5）财政和会计。这方面的应用涉及预算、贷款、成本分析、定价、投资、证券管理、现金管理等，采用的方法包括统计分析、数学规划、决策分析，此外还有盈亏分析法、价值分析法等。

（6）人事管理。这方面应用涉及六个方面，第一是人员的获得和需求估计；第二是人才开发，即如何进行教育和训练；第三是人员分配，主要是各种指派问题；第四是各类人员的合理利用问题；第五是人才评价，例如如何测定一个人对组织、社会的贡献；第六是工资和津贴的确定等。

（7）设备维修、更新和可靠性，项目选择和评价。

（8）工程的优化设计。在建筑、电子、光学、机械和化工等领域都有应用。

（9）计算机和信息系统。可将运筹学方法用于计算机的内存分配，研究不同排队规则对磁盘工作性能的影响。有人利用整数规划寻找满足一组需求文件的寻找次序，利用图论、数学规划等方法研究计算机信息系统的自动设计。

（10）城市管理。这方面应用有各种紧急服务系统的设计和运用，如救火站、救护车、警车等分布点的设立。美国曾用排队论方法来确定纽约市紧急电话站的值班人数。加拿大曾研究过一座城市的警车的配置和负责范围，出事故后警车应走的路线等。此外，还有城市垃圾的清扫、搬运和处理；城市供水和污水处理系统的规划。

值得指出的是，近年来运筹学应用又开拓了很多新方向。例如存储论的应用已经从车间、工厂规模转向从用户、零售、批发、中间运输一直到工厂生产供应所形成的供应链的设计、管理和应用。在武器和大型装置方面已经不单是研究其运用方面，更转向设计和规划等。此外，在银行、医院、经济、运输、信息系统、电子商务和电子政务等领域也都有了很多新的应用。

为说明运筹学应用领域的广泛，我们用获得过美国运筹学和管理学学会（INFORMS）颁发的弗兰兹·厄德曼奖 (Franz Edelman Award) 的例子来为读者提供参考。厄德曼奖是由世界著名的运筹和管理科学家厄德曼 (F. Edelman) 于 1971 年创立的。这个奖每年评一次，先评出一批候选奖，然后选出 5~6 名提名奖，最后从中评出一个最佳奖。厄德曼奖的评选原则包括对运筹学和管理科学理论和方法的创新、应用工作对企业创造的直接经济效益，以及对社会和人类生活所作的积极贡献等。例如，2002 年有 30 多个项目进入了初评，经过严格筛选后，法国标致汽车公司、美国糖果制造巨商玛氏公司、美国大陆航空公司、德国 Rhenania Catalog House、美国迅达电梯公司，以及美国先正达农业企业得到提名，进入最终决赛。在这六个项目的激烈角逐后，由华人学者于刚教授领导的项目小组由于在大陆航空公司等民用航空企业所创造出的经济效益和对社会及人们生活作出的贡献，成为 2002 年度厄德曼奖的获得者。

我国运筹学的应用是在 1957 年始于建筑业和纺织业。在理论联系实际的思想指导下，从 1958 年开始在交通运输、工业、农业、水利建设、邮电等方面都有应用。尤其是在运输方面，从物资调运、装卸到调度等。例如在为解决合理粮食调运问题方面，我国的运筹学工作者提出了“图上作业法”，并从理论上证明了它的科学性。在解决邮递员合理投递路线问题时，我国的管梅谷教授提出了“中国邮路问题”的解法。在工业生产中，推广了合理下料、机床负荷最优分配等方法。在纺织业中，用排队论方法解决了细纱车间劳动组织、最优折布长度等问题。在农业中，研究了作业布局、劳力分配和麦场设置等。20 世纪 60 年代起，我国运筹学工作者还在钢铁和石油部门开展了较全面和深入的应用，如投入产出法在钢铁部门的应用。1965 年起，统筹法应用在建筑业、大型设备维修计划等方面取得可喜成果。1970 年起，全国大部分省、市和部门推广了优选法，应用范围包括配方和配比的选择、生产工艺条件的选择、工艺参数的确定、工程设计参数的选择、仪器仪表的调试等。20 世纪 70 年代中期，最优化方法在工程设计界得到了广泛重视，在光学设计、船舶设计、飞机设计、变压器设计、电子线路设计、建筑结构设计和化工过程设计等方面都有运筹学应用的成果。排队论也从 20 世纪 70 年代中期开始应用于矿山、港口、电信和计算机的设计等方面；图论用于线路布置和计算机设计、化学物品的存放等；存储论虽然在我国应用起步较晚，也于 20 世纪 70 年代末在汽车工业和其他部门中取得成功。近年来运筹学的应用已趋向研究规模大而复杂的问题，如部门计划、区域经济规划等，并已与系统工程难以分解。

1.5 运筹学发展展望

关于运筹学将往哪个方向发展，从 20 世纪 70 年代起运筹学工作者就产生了种种观点，至今仍在争论，我们下面列举一些观点。美国运筹学会前主席邦特 (S.Bonder) 认为，运筹学应在三个领域发展：运筹学应用、运筹科学和运筹数学，并强调发展前两者，从整体上应协调发展。事实上运筹数学到 20 世纪 70 年代已形成一系列强有力的分支，数学描述相当完善，这是一件好事。正是这一点使不少运筹学界的前辈认为，有些专家钻进运筹数学的“象牙塔”，而忘掉了运筹学的原有特色和初衷，忽略了多学科的横向交叉和解决实际问题的需要。

近几年来出现的一些批评意见认为，有些人只迷恋于数学模型的精巧、复杂化，使用高深的数学工具，而不善于处理大量新的不易解决的实际问题。现代运筹学工作者面临的大量新问题是经济、技术、社会、生态和政治等因素交叉在一起的复杂系统。因此，从 20 世纪 70 年代末至 20 世纪 80 年代初，不少运筹学家提出：要注意研究大系统，注意与系统分析相结合。美国科学院国际开发署写了一本书，其书名就把系统分析和运筹学并列。有的运筹学家提出了“从运筹学到系统分析”的观点。由于研究新问题的时间范围很长，必须与未来学紧密结合。由于面临的问题很多涉及技术、经济、社会、心理等综合因素的研究，在运筹学中除常用的数学方法以外，还需要引入一些非数学的方法和理论。

曾在 20 世纪 50 年代写过《运筹学数学方法》一书的运筹学家沙旦 (T.L. Saaty)，在 20 世纪 70 年代末提出了层次分析法 (AHP)。他认为过去过分强调细巧的数学模型，可是很难解决那些非结构性的复杂问题。因此宁可用看起来较简单粗糙的方法，加上决策者的正确判断，却能解决实际问题。切克兰特 (P.B.Checkland) 把传统的运筹学方法称为硬系统思考，它适用于解决那种结构明确的系统以及战术和技术性问题，而对于结构不明确的、有人参与活动的系统就不太胜任了。这就需要采用软系统思考方法，相应的一些概念和方法都应有所变化，如将过分理想化的“最优解”换成“满意解”。过去把求得的“解”看作精确的、不能变的凝固的东西，而现在要以“易变性”的理念看待所得到的“解”，以适应系统的不断变化。解决问题的过程是决策者和分析者发挥其创造性的过程，这就是进入 20 世纪 70 年代以来人们愈来愈对人机对话的算法感兴趣的原因。

在 20 世纪 80 年代一些重要的与运筹学有关的国际会议中，很多人提出决策支持系统是运筹学发展的一个好机会。进入 20 世纪 90 年代和 21 世纪初期，产生了两个重要趋势。一个趋势是软运筹学的崛起，主要发源地是英国。1989 年英国运筹学学会开了一个会，后来由罗森汉特 (J.Rosenhead) 主编了一本论文集，被称为软运筹学的“圣经”，里面提到了不少新的属于软运筹的方法，如软系统方法论 (SSM)、战略假设表面化与检验 (SAST)、战略选择 (SC)、问题结构法 (PSM)、超对策 (Hypergame)、亚对策 (Metagame)、战略选择发展与分析 (SODA)、生存系统模型 (VSM)、对话式计划 (IP)、批判式系统启发 (CSH) 等。另一个趋势是与优化有关的，即软计算。这种方法不追求严格最优，具有启发式思路，并借用来自生物学、物理学和其他学科的思想来寻求优化，其中最著名的有遗传算法 (GA)、模拟退火算法 (SA)、神经网络算法 (NN)、模糊逻辑 (FL)、进化计算 (EC)、禁忌算法 (TS)、蚁群优化 (ACO) 等。此外，在一些经典运筹学分支中也出现了新的发展，如适合解决大型线性规划问题的内点法，图论中出现的无标度网络 (scale free network) 等。

进入 21 世纪后，大数据、人工智能、商务分析等学科的兴起使得运筹优化在实际场景的应用面临着巨大挑战。当问题的规模越来越大、问题本身越来越复杂时，如何在有限时间内开发出效果不错的解决方案变得越来越重要。与之相应的，渐进最优（asymptotically optimal）、近似动态规划（approximation dynamic programming）、鲁棒优化（robust optimization）等方法得到了学者的广泛关注，并取得了一大批研究成果。在基于大数据的商务分析中，往往需要将数据分析技术（比如深度学习和强化学习）和运筹优化技术结合起来，基于学习的运筹优化已成为当前运筹学研究的前沿问题。

总之，运筹学还在不断发展中，新的思想、观点和方法不断涌现。本书作为一本教材，所提供的一些运筹学思想和方法都是基础的，是学习运筹学的读者必须掌握的知识。

习 题

1.1 简要说明 20 世纪 50 年代后运筹学取得较快发展的主要原因。

1.2 简要说明运筹学工作在企业经营管理决策中的地位和作用。

1.3 为什么说建立相应模型是运筹学工作步骤中最重要的部分？

1.4 如何理解运筹学解决问题的目标从追求“最优”向“满意”的转变？

CHAPTER 2 第2章

线性规划

作为运筹学的一个重要分支，线性规划是运筹学的基础。苏联数学家、经济学家康托洛维奇（Leonid Kantorovich）于 1939 年在《生产组织与计划中的数学方法》中首次提出求解线性规划问题的方法——解乘数法。他把资源最优利用这一传统的经济学问题，由定性研究和一般的定量分析推进到现实计量阶段，对线性规划方法的建立和发展，作出了开创性的贡献。康托洛维奇因对资源最优分配理论的贡献而获 1975 年诺贝尔经济学奖。同时期，美国科学院院士丹齐格（G. B. Dantzig）于 1947 年开发了求解线性规划的单纯形算法（simplex method）；该方法具有极强的普适性，因此丹齐格被誉为“线性规划之父”。卡马卡（Narendra Karmarkar）在 1984 年提出“内点法”（interior point method），它是第一个在理论和实际上都表现良好的算法，被广泛应用于求解巨型线性规划问题。

2.1 线性规划的数学模型

在很多企业的经营管理中，都面临着如何有效地利用有限的人力、财力和物力等资源，从而提升企业整体绩效的问题，如以下例子所示。

例 2-1（生产安排） 某厂在计划期内要生产 I、Ⅱ 两种产品，需要用到劳动力、设备以及 A 和 B 两种原材料。已知生产单位产品的利润与所需各种资源的消耗量如表 2-1 所示。请问：应如何安排生产能使该厂获利最大？

表 2-1

	产品 I	产品 II	资源限额
劳动力	8	4	360 工时
设备	4	5	200 台时
原材料 A	3	10	250 公斤
原材料 B	4	6	200 公斤
单位利润（元）	80	100	

要解决上述问题，可以定义

$$x_1 = \text{计划生产的产品 I 的数量}$$

$$x_2 = \text{计划生产的产品 II 的数量}$$

如果用 z 表示总利润，则其表达式为

$$z = 80x_1 + 100x_2$$

直观上，产品 I 和产品 II 的产量越高，则总利润越高。但是，产量决策必须满足一些限制条件（称为"约束条件"），体现在如下几个方面：

（1）生产两种产品总共消耗的劳动力不超过 360 工时，即

$$8x_1 + 4x_2 \leqslant 360$$

（2）生产两种产品总共消耗的设备工时不超过 200 台时，即

$$4x_1 + 5x_2 \leqslant 200$$

（3）生产两种产品总共消耗的原材料 A 不超过 250 公斤，即

$$3x_1 + 10x_2 \leqslant 250$$

（4）生产两种产品总共消耗的原材料 B 不超过 200 公斤，即

$$4x_1 + 6x_2 \leqslant 200$$

（5）生产的产品数量不能为负数，即

$$x_1 \geqslant 0,\ x_2 \geqslant 0$$

将上述目标函数和约束条件汇总到一起，就完成了对工厂生产安排的完整建模：

$$\max z = 80x_1 + 100x_2$$
$$\text{s.t.} \begin{cases} 8x_1 + 4x_2 \leqslant 360 & \text{劳动力} \\ 4x_1 + 5x_2 \leqslant 200 & \text{设备} \\ 3x_1 + 10x_2 \leqslant 250 & \text{原材料A} \\ 4x_1 + 6x_2 \leqslant 200 & \text{原材料B} \\ x_1, x_2 \geqslant 0 & \text{非负性} \end{cases} \tag{2-1}$$

要进行最优的生产计划，就需要在同时满足上述约束条件的所有方案中，找出一个使目标函数 z 的取值最大的方案。理论上，同时满足上述约束条件的方案可能有无穷多个，我们并不需要对所有可行方案进行比较。结合线性规划问题的基本原理（参见后续章节），利用一些常见的软件工具（如 Excel、Lingo、Matlab 等），可以求得该问题的最佳方案（即"最优解"）为 $(x_1^*, x_2^*) = (42.5,\ 5)$，对应的总利润为 3900 元。

用 Excel 求解该问题的界面如图 2-1 所示（用 Excel 求解线性规划问题的操作方法将在 2.7 节介绍）。可以看出，在最优安排下，劳动力资源和原材料 B 将被耗尽，但是设备工时和原材料 A 将存在一定的剩余。

在该例子中，确定产品 I 和 II 的产量等价于要确定把多少资源"分配"到不同的产品中，因此我们称之为"资源配置问题"（resource allocation problem）。不同实际问题中，"资源"可以体现为不同的形式，如资金、厂房容量、服务器计算能力、网络带宽等。

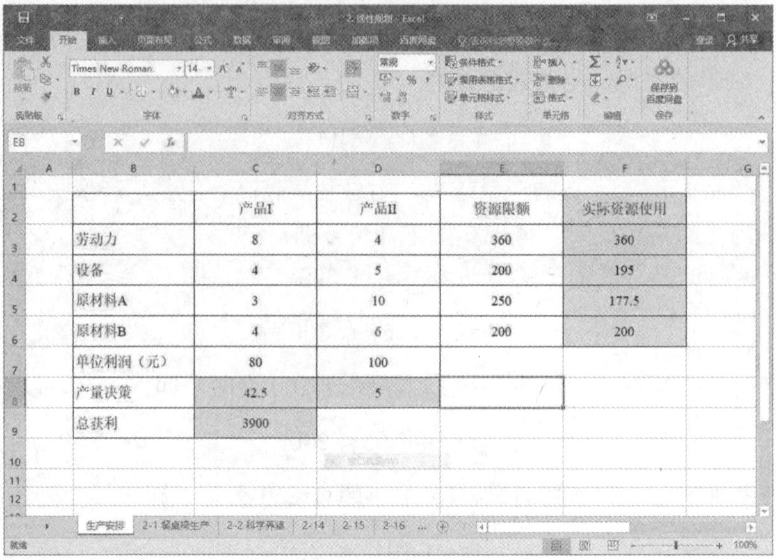

	产品I	产品II	资源限额	实际资源使用
劳动力	8	4	360	360
设备	4	5	200	195
原材料A	3	10	250	177.5
原材料B	4	6	200	200
单位利润（元）	80	100		
产量决策	42.5	5		
总获利	3900			

图 2-1

一般的资源配置问题都是为了通过资源分配来实现整体利益的最大化。假设需要决策的是 n 种产品的产量，用决策变量 x_j 表示产品 $j(j=1,2,\cdots,n)$ 的产量。每种产品的单位贡献（如边际利润或边际收益）为 c_j。设共有 m 种资源，其中资源 $i(i=1,2,\cdots,m)$ 的可用数量为 b_i，系数 a_{ij} 表示每单位产品 j 所消耗的资源 i 的数量。考虑到所有可用资源的限制，资源配置问题的一般模型为

$$\max \quad z=c_1x_1+c_2x_2+\cdots+c_nx_n$$
$$\text{s.t.}\begin{cases} a_{11}x_1+a_{12}x_2+\cdots+a_{1n}x_n \leqslant b_1 \\ a_{21}x_1+a_{22}x_2+\cdots+a_{2n}x_n \leqslant b_2 \\ \qquad\qquad\cdots \\ a_{m1}x_1+a_{m2}x_2+\cdots+a_{mn}x_n \leqslant b_m \\ x_1,\ x_2,\cdots,x_n \geqslant 0 \end{cases} \tag{2-2}$$

除了上述资源配置问题，有些决策场景中管理者追求的目标是以最小的代价（如成本、时间）来达到既定的目标。比如，在满足供货合同要求的前提下生产成本最小化，在配送所有用户订单的前提下总路径最短，在保证所有任务能完成的前提下总人力最少等。

例 2-2（混合配方） 近些年猪肉市场形势喜人，但是农民的养猪意愿却一直不高，主要原因是饲料成本过高，导致养猪的利润相当微薄。大学毕业的小王决定回老家创业养猪。他希望结合自己所学的管理知识，通过科学决策和科学配方来降低养殖成本。小王面临的第一个问题是如何搭配一个成本低廉的混合配方。已知可选的猪饲料包括玉米、槽料和苜蓿；不同饲料的营养含量存在较大差异。经咨询专家，小王决定重点保证饲料在碳水化合物和蛋白质方面的要求。各种饲料（每公斤）对应的碳水化合物和蛋白质含量，以及价格如表 2-2 示；表的最后一列也给出了科学养猪中对每公斤饲料所含最低营养成分的要求。请问小王应该如何调配混合饲料？

表 2-2

营养成分	饲料			
	玉米	槽料	苜蓿	最小需求量
碳水化合物	90	20	40	60
蛋白质	40	80	60	55
成本（元）	3	2.3	2.5	

要解决上述问题，可以定义

$$y_1 = \text{每公斤混合饲料中玉米所占百分比}$$

$$y_2 = \text{每公斤混合饲料中槽料所占百分比}$$

$$y_3 = \text{每公斤混合饲料中苜蓿所占百分比}$$

如果用 z 表示每公斤混合饲料的总成本，则其表达式为

$$z = 3y_1 + 2.3y_2 + 2.5y_3$$

直观上，每种饲料在混合饲料中的比重越低，则总成本越低。但是，配方决策也必须满足一些约束条件，体现在如下几个方面：

（1）混合饲料中的碳水化合物总含量不低于 60 单位，即

$$90y_1 + 20y_2 + 40y_3 \geqslant 60$$

（2）混合饲料中的蛋白质总含量不低于 55 单位，即

$$40y_1 + 80y_2 + 60y_3 \geqslant 55$$

（3）混合饲料中三种饲料的总含量之和应该刚好等于 1，即

$$y_1 + y_2 + y_3 = 1$$

（4）各种饲料的含量必须为非负，即

$$y_1,\ y_2, y_3 \geqslant 0$$

将上述目标函数和约束条件汇总到一起，就完成了对混合配方问题的完整建模，如下：

$$\min z = 3y_1 + 2.3y_2 + 2.5y_3$$

约束条件：

$$\begin{aligned}
&\text{碳水化合物：} && 90y_1 + 20y_2 + 40y_3 \geqslant 60 \\
&\text{蛋白质：} && 40y_1 + 80y_2 + 60y_3 \geqslant 55 \\
&\text{百分比：} && y_1 + y_2 + y_3 = 1 \\
&\text{非负性：} && y_1,\ y_2, y_3 \geqslant 0
\end{aligned}$$

在 Excel 中建立该问题的线性规划模型，并调用优化求解功能，得到的优化结果如图 2-2 所示。可见最优的配方组合为 $(y_1^*, y_2^*, y_3^*) = (0.5714,\ 0.4286,\ 0)$。也就是说，在满足两种营养成分的前提下，混合饲料中采用 57.14%的玉米和 42.86%的槽料能实现最经济的养猪成本。相应地，每公斤混合饲料的最低成本为 $z^* = 3\times0.5714 + 2.3\times0.4286 + 2.5\times0 = 2.7$ 元/公斤。

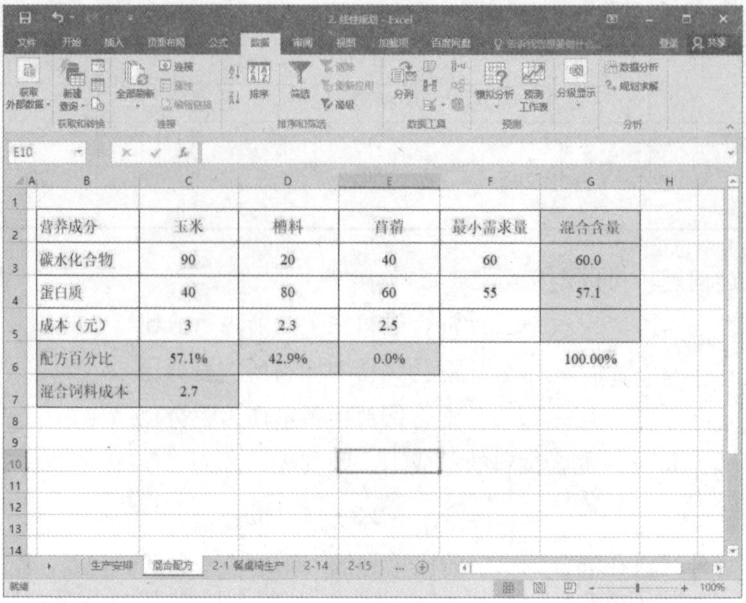

营养成分	玉米	槽料	苜蓿	最小需求量	混合含量
碳水化合物	90	20	40	60	60.0
蛋白质	40	80	60	55	57.1
成本（元）	3	2.3	2.5		
配方百分比	57.1%	42.9%	0.0%		100.00%
混合饲料成本	2.7				

图 2-2

不同于例 2-1，例 2-2 优化的目标是混合饲料成本的最小化，但是优化模型需要在成本和效果（元素含量）之间进行平衡，我们把该类线性规划问题称为“成本—收益平衡问题”，其一般形式如下：

$$
\min \quad z = c_1x_1 + c_2x_2 + \cdots + c_nx_n
$$
$$
\text{s.t.} \begin{cases} a_{11}x_1 + a_{12}x_2 + \cdots + a_{1n}x_n \geqslant b_1 \\ a_{21}x_1 + a_{22}x_2 + \cdots + a_{2n}x_n \geqslant b_2 \\ \qquad\qquad\cdots \\ a_{m1}x_1 + a_{m2}x_2 + \cdots + a_{mn}x_n \geqslant b_m \\ x_1,\ x_2, \cdots, x_n \geqslant 0 \end{cases} \tag{2-3}
$$

在上述模型中，决策变量 x_j 表示原料 j 的用量，目标函数系数 c_j 表示原料 j 的单位成本，约束条件右边项 b_i 表示效果指标 i 的最低要求，系数 a_{ij} 表示每单位原料 j 所贡献的指标 i 的数量。

例 2-1 和例 2-2 都通过一个数学模型来描述决策者所面临的决策问题。两个例子解决的问题不同，但是都包含三个共同的要素：

（1）决策变量（decision variable），即规划问题中需要确定的能用数量表示的量。

（2）目标函数（objective function），它是关于决策变量的函数，也是决策者优化的目标，一般追求最大（用 max 表示）或者最小（用 min 表示）。

（3）约束条件（constraint），即决策变量需要满足的限制条件（如可用资源的限制，需要满足的服务率的要求等），通常表达为关于决策变量的等式或者不等式。

相应地，对一个管理问题进行建模时，也需要遵循三个步骤：

（1）定义决策变量。有时决策变量的选择方式并非唯一的，定义决策变量的原则是便于建模即可；有时出于建模的需要，可以引入一些“冗余”的中间变量。

（2）定义目标函数。目标函数一定要正确刻画出决策者优化的目标。

（3）定义约束条件。结合管理问题，一定要完备地列出所有约束条件。有时部分约束条件是隐性的，但是客观存在的，很容易忽视。

值得一提的是，在例 2-1 和例 2-2 中决策变量的取值都是连续的（而不是离散点），目标函数和约束条件都是关于决策变量的线性表达式；我们称这类规划模型为“线性规划”（linear programming）。线性规划问题模型是建立在以下隐含的重要假设基础上的：

- 比例性：即决策变量对目标函数或者约束条件的影响是成比例关系的，如价格每增加 1 单位，会导致需求的减少量是一个常数 b。用经济学的术语来讲，就是决策变量所对应的边际影响（收益、成本等）是一个常数。
- 可加性：如生产多种产品时，总利润是各种产品利润之和，总成本也是各种资源的成本之和。
- 连续性：即决策变量可以取某区间的连续值，其取值可以为小数、分数或者实数。
- 确定性：即线性函数中的参数都是确定的常数。

考虑一个一般的线性规划模型。假定其中包含 n 个决策变量，通常用 $x_j(j=1,2,\cdots,n)$ 来表示。在目标函数中，x_j 对应的系数为 c_j（称为目标函数系数）。规划模型包含 m 个约束条件，用 $b_i(i=1,2,\cdots,m)$ 表示第 i 个约束条件对应的右边项（如某种可用资源的限制），用 a_{ij} 表示第 i 个约束中决策变量 x_j 所对应的系数（通常称为技术系数或者工艺系数）。则一般管理情境下的线性规划模型可以表示为

$$\max \text{ 或 } \min z = c_1x_1 + c_2x_2 + \cdots + c_nx_n$$
$$\text{s.t.}\begin{cases} a_{11}x_1 + a_{12}x_2 + \cdots + a_{1n}x_n \leqslant (\text{或} =, \geqslant) b_1 \\ a_{21}x_1 + a_{22}x_2 + \cdots + a_{2n}x_n \leqslant (\text{或} =, \geqslant) b_2 \\ \qquad\cdots \\ a_{m1}x_1 + a_{m2}x_2 + \cdots + a_{mn}x_n \leqslant (\text{或} =, \geqslant) b_m \\ x_1,\ x_2, \cdots, x_n \geqslant 0 \end{cases} \tag{2-4}$$

上述模型可以简写为

$$\max \text{ 或 } \min z = \sum_{j=1}^{n} c_jx_j$$
$$\text{s.t.}\begin{cases} \displaystyle\sum_{j=1}^{n} a_{ij}x_j \leqslant (\text{或} =, \geqslant) b_i & (i=1,2,\cdots,m) \\ x_j \geqslant 0 & (j=1,2,\cdots,n) \end{cases} \tag{2-5}$$

如果引入向量/矩阵符号，记

$$\boldsymbol{X} = (x_1, x_2, \cdots, x_n)^{\mathrm{T}}$$

$$\boldsymbol{C} = (c_1, c_2, \cdots, c_n)$$

$$\boldsymbol{b} = (b_1, b_2, \cdots, b_m)^{\mathrm{T}}$$

$$\boldsymbol{P}_j = (a_{1j}, a_{2j}, \cdots, a_{mj})^{\mathrm{T}}$$

$$A=\begin{bmatrix} a_{11} & a_{12} & \cdots & a_{1n} \\ a_{21} & a_{22} & \cdots & a_{2n} \\ \vdots & \vdots & \ddots & \vdots \\ a_{m1} & a_{m2} & \cdots & a_{mn} \end{bmatrix} = (\boldsymbol{P}_1, \boldsymbol{P}_2, \cdots, \boldsymbol{P}_n)$$

那么，线性规划问题 (2-5) 可以进一步简写为

$$\max \text{ 或 } \min z = \boldsymbol{CX} \qquad\qquad \max \text{ 或 } \min z = \boldsymbol{CX}$$
$$\text{s.t.}\begin{cases} \sum_{j=1}^{n} \boldsymbol{P}_j x_j \leqslant (\text{或} \ =, \geqslant)\, \boldsymbol{b} \\ \boldsymbol{X} \geqslant 0 \end{cases} \quad \text{或} \quad \text{s.t.}\begin{cases} \boldsymbol{AX} \leqslant (\text{或} \ =, \geqslant)\, \boldsymbol{b} \\ \boldsymbol{X} \geqslant 0 \end{cases} \tag{2-6}$$

在本书的后续章节，我们称向量 $\boldsymbol{C}$ 为“目标函数系数”，向量 $\boldsymbol{b}$ 为“约束条件右边项”，矩阵 $\boldsymbol{A}$ 为约束条件的“系数矩阵”或“工艺矩阵”，向量 $\boldsymbol{P}_j$ 则对应于系数矩阵中决策变量 x_j 的“列向量”。从数学意义上，有些决策变量是可以取负值的，但是在绝大多数管理问题中，决策变量只能取非负数。因此，在本书中我们通常加上决策变量的非负性约束。

2.2 线性规划的标准型

由 2.1 节可知，线性规划问题有多种不同的形式。目标函数可以是求最大化或者最小化；约束条件可以是“⩽”“⩾”，或者“=”形式。决策变量一般是非负的，但也允许在 $(-\infty,\ \infty)$ 范围内取值，即无约束。为了便于分析线性规划问题的性质，对任何类型的线性规划，我们都可以通过等价变换，将其转化为如下“标准型”：

$$\max \ \ z = c_1x_1 + c_2x_2 + \cdots + c_nx_n$$
$$\text{s.t.}\begin{cases} a_{11}x_1 + a_{12}x_2 + \cdots + a_{1n}x_n = b_1 \\ a_{21}x_1 + a_{22}x_2 + \cdots + a_{2n}x_n = b_2 \\ \qquad\qquad \cdots \\ a_{m1}x_1 + a_{m2}x_2 + \cdots + a_{mn}x_n = b_m \\ x_1,\ x_2, \cdots, x_n \geqslant 0 \end{cases} \tag{2-7}$$

其中等式右边项系数 $b_i \geqslant 0$。上述标准型对应的矩阵形式为

$$\max z = \boldsymbol{CX}$$
$$\text{s.t.}\begin{cases} \boldsymbol{AX} = \boldsymbol{b} \\ \boldsymbol{X} \geqslant 0 \end{cases} \tag{2-8}$$

例 2-3（线性规划标准型） 将如下线性规划问题转换为标准型：

$$\max \ \ z = 2x_1 + 3x_2$$
$$\text{s.t.}\begin{cases} x_1 + 2x_2 \leqslant 8 \\ 4x_1 \qquad\ \leqslant 16 \\ \qquad 4x_2 \geqslant 12 \\ x_1, x_2 \geqslant 0 \end{cases}$$

解 在三个不取等号的约束条件中分别引入非负决策变量 x_3、x_4 和 x_5，我们可以将原始线性规划问题等价地转化为

$$\max \ z = 2x_1 + 3x_2$$
$$\text{s.t.} \begin{cases} x_1 + 2x_2 + x_3 = 8 \\ 4x_1 + x_4 = 16 \\ 4x_2 - x_5 = 12 \\ x_1, x_2, x_3, x_4, x_5 \geqslant 0 \end{cases}$$

我们把引入的变量 x_3 和 x_4 称为“松弛变量”，而 x_5 是“剩余变量”。一般，在资源配置型约束中会引入松弛变量，在成本—收益平衡型约束中会引入剩余变量。因为目标函数中并不包含决策变量 x_3、x_4 和 x_5，它们对应的目标函数系数为零，即 $c_3 = c_4 = c_5 = 0$。

例 2-4（线性规划标准型） 将如下线性规划问题转换为标准型：

$$\min \ w = -x_1 + 2x_2 - 3x_3$$
$$\text{s.t.} \begin{cases} x_1 + x_2 + x_3 \leqslant 7 \\ x_1 - x_2 + x_3 \geqslant 2 \\ -3x_1 + x_2 + 2x_3 = 5 \\ x_1, x_2 \geqslant 0, x_3\text{无约束} \end{cases}$$

解

（1）令 $x_3 = x_4 - x_5$，其中 $x_4, x_5 \geqslant 0$；

（2）在第一个不等式约束中引入松弛变量 x_6；

（3）在第二个不等式约束中引入剩余变量 x_7；

（4）令 $z = -w$，把求最小化的优化问题转化为求最大化。

通过上述变换，得到原问题的标准型如下：

$$\max \ z = x_1 - 2x_2 + 3(x_4 - x_5)$$
$$\text{s.t.} \begin{cases} x_1 + x_2 + x_4 - x_5 + x_6 = 7 \\ x_1 - x_2 + x_4 - x_5 - x_7 = 2 \\ -3x_1 + x_2 + 2(x_4 - x_5) = 5 \\ x_1, x_2, x_4, x_5, x_6,\ x_7 \geqslant 0 \end{cases}$$

综上，在将一般线性规划问题转化为标准型时：

- 如果目标函数求最小，可以将目标函数系数乘以 (-1)，等价为求最大；
- 对“小于等于”型约束，引入非负松弛变量；
- 对“大于等于”型约束，引入非负剩余变量；
- 对取值非正的决策变量 x_j，可以做变量替换 $x_j = -x_j'$，其中 x_j' 取值非负；
- 对取值自由的决策变量 x_j，可以引入 $x_j = x_j' - x_j''$，其中 x_j' 和 x_j'' 均为非负。

2.3 线性规划的图解法

对于只有两个决策变量的线性规划问题，可以考虑采用图解法来寻找其最优解。图解法简单直观，也有助于了解线性规划问题求解的基本原理和理解线性规划问题的某些重要性质。下面结合一个资源配置问题介绍图解法的一般步骤。

例 2-5（线性规划图解法） 用图解法求解如下资源配置问题：

$$\max z = 2x_1 + 3x_2$$

$$\text{s.t.}\begin{cases} x_1 + 2x_2 \leqslant 8 & \text{资源1} \\ 4x_1 \leqslant 16 & \text{资源2} \\ 4x_2 \leqslant 12 & \text{资源3} \\ x_1, x_2 \geqslant 0 & \text{非负性} \end{cases}$$

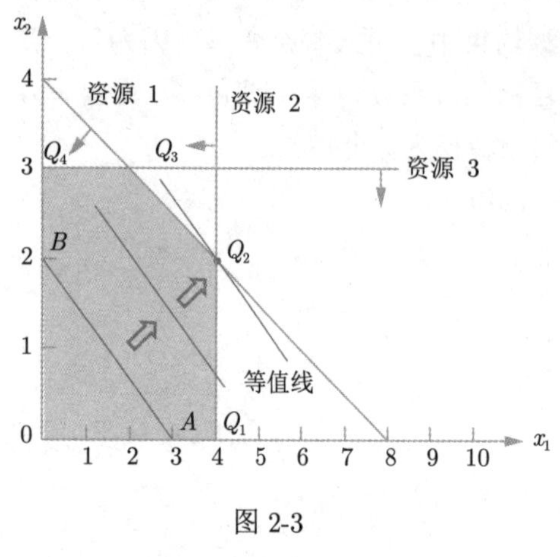

图 2-3

解 求解上述线性规划问题，需要在满足所有约束条件的所有点 (x_1, x_2) 中，找一个能使目标函数达到最大的方案。因为该问题只有两个非负决策变量，我们可以画一个二维坐标系，其中 x_1 对应横轴，x_2 对应纵轴。因为两个决策变量都是非负的，所以只需要画坐标系中的第一象限即可（如图 2-3 所示）。

依次考虑三个约束条件。先考虑资源 1 对应的约束，在二维坐标上画出直线 $x_1+2x_2=8$。很显然，位于该直线右上方的任何一点都满足 $x_1+2x_2>8$，而位于该直线左下方的任何一点都满足 $x_1+2x_2<8$。因此，要保证满足约束 1，我们只能取位于直线 $x_1+2x_2=8$ 上，或者位于这条直线下方的非负点（如箭头方向所示）。类似地，考虑资源 2 和资源 3 的限制，又可以画出另外两条直线；特别是，考虑到对应的限制，只能取位于直线上或者下方的点。上述三条直线构成的可行区间的交集如图 2-3 中的阴影区域所示；该阴影区域被称为线性规划问题的“可行域”，凡是位于可行域之外的点都不是可行的。

下面考虑目标函数。要在可行域上找到使得目标函数达到最大值的方案，可以在二维坐标系上取两个点 $A(3, 0)$ 和 $B(0, 2)$，并做连线 AB。很显然，所有在线段 AB 上的点都满足 $2x_1+3x_2=6$；也就是说线段 AB 上任一点所对应的目标函数值都为 6，因此我们将 AB 称为该线性规划问题的一条等值线。如果将直线 AB 向右上方平移一些，会得到一条新的直线，它也是一条等值线；而且该等值线对应的目标函数值高于 6。事实上，在该二维坐标系中，凡是与直线 AB 平行的其他直线也都是等值线。特别是，越是往右上方平移等值线，它所对应的目标函数值越大。因此，要找到目标函数最大的方案，我们应该尽可能地往右上方平移等值线，直到不能进一步平移为止。在该例子中，不难直观地发现，当等值线向右上方平移到经过 Q_2 点时，如果进一步平移等值线，那么等值线将和可行域没有交集了。这意味着这里的 Q_2 点就是使目标函数达到最大的方案了。

那么，Q_2 点对应的决策究竟是多少呢？不难发现，Q_2 点刚好是约束 1 和约束 2 所对应的直线的交点。这意味着 Q_2 点的坐标同时满足如下条件：

$$\begin{cases} x_1 + 2x_2 = 8 \\ 4x_1 = 16 \end{cases}$$

求解上述联立方程组,我们可得 $(x_1, x_2) = (4, 2)$。因此,原线性规划问题的最优解为 $(x_1^*, x_2^*) = (4, 2)$，对应的最优目标函数值为 $z^* = 14$。

因为最优点 Q_2 刚好是约束 1 和约束 2 对应方程的联立解，这意味着如果采用 Q_2 点的生产方案，那么将刚好消耗完该两个约束对应的资源。于是，约束 1 和约束 2 将成为“紧约束”。相反，约束 3 对应的资源将剩余 $12-8=4$ 个单位；因此，它为一个“非紧约束”。换言之，在最优生产安排下，紧约束对应的是系统的稀缺资源（或瓶颈资源），而非紧约束对应的是系统的过剩资源。

值得一提的是，通过引入松弛变量，上述例子对应的标准型如下：

$$\max z = 2x_1 + 3x_2$$
$$\text{s.t.}\begin{cases} x_1 + 2x_2 + x_3 = 8 & \text{资源1} \\ 4x_1 + x_4 = 16 & \text{资源2} \\ 4x_2 + x_5 = 12 & \text{资源3} \\ x_1, x_2, x_3, x_4, x_5 \geqslant 0 & \text{非负性} \end{cases}$$

直观上，上述标准型线性规划问题的最优解应该为 $(x_1^*, x_2^*, x_3^*, x_4^*, x_5^*) = (4, 2, 0, 0, 4)$。这里的 x_5^* 刚好对应于剩余的第三种资源。

综上，对于只有两个决策变量的线性规划问题，图解法的一般步骤包括：

- 第一步：画二维直角坐标系，非负约束构成坐标系的第一象限。
- 第二步：画出每条约束所对应的区域（对不等式约束，首先画出等式线，再判明约束方向），并确定线性规划问题的可行域（即各条约束所对应区域的交集）。
- 第三步：根据目标优化方向平移目标函数等值线，直到不能再平移为止，确定线性规划问题对应的最优点。
- 第四步：根据最优点满足的等式构建联立方程组，从而求解出最优方案，并计算最优方案所对应的最优目标函数值。

根据上述步骤，在图解法求解过程中可能会碰到一些特殊的情形，包括：

1. 存在多个最优解的情形

在上面的例子中，假设目标函数系数发生变化，目标函数变为 $z = 2x_1 + 4x_2$。因为可行域并没发生变化，只需要调整等值线的方向即可。不难发现，等值线的斜率刚好和可行域的一个边界（CD）平行。因此，在向右上方平移等值线的过程中，当等值线经过 C 点或者 D 点时即达到最优。直观上，线段 CD 上的任何一点都能使目标函数达到最大（因为 CD 是等值线）。此时，线性规划问题存在无穷多个最优解（如图 2-4 所示）。

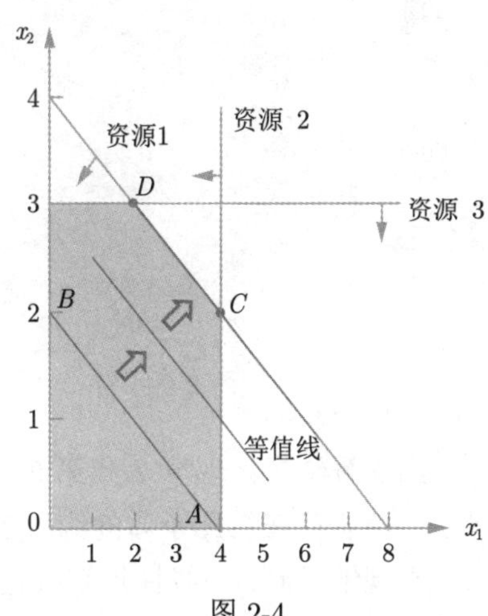

图 2-4

$$\max z = 2x_1 + 4x_2$$

$$\text{s.t.}\begin{cases} x_1 + 2x_2 + x_3 = 8 & \text{资源 1} \\ 4x_1 + x_4 = 16 & \text{资源 2} \\ 4x_2 + x_5 = 12 & \text{资源 3} \\ x_1, x_2 \geqslant 0 & \text{非负性} \end{cases}$$

2. 可行域为空集的情形

在绘制可行域的过程中，如果各个约束条件所确定的区域的交集为空，那么可行域为空集。这意味着不存在能同时满足所有约束条件的方案，因此，该线性规划问题无解（如图 2-5 所示）。

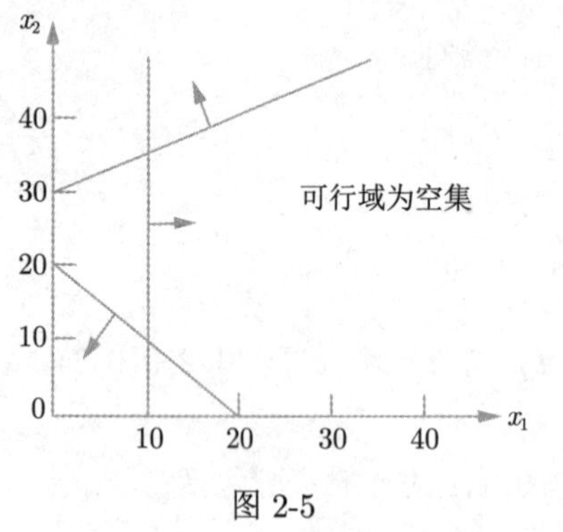

$$\max z = x_1 + \frac{1}{3}x_2$$

$$\text{s.t.}\begin{cases} x_1 + x_2 \leqslant 20 \\ -2x_1 + 5x_2 \geqslant 150 \\ x_1 \geqslant 10 \\ x_1, x_2 \geqslant 0 \end{cases}$$

图 2-5

3. 无有界最优解的情形

在平移等值线的过程中，如果等值线可以无限地向改进目标函数的方向平移（如图 2-6 所示），那么该线性规划问题的最优解是无穷大（或者无穷小）；我们称该种情形为“无有界最优解”。

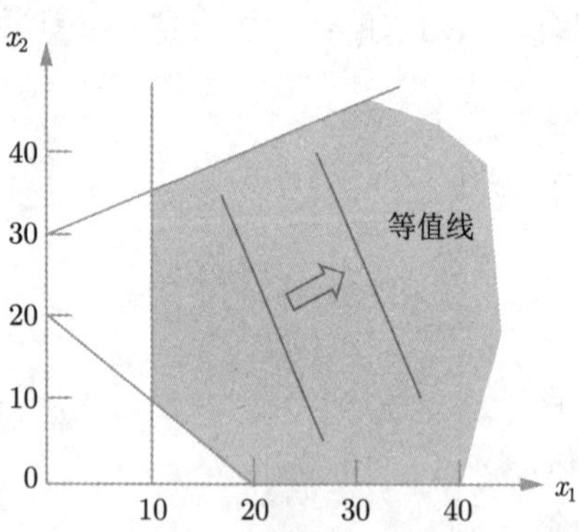

$$\max z = x_1 + \frac{1}{3}x_2$$

$$\text{s.t.}\begin{cases} x_1 + x_2 \geqslant 20 \\ -2x_1 + 5x_2 \leqslant 150 \\ x_1 \geqslant 10 \\ x_1, x_2 \geqslant 0 \end{cases}$$

图 2-6

当求解结果出现第 2 或第 3 两种情况时，一般说明线性规划问题的数学模型可能存在错误。前者存在彼此矛盾的约束条件，后者缺乏必要的约束条件，建模时应注意。从图解法中直观地见到，当线性规划问题的可行域非空时，它是有界或无界凸多边形。直观上，若线性规划问题存在有界最优解，它一定在可行域的某个顶点得到；若在两个顶点同时得到最优解，则它们连线上的任意一点都是最优解，即有无穷多最优解。图解法虽然直观、简便，但当变量数多于三个时，它就无能为力了；因此，图解法往往只适用于两个决策变量的情形。

2.4 线性规划问题解的性质

本节中，我们将在如下标准型的基础上讨论线性规划问题解的一般性质：

$$\max \quad z=\sum_{j=1}^{n} c_j x_j \tag{2-9}$$

$$\text{s.t.}\begin{cases}\sum_{j=1}^{n} a_{ij}x_j=b_i, \quad i=1,2,\cdots,m \\ x_j \geqslant 0, \quad j=1,2,\cdots,n\end{cases} \tag{2-10}$$

在上述问题中，$\boldsymbol{A}$ 是一个 $m\times n$ 阶的系数矩阵。一般情况下，$m\leqslant n$；否则，在约束 (2-10) 的 m 个方程中，至少有 $(m-n)$ 个方程是多余的（即它们可以通过其他方程的线性组合得到），或者方程组的解是空集。此外，我们还假设矩阵 $\boldsymbol{A}$ 的秩是 m（即 $\boldsymbol{A}$ 的 m 个行向量彼此线性独立）；否则，也存在多余的方程。

2.4.1 几个基本概念

1. 可行解与最优解

满足线性规划模型约束条件 (2-10) 的解，称为**可行解**；所有可行解构成的集合称为“**可行域**”。在可行域中，能使目标函数 (2-9) 达到最大的解称为**最优解**。

2. 基、基向量与基变量

因为工艺矩阵 $\boldsymbol{A}$ 的秩为 m，从列向量的角度，$\boldsymbol{A}$ 的 n 列中，至少存在 m 列彼此线性独立。因此，在矩阵 $\boldsymbol{A}$ 中存在一个 $m\times m$ 阶的子矩阵 $\boldsymbol{B}$，其秩为 m（即 $\boldsymbol{B}$ 为满秩矩阵）。不失一般性，设

$$\boldsymbol{B}=\begin{bmatrix} a_{11} & a_{12} & \cdots & a_{1m} \\ a_{21} & a_{22} & \cdots & a_{2m} \\ \vdots & \vdots & \ddots & \vdots \\ a_{m1} & a_{m2} & \cdots & a_{mm} \end{bmatrix}=(\boldsymbol{P}_1,\boldsymbol{P}_2,\cdots,\boldsymbol{P}_m)$$

我们称该满秩子矩阵 $\boldsymbol{B}$ 为一个基阵，简称为**基**（**Base**）。基阵中的每一个列向量 $\boldsymbol{P}_j(j=1,2,\cdots,m)$ 称为一个**基向量**；与基向量 $\boldsymbol{P}_j$ 对应的变量 x_j 称为**基变量**。工艺矩阵中除基向量以外的其他列向量则称为**非基向量**，除基变量以外的其他变量则称为**非基变量**。比如：

$$\boldsymbol{A}=\begin{bmatrix} a_{11} & a_{12} & \cdots & a_{1n} \\ a_{21} & a_{22} & \cdots & a_{2n} \\ \vdots & \vdots & \ddots & \vdots \\ a_{m1} & a_{m2} & \cdots & a_{mn} \end{bmatrix}=(\boldsymbol{P}_1,\boldsymbol{P}_2,\cdots,\boldsymbol{P}_m,\boldsymbol{P}_{m+1},\cdots,\boldsymbol{P}_n)=(\boldsymbol{B},\ \boldsymbol{N})$$

其中，$\boldsymbol{P}_{m+1},\cdots,\boldsymbol{P}_n$ 为非基向量，$x_{m+1},\cdots,x_n$ 为非基变量。

3. 基解、基可行解与可行基

为了方便，我们将变量 $\boldsymbol{X}$ 分为两部分 $\boldsymbol{X}=\begin{bmatrix}\boldsymbol{X}_B\\ \boldsymbol{X}_N\end{bmatrix}$，其中

$$\boldsymbol{X}_B=(x_1,x_2,\cdots,x_m)^{\mathrm{T}},\quad \boldsymbol{X}_N=(x_{m+1},x_{m+2},\cdots,x_n)^{\mathrm{T}}$$

考虑约束条件 $\boldsymbol{AX}=\boldsymbol{b}$: 按照上述符号定义，方程组等价于

$$(\boldsymbol{B},\boldsymbol{N})\begin{bmatrix}\boldsymbol{X}_B\\ \boldsymbol{X}_N\end{bmatrix}=\boldsymbol{b}$$

即

$$\boldsymbol{BX}_B+\boldsymbol{NX}_N=\boldsymbol{b}$$

考虑到 $\boldsymbol{B}$ 是满秩子矩阵，它是可逆的，我们有

$$\boldsymbol{X}_B=\boldsymbol{B}^{-1}(\boldsymbol{b}-\boldsymbol{NX}_N)$$

对应于基 $\boldsymbol{B}$，如果令 $\boldsymbol{X}_N=0$，可以得到一个解 $\boldsymbol{X}=\begin{bmatrix}\boldsymbol{B}^{-1}\boldsymbol{b}\\ 0\end{bmatrix}$；我们称该解是对应于基 $\boldsymbol{B}$ 的**基解**。当然，$\boldsymbol{B}^{-1}\boldsymbol{b}$ 不一定所有分量都为非负取值。只有 $\boldsymbol{B}^{-1}\boldsymbol{b}\geqslant 0$ 时，解 $\boldsymbol{X}=\begin{bmatrix}\boldsymbol{B}^{-1}\boldsymbol{b}\\ 0\end{bmatrix}$ 才是原线性规划问题的一个可行解。我们把满足变量非负约束（即 $\boldsymbol{B}^{-1}\boldsymbol{b}\geqslant 0$）的基解称为**基可行解**，对应于基可行解的基阵称为一个**可行基**。

例 2-6（基解） 找出下述线性规划问题可行域中的所有基解，并指出哪些是基可行解。

$$\max \quad z=x_1+2x_2$$

$$\text{s.t.}\begin{cases}x_1+2x_2+x_3=30\\ 3x_1+2x_2+x_4=60\\ 2x_2+x_5=24\\ x_1,x_2,x_3,x_4,x_5\geqslant 0\end{cases}$$

解 在本例中 $m=3$，$n=5$，因此最多有 10 个基。比如，如果取 $\boldsymbol{B}=(\boldsymbol{P}_1,\boldsymbol{P}_2,\boldsymbol{P}_3)$，可得对应的基解为 $\boldsymbol{X}=(12,12,-6,0,0)$，不满足非负性约束，因此该基解对应的不是基可行解。通过穷举，该线性规划问题总共有 9 个基解，其中有 5 个基可行解（如表 2-3 所示）。

表 2-3

序号	x_1	x_2	x_3	x_4	x_5	是否基可行解
①	12	12	−6	0	0	否
②	6	12	0	18	0	是
③	15	7.5	0	0	9	是
④	20	0	10	0	24	是
⑤	30	0	0	−30	24	否
⑥	0	12	6	36	0	是

续表

序号	x_1	x_2	x_3	x_4	x_5	是否基可行解
⑦	0	30	−30	0	−36	否
⑧	0	15	0	30	−6	否
⑨	0	0	30	60	24	是

值得一提的是，在本例中，x_3, x_4, x_5 可以看作是如下约束条件中引入的松弛变量：

$$\begin{cases} x_1 + 2x_2 \leqslant 30 \\ 3x_1 + 2x_2 \leqslant 60 \\ 2x_2 \leqslant 24 \\ x_1, x_2 \geqslant 0 \end{cases}$$

如果用二维坐标系画出上述约束条件所定义的可行域（如图 2-7 所示），可以发现以上 9 个基解刚好对应于三条直线和两条坐标轴之间的交点（其中⑦对应的坐标为 (0,30)）；其中 5 个基可行解刚好对应于可行域的五个顶点，其余 4 个点对应于可行域之外的交点。

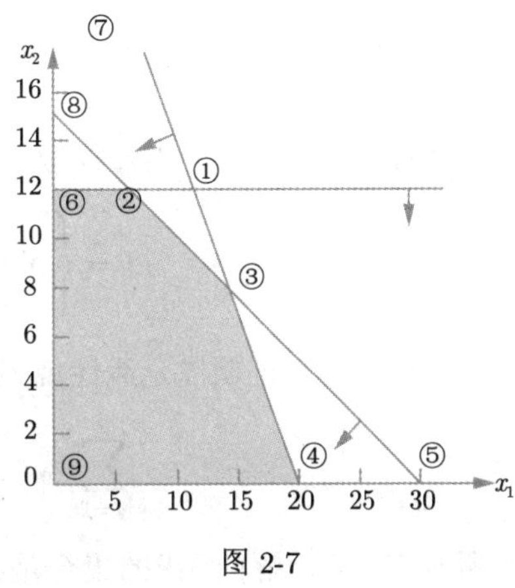

图 2-7

4. 凸集与凸组合

设 D 是 n 维欧氏空间的一点集，若 D 中任意两点 X_1 和 X_2 的连线上的所有点也属于集合 D，则称集合 D 为一个凸集。

因为两点 X_1 和 X_2 之间的连线可以表示为

$$\alpha X_1 + (1-\alpha)X_2, \quad 0 < \alpha < 1$$

因此，凸集用数学语言描述为：对集合 D 中任意两点 X_1 和 X_2，如果对任意 $\alpha \in (0,1)$，均有 $\alpha X_1 + (1-\alpha)X_2 \in D$，则称集合 D 为一个凸集。根据该定义，不难看出在图 2-8 中，(a) 和 (b) 是凸集，而 (c) 和 (d) 不是凸集。

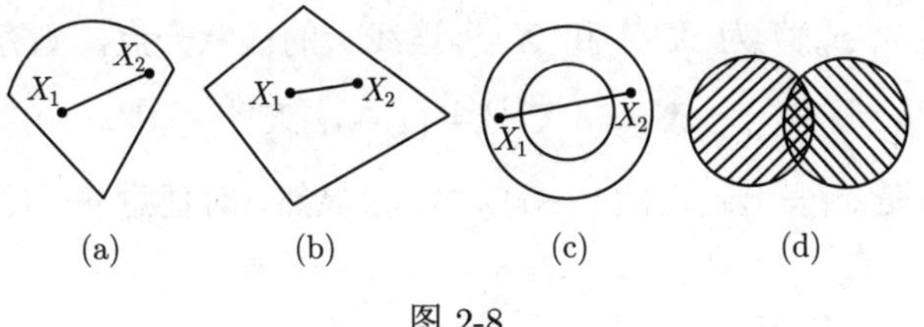

图 2-8

设 X_i，$i=1,2,\cdots,k$，是 n 维欧氏空间中的 k 个点，若存在一组数 μ_i，$i=1,2,\cdots,k$，满足 $\mu_i \in [0,1]$，而且 $\mu_1+\mu_2+\cdots+\mu_k=1$，那么

$$X = \mu_1 X_1 + \mu_2 X_2 + \cdots + \mu_k X_k$$

是点 X_1，X_2，$\cdots$，X_k 的**凸组合**。

相应地，对于一个凸集 D 中的点 X，如果不存在两个不同的点 $X_1 \in D$ 和 $X_2 \in D$，使得 X 成为这两个点连线上的一个点，则我们称点 X 为一个顶点。换言之，如果对任何点 $X_1 \in D$ 和 $X_2 \in D$，不存在常数 $\alpha \in (0,1)$，使得 $X = \alpha X_1 + (1-\alpha)X_2$，那么点 X 为凸集 D 的一个顶点。

2.4.2 几个基本定理

正如图解法中可以直观看到的，线性规划问题的可行域都是凸集，如下定理给出了严格的证明。

定理 2-1 如果一个线性规划问题的可行域非空，则其可行域

$$D = \left\{ X \left| \sum_{j=1}^{n} P_j x_j = b, x_j \geqslant 0 \right. \right\} \text{是凸集。}$$

证明：为了证明满足线性规划问题的约束条件

$$\sum_{j=1}^{n} P_j x_j = b, \quad x_j \geqslant 0, \ j = 1, 2, \cdots, n$$

的所有点 (可行解) 组成的集合是凸集，只要证明 D 中任意两点连线上的点也位于 D 内即可。

任取可行域 D 内的两个不同点

$$\boldsymbol{X}^{(1)} = \left(x_1^{(1)}, \ x_2^{(1)}, \ \cdots, \ x_n^{(1)} \right)^{\mathrm{T}}$$

$$\boldsymbol{X}^{(2)} = \left(x_1^{(2)}, x_2^{(2)}, \cdots, x_n^{(2)} \right)^{\mathrm{T}}$$

则有

$$\sum_{j=1}^{n} \boldsymbol{P}_j x_j^{(1)} = \boldsymbol{b}, \quad x_j^{(1)} \geqslant 0, \quad j = 1, 2, \cdots, n$$

$$\sum_{j=1}^{n} \boldsymbol{P}_j x_j^{(2)} = \boldsymbol{b}, \quad x_j^{(2)} \geqslant 0, \quad j = 1, 2, \cdots, n$$

令 $\boldsymbol{X} = (x_1, x_2, \cdots, x_n)^{\mathrm{T}}$ 为 $\boldsymbol{X}^{(1)}$ 和 $\boldsymbol{X}^{(2)}$ 连线上的任意一点，则存在 $\alpha \in [0,1]$，使得

$$\boldsymbol{X} = \alpha \boldsymbol{X}^{(1)} + (1-\alpha) \boldsymbol{X}^{(2)}$$

即 $\boldsymbol{X}$ 的每一个分量是 $x_j = \alpha x_j^{(1)} + (1-\alpha) x_j^{(2)}$。很显然，对任意 $j = 1, 2, \cdots, n$，都有 $x_j \geqslant 0$ 成立，同时，

$$\sum_{j=1}^{n} \boldsymbol{P}_j x_j = \sum_{j=1}^{n} \boldsymbol{P}_j \left[\alpha x_j^{(1)} + (1-\alpha) \, x_j^{(2)} \right]$$

$$= \alpha \sum_{j=1}^{n} \boldsymbol{P}_j x_j^{(1)} + (1-\alpha) \sum_{j=1}^{n} \boldsymbol{P}_j x_j^{(2)}$$

$$= \alpha \boldsymbol{b} + (1-\alpha)\boldsymbol{b} = \boldsymbol{b}$$

因此，$\boldsymbol{X} \in D$；即 D 是凸集。

引理 2-1 设 D 为有界凸多面集，那么对该凸集中的任何一点 $\boldsymbol{X}\in D$，它必可表示为 D 的顶点的凸组合。

该引理可以用数学归纳法加以证明，证明从略。

定理 2-2 如果线性规划问题的可行域有界，则其最优值必可在某个顶点处获得。

证明 利用反证法。记 $X^{(1)}, X^{(2)}, \cdots, X^{(k)}$ 是可行域 D 的 k 个顶点，假设它们都不是线性规划问题的最优解。记 X^* 为最优点，即最大值点为 $z^* = CX^*$。根据引理 2-1，X^* 可以表示为可行域顶点的凸组合，即存在一组非负参数 μ_i $(i=1,2,\cdots,k)$，$\sum\limits_{i=1}^{k} \mu_i = 1$，使得

$$X^* = \sum_{i=1}^{k} \mu_i X^{(i)}$$

因此

$$z^* = CX^* = \sum_{i=1}^{k} \mu_i CX^{(i)} < \sum_{i=1}^{k} \mu_i z^* = z^*$$

上述不等式之所以成立，是因为根据假设对任意顶点，其对应的目标函数值小于 z^*。于是，矛盾产生。这意味着线性规划的最优值点至少可以在某个顶点处找到。

有时目标函数可能在多个顶点处达到最大值。此时，在这些顶点的凸组合上也达到最大值，我们称该线性规划问题有无穷多个最优解。

另外，若可行域为无界，则可能无最优解，也可能有最优解。如果存在有界最优解，那么该最优解也必定在某顶点上得到。

引理 2-2 线性规划问题的可行解 $\boldsymbol{X}$ 是基可行解的充分必要条件是：$\boldsymbol{X}$ 的非零分量对应的系数列向量线性独立。

证明 （1）必要性。由基可行解的定义可知。

（2）充分性。若向量 $\boldsymbol{P}_1, \boldsymbol{P}_2, \cdots, \boldsymbol{P}_k$ 线性独立，则必有 $k \leqslant m$（因为矩阵 $\boldsymbol{A}$ 的秩为 m）。当 $k = m$ 时，它们恰好构成一个基，从而 $\boldsymbol{X} = (x_1, x_2, \ldots, x_k, 0, \cdots, 0)$ 为对应于基 $\boldsymbol{B} = (\boldsymbol{P}_1, \boldsymbol{P}_2, \cdots, \boldsymbol{P}_k)$ 的基可行解。当 $k < m$ 时，则一定可以从其余的列向量中找出 $m-k$ 个列向量，它们与 $\boldsymbol{P}_1, \boldsymbol{P}_2, \cdots, \boldsymbol{P}_k$ 刚好构成一个满秩子矩阵 $\boldsymbol{B}$。此时，可行解 X 为对应于基 $\boldsymbol{B}$ 的基可行解。

以下定理建立了基可行解和可行域顶点之间的关系。

定理 2-3 线性规划问题的基可行解 $\boldsymbol{X}$ 刚好对应于可行域上的某个顶点。

证明 等价于要证明定理的逆否命题：可行解 $\boldsymbol{X}$ 不是基可行解的充分必要条件是 $\boldsymbol{X}$ 不是可行域顶点。

(1)首先证明必要性($\Longrightarrow$)。给定可行域内的某点 $\boldsymbol{X}$，如果它不是一个基可行解，根据引理 2-2 可知，$\boldsymbol{X}$ 的非零分量对应的系数列向量线性相关。不失一般性，记 $\boldsymbol{X} = (x_1, x_2, \cdots, x_k,$

$0,\cdots,0)$，其中 $x_1,x_2,\cdots,x_k$ 是非零分量。于是，存在一组不全为零的数 μ_i $(i=1,2,\cdots,k)$，使得

$$\mu_1\boldsymbol{P}_1+\mu_2\boldsymbol{P}_2+\cdots+\mu_k\boldsymbol{P}_k=0 \tag{2-11}$$

因为 $\boldsymbol{AX}=\boldsymbol{b}$，我们知

$$(\boldsymbol{P}_1,\ \boldsymbol{P}_2,\cdots,\boldsymbol{P}_n)\begin{bmatrix}x_1\\x_2\\\vdots\\x_k\\0\\\vdots\\0\end{bmatrix}=\boldsymbol{b}$$

即

$$x_1\boldsymbol{P}_1+x_2\boldsymbol{P}_2+\cdots+x_k\boldsymbol{P}_k=\boldsymbol{b} \tag{2-12}$$

取一个足够小的正数 $\delta>0$，令

$$\boldsymbol{X}^{(1)}:=(x_1+\delta\mu_1,x_2+\delta\mu_2,\cdots,x_k+\delta\mu_k,0,\cdots,0)^{\mathrm{T}}$$

$$\boldsymbol{X}^{(2)}:=(x_1-\delta\mu_1,x_2-\delta\mu_2,\cdots,x_k-\delta\mu_k,0,\cdots,0)^{\mathrm{T}}$$

很显然，可以取

$$\delta=\frac{1}{2}\min\left\{\frac{x_i}{\mu_i}|\mu_i>0\right\}$$

从而有 $\boldsymbol{X}^{(1)}\geqslant 0$，$\boldsymbol{X}^{(2)}\geqslant 0$，而且 $\boldsymbol{AX}^{(1)}=\boldsymbol{AX}^{(2)}=\boldsymbol{b}$。即 $\boldsymbol{X}^{(1)}$ 和 $\boldsymbol{X}^{(2)}$ 是线性规划可行域上的两个不同的点。不难发现，

$$\boldsymbol{X}=\frac{\boldsymbol{X}^{(1)}+\boldsymbol{X}^{(2)}}{2}$$

因此，根据顶点的定义可知，$\boldsymbol{X}$ 不是可行域的顶点。

（2）再证明充分性（$\Longleftarrow$）。给定非顶点的可行解 $\boldsymbol{X}=(x_1,x_2,\cdots,x_k,0,\cdots,0)$，其中 $x_1,x_2,\cdots,x_k$ 是非零分量，我们要证明它不可能是一个基可行解。根据顶点的定义，可以在可行域中找到两个不相同的点 $\boldsymbol{X}^{(1)}$ 和 $\boldsymbol{X}^{(2)}$，以及一个正数 $\alpha\in(0,1)$，使得

$$\boldsymbol{X}=\alpha\boldsymbol{X}^{(1)}+(1-\alpha)\boldsymbol{X}^{(2)}$$

很显然，$\boldsymbol{X}$ 的零分量所对应的 $\boldsymbol{X}^{(1)}$ 和 $\boldsymbol{X}^{(2)}$ 的分量也一定取零，即可以记

$$\boldsymbol{X}^{(1)}=(\hat{x}_1,\hat{x}_2,\cdots,\hat{x}_k,0,\cdots,0)^{\mathrm{T}}$$

$$\boldsymbol{X}^{(2)}=(\tilde{x}_1,\tilde{x}_2,\cdots,\tilde{x}_k,0,\cdots,0)^{\mathrm{T}}$$

因为 $\boldsymbol{AX}^{(1)}=\boldsymbol{AX}^{(2)}=\boldsymbol{b}$，可得

$$\sum_{i-1}^{k}(\hat{x}_i-\tilde{x}_i)P_i=0$$

考虑到 $\boldsymbol{X}^{(1)}\neq\boldsymbol{X}^{(2)}$，上式意味着 $\boldsymbol{P}_1$，$\boldsymbol{P}_2$，$\cdots$，$\boldsymbol{P}_k$ 是线性相关的。根据引理 2-2 可得，$\boldsymbol{X}$ 不是一个基可行解。

定理 2-3 表明，线性规划问题的顶点其实就是一个基可行解。因此，要寻找线性规划问题的最优解，不需要考虑可行域的内点，只需在基可行解上搜索即可。这一性质为开发线性规划的有效算法奠定了基础。

2.5 求解线性规划的单纯形法

搜索基可行解的基本思路是：先找出一个初始的基可行解，然后判断该基可行解是否最优；如果否，则转换到相邻的能进一步改善目标函数值的基可行解，直到找到最优解为止。先看一个例子。

例 2-7（单纯形法） 用单纯形法求解如下标准型的资源分配问题：

$$\max z=2x_1+3x_2$$
$$\text{s.t.}\begin{cases}x_1+2x_2+x_3=8 & \text{资源1}\\ 4x_1+x_4=16 & \text{资源2}\\ 4x_2+x_5=12 & \text{资源3}\\ x_1,x_2\geqslant 0 & \text{非负性}\end{cases}$$

解 该线性规划约束的系数矩阵为

$$\boldsymbol{A}=(\boldsymbol{P}_1,\boldsymbol{P}_2,\boldsymbol{P}_3,\boldsymbol{P}_4,\boldsymbol{P}_5)=\begin{bmatrix}1&2&1&0&0\\4&0&0&1&0\\0&4&0&0&1\end{bmatrix}$$

很显然，列向量 $(\boldsymbol{P}_3,\boldsymbol{P}_4,\boldsymbol{P}_5)$ 构成一个单位矩阵的基：

$$\boldsymbol{B}=(\boldsymbol{P}_3,\boldsymbol{P}_4,\boldsymbol{P}_5)=\begin{bmatrix}1&0&0\\0&1&0\\0&0&1\end{bmatrix}$$

对约束条件进行变换，将非基变量 (x_1,x_2) 移到约束的右边，有

$$\begin{cases}x_3=\ \ 8-x_1-2x_2\\ x_4=16-4x_1\\ x_5=12\qquad\ \ -4x_2\end{cases}\tag{2-13}$$

对应于基阵 $\boldsymbol{B}=(\boldsymbol{P}_3,\boldsymbol{P}_4,\boldsymbol{P}_5)$ 的基可行解为 $\boldsymbol{X}^{(0)}$=(0, 0, 8, 16, 12)^{T}。该基可行解对应的生产安排是不生产任何产品，所以工厂的利润 z= 0。

分析目标函数的表达式 $z = 2x_1 + 3x_2$ 可以看到：非基变量 x_1, x_2 的系数都是正数。这意味着，如果提高产品 I 或 II 的产量（即把变量 x_1 或 x_2 从非基变量变为基变量），有可能提高目标函数的取值。特别是，每增加一单位的产品 I，能提升目标函数 2；每增加一单位的产品 II，能提升目标函数 3。因为产品 II 的边际收益高于产品 I，我们可以选择非基变量 x_2 为换入变量，将它换入到基变量中去。

相应地，必须从基变量 x_3, x_4, x_5 中确定一个换出变量，并保证其余的变量都是非负，即 $x_3, x_4, x_5 \geqslant 0$。

保持 $x_1 = 0$，由式 (2-13) 可得，在提升 x_2 的过程中必须保证

$$\begin{cases} x_3 = 8 - 2x_2 \geqslant 0 \\ x_4 = 16 \geqslant 0 \\ x_5 = 12 - 4x_2 \geqslant 0 \end{cases} \tag{2-14}$$

不难得到，x_2 的最大取值为 3；特别是 $x_2 = 3$ 时，基变量 $x_5 = 0$。因此，x_5 的身份从基变量转变为了非基变量。

为了求得以 x_3, x_4, x_2 为基变量的基可行解，需将式 (2-13) 中 x_2 的位置与 x_5 的位置对换。得到

$$\begin{cases} x_3 + 2x_2 = 8 - x_1 & ① \\ x_4 = 16 - 4x_1 & ② \\ 4x_2 = 12 - x_5 & ③ \end{cases} \tag{2-15}$$

用高斯消去法，将式 (2-15) 中 x_2 的系数列向量变换为单位列向量。其运算步骤是：③′=③/4；①′=①− 2×③′; ②′=②, 并将结果仍按原顺序排列有

$$\begin{cases} x_3 = 2 - x_1 + \dfrac{1}{2}x_5 & ①' \\ x_4 = 16 - 4x_1 & ②' \\ x_2 = 3 - \dfrac{1}{4}x_5 & ③' \end{cases} \tag{2-16}$$

再将式 (2-16) 代入目标函数，将目标函数写为非基变量的函数形式，得

$$z = 9 + 2x_1 - \frac{3}{4}x_5 \tag{2-17}$$

令非基变量 $x_1 = x_5 = 0$，得 $z = 9$。相应的基可行解为

$$\boldsymbol{X}^{(1)} = (0, 3, 2, 16, 0)^{\mathrm{T}}$$

目标函数表达式 (2-17) 中，非基变量 x_1 的系数为正，说明目标函数值还可以进一步增加，$\boldsymbol{X}^{(1)}$ 不一定是最优解。于是再次利用上述方法，确定换入、换出变量，继续迭代，再得到另一个基可行解

$$\boldsymbol{X}^{(2)} = (2, 3, 0, 8, 0)^{\mathrm{T}}$$

再经过一次迭代，下一个能改进目标函数值的基可行解为

$$\boldsymbol{X}^{(3)} = (4, 2, 0, 0, 4)^{\mathrm{T}}$$

其对应的目标函数表达式为

$$z = 14 - 1.5x_3 - 0.125x_4 \tag{2-18}$$

此时，所有非基变量 x_3, x_4 的系数都为负。这说明提高 x_3 或 x_4 的取值将不能进一步改进目标函数取值。因此，$\boldsymbol{X}^{(3)}$ 即为原问题的最优解。在该生产方案下，应该生产 4 件产品 I，2 件产品 Ⅱ。

对比例 2-5 的图解法不难看出，初始基可行解 $\boldsymbol{X}^{(0)}=(0,0,8,16,12)^{\mathrm{T}}$ 刚好对应于图 2-3 中的原点 (0, 0)；$\boldsymbol{X}^{(1)}=(0, 3, 2, 16, 0)^{\mathrm{T}}$ 对应于 Q_4 点 (0,3)；$\boldsymbol{X}^{(2)}=(2, 3, 0, 8, 0)^{\mathrm{T}}$ 对应于 Q_3 点 (2, 3)；最优解 $\boldsymbol{X}^{(3)}=(4, 2, 0, 0, 4)^{\mathrm{T}}$ 对应于 Q_2 点 (4, 2)。从初始基可行解 $\boldsymbol{X}^{(0)}$ 开始迭代，依次得到 $\boldsymbol{X}^{(1)}$，$\boldsymbol{X}^{(2)}$，$\boldsymbol{X}^{(3)}$。这相当于图 2-3 中的等值线平移时，从 0 点开始，首先碰到 Q_4，然后碰到 Q_3，最后达到 Q_2。下面讨论一般线性规划问题的求解。

2.5.1 单纯形法的原理

上述例子中通过“换基迭代”的方法搜索可行域的顶点，实际上采用的是一个称为“单纯形法”的过程。本节我们结合标准型线性规划模型，探讨其基本原理。我们还是研究如下问题：

$$\max \quad z = \sum_{j=1}^{n} c_j x_j$$

$$\text{s.t.} \begin{cases} \sum\limits_{j=1}^{n} a_{ij} x_j = b_i, \quad i = 1, 2, \cdots, m \\ x_j \geqslant 0, \quad j = 1, 2, \cdots, n \end{cases}$$

首先考虑一个特殊的情形：假设系数矩阵 $\boldsymbol{A}$ 中已经存在一个单位对角矩阵（对于系数矩阵中不存在单位对角矩阵的情形，将在 2.6 节介绍其初始基可行解的寻找方法)。不失一般性，假设

$$\boldsymbol{A} = \begin{bmatrix} 1 & 0 & \cdots & 0 & a_{1(m+1)} & \cdots & a_{1n} \\ 0 & 1 & \cdots & 0 & a_{2(m+1)} & \cdots & a_{2n} \\ \cdots & \cdots & \ddots & \cdots & \cdots & \ddots & \cdots \\ 0 & 0 & \cdots & 1 & a_{m(m+1)} & \cdots & a_{mn} \end{bmatrix}$$

第一步：确定初始基可行解

很显然，可以取基阵为

$$\boldsymbol{B} = (\boldsymbol{P}_1, \boldsymbol{P}_2, \cdots, \boldsymbol{P}_m) = \boldsymbol{I}$$

将所有基变量用非基变量的函数式来表示，可得

$$x_i = b_i - \sum_{j=m+1}^{n} a_{ij} x_j, i = 1, 2, \cdots, m$$

相应地，也将目标函数用非基变量的函数式表示为

$$
\begin{aligned}
z &= \sum_{i=1}^{m} c_i x_i + \sum_{j=m+1}^{n} c_j x_j \\
&= \sum_{i=1}^{m} c_i \left(b_i - \sum_{j=m+1}^{n} a_{ij} x_j \right) + \sum_{j=m+1}^{n} c_j x_j \\
&= \sum_{i=1}^{m} c_i b_i + \sum_{j=m+1}^{n} \left(c_j - \sum_{i=1}^{m} a_{ij} c_i \right) x_j
\end{aligned}
$$

因此，如果令非基变量 $x_{m+1} = x_{m+2} = \cdots = x_n = 0$，可以直观地得到初始基可行解为

$$\boldsymbol{X}^{(0)} = (x_1, x_2, \cdots, x_n)^{\mathrm{T}} = (b_1, b_2, \cdots, b_m, 0, \cdots, 0)^{\mathrm{T}}$$

它所对应的目标函数值为

$$z^{(0)} = \sum_{i=1}^{m} c_i b_i$$

第二步：判断最优性

从目标函数关于当前非基变量的函数式来判断当前基可行解是否最优。如果记

$$\lambda_j := c_j - \sum_{i=1}^{m} a_{ij} c_i, \quad j=m+1,\cdots,n \tag{2-19}$$

可知，

$$z = \sum_{i=1}^{m} c_i b_i + \sum_{j=m+1}^{n} \lambda_j x_j$$

因此，如果在 $\lambda_{m+1}, \cdots, \lambda_n$ 中有一个系数为正（比如设 $\lambda_k > 0$），则说明适当增加非基变量 x_k 的取值（从 0 变为一个正数），可以进一步改进目标函数值。当且仅当 $\lambda_{m+1}, \cdots, \lambda_n$ 均为非正时，我们才可以断定：进一步换基迭代不可能再次改进目标函数值。因此，可以直接利用 $\lambda_{m+1}, \cdots, \lambda_n$ 来判断当前基可行解是否已经达到最优。于是，我们将式 (2-19) 所定义的系数 λ_j 称为非基变量 x_j 的“检验系数”。当且仅当所有非基变量的检验系数为非正时，已经找到线性规划问题的最优解。

定理 2-4 对基可行解 $\boldsymbol{X}^{(0)}$，如果所有检验系数 $\lambda_k \leqslant 0$，$k=m+1,\cdots,n$，则 $\boldsymbol{X}^{(0)}$ 即为线性规划问题的最优解。

证明 因为检验系数均非正，我们可知，对任意可行解 $\boldsymbol{X}$，均有

$$z \leqslant \sum_{i=1}^{m} c_i b_i$$

即 $\sum\limits_{i=1}^{m} c_i b_i$ 是目标函数的上界。而当前的基可行解 $X^{(0)}$ 刚好能实现该上界值，因此，$\boldsymbol{X}^{(0)}$ 即为线性规划问题的最优解。

第三步：换基迭代

如果部分非基变量的检验系数为正，按照直观经验，可以选择检验系数最大的非基变量作为入基变量。不失一般性，记 x_k 为已经确定的入基变量（对应的 $\lambda_k > 0$）。为了确定出基变量，我们保持其他非基变量取值为 0 不变，来确定 x_k 的最大取值。要保持所有基变量依然为非负，需要保证对任意 $i=1,2,\cdots,m$：

$$x_i = b_i - a_{ik}x_k \geqslant 0$$

- 如果 $a_{ik} \leqslant 0$，很显然该不等式约束总是成立（即 x_k 可取无穷大）；
- 如果 $a_{ik} > 0$，则对应的有

$$x_k \leqslant \frac{b_i}{a_{ik}}$$

定理 2-5 如果某个非基变量 x_k 的检验系数为正，其对应的列向量 $\boldsymbol{P}_k = (a_{1k}, a_{2k}, \cdots, a_{mk})'$ 所有元素均非正，那么线性规划问题无有界最优解。

证明 因为 $\boldsymbol{P}_k = (a_{1k}, a_{2k}, \cdots, a_{mk})' \leqslant 0$，那么在将非基变量 x_k 入基的过程中，可以无限制地增加其取值。每增加一单位 x_k，目标函数值增加 λ_k。因此，目标函数值可以无限地朝改进的方向移动，线性规划问题的最优解无界。

考虑 a_{ik} 中至少有一个为正的情形。考虑到所有关于 x_k 的限制，我们可以取其交集，令

$$\theta := \min_{i=1,2,\cdots,m} \left\{ \frac{b_i}{a_{ik}} \middle| a_{ik} > 0 \right\} \tag{2-20}$$

则 θ 是非基变量 x_k 的最大取值。设在该取值处，某一基变量（记为 x_r）取值为零，即

$$b_r - a_{rk}\theta = 0$$

那么 x_r 是出基变量。

接下来，要用新的一组非基变量表示新的基变量，等价于在下列方程组中，将变量 x_r 从左边移到右边，同时将 x_k 移到左边。

$$\begin{cases} x_1 = b_1 - \sum\limits_{j=m+1}^{n} a_{1j}x_j \\ x_2 = b_2 - \sum\limits_{j=m+1}^{n} a_{2j}x_j \\ \cdots \\ x_m = b_m - \sum\limits_{j=m+1}^{n} a_{mj}x_j \end{cases}$$

（1） 对第 r 个方程，可以直接得到

$$x_k = \frac{b_r}{a_{rk}} - \frac{1}{a_{rk}}x_r - \sum_{j=m+1, j\neq k}^{n} \frac{a_{rj}}{a_{rk}}x_j$$

（2） 对 $i=1,2,\cdots,r-1,r+1,\cdots,m$，有

$$\begin{aligned}x_i&=b_i-\sum_{j=m+1,j\neq k}^{n}a_{ij}x_j-a_{ik}x_k\\&=b_i-\sum_{j=m+1,j\neq k}^{n}a_{ij}x_j-a_{ik}\left(\frac{b_r}{a_{rk}}-\sum_{j=m+1,j\neq k}^{n}\frac{a_{rj}}{a_{rk}}x_j-\frac{1}{a_{rk}}x_r\right)\\&=b_i-\frac{a_{ik}}{a_{rk}}b_r+\frac{a_{ik}}{a_{rk}}x_r-\sum_{j=m+1,j\neq k}^{n}\left(a_{ij}-\frac{a_{rj}}{a_{rk}}a_{ik}\right)x_j\end{aligned}$$

用非基变量来表示目标函数，为

$$\begin{aligned}z^{(1)}&=\sum_{i=1}^{m}c_ib_i+\sum_{j=m+1,j\neq k}^{n}\lambda_jx_j+\lambda_kx_k\\&=\sum_{i=1}^{m}c_ib_i+\sum_{j=m+1,j\neq k}^{n}\lambda_jx_j+\left(\frac{b_r}{a_{rk}}-\frac{1}{a_{rk}}x_r-\sum_{j=m+1,j\neq k}^{n}\frac{a_{rj}}{a_{rk}}x_j\right)\lambda_k\\&=\sum_{i=1}^{m}c_ib_i+\frac{b_r}{a_{rk}}\lambda_k-\frac{\lambda_k}{a_{rk}}x_r+\sum_{j=m+1,j\neq k}^{n}\left(\lambda_j-\frac{a_{rj}}{a_{rk}}\lambda_k\right)x_j\end{aligned}$$

如果令非基变量取值为零，可得基变量 $(x_1,\cdots,x_k,\cdots,x_m)$ 所对应的基可行解为

$$\boldsymbol{X}^{(1)}=(b_1-\theta a_{1k},b_2-\theta a_{2k},\cdots,b_m-\theta a_{mk},0,\cdots,\theta,0,\cdots,0) \tag{2-21}$$

相应的目标函数值为

$$z^{(1)}=\sum_{i=1}^{m}c_ib_i+\frac{b_r}{a_{rk}}\lambda_k=\sum_{i=1}^{m}c_ib_i+\theta\lambda_k=z^{(0)}+\theta\lambda_k$$

定理 2-6 经过换基迭代得到的新解 $\boldsymbol{X}^{(1)}$ 是一个基可行解；同时，它所对应的目标函数值相对 $z^{(0)}$ 是一个改进，即 $z^{(1)}>z^{(0)}$。

证明 要证明 $\boldsymbol{X}^{(1)}$ 是基可行解，只需要证明 $\boldsymbol{X}^{(1)}$ 的所有分量为非负即可。根据式(2-20) 对 θ 的定义，不难知 $X^{(1)}$ 是非负的。另一方面，

$$z^{(1)}-z^{(0)}=\theta\lambda_k>0$$

上述不等式之所以成立，是因为检验系数 λ_k 和 θ 的取值均为正。

定理 2-6 表明，经过换基迭代得到的新基可行解，它所带来的目标函数的增量刚好等于检验系数 λ_k 和 θ 值的乘积。这是因为 λ_k 可以看作是变量 x_k 的“边际效应”，即每增加一单位 x_k 所带来的目标函数值的变化量；同时，θ 值刚好对应于换基迭代过程中 x_k 的增量值（从 $0\rightarrow\theta$）。

接下来可以将 $\boldsymbol{X}^{(1)}$ 看作初始基可行解，重复前面三个步骤，进一步验证 $\boldsymbol{X}^{(1)}$ 的最优性，并根据结果进行换基迭代。如果线性规划问题存在有界最优解，那么通过有限步的换基迭代，总能找到该问题的最优解。

单纯形法的基本步骤可总结如下：

（1）确定初始基，得到初始的基可行解；

（2）检查非基变量检验数是否全部非正：若是，则已经得到最优解，若否，则转（3）；

（3）如果存在某检验系数 $\lambda_k>0$，检查变量 x_k 所对应的列向量 $\boldsymbol{P}_k$：如果 $\boldsymbol{P}_k$ 的所有元素非正，则线性规划问题无有界最优解，否则转（4）；

（4）根据最大非负检验系数确定入基变量 x_k，根据最小 θ 值确定出基变量 x_r；

（5）以 a_{rk} 为中心换基迭代，然后转（2）。

2.5.2 单纯形表

为了更加直观地进行换基迭代计算过程，可以将上述基可行解搜索过程通过表格的方式进行描述。一般情况下，单纯形表的布局方式如表 2-4 所示。

表 2-4 单纯形表

<table>
<tr><td colspan="3">$c_j \rightarrow$</td><td>目标函数系数</td><td rowspan="2">θ_i</td></tr>
<tr><td>$\boldsymbol{C_B}$</td><td>$\boldsymbol{X_B}$</td><td>$\boldsymbol{b}$</td><td>决策变量</td></tr>
<tr><td>基变量的目标函数系数</td><td>基变量</td><td>约束右边项 b</td><td>系数矩阵 $\boldsymbol{A}$</td><td>θ 值</td></tr>
<tr><td colspan="3">目标函数值</td><td>检验系数</td><td></td></tr>
</table>

还是针对 2.5.1 节的问题，我们将约束方程与目标函数组成 $n+1$ 个变量，$m+1$ 个方程的方程组：

$$
\begin{array}{l}
x_1 \qquad\qquad + a_{1m+1}x_{m+1} + \cdots + a_{1n}x_n = b_1 \\
\quad x_2 \qquad\quad + a_{2m+1}x_{m+1} + \cdots + a_{2n}x_n = b_2 \\
\qquad \ddots \\
\qquad\qquad x_m + a_{mm+1}x_{m+1} + \cdots + a_{mn}x_n = b_m \\
-z + c_1x_1 + c_2x_2 + \cdots + c_mx_m + c_{m+1}x_{m+1} + \cdots + c_nx_n = 0
\end{array}
$$

为方便迭代运算，上述方程组可以写成一个增广矩阵的形式：

$$
\begin{array}{c}
\begin{array}{cccccccc|c}
-z & x_1 & x_2 & \cdots & x_m & x_{m+1} & \cdots & x_n & b
\end{array} \\
\left[\begin{array}{cccccccc|c}
0 & 1 & 0 & \cdots & 0 & a_{1,m+1} & \cdots & a_{1n} & b_1 \\
0 & 0 & 1 & \cdots & 0 & a_{2,m+1} & \cdots & a_{2n} & b_2 \\
\vdots & \vdots & \vdots & \ddots & \vdots & \vdots & \ddots & \vdots & \vdots \\
0 & 0 & 0 & \cdots & 1 & a_{m,m+1} & \cdots & a_{mn} & b_m \\
1 & c_1 & c_2 & \cdots & c_m & c_{m+1} & \cdots & c_n & 0
\end{array}\right]
\end{array}
$$

若将 z 看作不参与基变换的基变量，它与 $x_1, x_2, \cdots, x_m$ 的系数构成一个基。这时可采用行初等变换将 $c_1, c_2, \cdots, c_m$ 变换为零，使其对应的系数矩阵为单位矩阵。得到

$$
\begin{array}{c}
\begin{matrix} -z & x_1 & x_2 & \cdots & x_m & x_{m+1} & \cdots & x_n & b \end{matrix} \\
\left[\begin{array}{cccccccc|c}
0 & 1 & 0 & \cdots & 0 & a_{1,m+1} & \cdots & a_{1n} & b_1 \\
0 & 0 & 1 & \cdots & 0 & a_{2,m+1} & \cdots & a_{2n} & b_2 \\
\vdots & \vdots & \vdots & \ddots & \vdots & \vdots & \ddots & \vdots & \vdots \\
0 & 0 & 0 & \cdots & 1 & a_{m,m+1} & \cdots & a_{mn} & b_m \\
1 & 0 & 0 & \cdots & 0 & c_{m+1}-\sum\limits_{i=1}^{m} c_i a_{i,m+1} & \cdots & c_n-\sum\limits_{i=1}^{m} c_i a_{in} & -\sum\limits_{i=1}^{m} c_i b_i
\end{array}\right]
\end{array}
$$

将上述增广矩阵整理到表 2-4 中，得到如下表 2-5:

表 2-5　初始单纯行表

$c_j \to$			c_1	$\cdots$	c_m	c_{m+1}	$\cdots$	c_n	θ_i
$\boldsymbol{C_B}$	$\boldsymbol{X_B}$	$\boldsymbol{b}$	x_1	$\cdots$	x_m	x_{m+1}	$\cdots$	x_n	
c_1	x_1	b_1	1	$\cdots$	0	$a_{1,m+1}$	$\cdots$	a_{1n}	θ_1
c_2	x_2	b_2	0	$\cdots$	0	$a_{2,m+1}$	$\cdots$	a_{2n}	θ_2
$\vdots$	$\vdots$	$\vdots$	$\vdots$	$\ddots$	$\vdots$	$\vdots$	$\ddots$	$\vdots$	$\vdots$
c_m	x_m	b_m	0	$\cdots$	1	$a_{m,m+1}$	$\cdots$	a_{mn}	θ m
			0	$\cdots$	0	$c_{m+1}-\sum\limits_{i=1}^{m} c_i a_{i,m+1}$	$\cdots$	$c_n-\sum\limits_{i=1}^{m} c_i a_{in}$	

具体来说：

（1）$\boldsymbol{X_B}$ 列中填入基变量，这里是 $x_1, x_2, \cdots, x_m$；

（2）$\boldsymbol{C_B}$ 列中填入基变量的目标函数系数，这里是$c_1, c_2, \cdots, c_m$；

（3）$\boldsymbol{b}$ 列中填入约束方程组右端的常数（右边项）；

（4）c_j 行中填入基变量的目标函数系数$c_1,c_2,\cdots,c_n$；

（5）θ_i 列的数字是在确定入基变量后，按 θ 规则计算后填入；

（6）最后一行为检验系数行，对应各非基变量 x_j 的检验数是

$$c_j - \sum_{i=1}^{m} c_i a_{ij}, \quad j = 1, 2, \cdots, n$$

表 2-5 称为初始单纯形表，每迭代一步将构造一个新的单纯形表。

计算步骤:

（1）根据数学模型确定初始可行基和初始基可行解，建立初始单纯形表。

（2）计算各非基变量 x_j 的检验数。如果所有检验系数均为非正，则已得到规划问题的最优解，可终止计算；否则，转入下一步。

（3）在所有检验系数大于零的非基变量中，如果某个非基变量 x_k 对应的系数列向量 $\boldsymbol{P}_k \leqslant 0$，则此问题无有界最优解，可终止计算；否则，转入下一步。

（4）在所有检验系数大于零的非基变量中，选择检验系数最大的非基变量 x_k 作为入基变量，按 θ 规则计算

$$\theta=\min\left(\frac{b_i}{a_{ik}}\,|a_{ik}>0\right)=\frac{b_r}{a_{rk}}$$

确定 x_r 为出基变量，转入下一步。

（5）以 a_{rk} 为中心进行换基迭代，把 x_k 所对应的列向量

$$\boldsymbol{P}_k=\begin{bmatrix} a_{1k}\\ a_{2k}\\ \vdots\\ a_{rk}\\ \vdots\\ a_{mk}\end{bmatrix}\quad \text{变换}\Rightarrow \quad \begin{bmatrix} 0\\ 0\\ \vdots\\ 1\\ \vdots\\ 0\end{bmatrix}\leftarrow \text{第 } r \text{ 行}$$

将 $\boldsymbol{X_B}$ 列中的 x_r 换为 x_k，得到新的单纯形表（如表 2-6 所示）。重复（2）～（5），直到终止。

表 2-6 换基迭代后的单纯形表

$c_j\to$			c_1	c_2	$\cdots$	c_m	c_{m+1}	$\cdots$	c_k	$\cdots$	c_n	θ_i
$\boldsymbol{C_B}$	基	$\boldsymbol{b}$	x_1	x_2	$\cdots$	x_m	x_{m+1}	$\cdots$	x_k	$\cdots$	x_n	
c_1	x_1	$b_1-a_{1k}\dfrac{b_r}{a_{rk}}$	1	0	$\cdots$	$\cdots$	$a_{1(m+1)}-a_{1k}\dfrac{a_{r(m+1)}}{a_{rk}}$	$\cdots$	0	$\cdots$	$a_{1n}-a_{1k}\dfrac{a_{rn}}{a_{rk}}$	
c_2	x_2	$b_2-a_{2k}\dfrac{b_r}{a_{rk}}$	0	1	$\cdots$	$\cdots$	$a_{2(m+1)}-a_{2k}\dfrac{a_{r(m+1)}}{a_{rk}}$	$\cdots$	0	$\cdots$	$a_{2n}-a_{2k}\dfrac{a_{rn}}{a_{rk}}$	
$\cdots$	$\cdots$	$\cdots$		$\cdots$	$\cdots$	$\cdots$	$\cdots$	$\cdots$	$\cdots$	$\cdots$	$\cdots$	
c_k	x_k	$\dfrac{b_r}{a_{rk}}$	0	$\cdots$	$\cdots$	$\cdots$	$\dfrac{a_{r(m+1)}}{a_{rk}}$	$\cdots$	1	$\cdots$	$\dfrac{a_{rn}}{a_{rk}}$	
$\cdots$	$\cdots$	$\cdots$		$\cdots$	$\cdots$	$\cdots$	$\cdots$	$\cdots$	$\cdots$	$\cdots$	$\cdots$	
c_m	x_m	b_m-a_{mk}	0	0	$\cdots$	$\cdots$	$a_{m(m+1)}-a_{mk}\dfrac{a_{r(m+1)}}{a_{rk}}$	$\cdots$	0	$\cdots$	$a_{mn}-a_{mk}\dfrac{a_{rn}}{a_{rk}}$	

下面通过一个具体的例子来演示单纯形表的计算过程。

例 2-8（单纯形法） 应用单纯形法求解以下线性规划问题：

$$\max \quad z=7x_1+12x_2$$

$$\text{s.t.}\begin{cases} 9x_1+4x_2+x_3 \qquad =36\\ 4x_1+5x_2 \quad +x_4 \quad =20\\ 3x_1+10x_2 \qquad +x_5=30\\ x_1,x_2,x_3,x_4,x_5\geqslant 0\end{cases}$$

解 首先确定初始基可行解，建立初始单纯形表。很显然，可以取变量 (x_3,x_4,x_5) 为初始基变量，因为它们所对应的系数矩阵中的列向量刚好构成一个单位阵。对应的初始单纯形表如表 2-7 所示。

表 2-7

	$c_j \rightarrow$		7	12	0	0	0	θ_i
$\boldsymbol{C_B}$	基	$\boldsymbol{b}$	x_1	x_2	x_3	x_4	x_5	
0	x_3	36	9	4	1	0	0	9
0	x_4	20	4	5	0	1	0	4
0	x_5	30	3	[10]	0	0	1	3
			7	12	0	0	0	

依次计算当前基可行解所对应的目标函数值、各决策变量的检验数，并填入上表相应的位置。因为 x_2 检验系数为正且最大，需要将它作为入基变量。计算每个基变量所对应的 θ_i 值，可知应该将 x_5 出基。因此，进行换基迭代，得到如表 2-8 所示的单纯形表。

表 2-8

	$c_j \rightarrow$		7	12	0	0	0	θ_i
$\boldsymbol{C_B}$	基	$\boldsymbol{b}$	x_1	x_2	x_3	x_4	x_5	
0	x_3	24	39/5	0	1	0	−2/5	120/39
0	x_4	5	[5/2]	0	0	1	−1/2	2
12	x_2	3	3/10	1	0	0	1/10	10
			3.4	0	0	0	−1.2	

计算检验系数和 θ_i 值，确定 x_1 入基，x_4 出基。换基迭代后得到如表 2-9 所示的单纯形表:

表 2-9

	$c_j \rightarrow$		7	12	0	0	0	θ_i
$\boldsymbol{C_B}$	基	$\boldsymbol{b}$	x_1	x_2	x_3	x_4	x_5	
0	x_3	8.4	0	0	1	−78/25	29/25	
7	x_1	2	1	0	0	2/5	−1/5	
12	x_2	2.4	0	1	0	−3/25	4/25	
			0	0	0	−1.36	−0.52	

计算检验系数，所有非基变量的检验系数均为非正。因此，当前基可行解即为线性规划问题的最优解，即 $\boldsymbol{X}^* = (2, 2.4, 8.4, 0, 0)^{\mathrm{T}}$，对应的最优目标函数值 $z^* = 42.8$。

单纯形法的换基迭代过程本质上是对约束方程 $\boldsymbol{AX}=\boldsymbol{b}$ 不断变换的过程。在每一步中，针对给定的基变量相对应的基阵 $\boldsymbol{B}$，相当于在最初约束方程两边左乘 $\boldsymbol{B}^{-1}$ 即可。下面考虑资源配置问题:

$$\max \quad z = \boldsymbol{CX}$$
$$\text{s.t.} \begin{cases} \boldsymbol{AX} \leqslant \boldsymbol{b} \\ \boldsymbol{X} \geqslant 0 \end{cases}$$

将其转化为标准化形式，通过引入松弛变量（记为 $\boldsymbol{X}_s$），有

$$\max \ z = \boldsymbol{CX}$$
$$\text{s.t.} \begin{cases} \boldsymbol{AX} + \boldsymbol{X}_s = \boldsymbol{b} \\ \boldsymbol{X} \geqslant 0 \end{cases}$$

于是，可以直接将 $\boldsymbol{X}_s$ 作为初始基变量建立初始单纯形表。如果通过若干步换基迭代后，最终单纯形表对应的基为 $\boldsymbol{B}$，基变量为 $\boldsymbol{X_B}$，基变量对应的目标函数系数为 $\boldsymbol{C_B}$，那么其最终单纯形表如表 2-10 所示。

表 2-10

$c_j \rightarrow$			$\boldsymbol{C}$	0		
$\boldsymbol{C_B}$	基	$\boldsymbol{b}$	$\boldsymbol{X}'$	$\boldsymbol{X}_s'$	θ_i	
0	$\boldsymbol{X}_s$	$\boldsymbol{b}$	$\boldsymbol{A}$	$\boldsymbol{I}$		初始单纯形表
	0		$\boldsymbol{C}$	0		
$\boldsymbol{C_B}$	$\boldsymbol{X_B}$	$\boldsymbol{B}^{-1}\boldsymbol{b}$	$\boldsymbol{B}^{-1}\boldsymbol{A}$	$\boldsymbol{B}^{-1}$		最终单纯形表
			$\boldsymbol{C}-\boldsymbol{C_B}\boldsymbol{B}^{-1}\boldsymbol{A}$	$-\boldsymbol{C_B}\boldsymbol{B}^{-1}$		

根据最终单纯形表的最优性判断准则，一定有

$$\begin{cases} \boldsymbol{C} - \boldsymbol{C_B}\boldsymbol{B}^{-1}\boldsymbol{A} \leqslant 0 \\ -\boldsymbol{C_B}\boldsymbol{B}^{-1} \leqslant 0 \end{cases} \iff \begin{cases} \boldsymbol{C_B}\boldsymbol{B}^{-1}\boldsymbol{A} \geqslant \boldsymbol{C} \\ \boldsymbol{C_B}\boldsymbol{B}^{-1} \geqslant 0 \end{cases}$$

上述关系是对偶单纯形法的基础；我们将在下章学习。

2.5.3 几种特殊情形

1. 无穷多最优解的情形

线性规划问题的最优解有可能并非唯一。如果能找到两个不同的顶点（即不同的基可行解），那么可以断定该线性规划问题有无穷多个最优解。参看如表 2-11 所示的最终单纯形表。

表 2-11

$c_j \rightarrow$			3	6	0	0	0	
$\boldsymbol{C_B}$	基	$\boldsymbol{b}$	x_1	x_2	x_3	x_4	x_5	θ_i
3	x_1	4	1	0	0	1/4	0	16
0	x_5	4	0	0	−2	[1/2]	1	8
6	x_2	2	0	1	1/2	−1/8	0	/
			0	0	−3	0	0	

所有检验系数均为非正，所以 $\boldsymbol{X}^{(1)}=(4,2,0,0,4)^{\mathrm{T}}$ 是该问题的最优解，对应的目标函数值为 24。注意，在上述结果中，非基变量 x_4 的检验系数为 0。如果我们继续换基迭代，把 x_4 作为入基变量，根据 θ_i 的最小值确定 x_5 为出基变量。换基迭代得到的结果如表 2-12 所示。

表 2-12

$c_j\to$			3	6	0	0	0	
C_B	基	b	x_1	x_2	x_3	x_4	x_5	θ_i
3	x_1	2	1	0	1	0	$-1/2$	
0	x_4	8	0	0	-4	1	2	
6	x_2	3	0	1	0	0	1/4	
			0	0	-3	0	0	

我们得到一个新的基可行解 $\boldsymbol{X}^{(2)}=(2,3,0,8,0)^{\mathrm{T}}$，它所对应的目标函数值也是 24。之所以刚才的换基迭代得到的目标函数值相等，是因为目标函数的增量 $=x_4$ 的检验系数 $\times 8$。于是，我们得到了线性规划问题的两个不同的最优顶点，因此，两个顶点连线上的任一点都是该线性规划问题的最优解。

按照上述思路，存在无穷多个最优解的判定条件是最终单纯形表中某个非基变量的检验系数为零。但是这只是一个必要条件而非充分条件。比如，考虑如表 2-13 所示的最终单纯形表：

最优解为 $\boldsymbol{X}^{(1)}=(4,2,0,0,0)$。同样，可以进行换基迭代，将 x_4 入基，x_5 出基，得到表 2-14 所示的单纯形表。

表 2-13

$c_j\to$			3	6	0	0	0	
$\boldsymbol{C_B}$	基	$\boldsymbol{b}$	x_1	x_2	x_3	x_4	x_5	θ_i
3	x_1	4	1	0	0	1/4	0	16
0	x_5	0	0	0	-2	[1/2]	1	0
6	x_2	2	0	1	1/2	$-1/8$	0	/
			0	0	-3	0	0	

表 2-14

$c_j\to$			3	6	0	0	0	
$\boldsymbol{C_B}$	基	$\boldsymbol{b}$	x_1	x_2	x_3	x_4	x_5	θ_i
3	x_1	4	1	0	1	0	$-1/2$	
0	x_4	0	0	0	-4	1	2	
6	x_2	2	0	1	0	0	1/4	
			0	0	-3	0	0	

这时得到一个新的基可行解 [对应基变量为 (x_1,x_4,x_2)]，对应的顶点为 $\boldsymbol{X}^{(2)}=(4,2,0,$

0, 0)，刚好和 $\boldsymbol{X}^{(1)}$ 重合。因此，此时两个不同的最优基可行解对应的其实是可行域上的同一个顶点，线性规划的最优解依然是唯一的。

2. 退化解的情形

如果某线性规划问题在求解过程中某一步的单纯形表如下表 2-15 所示。

表 2-15

c_j →			3	−3	0	5	−1	
$\boldsymbol{C_B}$	基	$\boldsymbol{b}$	x_1	x_2	x_3	x_4	x_5	θ_i
3	x_1	12	1	0	−2	[2]	0	6
−3	x_2	1	0	1	−2	0	0	/
−1	x_5	24	0	0	−4	[4]	1	6
			0	0	−4	3	0	

非基变量 x_4 的检验系数为正，因此入基。在计算 θ_i 时发现 x_1 和 x_5 所对应的 θ_i 值相等，因此可以考虑 x_1 或 x_5 出基。

- 如果选择 x_1 出基，得到的最优基变量为 (x_4, x_2, x_5)，最优解 $\boldsymbol{X}^{(1)} = (0, 1, 0, 6, 0)$，目标函数值 $z^{(1)} = 27$；
- 如果选择 x_5 出基，得到的最优基变量为 (x_1, x_2, x_4)，最优解 $\boldsymbol{X}^{(2)} = (0, 1, 0, 6, 0)$，目标函数值 $z^{(2)} = 27$。

上面两种换基迭代方式得到的基变量不同，但是最优解完全相同。也同样出现了两个不同的基对应同一个顶点的情形。我们称此时的最优解为一个“退化解”。图 2-9 给出了退化解的直观解释。在图中，最优解为顶点 A，它刚好是三条约束直线对应的交点。（一般情形下，三条直线有三个交点，这三个交点现在“退化”为同一个交点了。）

3. 求极小的线性规划问题

在前面介绍的单纯形法中，我们采用的标准化形式中是求目标函数极大值。对于目标函数极小的情形，以后不一定需要等价变换为求极大了，可以直接利用单纯形表进行换基迭代。相对于求极大值的单纯形法而言，唯一需要调整的就是基可行解的最优性检验准则。即当且仅当所有非基变量的检验系数为正时，最优解已经找到。如果某个非基变量的检验系数为负，那么取检验系数为负，而且绝对值最大的非基变量作为入基变量。通过完全相同的方法根据 θ_i 值确定出基变量，然后换基迭代即可。基于类似的换基迭代原理，可知每次换基迭代目标函数的增量依然等于检验系数乘以 θ 值。

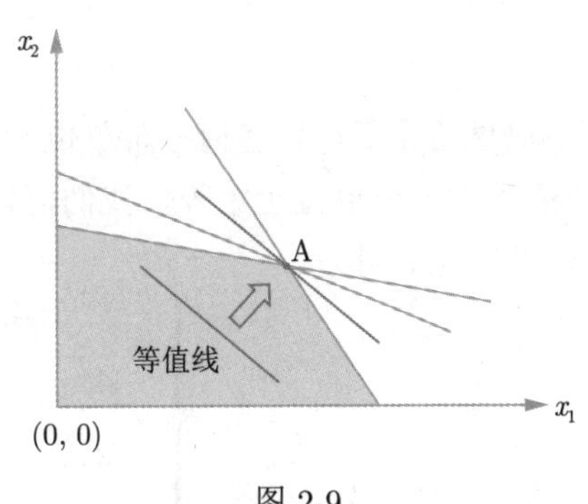

图 2-9

2.6 求解线性规划的人工变量法

在 2.5 节的单纯形法中，我们考虑的是一个相对理想的情形，即系数矩阵 $\boldsymbol{A}$ 中包含一个 m 阶的单位对角子矩阵。在这种情况下，取该单位子矩阵为基阵可以容易地得到初始基可行解。但是在有些线性规划问题中，如果原始的系数矩阵 $\boldsymbol{A}$ 中并不包含一个 m 阶单位子矩阵，那该如何得到初始的基可行解？本节介绍一个“人工变量法”来解决上述问题。

2.6.1 大 M 法

先考虑下面的例子。

例 2-9（大 M 法） 求解如下线性规划问题：

$$\min \ w = -3x_1 + x_2 + x_3$$
$$\text{s.t.} \begin{cases} x_1 - 2x_2 + x_3 \leqslant 11 \\ -4x_1 + x_2 + 2x_3 \geqslant 3 \\ -2x_1 + x_3 = 1 \\ x_1, x_2, x_3 \geqslant 0 \end{cases}$$

按照本书的惯例，我们首先将它等价变换为如下标准形式：

$$\max \ z = 3x_1 - x_2 - x_3$$
$$\text{s.t.} \begin{cases} x_1 - 2x_2 + x_3 + x_4 = 11 \\ -4x_1 + x_2 + 2x_3 - x_5 = 3 \\ -2x_1 + x_3 = 1 \\ x_1, x_2, x_3, x_4, x_5 \geqslant 0 \end{cases}$$

其中，x_4 为引入的松弛变量，x_5 为剩余变量。以上线性规划问题的系数矩阵

$$\boldsymbol{A} = \begin{bmatrix} 1 & -2 & 1 & 1 & 0 \\ -4 & 1 & 2 & 0 & -1 \\ -2 & 0 & 1 & 0 & 0 \end{bmatrix}$$

中很显然并不包含任何三阶单位对角阵，因此没法直观地给出初始基可行解。为了人为地“凑出”一个单位子矩阵，我们可以在约束条件中再次引入两个非负的“人工变量”（记为 x_6 和 x_7），即

$$\begin{cases} x_1 - 2x_2 + x_3 + x_4 = 11 \\ -4x_1 + x_2 + 2x_3 - x_5 + x_6 = 3 \\ -2x_1 + x_3 + x_7 = 1 \\ x_1, x_2, x_3, x_4, x_5, x_6, x_7 \geqslant 0 \end{cases} \tag{2-22}$$

此时，变量 (x_4, x_6, x_7) 对应的列向量刚好构成一个单位子矩阵。然而，方程组 (2-22) 所定义的可行域和原始问题的可行域显然是不同的，除非 x_6 和 x_7 取值刚好为零。也就是

说，我们要进行一定的等价变换，保证最终 x_6 和 x_7 取值为零。一个直观的做法是对目标函数 $z=3x_1-x_2-x_3$ 进行适当的调整，调整为

$$\hat{z}=3x_1-x_2-x_3-Mx_6-Mx_7$$

其中，M 是一个取值为无穷大的正数。从经济含义上，M 可以理解为是引入的人工变量 x_6 和 x_7 取正值的"惩罚"。如果原始问题的可行域非空，那么优化下列线性规划问题得到的最优解中一定满足 $x_6=x_7=0$（否则目标函数值将无穷小）：

$$\max\ \hat{z}=3x_1-x_2-x_3-Mx_6-Mx_7$$

$$\text{s.t.}\begin{cases} x_1-2x_2+x_3+x_4=11\\ -4x_1+x_2+2x_3-x_5+x_6=3\\ -2x_1+x_3+x_7=1\\ x_1,x_2,x_3,x_4,x_5,x_6,x_7\geqslant 0\end{cases}$$

接下来将 M 看作是一个很大的正数，按照正常的单纯形法求解上述等价变换后的线性规划问题即可。将 (x_4,x_6,x_7) 作为基变量，得到的初始单纯形表如表 2-16 所示。

表 2-16

$c_j \rightarrow$			3	-1	-1	0	0	$-M$	$-M$	
$\boldsymbol{C_B}$	基	$\boldsymbol{b}$	x_1	x_2	x_3	x_4	x_5	x_6	x_7	θ_i
0	x_4	11	1	-2	1	1	0	0	0	11
$-M$	x_6	3	-4	1	2	0	-1	1	0	1.5
$-M$	x_7	1	-2	0	[1]	0	0	0	1	1
			$3-6M$	$M-1$	$3M-1$	0	$-M$	0	0	

由最后一列可以看出，决策变量的检验系数可以写为 M 的线性函数。考虑到 M 足够大，可知 x_2 和 x_3 的检验系数为正；取 x_3 为入基变量。通过计算并比较 θ_i 值，应该 x_7 出基。换基迭代后的单纯形表如表 2-17 所示。

表 2-17

$c_j \rightarrow$			3	-1	-1	0	0	$-M$	$-M$	
$\boldsymbol{C_B}$	基	$\boldsymbol{b}$	x_1	x_2	x_3	x_4	x_5	x_6	x_7	θ_i
0	x_4	10	3	-2	0	1	0	0	-1	/
$-M$	x_6	1	0	[1]	0	0	-1	1	-2	1
-1	x_3	1	-2	0	1	0	0	0	1	/
			1	$M-1$	0	0	$-M$	0	$1-3M$	

x_2 的检验系数为正，取 x_2 为入基变量；同时只能 x_6 出基。换基迭代后的单纯形表如表 2-18 所示。

表 2-18

$c_j \to$			3	−1	−1	0	0	$-M$	$-M$	
$\boldsymbol{C_B}$	基	$\boldsymbol{b}$	x_1	x_2	x_3	x_4	x_5	x_6	x_7	θ_i
0	x_4	12	[3]	0	0	1	−2	2	−5	4
−1	x_2	1	0	1	0	0	−1	1	−2	/
−1	x_3	1	−2	0	1	0	0	0	1	/
			1	0	0	0	−1	$1-M$	$-1-M$	

x_1 的检验系数为正，取 x_1 为入基变量；同时只能 x_4 出基。换基迭代后的单纯形表如表 2-19 所示。

表 2-19

$c_j \to$			3	−1	−1	0	0	$-M$	$-M$	
$\boldsymbol{C_B}$	基	$\boldsymbol{b}$	x_1	x_2	x_3	x_4	x_5	x_6	x_7	θ_i
3	x_1	4	1	0	0	1/3	−2/3	2/3	−5/3	
−1	x_2	1	0	1	0	0	−1	1	−2	
−1	x_3	9	0	0	1	2/3	−4/3	4/3	−7/3	
			0	0	0	−1/3	−1/3	$1/3-M$	$2/3-M$	

所有非基变量检验系数为负，因此当前基可行解就是最优解。即在原始问题中，最优解为 $\boldsymbol{X}^* = (4,1,9,0,0)^{\mathrm{T}}$，目标函数值最小为 $w^* = -2$。

从上面计算过程不难看出，引入两个人工变量 x_6 和 x_7 的作用在于帮助我们快速地找到一个初始基可行解。事实上，在上面换基迭代的过程中，一旦两个人工变量都出基变为非基变量，那么它们的使命就已经完成了。比如，从第三步开始，人工变量 x_6 和 x_7 就不再可能被选中为入基变量了（因为增加 x_6 或 x_7 的值只会降低目标函数值）。

2.6.2 两阶段法

既然人工变量的使命是为了帮助找到一个初始的基可行解，我们也可以将 2.6.1 节的大 M 法分解为两个阶段来进行求解。

- 第一阶段：构造一个辅助的线性规划模型，其目标函数是人工变量之和，优化方向是最小化，约束条件是引入人工变量后的等式形式。利用单纯形法求解该辅助问题，如果最终的单纯形表中所有人工变量取值为零，则第一阶段的最优解便是原问题的一个基可行解，进入第二阶段计算。如果最终的单纯形表中某个人工变量取值为正，则说明原始问题可行域为空，无解。

- 第二阶段：在第一阶段的最终单纯形表中，删去人工变量，将目标函数系数替换为原始问题的目标函数系数，利用单纯形法继续求解。

还是考虑例 2-9。第一阶段的辅助线性规划问题的标准化形式为

$$\max\ \hat{z} = -x_6 - x_7$$

$$\text{s.t.}\begin{cases} x_1 - 2x_2 + x_3 + x_4 = 11 \\ -4x_1 + x_2 + 2x_3 - x_5 + x_6 = 3 \\ -2x_1 + x_3 + x_7 = 1 \\ x_1, x_2, x_3, x_4, x_5, x_6, x_7 \geqslant 0 \end{cases}$$

求解对应的单纯形表如表 2-20 所示。

表 2-20

$c_j \to$			0	0	0	0	0	−1	−1	
$\boldsymbol{C_B}$	基	$\boldsymbol{b}$	x_1	x_2	x_3	x_4	x_5	x_6	x_7	θ_i
0	x_4	11	1	−2	1	1	0	0	0	11
−1	x_6	3	−4	1	2	0	−1	1	0	1.5
−1	x_7	1	−2	0	[1]	0	0	0	1	1
			−6	1	3	0	−1	0	0	
0	x_4	10	3	−2	0	1	0	0	−1	/
−1	x_6	1	0	[1]	0	0	−1	1	−2	1
0	x_3	1	−2	0	1	0	0	0	1	/
			0	1	0	0	−1	0	−3	
0	x_4	12	3	0	0	1	−2	2	−5	
0	x_2	1	0	1	0	0	−1	1	−2	
0	x_3	1	−2	0	1	0	0	0	1	
			0	0	0	0	0	−1	−1	

两个人工变量 x_6 和 x_7 均已出基，辅助线性规划问题的最优解为 0。在上面最终的单纯形表中，去掉人工变量，替换原始问题的目标函数系数，继续换基迭代，如表 2-21 所示。

表 2-21

$c_j \to$			3	−1	−1	0	0	
$\boldsymbol{C_B}$	基	$\boldsymbol{b}$	x_1	x_2	x_3	x_4	x_5	θ_i
0	x_4	12	[3]	0	0	1	−2	4
−1	x_2	1	0	1	0	0	−1	/
−1	x_3	1	−2	0	1	0	0	/
			1	0	0	0	−1	
3	x_1	4	1	0	0	1/3	−2/3	
−1	x_2	1	0	1	0	0	−1	
−1	x_3	9	0	0	1	2/3	−4/3	
			0	0	0	−1/3	−1/3	

因此，我们可得原始线性规划问题的最优解为 $\boldsymbol{X}^* = (4,1,9,0,0)^{\mathrm{T}}$，原目标函数值最小为 $w^* = -2$。对比两阶段法和大 M 法不难看出，两种方法换基迭代的过程是完全一致的。相对大 M 法而言，两阶段法中并不需要引入参数 M，因此计算起来更为便利。

在以上大 M 法和两阶段法中，如果经过多次换基迭代已经达到了最优性条件（即所有非基变量检验系数非正），但是某个人工变量依然是取正值的基变量。这会是怎么回事？此种情况下，最优解对应的目标函数显然是关于 M 的一个线性函数（其系数为负），即目标函数的取值为负无穷大。这意味着不存在一个使得所有人工变量取值为 0 的基可行解，原始线性规划问题的可行域是空集。因此，大 M 法提供了一种判断线性规划问题可行域是否为空的方法。

2.7 利用 Excel 求解线性规划问题

单纯形法固然简单，但是当问题的规模较大时，靠手工计算是不太经济的。可喜的是，在实际应用中可以借助一些软件工具来求解规划问题。很多常见的工具，包括 Microsoft Excel、Lingo/Lindo、Matlab、WinQSB、Python 等，都可以直接调用其线性规划求解器。本节以 Excel 为例，介绍如何利用 Excel 求解线性规划问题。

作为一个电子表格工具，Excel 提供了强大的数据组织与呈现功能，通过单元格之间的公式引用，可以方便定义线性规划问题的目标函数和约束条件。要使用 Excel 的规划求解功能，需要先加载规划求解功能。具体步骤是：在“文件”菜单中选择“选项”，在“加载项”中找到“Excel 加载项”，通过单击按钮“转到 (G)...”，将“规划求解加载项”选中即可（如图 2-10 所示）。此时，我们就可以在“数据”菜单栏中看到“规划求解”功能了。下面结合例 2-10 和例 2-11 来介绍如何利用 Excel 求解线性规划问题。

例 2-10 将模型涉及的参数和决策变量整理到一个 Excel 表格中。

- 单元格 C8:D8 用来存放两种产品的产量决策，可以在两个决策变量单元格中输入“0”，表示该线性规划问题的初始搜索方案。
- 单元格 C9 用来存放总利润（目标函数），在该单元格中输入“=C7*C8+D7*D8”即可。

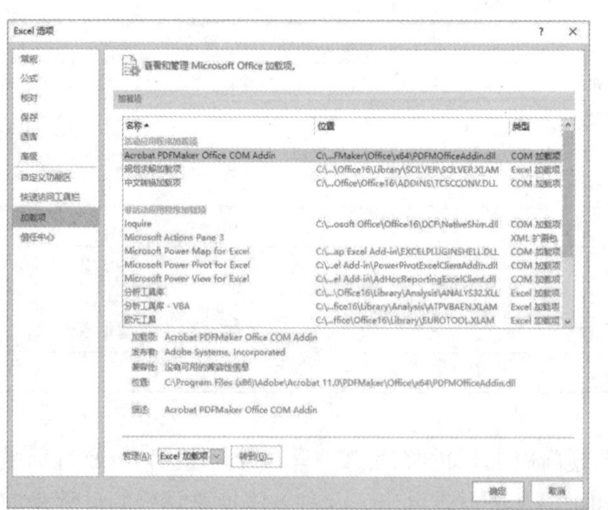

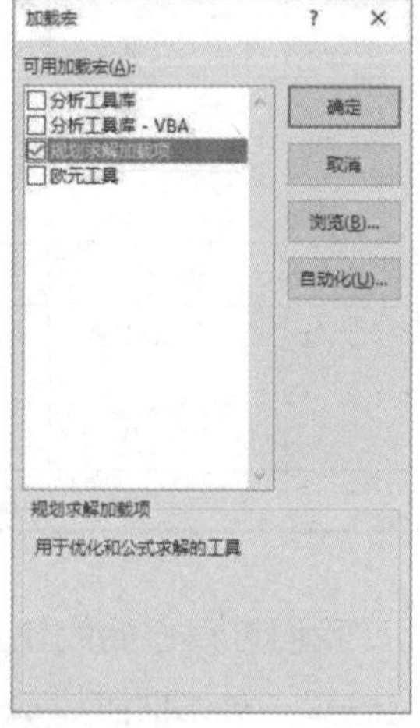

图 2-10 在 Excel 中加载规划求解功能

• 为了方便设置优化模型，我们将所有的约束条件都写为“⩽”的形式，将其左边项放于单元格 F3:F6 中，将其右边项放于单元格 E3:E6 中。比如，对应于劳动力约束

$$8x_1 + 4x_2 \leqslant 360$$

可以将单元格 E3 设置为 360，F3 设置为

F3=C3*C8+D3*D8

定义好所有单元格的表达式以后，单击“规划求解”菜单，即可弹出“规划求解参数”设置对话框（如图 2-11 所示）。

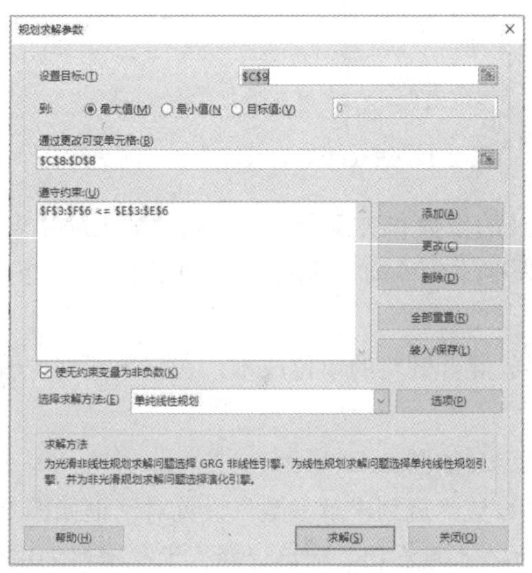

图 2-11 Excel 规划求解参数设置（例 2-10）

在该对话框中，将“$C$9”设置为优化的目标，选择“最大值”为优化的方向；将“$C$8:$D$8”指定为可变单元格（即决策变量），通过单击“添加 (A)”按钮输入约束条件为“$F$3:$F$6 <= $E$3:$E$6”；选中“使无约束变量为非负数”来指定非负约束；在“选择求解方法”下拉框中选择“单纯线性规划”就完成了所有设置。

单击“求解 (S)”按钮，并单击“规划求解结果”对话框中的“确定”按钮，即可呈现出优化结果，如图 2-12 所示。

从图 2-12 不难看出，在劳动力、设备、原材料 A、原材料 B 等四种资源中，最优安排下劳动力和原材料 B 都刚好用完，但是其他两种资源存在剩余。因此，劳动力和原材料 B 对应于系统的瓶颈资源，它们是一个“紧约束”；而其他两种资源对应于“非紧约束”。

正如规划求解结果对话框中显示的，上述求解过程中在展示优化结果的同时，还可以输出敏感性报告等报告。借助敏感性报告，可以对优化结果进行进一步的敏感性分析，我们将在下一章学习敏感性分析的相关内容。

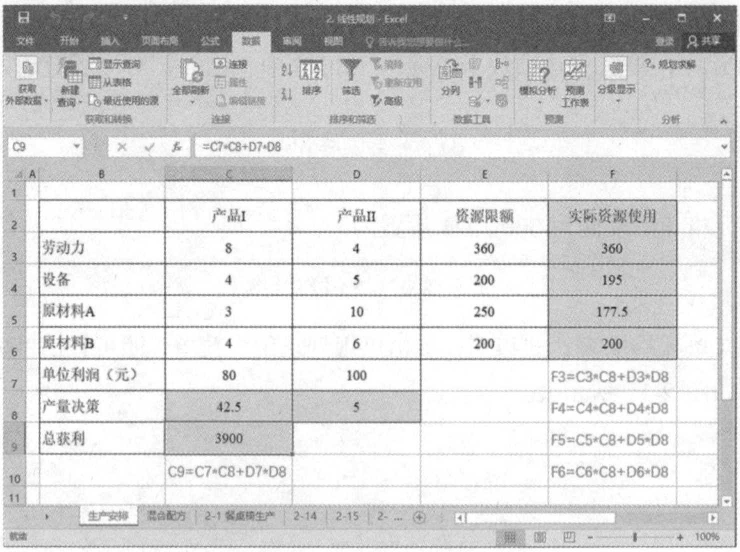

	产品I	产品II	资源限额	实际资源使用
劳动力	8	4	360	360
设备	4	5	200	195
原材料A	3	10	250	177.5
原材料B	4	6	200	200
单位利润（元）	80	100		F3=C3*C8+D3*D8
产量决策	42.5	5		F4=C4*C8+D4*D8
总获利	3900			F5=C5*C8+D5*D8
	C9=C7*C8+D7*D8			F6=C6*C8+D6*D8

图 2-12　Excel 规划求解结果（例 2-10）

例 2-11　将模型涉及的参数和决策变量整理到一个 Excel 表格中，如图 2-13 所示。

• 单元格 C6:E6 用来存放三种饲料的配方百分比决策，3 个决策变量单元格中初始输入“0”。

• 单元格 C7 用来存放混合饲料的单位成本，在该单元格中输入“=C5*C6+D5*D6+E5*E6”即可。

• 其他单元格的公式定义如图 2-13 所示。

调用规划求解功能，设置“规划求解参数”设置对话框如图 2-14 所示；求解之后的运算结果界面如图 2-13 所示。不难看出，应该选择玉米和槽料为主要原料；混合配方中，两者各占的比重分别为 57.1%和 42.9%，对应的混合饲料的单位成本为 2.7 元/公斤。

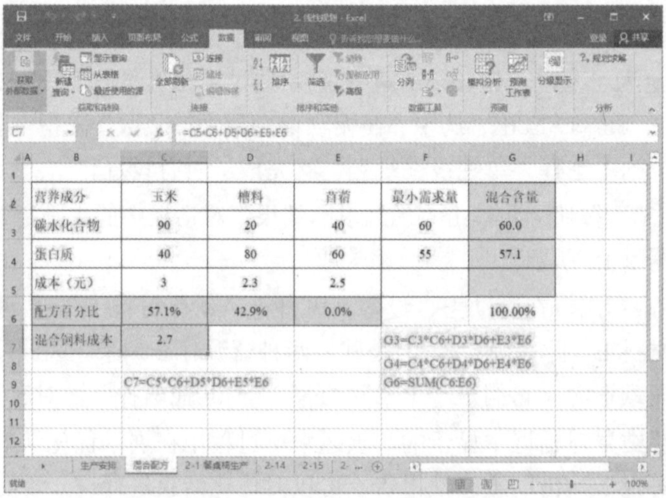

营养成分	玉米	槽料	苜蓿	最小需求量	混合含量
碳水化合物	90	20	40	60	60.0
蛋白质	40	80	60	55	57.1
成本（元）	3	2.3	2.5		
配方百分比	57.1%	42.9%	0.0%		100.00%
混合饲料成本	2.7			G3=C3*C6+D3*D6+E3*E6	
				G4=C4*C6+D4*D6+E4*E6	
	C7=C5*C6+D5*D6+E5*E6			G6=SUM(C6:E6)	

图 2-13　Excel 求解（例 2-11）

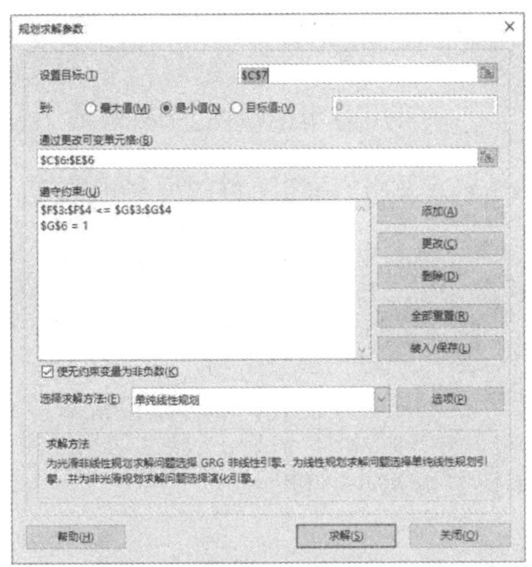

图 2-14 Excel 规划求解参数设置（例 2-11）

正如以上两个例子显示的，利用 Excel 的规划求解功能求解线性规划问题的最大优势在于比较直观。在电子表格中，可以按照建模的逻辑，采用合适的单元格来表示决策变量、目标函数，并设置相应的约束条件。但是当问题的规模较大（比如决策变量较多，或者约束条件较多）时，在 Excel 中定义规划模型可能会比较烦琐，同时容易出错。这时也可以考虑采用其他软件工具进行求解。有兴趣的读者可以自行学习如何利用 Matlab、Lingo/Lindo 等软件工具求解线性规划问题。

2.8 线性规划在管理中的应用

在本节，我们再给出几个完整的线性规划应用的例子。这些例子可能来自于企业的不同职能部门，如市场营销、生产运营部门、财务部门等。

例 2-12（合理利用线材） 某工厂要做 100 套钢架，每套用长为 2.9m、2.1m 和 1.5m 的元钢各一根。已知每根原料长 7.4m，问应如何下料，能在完成任务的前提下使用的原材料最省。

解 最简单做法是，在每根原材料上截取 2.9m、2.1m 和 1.5m 的元钢各一根组成一套，每根原材料剩下料头 0.9m。为了做 100 套钢架，需用原材料 100 根，有 90m 料头。若改用套裁，则可以节约原材料。可以考虑的几种套裁方案，如表 2-22 所示。

表 2-22

长度 (m)	方案				
	Ⅰ	Ⅱ	Ⅲ	Ⅳ	Ⅴ
2.9	1	2		1	
2.1	0		2	2	1
1.5	3	1	2		3
合计	7.4	7.3	7.2	7.1	6.6
料头	0	0.1	0.2	0.3	0.8

为了得到 100 套钢架，需要混合使用各种下料方案。定义如下决策变量：

x_1=采用方案Ⅰ下料的原料根数

x_2=采用方案Ⅱ下料的原料根数

x_3=采用方案Ⅲ下料的原料根数

x_4=采用方案Ⅳ下料的原料根数

x_5=采用方案Ⅴ下料的原料根数

目标函数是剩下的料头总长度最小，即

$$\min\ w = 0x_1 + 0.1x_2 + 0.2x_3 + 0.3x_4 + 0.8x_5$$

满足的约束条件是三种规格的元钢都正好 100 件，即：

$$\begin{cases} x_1 + 2x_2 + x_4 = 100 \\ 2x_3 + 2x_4 + x_5 = 100 \\ 3x_1 + x_2 + 2x_3 + 3x_5 = 100 \\ x_1, x_2, x_3, x_4, x_5 \geqslant 0 \end{cases}$$

要利用单纯形法求解该线性规划问题，为了得到初始基可行解，可以加入三个人工变量，将线性规划问题等价为如下标准化形式：

$$\max\ z = -0.1x_2 - 0.2x_3 - 0.3x_4 - 0.8x_5 - Mx_6 - Mx_7 - Mx_8$$

$$\begin{cases} x_1 + 2x_2 + x_4 + x_6 = 100 \\ 2x_3 + 2x_4 + x_5 + x_7 = 100 \\ 3x_1 + x_2 + 2x_3 + 3x_5 + x_8 = 100 \\ x_1, x_2, ..., x_8 \geqslant 0 \end{cases}$$

将 (x_6, x_7, x_8) 作为初始基变量，建立初始单纯形表，并换基迭代，具体计算过程如表 2-23 所示。

表 2-23

$c_j \rightarrow$			0	−0.1	−0.2	−0.3	−0.8	$-M$	$-M$	$-M$	θ_i
$\boldsymbol{C_B}$	$\boldsymbol{X_B}$	$\boldsymbol{b}$	x_1	x_2	x_3	x_4	x_5	x_6	x_7	x_8	
$-M$	x_6	100	1	2	0	1	0	1	0	0	$\frac{100}{1}$
$-M$	x_7	100	0	0	2	2	1	0	1	0	—
$-M$	x_8	100	[3]	1	2	0	3	0	1	1	$\frac{100}{3}$
$c_j - z_j$			$4M$	$-0.1+3M$	$-0.2+4M$	$-0.3+3M$	$-0.8+4M$	0	0	0	
$-M$	x_6	200/3	0	5/3	−2/3	1	−1	1	0	−1/3	$\frac{200}{3}$
$-M$	x_7	100	0	0	2	[2]	1	0	1	0	$\frac{100}{2}$
0	x_1	100/3	1	1/3	2/3	0	1	0	0	$-4/3M$	
$c_j - z_j$			0	$-0.1+5/3M$	$-0.2+4/3M$	$-0.3+3M$	−0.8	0	0	$-4/3M$	
$-M$	x_6	50/3	0	[5/3]	−5/3	0	−3/2	1	−1/2	−1/3	$\frac{150}{15}$
−0.3	x_4	50	0	0	1	1	1/2	0	1/2	0	—
0	x_1	100/3	1	1/3	2/3	0	1	0	0	1/3	$\frac{100}{1}$
$c_j - z_j$			0	$-0.1+5/3M$	$0.1-5/3M$	0	$-0.65-3/2M$	0	$-0.15-3/2m$	$-4/3M$	
0.1	x_2	10	0	1	−1	0	−9/10	3/5	−3/10	−1/5	
−0.3	x_4	50	0	0	1	1	1/2	0	1/2	0	
0	x_1	30	1	0	1	0	13/10	−1/5	1/10	2/5	
$c_j - z_j$			0	0	0	0	−0.74	$-M+0.06$	$-M+0.12$	$-M-0.02$	

也可以直接在 Excel 中定义该问题，并调用规划求解功能。Excel 优化结果如图 2-15 所示。最终的优化结果是：应该按 I 方案下料 30 根，Ⅱ 方案下料 10 根，IV 方案下料 50 根。即需 90 根原材料可以制造 100 套钢架，最终剩余的总料头是 16m。从上述最终单纯形表可以看出，非基变量 x_3 的检验系数为 0，这意味着该问题最优解可能非唯一。请读者自行判断该问题是否存在多重最优解。

C10 =SUMPRODUCT(C8:G8,C9:G9)

	方案						
长度	I	II	III	IV	V	总根数	目标根数
2.9	1	2		1		100	100
2.1	0		2	2	1	100	100
1.5	3	1	2		3	100	100
合计	7.4	7.3	7.2	7.1	6.6		
料头	0	0.1	0.2	0.3	0.8		
根数	30	10	0	50	0		
总料头	16						

图 2-15　Excel 求解（例 2-12）

例 2-13（广告组合）　某日用化工企业生产并销售三种产品：喷雾去污剂、液体洗涤剂和洗衣粉。为了应对越发激烈的市场竞争，公司决定投入一定资金进行产品推广。公司进行推广的渠道主要有两条：电视广告和印刷媒体广告。公司决定在全国的电视上做液体洗涤剂的广告来帮助推出这一新产品；同时通过印刷媒体广告促销所有三种产品。管理部门特别设定了推广目标：喷雾去污剂至少增加 4%的市场份额；液体洗涤剂至少获得 16%的市场份额；洗衣粉至少增加 5%的市场份额。

表 2-24 显示了在两种媒体上做广告的预期效果和广告的单位成本。在“电视”一列中，每投入一单位广告，洗衣粉的市场份额减小 1%，这是因为新的液体洗涤剂和洗衣粉之间存在极大的替代性。请问：该企业应该如何进行产品推广？

表 2-24

产　　品	每单位广告增加的市场份额（%）	
	电视	印刷媒体
喷雾去污剂	0	1
液体洗涤剂	3	2
洗衣粉	−1	4
单位成本	150 万元	180 万元

解 设 x_1 和 x_2 分别为投放电视、印刷媒体的广告数量。优化的目标是总成本最小，即

$$\min \quad w = 150x_1 + 180x_2$$

为满足推广目标，需满足如下约束：

$$\begin{cases} \text{去污剂：} & x_2 \geqslant 4 \\ \text{洗涤剂：} & 3x_1 + 2x_2 \geqslant 16 \\ \text{洗衣粉：} & -x_1 + 4x_2 \geqslant 5 \\ \text{非负性：} & x_1 \geqslant 0,\ x_2 \geqslant 0 \end{cases}$$

利用 Excel 求解上述规划问题，得到的最优解如图 2-16 所示，最优广告方案对应的成本为 1120 万元。

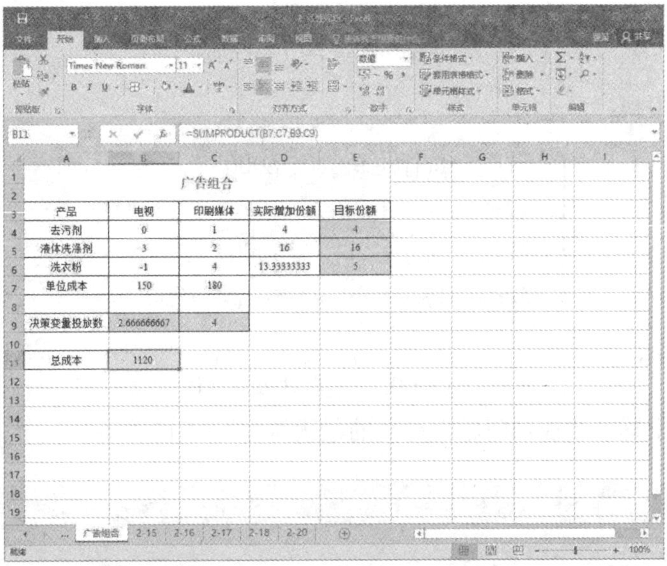

图 2-16 用 Excel 求解广告组合问题

例 2-14（生产安排） 某加工厂主要生产甲、乙、丙三种产品，都需要经过 A、B 两道加工工序。已知 A 工序可以在设备 A1 或 A2 上完成，B 工序可以在设备 B1 或 B2 上完成。每种产品在每个设备上的加工时间和其他数据如表 2-25（表中画“/”的单元格表示该产品的工序不能在相应设备上加工）。

表 2-25

设备	产品			设备有效台时
	甲	乙	丙	
A1	4	9	/	8000
A2	6	8	10	12 000
B1	/	6	2	4000
B2	3	6	8	7000
原料费 (元/件)	30	50	35	
售价 (元/件)	200	400	300	

试安排最优生产计划。

解 用 $k=1, 2, 3$ 分别表示产品甲、乙、丙。考虑到两道加工工序，设

$x_{ik}=$ 利用设备 Ai 加工的产品 k 的数量，$i=1, 2$，$k=1, 2, 3$

$y_{jk}=$ 利用设备 Bj 加工的产品 k 的数量，$j=1, 2$，$k=1, 2, 3$

$w_k=$ 产品 k 的总加工数量，$k=1, 2, 3$

目标是总利润最大化，即

$$\max z=(200-30)\,w_1+(400-50)\,w_2+(300-35)\,w_3$$

约束方面，首先是每种产品的产量约束：

$$\begin{cases} \text{甲：} & w_1=x_{11}+x_{21}=y_{21} \\ \text{乙：} & w_2=x_{12}+x_{22}=y_{12}+y_{22} \\ \text{丙：} & w_3=x_{23}=y_{13}+y_{23} \end{cases}$$

各种设备的台时限制：

$$\begin{cases} \text{A1：} & 4x_{11}+9x_{12}\leqslant 8000 \\ \text{A2：} & 6x_{21}+8x_{22}+10x_{23}\leqslant 12\,000 \\ \text{B1：} & 6y_{12}+2y_{13}\leqslant 4000 \\ \text{B2：} & 3y_{21}+6y_{22}+8y_{23}\leqslant 7000 \end{cases}$$

最后还有非负约束：

$$x_{ik}\geqslant 0,\ y_{jk}\geqslant 0, w_k\geqslant 0$$

利用 Excel 求解上述规划问题，得到的最优解如图 2-17 所示。

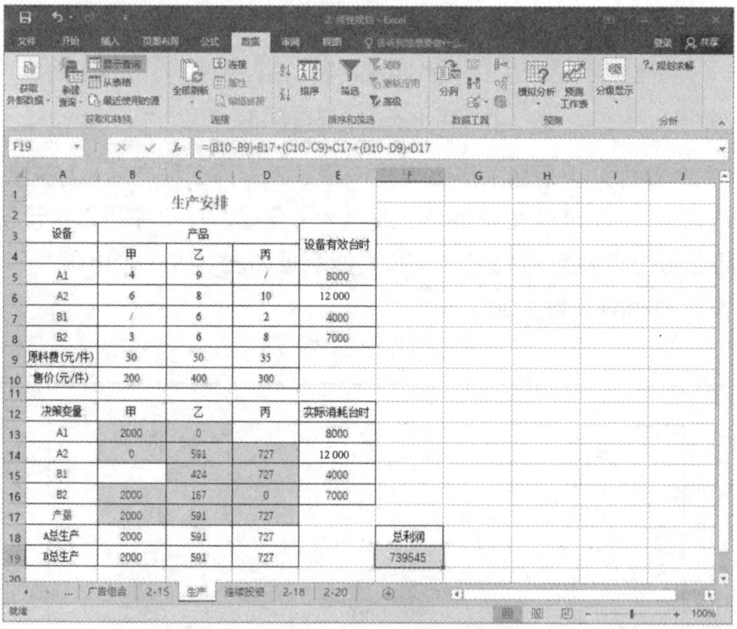

F19 =(B10-B9)*B17+(C10-C9)*C17+(D10-D9)*D17

生产安排

设备	产品			设备有效台时
	甲	乙	丙	
A1	4	9	/	8000
A2	6	8	10	12 000
B1	/	6	2	4000
B2	3	6	8	7000
原料费(元/件)	30	50	35	
售价(元/件)	200	400	300	

决策变量	甲	乙	丙	实际消耗台时	
A1	2000	0		8000	
A2	0	591	727	12 000	
B1		424	727	4000	
B2	2000	167	0	7000	
产量	2000	591	727		
A总生产	2000	591	727		总利润
B总生产	2000	591	727		739545

图 2-17 用 Excel 求解生产安排问题

例 2-15（连续投资问题） 某人有 10 万元闲置资金，他面临下列投资机会：

A：为期 2 年的定期存款，即每年年初投资，次年年末收回本金和利息，投资回报 15%；

B：第 3 年初投资，到第 5 年末回收本金和利息，投资回报 25%，最大投资额 4 万元；

C：第 2 年初投资，到第 5 年末回收本金和利息，投资回报 40%，最大投资额 3 万元；

D：为期 1 年的定期存款，即每年年初投资，年末收回本金和利息，投资回报 6%。

请问：应该如何搭配投资组合，使得五年末总资产最大化？

解 设 x_{ik} 表示第 i 年初投资项目 k 的资金数（单位：万元）。根据 A、B、C、D 四个项目的投资时间表，可知具体包括如下 11 个决策变量，如表 2-26 所示。

表 2-26

项目	第 1 年	第 2 年	第 3 年	第 4 年	第 5 年
A	$x_{1\text{A}}$	$x_{2\text{A}}$	$x_{3\text{A}}$	$x_{4\text{A}}$	
B			$x_{3\text{B}}$		
C		$x_{2\text{C}}$			
D	$x_{1\text{D}}$	$x_{2\text{D}}$	$x_{3\text{D}}$	$x_{4\text{D}}$	$x_{5\text{D}}$

（1）投资额应等于手中拥有的资金额

由于项目 D 每年都可以投资，并且当年末即能回收本息。所以每年应把资金全部投出去，手中不应当有剩余的呆滞资金。因此

第一年：该人年初拥有 10 万元，所以有

$$x_{1\text{A}} + x_{1\text{D}} = 10$$

第二年：因第一年给项目 A 的投资要到第二年末才能回收。所以该人在第二年初拥有资金额仅为项目 D 在第一年回收的本息 $x_{1\text{D}}(1+0.06)$。于是第二年的投资分配是

$$x_{2\text{A}} + x_{2\text{C}} + x_{2\text{D}} = 1.06x_{1\text{D}}$$

第三年：第三年初的资金额是从项目 A 第一年投资及项目 D 第二年投资中回收的本利总和：$x_{1\text{A}}(1+0.15)$ 及 $x_{2\text{D}}(1+0.06)$。于是第三年的资金分配为

$$x_{3\text{A}} + x_{3\text{B}} + x_{3\text{D}} = 1.15x_{1\text{A}} + 1.06x_{2\text{D}}$$

第四年：同以上分析，可得

$$x_{4\text{A}} + x_{4\text{D}} = 1.15x_{2\text{A}} + 1.06x_{3\text{D}}$$

第五年：

$$x_{5\text{D}} = 1.15x_{3\text{A}} + 1.06x_{4\text{D}}$$

此外，由于对项目 B、C 的投资有限额的规定，即：

$$x_{3\text{B}} \leqslant 4$$
$$x_{2\text{C}} \leqslant 3$$

（2）目标函数

问题是要求在第五年末该人手中拥有的资金额达到最大，与五年末资金有关的变量是：$x_{4\mathrm{A}}, x_{3\mathrm{B}}, x_{2\mathrm{C}}, x_{5\mathrm{D}}$，因此这个目标函数可表示为

$$\max\ z = 1.15x_{4\mathrm{A}} + 1.25x_{3\mathrm{B}} + 1.4x_{2\mathrm{C}} + 1.06x_{5\mathrm{D}}$$

（3）完整模型

综上，该问题的完整线性规划模型如下：

目录函数： $\max\ z = 1.15x_{4\mathrm{A}} + 1.25x_{3\mathrm{B}} + 1.4x_{2\mathrm{C}} + 1.06x_{5\mathrm{D}}$

约束条件：

$$\begin{cases} x_{1\mathrm{A}} + x_{1\mathrm{D}} = 10 \\ x_{2\mathrm{A}} + x_{2\mathrm{C}} + x_{2\mathrm{D}} - 1.06x_{1\mathrm{D}} = 0 \\ x_{3\mathrm{A}} + x_{3\mathrm{B}} + x_{3\mathrm{D}} - 1.15x_{1\mathrm{A}} - 1.06x_{2\mathrm{D}} = 0 \\ x_{4\mathrm{A}} + x_{4\mathrm{D}} - 1.15x_{2\mathrm{A}} - 1.06x_{3\mathrm{D}} = 0 \\ x_{5\mathrm{D}} - 1.15x_{3\mathrm{A}} - 1.06x_{4\mathrm{D}} = 0 \\ x_{3\mathrm{B}} \leqslant 4 \\ x_{2\mathrm{C}} \leqslant 3 \\ x_{i\mathrm{A}}, x_{i\mathrm{B}}, x_{i\mathrm{C}}, x_{i\mathrm{D}} \geqslant 0, \quad i = 1, 2, \cdots, 5 \end{cases}$$

（4）利用 Excel 求解上述规划问题，得到的最优解如图 2-18 所示。在最优投资安排下，第 5 年年末能拥有的资金总额为 14.375 万元，实现盈利 43.75%。

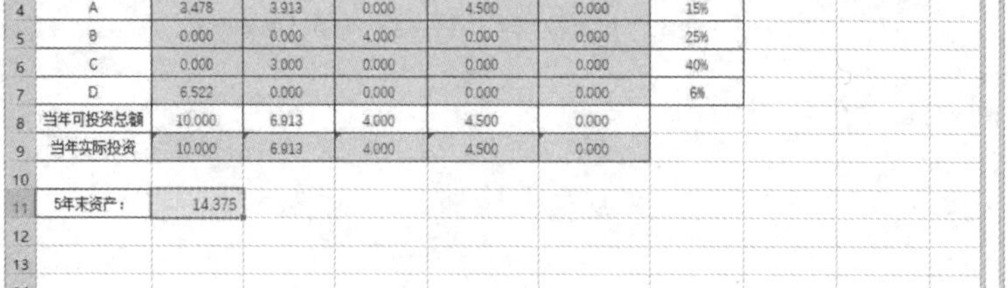

B11 =E4*(1+G4)+F7*(1+G7)+D5*(1+G5)+C6*(1+G6)

连续投资问题

	1	2	3	4	5	投资回报
A	3.478	3.913	0.000	4.500	0.000	15%
B	0.000	0.000	4.000	0.000	0.000	25%
C	0.000	3.000	0.000	0.000	0.000	40%
D	6.522	0.000	0.000	0.000	0.000	6%
当年可投资总额	10.000	6.913	4.000	4.500	0.000	
当年实际投资	10.000	6.913	4.000	4.500	0.000	

5年末资产：	14.375

图 2-18　用 Excel 求解连续投资问题

例 2-16（现金流管理） 某工厂的回款主要集中在每年的年中和年末。已知该厂下一年度每月的现金流（单位：万元）如表 2-27 所示，其中现金流为负表示公司要支出相应的金额，现金流为正则表示公司要回收相应的款项。假设所有现金流都发生在月中。为了应付现金流的需求，该厂可能需要借助于银行借款。有两种方式：（1）为期一年的长期借款，即于上一年年末借一年期贷款，一次得到全部贷款额，从下一年度 1 月起每月末偿还 1%的利息，于 12 月底偿还本金和最后一期；（2）为期一个月的短期借款，即可以每月初获得短期贷款，于当月底偿还本金和利息，假设月利率为 1.4%。当该厂有多余现金时，也可以以短期存款的方式获取部分利息收入。假设该厂只能每月初存入，月末取出，月息 0.4%。

如果将每个月的月末和下月月初看作同一时间点，已知工厂在 1 月初持有资金 5 万元，请问该厂应如何进行存贷款操作来管理现金流？

表 2-27

月份	1	2	3	4	5	6	7	8	9	10	11	12
现金流	−8	−7	−12	−4	−1	4	10	−5	−4	−10	10	45

解 定义如下决策变量：

$x =$ 为期一年的长期借款金额

$y_i =$ 第 i 月初的短期借款金额，$i = 1, \cdots, 12$

$s_i =$ 第 i 月初的短期存款金额，$i = 1, \cdots, 12$

目标函数是追求第 12 月月底的现金流最大化：

$$\max z = 45 + 1.004s_{12} - 1.012y_{12} - 1.01x$$

每个月月初应该持有部分资金来应付该月可能出现的现金流流出。比如，1 月初应该准备 8 万元的现金，以应付该月 8 月份的支出（特别是，1 月初持有的现金肯定不会超过 8 万元，因为超出的部分可以以短期存款的方式存入银行来获取部分利息收益）。但是，对于现金流为正的月份，工厂不必在月初持有现金。比如，第 6 月份工厂将收到 4 万元的现金，这意味着工厂在 6 月初不应该持有任何现金。因此，对应的 12 个月月初的持有现金需求约束如下：

1月初： $5 + x + y_1 - s_1 = 8$

2月初： $-0.01x - 1.014y_1 + 1.004s_1 + y_2 - s_2 = 7$

3月初： $-0.01x - 1.014y_2 + 1.004s_2 + y_3 - s_3 = 12$

4月初： $-0.01x - 1.014y_3 + 1.004s_3 + y_4 - s_4 = 4$

5月初： $-0.01x - 1.014y_4 + 1.004s_4 + y_5 - s_5 = 1$

6月初： $-0.01x - 1.014y_5 + 1.004s_5 + y_6 - s_6 = 0$

7月初： $4 - 0.01x - 1.014y_6 + 1.004s_6 + y_7 - s_7 = 0$

$$8月初:\quad 10-0.01x-1.014y_7+1.004s_7+y_8-s_8=5$$

$$9月初:\quad -0.01x-1.014y_8+1.004s_8+y_9-s_9=4$$

$$10月初:\quad -0.01x-1.014y_9+1.004s_9+y_{10}-s_{10}=10$$

$$11月初:\quad -0.01x-1.014y_{10}+1.004s_{10}+y_{11}-s_{11}=0$$

$$12月初:\quad 10-0.01x-1.014y_{11}+1.004s_{11}+y_{12}-s_{12}=0$$

最后还有非负约束：

$$x \geqslant 0,\ y_i \geqslant 0,\ s_i \geqslant 0,\ i=1,2,\cdots,12$$

利用 Excel 求解上述规划问题，得到的最优解如图 2-19 所示，在最优现金流管理方案下，12 月月末持有的资金将为 19.83 万元。

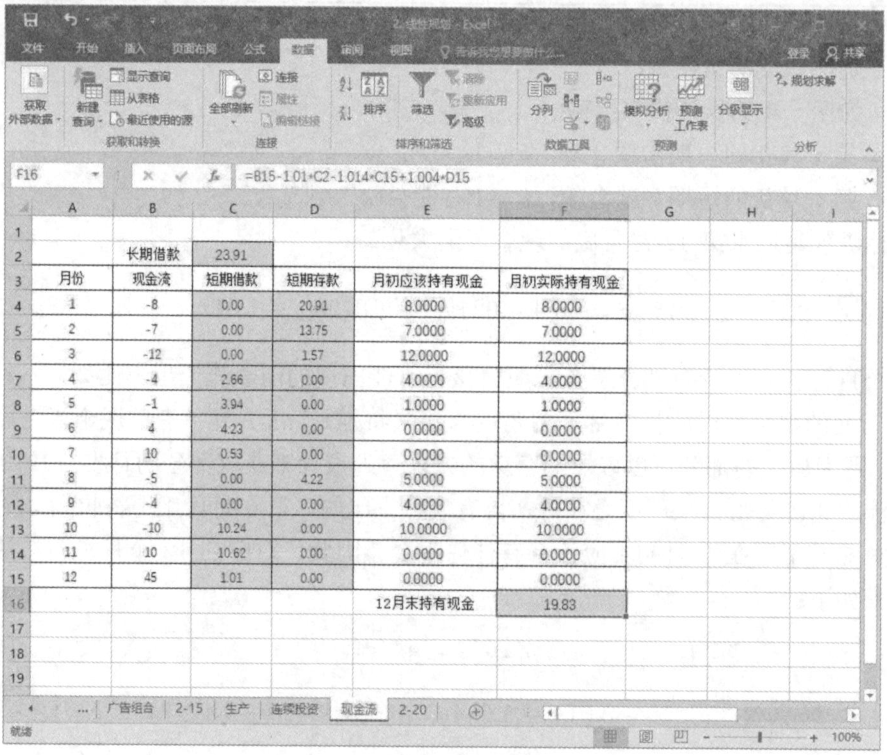

F16 =B15-1.01*C2-1.014*C15+1.004*D15

	长期借款	23.91			
月份	现金流	短期借款	短期存款	月初应该持有现金	月初实际持有现金
1	-8	0.00	20.91	8.0000	8.0000
2	-7	0.00	13.75	7.0000	7.0000
3	-12	0.00	1.57	12.0000	12.0000
4	-4	2.66	0.00	4.0000	4.0000
5	-1	3.94	0.00	1.0000	1.0000
6	4	4.23	0.00	0.0000	0.0000
7	10	0.53	0.00	0.0000	0.0000
8	-5	0.00	4.22	5.0000	5.0000
9	-4	0.00	0.00	4.0000	4.0000
10	-10	10.24	0.00	10.0000	10.0000
11	10	10.62	0.00	0.0000	0.0000
12	45	1.01	0.00	0.0000	0.0000
				12月末持有现金	19.83

图 2-19　用 Excel 求解现金流管理问题

注：在上述建模中，每个月初现金流需求都是“=”型约束，其背后的逻辑是每个月初不会持有超出该月实际需求的现金流（因为工厂可以将多余的资金以短期存款的方式获取部分利息收益）。那么，如果公司没有短期存款的机会，请问应该如何调整模型？请读者自行思考该调整问题的解决之道。

习 题

2.1 用图解法求解下列线性规划问题，并指出问题是具有唯一最优解、无穷多最优解、无界解还是无可行解?

(1) $\max\ z = x_1 + 3x_2$

$$\begin{cases} 5x_1 + 10x_2 \leqslant 50 \\ x_1 + x_2 \geqslant 1 \\ x_2 \leqslant 4 \\ x_1, x_2 \geqslant 0 \end{cases}$$

(2) $\min\ z = x_1 + 1.5x_2$

$$\begin{cases} x_1 + 3x_2 \geqslant 3 \\ x_1 + x_2 \geqslant 2 \\ x_1, x_2 \geqslant 0 \end{cases}$$

2.2 分别考虑下面的两个线性规划问题，其中 c 为一个参数。

$$\max\ z = cx_1 + x_2$$

$$\text{s.t.} \begin{cases} x_1 + x_2 \leqslant 8 \\ 2x_1 + x_2 \leqslant 12 \\ x_2 \leqslant 6 \\ x_1, x_2 \geqslant 0 \end{cases}$$

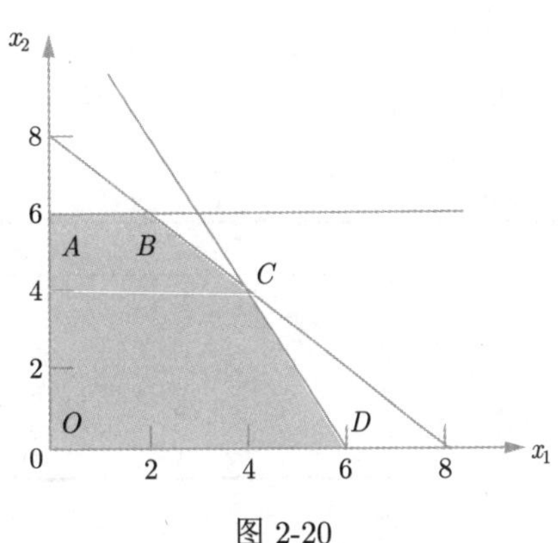

图 2-20

请问：当参数 c 在什么范围内取值时，最优解分别在可行域的 A、B、C、D、O 点处获得?

2.3 将下列线性规划问题变换成标准型，并列出初始单纯形表。

(1) $\min\ z = -3x_1 + 4x_2 - 2x_3 + 5x_4$

$$\begin{cases} 4x_1 - x_2 + 2x_3 - x_4 = -2 \\ x_1 + x_2 + 3x_3 - x_4 \leqslant 14 \\ -2x_1 + 3x_2 - x_3 + 2x_4 \geqslant 2 \\ x_1, x_2, x_3 \geqslant 0, \quad x_4\text{无约束} \end{cases}$$

(2) $\max\ s = z_k / p_k$

$$\begin{cases} z_k = \sum\limits_{i=1}^{n}\sum\limits_{k=1}^{m} a_{ik}x_{ik} \\ \sum\limits_{k=1}^{m} -x_{ik} = -1\ (i = 1, 2, \cdots, n) \\ x_{ik} \geqslant 0 (i = 1, 2, \cdots, n; k = 1, 2, \cdots, m) \end{cases}$$

2.4 在下面的线性规划问题中找出满足约束条件的所有基解。指出哪些是基可行解，并代入目标函数，确定哪一个是最优解。

(1) $\max\ z = 2x_1 + 3x_2 + 4x_3 + 7x_4$

$$\begin{cases} 2x_1 + 3x_2 - x_3 - 4x_4 = 8 \\ x_1 - 2x_2 + 6x_3 - 7x_4 = -3 \\ x_1, x_2, x_3, x_4 \geqslant 0 \end{cases}$$

(2) $\max\ z = 5x_1 - 2x_2 + 3x_3 - 6x_4$

$$\begin{cases} x_1 + 2x_2 + 3x_3 + 4x_4 = 7 \\ 2x_1 + x_2 + x_3 + 2x_4 = 3 \\ x_1,\ x_2,\ x_3,\ x_4 \geqslant 0 \end{cases}$$

2.5 分别用单纯形法中的大 M 法和两阶段法求解下述线性规划问题，并指出属哪一类解。

(1) $\max\ z = 2x_1 + 3x_2 - 5x_3$

$$\begin{cases} x_1+x_2+x_3=7 \\ 2x_1-5x_2+x_3 \geqslant 10 \\ x_1,x_2,x_3 \geqslant 0 \end{cases}$$

(2) $\max\ z = 10x_1 + 15x_2 + 12x_3$

$$\begin{cases} 5x_1+3x_2+\quad x_3 \leqslant 9 \\ -5x_1+6x_2+15x_3 \leqslant 15 \\ 2x_1+\quad x_2+\quad x_3 \geqslant 5 \\ x_1,x_2,x_3 \geqslant 0 \end{cases}$$

2.6 表 2-28 给出了求极大化线性规划问题最终的单纯形表。表中无人工变量，a_1、a_2、a_3、d、c_1、c_2 为待定常数。试说明这些常数分别取何值时，以下结论成立。

（1）表中解为唯一最优解；

（2）表中解为最优解，但存在无穷多最优解；

（3）该线性规划问题具有无界解；

（4）表中解非最优，为对解改进，换入变量为 x_1，换出变量为 x_6。

表 2-28

基	b	x_1	x_2	x_3	x_4	x_5	x_6
x_3	d	4	a_1	1	0	a_2	0
x_4	2	-1	-3	0	1	-1	0
x_6	3	a_3	-5	0	0	-4	1
	$c_j - z_j$	c_1	c_2	0	0	-3	0

2.7 某昼夜服务的公交线路每天各时间区段内所需司机和乘务人员数如表 2-29 所示。

表 2-29

班次	时间	所需人数
1	6:00—10:00	60
2	10:00—14:00	70
3	14:00—18:00	60
4	18:00—22:00	50
5	22:00—2:00	20
6	2:00—6:00	30

设司机和乘务人员分别在各时间区段一开始时上班，并连续工作八小时，问该公交线路至少需要配备多少名司机和乘务人员。列出这个问题的线性规划模型，并找出最优化答案。

2.8 某厂生产三种产品 I，Ⅱ，Ⅲ。每种产品要经过 A，B 两道工序加工。设该厂有两种规格的设备能完成 A 工序，它们以 A_1，A_2 表示；有三种规格的设备能完成 B 工序，它们以 B_1，B_2，B_3 表示。产品 I 可在 A，B 任何一种规格设备上加工。产品 Ⅱ 可在任何规格的 A 设备上加工，但完成 B 工序时，只能在 B_1 设备上加工；产品 Ⅲ 只能在 A_2 与 B_2 设备上加工。已知各种机床设备的单件工时、原料费、产品销售价格、各种设备有效台时以及满负荷操作时机床设备的费用如表 2-30，要求安排最优的生产计划，使该厂利润最大。

表 2-30

设备	产品			设备有效台时	满负荷时的设备费用 (元)
	Ⅰ	Ⅱ	Ⅲ		
A_1	5	10		6000	300
A_2	7	9	12	10 000	321
B_1	6	8		4000	250
B_2	4		11	7000	783
B_3	7			4000	200
原料费 (元/件)	0.25	0.35	0.50		
单价 (元/件)	1.25	2.00	2.80		

2.9 考虑某玩具厂现金流的管理问题。已知该玩具厂未来一年每月都有需要支出的应付账款，同时也会回收应收账款；相关数据如表 2-31 所示。

表 2-31 单位：万元

月份	1	2	3	4	5	6	7	8	9	10	11	12
应付账款	10	8	5	6	10	12	20	4	5	4	3	2
应收账款	5	6	4	8	6	18	6	6	3	2	18	20

为了应付现金流的需求，该厂可能需要借助于银行借款。有两种方式：（1）为期一年的长期借款，即于上一年年末借一年期贷款，一次得到全部贷款额，从下一年度 1 月起每月末偿还 1%的利息，于 12 月底偿还本金和最后一期；（2）为期一个月的短期借款，即可以每月初获得短期贷款，于当月底偿还本金和利息，假设月利率为 1.4%。当该厂有多余现金时，也可以以短期存款的方式获取部分利息收入。假设该厂只能每月初存入，月末取出，月息 0.4%。

请构建规划问题帮助玩具厂管理现金流。请问玩具厂最少需要花费的财务成本是多少？在最乐观的情况下，玩具厂最少需要花费的财务成本是多少？

CHAPTER 3

第 3 章

对偶理论与敏感性分析

在事物之间普遍存在某种对偶关系：从不同的角度（立场）观察事物时，有两种拟似对立的表述。如“平面上矩形的面积与周长的关系”可分别表述为：周长一定，面积最大的矩形是正方形；面积一定，周长最短的矩形是正方形。同样，每个线性规划问题都有一个与之对应的另一个线性规划问题，我们称之为“对偶问题”(dual problem)。对偶理论是线性规划中最重要的理论之一，它充分显示出线性规划理论的严谨性和结构的对称性。对偶线性规划问题的最优解和原始问题的最优解之间也存在一定的对应关系。有时对偶解也称为“影子价格”(shadow price)，它是经济学中一个非常重要的概念。学习对偶理论，不仅能从另一个视角帮助求解原始线性规划问题，而且能够帮助决策者进行敏感性分析，并提供有意义的管理启示。

3.1 对偶线性规划问题

我们先回顾第 2 章开始的两个例子。

例 3-1（生产安排） 某厂在计划期内要安排生产 I、Ⅱ 两种产品，需要用到劳动力、设备以及 A 和 B 两种原材料。已知生产单位产品的利润与所需各种资源的消耗量如表 3-1 所示。

表 3-1

	产品 I	产品 Ⅱ	资源限额
劳动力	8	4	360 工时
设备	4	5	200 台时
原材料 A	3	10	250 公斤
原材料 B	4	6	200 公斤
单位利润（元）	80	100	

站在该厂（记为厂 A）资源配置的角度，需要确定两种产品的产量。设 x_1 和 x_2 分别为产品 I 和产品 Ⅱ 的生产数量，则该厂面临的优化模型为

$$
\max z = 80x_1 + 100x_2
$$

$$
\text{s.t.} \begin{cases} 8x_1 + 4x_2 \leqslant 360 & \text{劳动力} \\ 4x_1 + 5x_2 \leqslant 200 & \text{设备} \\ 3x_1 + 10x_2 \leqslant 250 & \text{原材料A} \\ 4x_1 + 6x_2 \leqslant 200 & \text{原材料B} \\ x_1, x_2 \geqslant 0 & \text{非负性} \end{cases} \tag{3-1}
$$

该问题的最优决策为：产品 I 的产量为 42.5，产品 Ⅱ 的产量 5 单位；能实现最优利润 3900 元。在该生产安排下，劳动力和原材料 B 将刚好消耗完（是紧约束），而设备工时和原材料 A 将存在一定的剩余（是非紧约束）。

现在假设有另外一家企业 B 需要完成某个项目，正好需要厂 A 具备的劳动力、设备和两种原材料资源。企业 B 找到厂 A 的老板，想和他商量能否租用其拥有的劳动力和设备，并购买其所有原材料资源。厂 A 的老板表示，只要企业 B 支付的价格合适，他是愿意出租的。因此，这里最关键的问题是对四种资源的价格（租金）进行谈判。为建模方便，设

$y_1 =$ 企业 B 为劳动力支付的单位租金（元/工时）

$y_2 =$ 企业 B 为设备工时支付的单位租金（元/台时）

$y_3 =$ 企业 B 为原材料 A 支付的单位费用（元/公斤）

$y_4 =$ 企业 B 为原材料 B 支付的单位费用（元/公斤）

很显然，企业 B 希望支付的总成本越低越好，即他的目标是追求总成本的最小化：

$$
\min w = 360y_1 + 200y_2 + 250y_3 + 200y_4
$$

直观上，对企业 B 而言，最好的状态是四种资源的租金/采购成本都为零（即 $y_1 = y_2 = y_3 = y_4 = 0$），这样企业 B 能够免费获得厂 A 的四种资源。然而，当租金过低时，厂 A 的老板就不愿意停工了。这意味着上述租金/价格应该要满足一定的条件。试想一下，厂 A 通过 8 单位的劳动力工时、4 单位的设备工时、3 单位的原材料 A 和 4 单位的原材料 B 能生产出一单位产品 I，从而创造 80 元的利润。于是，为了让厂 A 愿意放弃产品 I 的生产，其当量租金总收入（表示为 $8y_1 + 4y_2 + 3y_3 + 4y_4$）不能低于 80 元，用不等式约束来表示，即

$$
8y_1 + 4y_2 + 3y_3 + 4y_4 \geqslant 80
$$

同样，为了让厂 A 愿意放弃产品 Ⅱ 的生产，其当量租金总收入也应该满足

$$
4y_1 + 5y_2 + 10y_3 + 6y_4 \geqslant 100
$$

考虑到单位租金和采购费用的非负性，我们可以得到企业 B 的一个完整的线性规划模型，如下：

$$
\min w = 360y_1 + 200y_2 + 250y_3 + 200y_4
$$

$$
\text{s.t.} \begin{cases} 8y_1 + 4y_2 + 3y_3 + 4y_4 \geqslant 80 \\ 4y_1 + 5y_2 + 10y_3 + 6y_4 \geqslant 100 \\ y_1, y_2, y_3, y_4 \geqslant 0 \end{cases} \tag{3-2}
$$

利用 Excel 求解该问题，优化结果如图 3-1 所示。可以看出，企业 B 为劳动力支付的单位租金为 2.5 元/小时，采购原材料 B 的单位成本为 15 元/公斤，而设备的单位工时租金为零，原材料 A 的单位采购成本也为零。获取所有资源，企业 B 总共支付的费用为 3900 元，恰好等于厂 A 在资源配置问题中的最优利润收入。

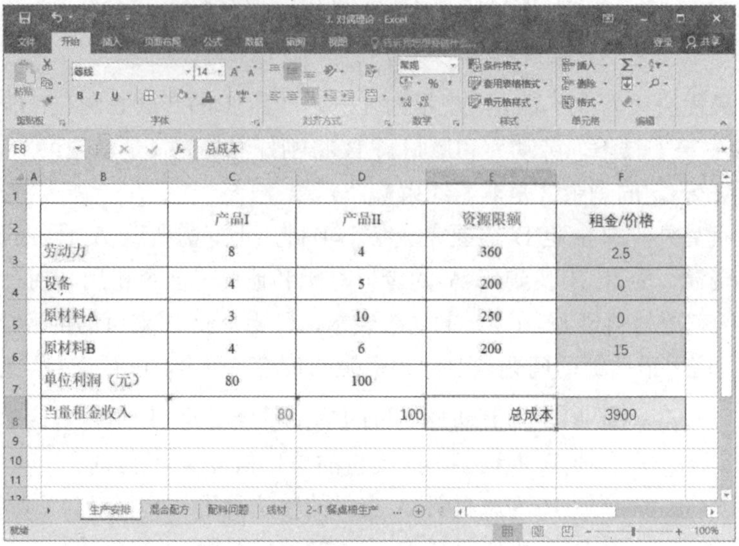

	产品I	产品II	资源限额	租金/价格
劳动力	8	4	360	2.5
设备	4	5	200	0
原材料A	3	10	250	0
原材料B	4	6	200	15
单位利润（元）	80	100		
当量租金收入	80	100	总成本	3900

图 3-1

对比厂 A 的资源配置模型 (3-1) 和企业 B 的租金模型 (3-2)，我们可以发现这两个线性规划模型所有的参数（目标函数系数、工艺矩阵、约束右边项）都是共同的，只是参数在不同模型中位置不同而已。我们称这两个模型为互为对偶的线性规划模型。

例 3-2（混合配方） 养猪专业户小王考虑选择玉米、槽料和苜蓿作为主要饲料科学养猪。各种饲料的价格以及对应的碳水化合物和蛋白质含量如表 3-2 所示；表的最后一列给出了科学养猪中每头猪每天摄入的最低营养成分。

表 3-2

营养成分	玉米	槽料	苜蓿	最小需求量
碳水化合物	9	2	4	60
蛋白质	4	8	6	55
成本（元）	3	2.3	2.5	

从小王的角度，设 y_1、y_2 和 y_3 分别为每天给每头猪喂食的玉米、槽料和苜蓿的数量，其对应的成本—收益平衡优化模型如下：

$$\min\ w = 3y_1 + 2.3y_2 + 2.5y_3$$

$$\text{s.t.}\begin{cases} 9y_1 + 2y_2 + 4y_3 \geqslant 60 \\ 4y_1 + 8y_2 + 6y_3 \geqslant 55 \\ y_1,\ y_2, y_3 \geqslant 0 \end{cases} \tag{3-3}$$

该问题的最优决策为 $(y_1^*, y_2^*, y_3^*) = (5.78,\ 3.98,\ 0)$；每头猪每天的饲料成本最低为 $w^* = 26.51$ 元。

一直从事猪饲料研究工作的老赵看到了一个自认为富有潜力的创业机会。为了更直接地让猪吸收生长所需的各营养成分，他认为可以从各种原料提炼出猪生长所需的碳水化合物和蛋白质营养素，即可以通过营养素来替代原来的猪饲料。经过半年的努力，老赵将自己的想法变为了现实，他面向养猪场的碳水化合物营养素和蛋白质营养素面世了；但是如何为两种营养素定价是摆在老赵面前的一大难题。设

$$x_1 = \text{每单位碳水化合物营养素的定价}$$
$$x_2 = \text{每单位蛋白质营养素的定价}$$

考虑到每头猪每天的营养素需求，老赵当然希望自己的收入越高越好，即目标函数为

$$\max z = 60x_1 + 55x_2$$

如果没有任何约束的限制，那么老赵应该将营养素的定价定得越高越好。但是，当营养素价格过高时，养猪场老板（比如小王）从经济性考虑可能依然会选择原来的饲料。因此，两种营养素的价格不能定得过高。为了说服小王放弃喂食玉米，其玉米饲料所包含的营养成分对应的当量成本（表示为 $9x_1 + 4x_2$）不能超过玉米的价格，即

$$9x_1 + 4x_2 \leqslant 3$$

同样的，为了说服小王放弃喂食槽料和苜蓿，它们各自营养素对应的当量成本也不能超过其价格，即：

$$2x_1 + 8x_2 \leqslant 2.3$$

$$4x_1 + 6x_2 \leqslant 2.5$$

考虑到营养素价格的非负性，我们可以得到老赵的完整线性规划模型：

$$\max z = 60x_1 + 55x_2$$

$$\text{s.t.} \begin{cases} 9x_1 + 4x_2 \leqslant 3 \\ 2x_1 + 8x_2 \leqslant 2.3 \\ 4x_1 + 6x_2 \leqslant 2.5 \\ x_1, x_2 \geqslant 0 \end{cases} \tag{3-4}$$

利用 Excel 优化求解，优化结果如图 3-2 所示。可以看出，两种营养素的最优定价分别为 0.2313 和 0.2297 元，对应的每头猪的销售收入为 26.51 元。

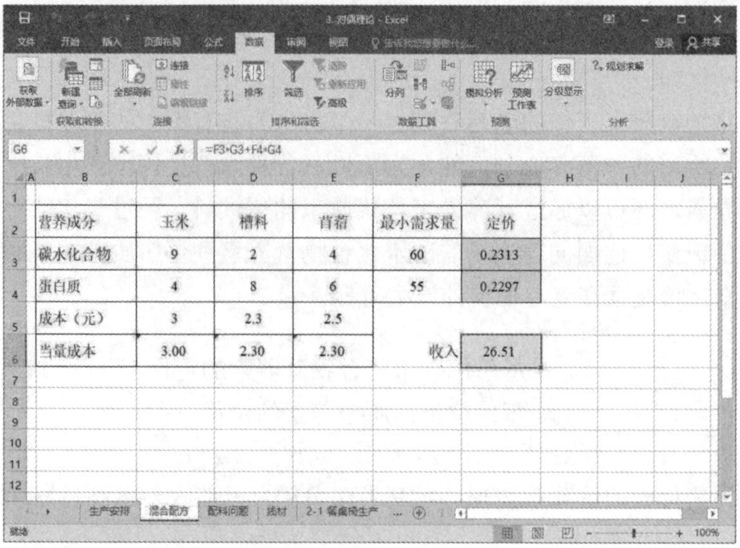

营养成分	玉米	槽料	苜蓿	最小需求量	定价
碳水化合物	9	2	4	60	0.2313
蛋白质	4	8	6	55	0.2297
成本（元）	3	2.3	2.5		
当量成本	3.00	2.30	2.30	收入	26.51

图 3-2

对比小王的混合饲料配方模型 (3-3) 和老赵的营养素定价模型 (3-4) 也不难看出，两者之间也存在很好的对称性；它们也构成一组互为对偶的线性规划模型。

通过上述两个例子可以看出，一个资源配置型线性规划模型，可以找到一个与之对偶的成本—收益平衡型线性规划模型；反之亦然。我们考虑一个一般的资源配置模型为原问题（Primary Problem，简记为 P）：

$$\max z = c_1x_1 + c_2x_2 + \cdots + c_nx_n$$
$$\text{s.t.} \begin{cases} a_{11}x_1 + a_{12}x_2 + \cdots + a_{1n}x_n \leqslant b_1 \\ a_{21}x_1 + a_{22}x_2 + \cdots + a_{2n}x_n \leqslant b_2 \\ \cdots \\ a_{m1}x_1 + a_{m2}x_2 + \cdots + a_{mn}x_n \leqslant b_m \\ x_1, x_2, \cdots, x_n \geqslant 0 \end{cases}$$

那么，其对偶问题（Dual Problem，简记为 D）为

$$\min w = b_1y_1 + b_2y_2 + \cdots + b_my_m$$
$$\text{s.t.} \begin{cases} a_{11}y_1 + a_{21}y_2 + \cdots + a_{m1}y_m \geqslant c_1 \\ a_{12}y_1 + a_{22}y_2 + \cdots + a_{m2}y_m \geqslant c_2 \\ \cdots \\ a_{1n}y_1 + a_{2n}y_2 + \cdots + a_{mn}y_m \geqslant c_n \\ y_1, y_2, \cdots, y_m \geqslant 0 \end{cases}$$

原问题和对偶问题之间的对称关系体现为：

- 原问题的每个约束对应对偶问题的一个决策变量；
- 原问题为求极大（或极小），则对偶问题为求极小（或极大）；

- 原问题的目标函数系数对应于对偶问题约束右边项；
- 原问题的约束右边项对应于对偶问题的目标函数系数；
- 原问题的系数矩阵和对偶问题的系数矩阵互为转置关系；
- 原问题的约束条件方向为小于等于，其对偶问题的约束条件方向为大于等于。

如果用矩阵形式来表示，上述原问题和对偶问题分别为

$$
\text{(P)}\quad \begin{aligned} &\max z = \boldsymbol{CX} \\ &\text{s.t.}\begin{cases} \boldsymbol{AX} \leqslant \boldsymbol{b} \\ \boldsymbol{X} \geqslant 0 \end{cases}\end{aligned} \qquad \text{(D)}\quad \begin{aligned} &\min w = \boldsymbol{Yb} \\ &\text{s.t.}\begin{cases} \boldsymbol{YA} \geqslant \boldsymbol{C} \\ \boldsymbol{Y} \geqslant 0 \end{cases}\end{aligned}
$$

其中，原问题中 $\boldsymbol{X}$ 为一个列向量，而对偶问题中 $\boldsymbol{Y}$ 为一个行向量。

以上互为对偶的问题中，原始问题是一个标准型的资源配置问题，其对偶问题是一个标准型的成本—收益平衡问题。那么，原问题的约束条件中包含等式约束时，如何写出其对应的对偶问题呢？

考虑如下带有等式约束条件的线性规划问题：

$$
\begin{aligned} &\max z = \sum_{j=1}^{n} c_j x_j \\ &\text{s.t.}\begin{cases} \displaystyle\sum_{j=1}^{n} a_{ij} x_j = b_i, \quad i = 1, 2, \cdots, m \\ x_j \geqslant 0, j = 1, 2, \cdots, n \end{cases}\end{aligned} \tag{3-5}
$$

先将等式约束条件分解为两个不等式约束条件。这时上述线性规划问题可表示为

$$
\begin{aligned} &\max z = \sum_{j=1}^{n} c_j x_j \\ &\text{s.t.}\begin{cases} \displaystyle\sum_{j=1}^{n} a_{ij} x_j \leqslant b_i, \quad i = 1, 2, \cdots, m & \Leftarrow y_i' \\ \displaystyle-\sum_{j=1}^{n} a_{ij} x_j \leqslant -b_i, \quad i = 1, 2, \cdots, m & \Leftarrow y_i'' \\ x_j \geqslant 0, j = 1, 2, \cdots, n \end{cases}\end{aligned} \tag{3-6}
$$

设 y_i' 是对应于式 (3-6) 第一组约束的对偶变量，y_i'' 是对应于第二组约束的；这里 $i = 1, 2, \cdots, m$。

从形式上，规划问题式 (3-6) 是一个标准形式的资源配置型问题，我们可以直接写出其对偶问题如下：

$$
\begin{aligned} &\min w = \sum_{i=1}^{m} b_i y_i' + \sum_{i=1}^{m} (-b_i y_i'') \\ &\text{s.t.}\begin{cases} \displaystyle\sum_{i=1}^{m} a_{ij} y_i' + \sum_{i=1}^{m} (-a_{ij} y_i'') \geqslant c_j, \quad j = 1, 2, \cdots, n \\ \qquad y_i', y_i'' \geqslant 0, \quad i = 1, 2, \cdots, m \end{cases}\end{aligned}
$$

整理可得

$$\min\ w=\sum_{i=1}^{m}b_i(y_i'-y_i'')$$
$$\text{s.t.}\begin{cases}\sum\limits_{i=1}^{m}a_{ij}(y_i'-y_i'')\geqslant c_j, & j=1,2,\cdots,n\\ y_i',y_i''\geqslant 0, & i=1,2,\cdots,m\end{cases}$$

令 $y_i=(y_i'-y_i'')$， $y_i',y_i''\geqslant 0$。由此可见，y_i 不受正负值的限制，为“自由”身份。将 y_i 代入上述规划问题，便得到原问题的对偶问题，如下：

$$\min\ w=\sum_{i=1}^{m}b_iy_i$$
$$\text{s.t.}\begin{cases}\sum\limits_{i=1}^{m}a_{ij}y_i\geqslant c_j, & j=1,2,\cdots,n\\ y_i\ \text{自由}, & i=1,2,\cdots,m\end{cases}$$

按照上述思路，可以写出任何线性规划模型所对应的对偶问题，如下例所示。

例 3-3（对偶问题） 写出下面问题的对偶问题：

$$\max\ z=5x_1+6x_2$$
$$\text{s.t.}\begin{cases}3x_1-2x_2=7\\ 3x_1+\ \ x_2\leqslant 8\\ 5x_1+6x_2\geqslant 30\\ \quad x_1,x_2\geqslant 0\end{cases}$$

解 该问题中，第 1 个约束和第 3 个约束不符合前文的小于等于形式，因此我们先对约束条件进行等价变换，如下：

$$\max\ z=5x_1+6x_2$$
$$\text{s.t.}\begin{cases}3x_1-2x_2\leqslant 7 & \Leftarrow y_1'\\ -3x_1+2x_2\leqslant -7 & \Leftarrow y_1''\\ 3x_1+\ \ x_2\leqslant 8 & \Leftarrow y_2\\ -5x_1-6x_2\leqslant -30 & \Leftarrow y_3'\\ x_1,x_2\geqslant 0\end{cases}$$

记各个约束条件对应的对偶变量分别为 y_1'、y_1''、y_2 和 y_3'，我们可以直接利用前面的对偶关系写出其对偶问题为

$$\min w=7y_1'-7y_1''+8y_2-30y_3'$$
$$\text{s.t.}\begin{cases}3y_1'-3y_1''+3y_2-5y_3'\geqslant 5\\ -2y_1'+2y_1''+\ \ y_2-6y_3'\geqslant 6\\ y_1',y_1'',y_2,y_3'\geqslant 0\end{cases}$$

进一步做变量替换，令 $y_1=y_1'-y_1''$，$y_3=-y_3'$，则上述对偶问题变为

$$
\min w = 7y_1 + 8y_2 + 30y_3
$$
$$
\text{s.t.}\begin{cases} 3y_1 + 3y_2 + 5y_3 \geqslant 5 \\ -2y_1 + y_2 + 6y_3 \geqslant 6 \\ y_1\text{自由}, y_2 \geqslant 0, y_3 \leqslant 0 \end{cases}
$$

观察上述例子：

• 对偶变量 y_1 对应于等式约束 $3x_1 - 2x_2 = 7$，它可正可负，是一个自由变量；

• 对偶变量 y_3 对应于 $\geqslant$ 型约束 $5x_1+6x_2 \geqslant 30$（该约束方向与标准资源配置型线性规划的约束方向相反），因此 $y_3 \leqslant 0$。

原问题与对偶问题之间的对应关系可以总结为表 3-3，今后利用该对应关系可以直接写出任何线性规划问题对应的对偶问题。

表 3-3

原问题（或对偶问题）		对偶问题（或原问题）	
目标函数 max z		目标函数 min w	
变量	n个	n个	约束条件
	$\geqslant 0$	$\geqslant$	
	$\leqslant 0$	$\leqslant$	
	无约束	$=$	
约束条件	m个	m个	变量
	$\leqslant$	$\geqslant 0$	
	$\geqslant$	$\leqslant 0$	
	$=$	无约束	
约束条件右端项		目标函数变量的系数	
目标函数变量的系数		约束条件右端项	

例 3-4（对偶问题） 请直接写出下述线性规划原问题的对偶问题

$$
\min\ w = 2x_1 + 3x_2 - 5x_3 + x_4
$$
$$
\text{s.t.}\begin{cases} x_1 + x_2 - 3x_3 + x_4 \geqslant 5 & \Leftarrow y_1 \\ 2x_1 + 2x_3 - x_4 \leqslant 4 & \Leftarrow y_2 \\ x_2 + x_3 + x_4 = 6 & \Leftarrow y_3 \\ x_1 \leqslant 0,\ \ x_2, x_3 \geqslant 0, x_4\text{无约束} \end{cases}
$$

解 设对应于三个约束条件的对偶变量分别为 y_1，y_2，y_3。由表 3-3 中原问题和对偶问题的对应关系，可以直接写出上述问题的对偶问题，即

$$\max\ z = 5y_1 + 4y_2 + 6y_3$$

$$\text{s.t.}\begin{cases} y_1 + 2y_2 \geqslant 2 \\ y_1 + y_3 \leqslant 3 \\ -3y_1 + 2y_2 + y_3 \leqslant -5 \\ y_1 - y_2 + y_3 = 1 \\ y_1 \geqslant 0,\ y_2 \leqslant 0,\ y_3\text{无约束} \end{cases}$$

3.2 对偶问题的基本性质

例 3-1 和例 3-2 表明，对偶线性规划问题的最优目标函数值和原问题的最优目标函数值相等。本节我们探讨线性规划对偶问题的基本性质；先利用单纯形法求解线性规划模型 (3-1) 及其对偶问题 (3-2)。

线性规划模型 (3-1) 的标准型如下：

$$\max z = 80x_1 + 100x_2$$

$$\text{s.t.}\begin{cases} 8x_1 + 4x_2 + x_3 = 360 \\ 4x_1 + 5x_2 + x_4 = 200 \\ 3x_1 + 10x_2 + x_5 = 250 \\ 4x_1 + 6x_2 + x_6 = 200 \\ x_1, x_2, \cdots, x_6 \geqslant 0 \end{cases}$$

其对应的单纯形表计算过程如表 3-4 所示。

因此，最优解为 $(x_1^*, x_2^*, x_3^*, x_4^*, x_5^*, x_6^*) = (42.5,\ 5,\ 0,\ 5, 72.5, 0)$，对应的最优目标函数值 $z^* = 3900$。

我们考虑其对偶问题：

$$\min w = 360y_1 + 200y_2 + 250y_3 + 200y_4$$

$$\text{s.t.}\begin{cases} 8y_1 + 4y_2 + 3y_3 + 4y_4 \geqslant 80 \\ 4y_1 + 5y_2 + 10y_3 + 6y_4 \geqslant 100 \\ y_1, y_2, y_3, y_4 \geqslant 0 \end{cases}$$

为了利用单纯形法求解，增加松弛变量 y_5、y_6 和人工变量 y_7、y_8，对偶问题改写为

$$\min w = 360y_1 + 200y_2 + 250y_3 + 200y_4 + My_7 + My_8$$

$$\text{s.t.}\begin{cases} 8y_1 + 4y_2 + 3y_3 + 4y_4 - y_5 + y_7 = 80 \\ 4y_1 + 5y_2 + 10y_3 + 6y_4 - y_6 + y_8 = 100 \\ y_1, y_2, \cdots, y_8 \geqslant 0 \end{cases}$$

其对应的单纯形表计算过程如表 3-5 所示。

因此，对偶问题的最优解为 $(y_1^*, y_2^*, y_3^*, y_4^*, y_5^*, y_6^*) = (2.5,\ 0,\ 0, 15, 0, 0)$，对应的最优目标函数值 $w^* = 3900$。

表 3-4

$c_j \to$			80	100	0	0	0	0	
$\boldsymbol{C_B}$	基	$\boldsymbol{b}$	x_1	x_2	x_3	x_4	x_5	x_6	θ_i
0	x_3	360	8	4	1	0	0	0	90
0	x_4	200	4	5	0	1	0	0	40
0	x_5	250	3	[10]	0	0	1	0	25
0	x_6	200	4	6	0	0	0	1	33.33
			80	100	0	0	0	0	
0	x_3	260	6.8	0	1	0	−0.4	0	38.24
0	x_4	75	2.5	0	0	1	−0.5	0	30.00
100	x_2	25	0.3	1	0	0	0.1	0	83.33
0	x_6	50	[2.2]	0	0	0	−0.6	1	22.73
			50	0	0	0	−10	0	
0	x_3	105.4545	0	0	1	0	[1.4545]	−3.0909	72.5
0	x_4	18.1818	0	0	0	1	0.1818	−1.1364	100
100	x_2	18.1818	0	1	0	0	0.1818	−0.1364	100
80	x_1	22.7273	1	0	0	0	−0.2727	0.4545	
			0	0	0	0	3.6364	−22.7273	
0	x_5	72.5	0	0	0.6875	0	1	−2.125	
0	x_4	5	0	0	−0.125	1	0	−0.75	
100	x_2	5	0	1	−0.125	0	0	0.25	
80	x_1	42.5	1	0	0.1875	0	0	−0.125	
			0	0	−2.5	0	0	−15	

表 3-5

$c_j \to$			360	200	250	200	0	0	M	M	
$\boldsymbol{C_B}$	基	$\boldsymbol{b}$	y_1	y_2	y_3	y_4	y_5	y_6	y_7	y_8	θ_i
M	y_7	80	8	4	3	4	−1	0	1	0	80/3
M	y_8	100	4	5	[10]	6	0	−1	0	1	10
			$360-12M$	$200-9M$	$250-13M$	$200-10M$	M	M	0	0	
M	y_7	50	[6.8]	2.5	0	2.2	−1	0.3	1	−0.3	7.353
250	y_3	10	0.4	0.5	1	0.6	0	−0.1	0	0.1	25
			$260-6.8M$	$75-2.5M$	0	$50-2.2M$	M	$25-0.3M$	0	$1.3M-25$	
360	y_1	7.353	1.000	0.368	0.000	0.324	−0.147	0.044	0.147	−0.044	22.727
250	y_3	7.059	0.000	0.353	1.000	[0.471]	0.059	−0.118	−0.059	0.118	15.000
			0	−20.588	0	−34.118	38.235	13.529			
360	y_1	2.5	1	0.125	−0.6875	0	−0.1875	0.125			
200	y_4	15	0	0.75	2.125	1	0.125	−0.25			
			0	5	72.5	0	42.5	5			

对比原问题和其对偶问题最终单纯形表，也不难发现一些对应关系，比如：

- 原问题的最优目标函数值恰好等于对偶问题的最优目标函数值（$z^* = 3900 = w^*$）；

- 原问题的最优解刚好对应于对偶问题最终单纯形表的检验系数；
- 原问题最终单纯形表的检验系数乘以 (−1) 刚好对应于对偶问题的最优解。

也就是说，在原问题（或对偶问题）的最终单纯形表中，实际上给出了两个线性规划问题的最优解。下面我们探讨上述发现是否适用于一般的对偶问题。

考虑下列原问题（P）及其对偶问题（D）：

$$\text{(P)}\quad \begin{aligned}&\max z = \boldsymbol{CX}\\ &\text{s.t.}\begin{cases}\boldsymbol{AX} \leqslant \boldsymbol{b}\\ \boldsymbol{X} \geqslant 0\end{cases}\end{aligned} \qquad \text{(D)}\quad \begin{aligned}&\min w = \boldsymbol{Yb}\\ &\text{s.t.}\begin{cases}\boldsymbol{YA} \geqslant \boldsymbol{C}\\ \boldsymbol{Y} \geqslant 0\end{cases}\end{aligned}$$

定理 3-1（对称性） 对偶问题的对偶问题即为原问题。

定理 3-2（弱对偶性） 若 $\bar{\boldsymbol{X}}$ 是原问题的任一可行解，$\bar{\boldsymbol{Y}}$ 是对偶问题的任一可行解，则有 $\boldsymbol{C}\bar{\boldsymbol{X}} \leqslant \bar{\boldsymbol{Y}}\boldsymbol{b}$。

证明：因 $\bar{X}$ 是原问题的可行解，所以满足约束条件

$$\boldsymbol{A}\bar{\boldsymbol{X}} \leqslant \boldsymbol{b}$$

若 $\bar{\boldsymbol{Y}}$ 是给定的一组非负值，将 $\bar{\boldsymbol{Y}}$ 左乘上式，得到

$$\bar{\boldsymbol{Y}}\boldsymbol{A}\bar{\boldsymbol{X}} \leqslant \bar{\boldsymbol{Y}}\boldsymbol{b}$$

因为 $\bar{\boldsymbol{Y}}$ 是对偶问题的可行解，所以满足

$$\bar{\boldsymbol{Y}}\boldsymbol{A} \geqslant \boldsymbol{C}$$

将 $\bar{\boldsymbol{X}}$ 右乘上式，得到

$$\bar{\boldsymbol{Y}}\boldsymbol{A}\bar{\boldsymbol{X}} \geqslant \boldsymbol{C}\bar{\boldsymbol{X}}$$

于是得到

$$\boldsymbol{C}\bar{\boldsymbol{X}} \leqslant \bar{\boldsymbol{Y}}\boldsymbol{A}\bar{\boldsymbol{X}} \leqslant \bar{\boldsymbol{Y}}\boldsymbol{b}$$

证毕。

弱对偶性表明，原问题中任一可行解所对应的目标函数值都构成对偶问题任一可行解对应函数值的下界；反之，对偶问题中任一可行解所对应的目标函数值都构成原问题任一可行解对应函数值的上界。

定理 3-3（最优性） 如果 $\hat{\boldsymbol{X}}$，$\hat{\boldsymbol{Y}}$ 分别是问题（P）和（D）的一个可行解，且满足 $\boldsymbol{C}\hat{\boldsymbol{X}} = \hat{\boldsymbol{Y}}\boldsymbol{b}$，则它们分别是问题（P）和问题（D）的最优解。

证明：根据定理 3-2 可知：对偶问题的任一可行解 $\bar{\boldsymbol{Y}}$ 都满足 $\bar{\boldsymbol{Y}}\boldsymbol{b} \geqslant \boldsymbol{C}\hat{\boldsymbol{X}}$；因为 $\boldsymbol{C}\hat{\boldsymbol{X}} = \hat{\boldsymbol{Y}}\boldsymbol{b}$，所以 $\bar{\boldsymbol{Y}}\boldsymbol{b} \geqslant \hat{\boldsymbol{Y}}\boldsymbol{b}$。可见 $\hat{\boldsymbol{Y}}$ 是使对偶问题（D）目标函数取值最小的可行解，因而是最优解。

同样可证明：对于原问题的任一可行解 $\bar{\boldsymbol{X}}$，有

$$\boldsymbol{C}\hat{\boldsymbol{X}} = \hat{\boldsymbol{Y}}\boldsymbol{b} \geqslant \boldsymbol{C}\bar{\boldsymbol{X}}$$

所以 $\hat{\boldsymbol{X}}$ 是原问题（P）的最优解。

定理 3-3 表明，如果在原问题和对偶问题中分别找到了一个可行解，它们对应的目标函数值相等，则这两个可行解即为最优解。下面的定理 3-4 进一步给出了对偶问题的最优解的具体形式。

定理 3-4（最优对偶解） 若 $\boldsymbol{B}$ 为原问题（P）的最优基，则 $\hat{\boldsymbol{Y}}=\boldsymbol{C_B}\boldsymbol{B}^{-1}$ 即是对偶问题（D）的最优解。

证明：对于原问题（P），通过引入松弛变量（记为 $\boldsymbol{X}_s$），其等价变形为

$$\max z=\boldsymbol{CX}$$
$$\text{s.t.}\ \begin{cases}\boldsymbol{AX}+\boldsymbol{X}_s=\boldsymbol{b}\\ \boldsymbol{X},\boldsymbol{X}_s\geqslant 0\end{cases}$$

将 $\boldsymbol{X}_s$ 作为初始基变量，其初始和最终的单纯形表如表 3-6 所示。

根据最终单纯形表的最优性判断准则，一定有

$$\begin{cases}\boldsymbol{C}-\boldsymbol{C_B}\boldsymbol{B}^{-1}\boldsymbol{A}\leqslant 0\\ -\boldsymbol{C_B}\boldsymbol{B}^{-1}\leqslant 0\end{cases}$$

如果令 $\hat{\boldsymbol{Y}}=\boldsymbol{C_B}\boldsymbol{B}^{-1}$，上述条件为

$$\begin{cases}\hat{\boldsymbol{Y}}\boldsymbol{A}\geqslant \boldsymbol{C}\\ \hat{\boldsymbol{Y}}\geqslant 0\end{cases}$$

表 3-6

	$c_j\to$		$\boldsymbol{C}$	0	
$\boldsymbol{C_B}$	基	$\boldsymbol{b}$	$\boldsymbol{X}'$	$\boldsymbol{X}_s'$	初始单纯形表
0	$\boldsymbol{X}_s$	$\boldsymbol{b}$	$\boldsymbol{A}$	$\boldsymbol{I}$	
	0		$\boldsymbol{C}$	0	
$\boldsymbol{C_B}$	$\boldsymbol{X_B}$	$\boldsymbol{B}^{-1}\boldsymbol{b}$	$\boldsymbol{B}^{-1}\boldsymbol{A}$	$\boldsymbol{B}^{-1}$	最终单纯形表
	$\boldsymbol{C_B}\boldsymbol{B}^{-1}\boldsymbol{b}$		$\boldsymbol{C}-\boldsymbol{C_B}\boldsymbol{B}^{-1}\boldsymbol{A}$	$-\boldsymbol{C_B}\boldsymbol{B}^{-1}$	

因此，$\hat{\boldsymbol{Y}}$ 即为对偶问题的一个可行解。值得注意的是

$$\boldsymbol{C_B}\boldsymbol{B}^{-1}\boldsymbol{b}=\hat{\boldsymbol{Y}}\boldsymbol{b}$$

即原问题（P）的最优目标函数值刚好等于对偶问题的可行解 $\hat{\boldsymbol{Y}}$ 所对应的目标函数值。因此，根据定理 3-3，$\hat{\boldsymbol{Y}}$ 即为对偶问题的最优解。

定理 3-4 说明，若原问题（P）和对偶问题（D）均有可行解，则两者均有有界最优解，而且最优目标函数值相等。

定理 3-5（互补松弛性） 若 $\hat{\boldsymbol{X}}$，$\hat{\boldsymbol{Y}}$ 分别是如下标准化形式的原问题和对偶问题的可行解：

$$(\text{P})\quad \begin{aligned}&\max z = \boldsymbol{CX}\\ &\text{s.t.}\begin{cases}\boldsymbol{AX}+\boldsymbol{X}_s=\boldsymbol{b}\\ \boldsymbol{X},\boldsymbol{X}_s\geqslant 0\end{cases}\end{aligned}\qquad (\text{D})\quad \begin{aligned}&\min w = \boldsymbol{Yb}\\ &\text{s.t.}\begin{cases}\boldsymbol{YA}-\boldsymbol{Y}_s=\boldsymbol{C}\\ \boldsymbol{Y},\boldsymbol{Y}_s\geqslant 0\end{cases}\end{aligned}$$

那么 $\hat{\boldsymbol{X}}$ 和 $\hat{\boldsymbol{Y}}$ 是两个问题最优解的充分必要条件是

$$\hat{\boldsymbol{Y}}\boldsymbol{X}_s=0 \text{ 而且 } \boldsymbol{Y}_s\hat{\boldsymbol{X}}=0$$

证明：将原问题目标函数中的系数向量 $\boldsymbol{C}$ 用 $\boldsymbol{C}=\boldsymbol{YA}-\boldsymbol{Y}_s$ 代替后，得到

$$z=(\boldsymbol{YA}-\boldsymbol{Y}_s)\boldsymbol{X}=\boldsymbol{YAX}-\boldsymbol{Y}_s\boldsymbol{X}$$

将对偶问题的目标函数中系数列向量，用 $\boldsymbol{b}=\boldsymbol{AX}+\boldsymbol{X}_s$ 代替后，得到

$$w=\boldsymbol{Y}(\boldsymbol{AX}+\boldsymbol{X}_s)=\boldsymbol{YAX}+\boldsymbol{YX}_s$$

• 若 $\boldsymbol{Y}_s\hat{\boldsymbol{X}}=0$，$\hat{\boldsymbol{Y}}\boldsymbol{X}_s=0$；则有 $\hat{\boldsymbol{Y}}\boldsymbol{b}=\hat{\boldsymbol{Y}}\boldsymbol{A}\hat{\boldsymbol{X}}=\boldsymbol{C}\hat{\boldsymbol{X}}$，由定理 3-3 可知 $\hat{\boldsymbol{X}}$，$\hat{\boldsymbol{Y}}$ 分别是问题（P）和（D）的最优解。

• 若 $\hat{\boldsymbol{X}}$，$\hat{\boldsymbol{Y}}$ 分别是原问题和对偶问题的最优解，由定理 3-4 可知

$$\boldsymbol{C}\hat{\boldsymbol{X}}=\hat{\boldsymbol{Y}}\boldsymbol{A}\hat{\boldsymbol{X}}=\hat{\boldsymbol{Y}}\boldsymbol{b}$$

因此，必有 $\hat{\boldsymbol{Y}}\boldsymbol{X}_s=0$，$\boldsymbol{Y}_s\hat{\boldsymbol{X}}=0$。

互补松弛定理即意味着：

$$\hat{x}_{n+i}\hat{y}_i=0\text{，对任意 } i=1,2,\cdots,m$$
$$\hat{x}_j\hat{y}_{m+j}=0\text{，对任意 } j=1,2,\cdots,n$$

互补松弛性表明：在原资源配置问题（P）中，当资源 i 存在剩余时（即 $\hat{x}_{n+i}>0$ 时），我们可知其对应的对偶解一定为零；反之，如果某个资源对应的对偶解取值为正，那么该资源一定对应于系统的瓶颈资源（即 $\hat{x}_{n+i}=0$）。

利用互补松弛定理揭示的对应关系，可以帮助我们从一个问题的最优解直观判断出另一个问题的最优解。

例 3-5（互补松弛性） 考虑以下互为对偶的线性规划问题：

原问题（P）：

$$\begin{aligned}&\min w = 2x_1+3x_2+5x_3+2x_4+3x_5\\ &\text{s.t.}\begin{cases}x_1+x_2+2x_3+x_4+3x_5\geqslant 4\\ 2x_1-x_2+2x_3+x_4+x_5\geqslant 3\\ x_1,x_2,\cdots,x_5\geqslant 0\end{cases}\end{aligned}$$

对偶问题（D）：

$$\max z = 4y_1+3y_2$$

$$\text{s.t.}\begin{cases} y_1 + 2y_2 \leqslant 2 & ① \\ y_1 - \ \ y_2 \leqslant 3 & ② \\ 2y_1 + 2y_2 \leqslant 5 & ③ \\ y_1 + \ \ y_2 \leqslant 2 & ④ \\ 3y_1 + \ \ y_2 \leqslant 3 & ⑤ \\ y_1, y_2 \geqslant 0 \end{cases}$$

已知对偶问题的最优解为 $(y_1, y_2) = (4/5, 3/5)$，求原问题（P）的最优解。

解　将对偶解代入到对偶问题的 5 个约束条件分别检验，可知条件②、③和④为严格的不等式约束，因此它们对应的原问题的决策变量取值为零（互补松弛性），即 $x_2 = x_3 = x_4 = 0$。注意，y_1 对应原问题的第一个约束，因为 $y_1 > 0$，根据互补松弛性知原问题第一个约束一定取等号；类似地，原问题第二个约束一定取等号。因此，我们知原问题的最优解一定满足

$$\begin{cases} x_1 + x_2 + 2x_3 + x_4 + 3x_5 = 4 \\ 2x_1 - x_2 + 2x_3 + x_4 + \ \ x_5 = 3 \\ x_2 = x_3 = x_4 = 0 \end{cases}$$

联立上述方程组即可求得 $(x_1, x_2, x_3, x_4, x_5) = (1, 0, 0, 0, 1)$。

3.3　对偶解的经济意义——影子价格

我们再回到例 3-1 的资源配置问题。为了能进一步提升绩效，工厂老板在考虑获取更多的资源来提升绩效。因为劳动力和原材料 B 对应于瓶颈资源，所以直观上应该优先考虑获取更多的劳动力和原材料 B。先思考一个简单的问题：如果劳动力工时增加一个单位（即 360 → 361），但是其他资源的可用量保持不变，那么能提升多少利润？为了回答这个问题，一个直观的想法是重新求解下面更新后的线性规划问题：

$$\max z = 80x_1 + 100x_2$$
$$\text{s.t.}\begin{cases} 8x_1 + \ \ 4x_2 \leqslant 361 & \text{劳动力} \\ 4x_1 + \ \ 5x_2 \leqslant 200 & \text{设备} \\ 3x_1 + 10x_2 \leqslant 250 & \text{原材料A} \\ 4x_1 + \ \ 6x_2 \leqslant 200 & \text{原材料B} \\ x_1, x_2 \geqslant 0 & \text{非负性} \end{cases}$$

该问题的最优解为 $(x_1, x_2) = (42.6875, 4.875)$，相应的最优利润为 3902.5 元。相对于劳动力工时为 360 小时的情形而言，工厂更倾向于多生产产品 I、少生产产品 II，在最优安排下总利润提升了 $3902.5-3900 = 2.5$ 元。上述劳动力工时参数变化所导致的最优解的变化可以从图解法（图 3-3）直观地看出。当劳动力工时增加 1 单位时，其对应的约束线朝右上方平移 1 个单位，导致可行域扩大。相应地，最优解从图中的 A 点变为 B 点。类似

地，如果劳动力的可用工时减少 1 单位（即 360 → 359），通过计算我们可以发现其最优安排将变为 $(x_1, x_2) = (42.3125,\ 5.125)$，相应的利润为 3897.5 元，相对原始问题利润减少 2.5 元。在上面的分析中，增加或减少的 2.5 元利润都是因为劳动力工时的单位变化（增加或减少 1 单位）所引起的。所以，我们将 2.5 称为劳动力工时的“影子价格”或“阴影价格”(shadow price)，其单位为“元/小时”。

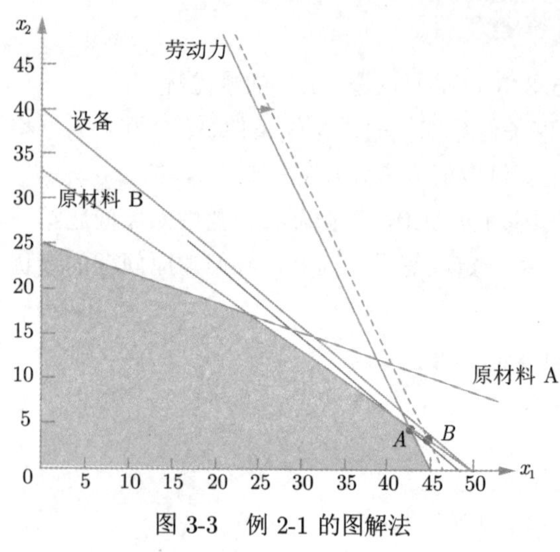

图 3-3 例 2-1 的图解法

按照类似的分析方法，如果将劳动力工时提高 2 单位，可以得到其增加的最优目标函数值将为 5 元。如果进一步提高可用设备工时，比如提高至 410 小时（即增量为 50 小时），是否可以提高利润 125 元呢？从图 3-3 不难看出，当劳动力工时所对应的直线向右上方平移到一定程度（比如，劳动力工时达到 400 小时时），继续增加劳动力工时将不再进一步扩大可行域了，因为劳动力资源将从一个瓶颈资源变为一个过剩资源。此时，劳动力工时的影子价格就不再是 2.5 元/小时了。类似地，如果减少劳动力资源，当其可用工时下降到一定程度时，其影子价格也会发生变化。

所谓“**影子价格**”，是指在保持其他参数不变的前提下，某个约束的右边项（如资源配置问题中的可用资源量）在一个微小的范围内变动一单位时，导致的最优目标函数值的变动量。影子价格是经济学和管理学中的一个重要概念，它有时也称为边际价格或对偶价格。

关于影子价格，有如下启示：

• 线性规划中，每个约束都对应一个影子价格，其量纲是目标函数的单位除以约束的单位，因此不同约束的影子价格量纲可能是不同的。影子价格反映了资源对目标函数的边际贡献，即资源转换成经济效益的效率。

• 在资源配置问题中，影子价格反映了各项资源在系统内的稀缺程度。如果资源供给有剩余（对应非紧约束），则进一步增加该资源的供应量不会改变最优决策和最优目标函数值，因此该资源的影子价格为零。对于紧约束资源，增加该资源的供应量有可能会改变最优决策，也可能不会改变最优决策，因此该资源的影子价格可能为正，也可能为零。这和互补松弛定理是完全一致的。

在一个资源配置问题中，假设原问题和对偶问题的最优解分别为 X^* 和 Y^*。对偶理论表明，两个问题的最优值满足关系

$$z^* = \sum_{j=1}^{n} c_j x_j^* = \sum_{i=1}^{m} b_i y_i^* = w^*$$

上面的等式中，左侧是从产品的视角度量系统的绩效，右侧则从资源的视角度量系统的绩效。对偶变量 y_i^* 表示资源在最优利用条件下对第 i 种资源的估价。

根据上一章的线性规划理论，在该资源配置问题中：

$$z = \boldsymbol{C_B B^{-1} b} + (\boldsymbol{C}_N - \boldsymbol{C_B B^{-1} N})\boldsymbol{X_N}$$

如果把最优目标函数看作可用资源的函数，即

$$z^* = z(\boldsymbol{b}) = \boldsymbol{C_B B^{-1} b},$$

按照定义，资源的影子价格刚好对应于 z^* 对资源量 b 的导数，有

$$\frac{\partial z(\boldsymbol{b})}{\partial \boldsymbol{b}} = \boldsymbol{C_B B^{-1}} = \boldsymbol{Y}^*$$

上式表明，资源的影子价格刚好等于最优对偶解。因此，影子价格等同于对偶解。正如例 3-1 所显示的，对偶解描述了企业放弃资源所对应的机会成本。因此，影子价格也是一种机会成本（opportunity cost）。

从影子价格的视角也可以帮助我们更好地理解单纯形法中的检验系数。还是以标准的资源配置问题为例，其初始和最终的单纯形表如表 3-7 所示。

在最终的单纯形表中，变量 $x_j(j=1,2,\cdots,n)$ 的检验系数为

$$\lambda_j = c_j - \boldsymbol{C_B B^{-1} P}_j = c_j - \boldsymbol{Y}^* \boldsymbol{P}_j = c_j - \sum_{i=1}^{m} y_i^* a_{ij}$$

表 3-7

$c_j \rightarrow$			c_1	$\cdots$	c_n	0	
$\boldsymbol{C_B}$	基	$\boldsymbol{b}$	x_1	$\cdots$	x_n	$\boldsymbol{X}_s'$	初始单纯形表
0	$\boldsymbol{X}_s$	$\boldsymbol{b}$	$\boldsymbol{P}_1$	$\cdots$	$\boldsymbol{P}_n$	$\boldsymbol{I}$	
			c_1	$\cdots$	c_n	0	
$\boldsymbol{C_B}$	$\boldsymbol{X_B}$	$\boldsymbol{B^{-1}b}$	$\boldsymbol{B^{-1}P}_1$	$\cdots$	$\boldsymbol{B^{-1}P}_n$	$\boldsymbol{B}^{-1}$	最终单纯形表
$\boldsymbol{C_B B^{-1} b}$			$c_1 - \boldsymbol{C_B B^{-1} P}_1$	$\cdots$	$c_n - \boldsymbol{C_B B^{-1} P}_n$	$-\boldsymbol{C_B B^{-1}}$	

上述公式表明，产品 j 的产量决策对应的检验系数刚好等于其单位贡献 c_j（每生产一单位的边际收益）减去其所消耗的各种资源对应的机会成本（即每生产一单位的机会成本）。只有当所有产品的边际利润（等于边际收益减去边际机会成本）都为非正时，该生产方案才达到最优；否则，通过调整生产计划可以进一步提升系统绩效。

在利用 Excel 求解线性规划时，可以直接显示出“敏感性”报告（如图 3-4 所示）。敏感性报告主要分为两部分：“可变单元格”和“约束”，分别给出了目标函数系数的敏感性结果以及约束右边项的敏感性结果。在“约束”栏中，直接给出了每种资源对应的阴影价格，以及该阴影价格对应的范围。比如，劳动力的阴影价格为 2.5 元/小时；在保持其他参数不变的前提下，只有当可用劳动力工时在 [254.5455, 400] 之间变动（对应的允许的增量

为 40、允许的减量为 105.454 545 5）时，其阴影价格才为 2.5 元/小时（如果超出该范围，阴影价格将不再是 2.5 元/小时）。

可变单元格

单元格	名称	终值	递减成本	目标式系数	允许的增量	允许的减量
$C$8	产量决策产品 I	42.5	0	80	120	13.333 333 33
$D$8	产量决策产品 II	5	0	100	20	60

约束

单元格	名称	终值	阴影价格	约束限制值	允许的增量	允许的减量
$F$3	劳动力实际资源使用	360	2.5	360	40	105.454 545 5
$F$4	设备实际资源使用	195	0	200	1E+30	5
$F$5	原材料A实际资源使用	177.5	0	250	1E+30	72.5
$F$6	原材料B实际资源使用	200	15	200	6.666 666 667	20

图 3-4 例 2-1 的敏感性报告

在图 3-4 中，设备工时的阴影价格为 0，这是因为在最优安排下设备工时存在剩余。因此，无论设备工时增加多少，最优决策以及最优目标函数值都保持不变；设备工时的“允许的增量”为无穷大（即 1E+30）。然而，如果减少设备工时的可用量，当减小到一定程度时（减小至 195 工时），设备工时将变为一个紧约束；如果进一步降低其可用量，最优决策和最优目标函数值将发生变化，因此设备工时的阴影价格也不再为零了。

试想，如果在例 2-1 中，设备的可用工时刚好为 195 小时。利用 Excel 优化求解后得到的敏感性报告如图 3-5 所示。不难看出，虽然劳动力、设备和原材料 B 都变为了紧约束，但是劳动力和原材料 B 的阴影价格都变为了零。这正好说明，如果某资源的阴影价格为零，并不一定意味着它是一个非紧约束。

可变单元格

单元格	名称	终值	递减成本	目标式系数	允许的增量	允许的减量
$C$8	产量决策产品 I	42.5	0	80	1.136 87E-14	13.333 333 33
$D$8	产量决策产品 II	5	0	100	20	1.421 09E-14

单元格	名称	终值	阴影价格	约束限制值	允许的增量	允许的减量
$F$3	劳动力实际资源使用	360	0	360	1E+30	0
$F$4	设备实际资源使用	195	20	195	0	13.181 818 18
$F$5	原材料A实际资源使用	177.5	0	250	1E+30	72.5
$F$6	原材料B实际资源使用	200	0	200	11.6	0

图 3-5 例 2-1 的敏感性报告（设备可用工时为 195）

3.4 对偶单纯形法

再次回顾单纯形法。在换基迭代的过程中，我们在可行域的顶点（基可行解）上进行搜索，直到所有非基变量的检验系数满足最优性条件即可。以最大化问题为例，在单纯形表中，我们保持 $\boldsymbol{B}^{-1}\boldsymbol{b} \geqslant 0$，不断更换基阵 $\boldsymbol{B}$，直到检验系数 $\boldsymbol{C}-\boldsymbol{C_B}\boldsymbol{B}^{-1}\boldsymbol{A} \leqslant 0$。学习了对偶理论，我们也可以换一种思路进行换基迭代：即找一个初始基 $\boldsymbol{B}$，满足检验系数 $\boldsymbol{C}-\boldsymbol{C_B}\boldsymbol{B}^{-1}\boldsymbol{A} \leqslant 0$，但是 $\boldsymbol{B}^{-1}\boldsymbol{b}$ 的部分分量可以为负；在换基迭代的过程中，保持检验系数小于等于零，直到 $\boldsymbol{B}^{-1}\boldsymbol{b} \geqslant 0$，我们即找到了该问题的最优解。该搜索方法被称为“对偶单纯形法”。

为了说明对偶单纯形法的迭代过程，考虑如下原问题：

$$\max\ z=\boldsymbol{CX}$$
$$\begin{cases} \boldsymbol{AX}=\boldsymbol{b} \\ \boldsymbol{X} \geqslant 0 \end{cases}$$

设 $\boldsymbol{B}$ 是一个基。不失一般性，令 $\boldsymbol{B}=(\boldsymbol{P}_1,\boldsymbol{P}_2,\cdots,\boldsymbol{P}_m)$，它对应的基变量为

$$\boldsymbol{X_B}=(x_1,x_2,\cdots,x_m)$$

当非基变量都为零时，可以得到 $\boldsymbol{X_B}=\boldsymbol{B}^{-1}\boldsymbol{b}$。若在 $\boldsymbol{B}^{-1}\boldsymbol{b}$ 中至少有一个负分量，设 $(\boldsymbol{B}^{-1}\boldsymbol{b})_i < 0$，并且在单纯形表的检验数行中的检验数都为非正，即对偶问题保持可行解，它的各分量是

（1）对应基变量 $x_1,x_2,\cdots,x_m$ 的检验数是

$$\lambda_i=c_i-\boldsymbol{C_B}\boldsymbol{B}^{-1}\boldsymbol{P}_i=0, i=1,2,\cdots,m$$

（2）对应非基变量 $x_{m+1},\cdots,x_n$ 的检验数是

$$\lambda_j=c_j-\boldsymbol{C_B}\boldsymbol{B}^{-1}\boldsymbol{P}_j \leqslant 0, j=m+1,\cdots,n$$

每次迭代是将基变量中的负分量 x_l 取出，去替换非基变量中的 x_k；经基变换，所有检验数仍保持非正。从原问题来看，经过每次迭代，原问题由非可行解往可行解靠近。当原问题得到可行解时，便得到了最优解。

对偶单纯形法的计算步骤如下（以求极大的线性规划为例）：

（1）对线性规划问题进行变换，使列出的初始单纯形表中所有检验数 $\lambda_j \leqslant 0, (j=1,\cdots,n)$，即对偶问题为基可行解。

（2）检查 $\boldsymbol{b}$ 列的数字，若都为非负，检验数都为非正，则已得到最优解。停止计算。若检查 $\boldsymbol{b}$ 列的数字时，至少还有一个负分量，检验数保持非正，那么进行以下计算。

（3）确定换出变量。

按 $\min\limits_i \left[(\boldsymbol{B}^{-1}\boldsymbol{b})_i \mid (\boldsymbol{B}^{-1}\boldsymbol{b})_i < 0\right] = (\boldsymbol{B}^{-1}\boldsymbol{b})_l$ 对应的基变量 x_l 为换出变量。

（4）确定换入变量。

在单纯形表中检查 x_l 所在行的各系数 $\alpha_{lj}(j=1,2,\cdots,n)$。若所有 $\alpha_{lj} \geqslant 0$，则无可行解，停止计算。若存在 $\alpha_{lj} < 0 (j=1,2,\cdots,n)$，计算 $\theta=\min\limits_j \left(\dfrac{c_j-z_j}{\alpha_{lj}} \middle| \alpha_{lj} < 0\right)=\dfrac{c_k-z_k}{\alpha_{lk}}$

按 θ 规则所对应的列的非基变量 x_k 为换入变量，这样才能保持得到的对偶问题解仍为可行解。

（5）以 α_{lk} 为主元素，按原单纯形法在表中进行迭代运算，得到新的计算表。重复步骤（2）～（5）。

下面举例来说明具体算法。

例 3-6 用对偶单纯形法求解

$$\min\ w = 2x_1 + 3x_2 + 4x_3$$
$$\begin{cases} x_1 + 2x_2 + \ \ x_3 \geqslant 3 \\ 2x_1 - \ \ x_2 + 3x_3 \geqslant 4 \\ x_1, x_2, x_3 \geqslant 0 \end{cases}$$

解 先将此问题等价变换为下列形式，以便得到对偶问题的初始可行基：

$$\max\ z = -2x_1 - 3x_2 - 4x_3$$
$$\begin{cases} -\ x_1 - 2x_2 - \ \ x_3 + x_4 = -3 \\ -2x_1 + \ \ x_2 - 3x_3 + x_5 = -4 \\ x_j \geqslant 0, j = 1, 2, \cdots, 5 \end{cases}$$

建立此问题的初始单纯形表，如表 3-8 所示。

表 3-8

$c_j \rightarrow$			-2	-3	-4	0	0
$\boldsymbol{C_B}$	$\boldsymbol{X_B}$	$\boldsymbol{b}$	x_1	x_2	x_3	x_4	x_5
0	x_4	-3	-1	-2	-1	1	0
0	x_5	-4	[-2]	1	-3	0	1
			-2	-3	-4	0	0

在表 3-8 中，检验系数行对应的对偶问题的解是可行解。因 b 列数字为负，故需进行迭代运算。

换出变量的确定：按上述对偶单纯形法计算步骤（3），计算

$$\min(-3, -4) = -4$$

故 x_5 为换出变量。

换入变量的确定：按上述对偶单纯形法计算步骤（3），计算

$$\theta = \min\left(\frac{-2}{-2}, -, \frac{-4}{-3}\right) = \frac{-2}{-2} = 1$$

故 x_1 为换入变量。换入、换出变量的所在列、行的交叉处“-2”为主元素。按单纯形法计算步骤进行换基迭代，结果如表 3-9 所示。

表 3-9

$c_j \to$			−2	−3	−4	0	0
$\boldsymbol{C_B}$	$\boldsymbol{X_B}$	$\boldsymbol{b}$	x_1	x_2	x_3	x_4	x_5
0	x_4	−1	0	[−5/2]	1/2	1	−1/2
−2	x_1	2	1	−1/2	3/2	0	−1/2
			0	−4	−1	0	−1

在表 3-9 中，对偶问题仍是可行解，而 $\boldsymbol{b}$ 列中仍有负分量。选择 x_4 为换出变量，x_2 为换入变量，换基迭代后的结果如表 3-10 所示。

表 3-10

$c_j \to$			−2	−3	−4	0	0
$\boldsymbol{C_B}$	$\boldsymbol{X_B}$	$\boldsymbol{b}$	x_1	x_2	x_3	x_4	x_5
−3	x_2	2/5	0	1	−1/5	−2/5	1/5
−2	x_1	11/5	1	0	7/5	−1/5	−2/5
			0	0	−9/5	−8/5	−1/5

在表 3-10 中，$\boldsymbol{b}$ 列数字全为非负，检验数全为非正，故已经找到问题的最优解。最优解为

$$\boldsymbol{X}^* = (11/5, 2/5, 0, 0, 0)^{\mathrm{T}}$$

若对应两个约束条件的对偶变量分别为 y_1 和 y_2，则对偶问题的最优解为

$$\boldsymbol{Y}^* = (y_1^*, y_2^*) = (8/5, 1/5)$$

从以上求解过程可以看到对偶单纯形法有以下优点：

（1）初始解可以是非可行解，当检验数都为负数时，就可以进行换基迭代，不需要加入人工变量，因此可以简化计算。

（2）对于变量数多于约束条件数的线性规划问题，采用对偶单纯形法计算可以减少计算工作量。因此对变量较少、约束条件很多的线性规划问题，可先将它变换成对偶问题，然后用对偶单纯形法求解。

（3）在下节即将学习的敏感性分析中，有时需要用到对偶单纯形法，这样可以简化问题的分析与处理。

总结一下，对偶单纯形法与正常单纯形法的本质区别在于：单纯形法是在可行域的顶点（基可行解）上进行搜索，而对偶单纯形法是在可行域的外部（非基可行解）进行搜索；或者说对偶单纯形法是在对偶问题可行域的顶点（基可行解）上搜索。有时对偶单纯形法比单纯形法更有利于求解原始线性规划问题。当然，对偶单纯形法也存在一些局限性：对大多数线性规划问题，很难找到一个对偶问题的初始可行基，因而这种方法在求解线性规划问题时很少单独应用。

3.5 线性规划的敏感性分析

在以上线性规划的求解中，假定所有参数（包括目标函数系数、约束右边项、工艺矩阵）都是常数。但实际应用中这些系数往往是估计值和预测值。比如：如果市场条件发生变化，目标函数系数就会变化；工艺矩阵 $\boldsymbol{A}$ 往往是因工艺条件的改变而改变；约束右边项是根据资源投入后的经济效果决定的一种决策选择。因此，在正式实施优化方案之前，有必要分析这样一个问题：如果决策问题中的某些参数发生变化，将会如何影响到最优决策的制定？即：当规划问题中的参数有一个或多个发生变化时，已求得的线性规划问题的最优解会有什么变化？或者这些系数在什么范围内变化时，线性规划问题的最优解或最优基保持不变。

我们需要通过敏感性分析来回答这类问题。对于线性规划模型

$$\max z = \boldsymbol{CX}$$
$$\text{s.t.}\begin{cases} \boldsymbol{AX} = \boldsymbol{b} \\ \boldsymbol{X} \geqslant 0 \end{cases}$$

敏感性分析往往要回答的问题包括：

- 参数 $\boldsymbol{A}$、$\boldsymbol{b}$ 和 $\boldsymbol{C}$ 在什么范围内变动时，对当前的最优方案无影响？
- 参数 $\boldsymbol{A}$、$\boldsymbol{b}$ 和 $\boldsymbol{C}$ 中的一个或多个发生变动时，最优方案会发生怎样的变化？
- 如果最优方案发生改变，如何快速得到新问题的最优方案？

下面我们结合例 3-1 来进行敏感性分析。

例 3-1（生产安排） 某厂在计划期内要生产 I、II 两种产品，需要用到劳动力、设备以及 A 和 B 两种原材料。已知生产单位产品的利润与所需各种资源的消耗量如表 3-11 所示。请问：应如何安排生产能使该厂获利最大？

表 3-11

	产品 I	产品 II	资源限额
劳动力	8	4	360 工时
设备	4	5	200 台时
原材料 A	3	10	250 公斤
原材料 B	4	6	200 公斤
单位利润（元）	80	100	

令 x_1, x_2 分别为产品 I 和 II 的产量，引入松弛变量后的线性规划模型为

$$\max z = 80x_1 + 100x_2$$
$$\text{s.t.}\begin{cases} 8x_1 + 4x_2 + x_3 = 360 & \text{劳动力} \\ 4x_1 + 5x_2 + x_4 = 200 & \text{设备} \\ 3x_1 + 10x_2 + x_5 = 250 & \text{原材料A} \\ 4x_1 + 6x_2 + x_6 = 200 & \text{原材料B} \\ x_1, x_2, \cdots, x_6 \geqslant 0 & \text{非负性} \end{cases}$$

利用单纯形法求解，最终单纯形表如表 3-12 所示；用 Excel 求解得到的敏感性报告如图 3-4 所示。

表 3-12

$c_j \rightarrow$			80	100	0	0	0	0	
$\boldsymbol{C_B}$	基	$\boldsymbol{b}$	x_1	x_2	x_3	x_4	x_5	x_6	θ_i
0	x_5	72.5	0	0	0.6875	0	1	−2.125	
0	x_4	5	0	0	−0.125	1	0	−0.75	
100	x_2	5	0	1	−0.125	0	0	0.25	
80	x_1	42.5	1	0	0.1875	0	0	−0.125	
			0	0	−2.5	0	0	−15	

3.5.1 约束右边项的敏感性分析

首先进行约束右边项（即资源的可用量）的敏感性分析。考虑如下问题：

（1）如果保持其他资源可用量不变，原材料 B 的可用量变为 160，请问最优基和最优生产计划是否发生变化？特别是，该变化会导致最优目标函数值发生怎样的变化？

（2）保持其他参数不变，原材料 B 的可用量在什么范围内变化时，最优基保持不变？在该范围内，最优生产安排和最优利润如何变化？

（3）保持其他参数不变，原材料 A 和原材料 B 的可用量在什么范围内变化时，最优基保持不变？

我们将在原始问题最终单纯形表的基础上逐一回答上述问题。

（1）当线性规划约束右边项发生变化时，问题的可行域发生变化，但是目标函数及其等值线方向保持不变。由图解法不难看出，最优基和最优解可能发生变化。如果原材料 B 的可用量变为 160 [即资源可用量向量变化 $\Delta\boldsymbol{b} = (0,0,0,-40)^{\mathrm{T}}$]，要在最终单纯形表的基础上进行判断，需要相应地改动基变量的取值。注意，最终单纯形表中对应的约束方程式是在最初方程式的基础上左乘 $\boldsymbol{B}^{-1}$ 得到的；其中，基阵

$$\boldsymbol{B} = \begin{bmatrix} 0 & 0 & 4 & 8 \\ 0 & 1 & 5 & 4 \\ 1 & 0 & 10 & 3 \\ 0 & 0 & 6 & 4 \end{bmatrix}$$

事实上，我们并不需要计算其逆矩阵（当然，也可以通过 Matlab 等工具计算 $\boldsymbol{B}$ 的逆阵），因为可以直接从最终单纯形表中读出逆矩阵为

$$\boldsymbol{B}^{-1} = \begin{bmatrix} 0.6875 & 0 & 1 & -2.125 \\ -0.125 & 1 & 0 & -0.75 \\ -0.125 & 0 & 0 & 0.25 \\ 0.1875 & 0 & 0 & -0.125 \end{bmatrix}$$

资源变动 $\Delta \boldsymbol{b}$ 之后，体现在单纯形表中基变量的取值部分，其相应的变动量为

$$\boldsymbol{B}^{-1}\Delta \boldsymbol{b}=\begin{bmatrix} 0.6875 & 0 & 1 & -2.125 \\ -0.125 & 1 & 0 & -0.75 \\ -0.125 & 0 & 0 & 0.25 \\ 0.1875 & 0 & 0 & -0.125 \end{bmatrix}\begin{bmatrix} 0 \\ 0 \\ 0 \\ -40 \end{bmatrix}=\begin{bmatrix} 85 \\ 30 \\ -10 \\ 5 \end{bmatrix}$$

因此，如果基变量依然是 (x_5,x_4,x_2,x_1)，其对应的基解为

$$\begin{bmatrix} x_5 \\ x_4 \\ x_2 \\ x_1 \end{bmatrix}=\begin{bmatrix} 72.5 \\ 5 \\ 5 \\ 42.5 \end{bmatrix}+\boldsymbol{B}^{-1}\Delta \boldsymbol{b}=\begin{bmatrix} 157.5 \\ 35 \\ -5 \\ 47.5 \end{bmatrix}$$

将其代入到最终的单纯形表，如表 3-13 所示。

表 3-13

	$c_j \rightarrow$		80	100	0	0	0	0	
$\boldsymbol{C_B}$	基	$\boldsymbol{b}$	x_1	x_2	x_3	x_4	x_5	x_6	θ_i
0	x_5	157.5	0	0	0.6875	0	1	−2.125	
0	x_4	35	0	0	−0.125	1	0	−0.75	
100	x_2	−5	0	1	[−0.125]	0	0	0.25	
80	x_1	47.5	1	0	0.1875	0	0	−0.125	
			0	0	−2.5	0	0	−15	

很显然，此时的基解并非是一个基可行解（因为 $x_2<0$）。于是，当前的基解并不是问题的最优解；需要进行换基迭代。值得注意是，约束右边项的变化并不影响到当前的检验系数，我们可以利用对偶单纯形法继续求解；迭代过程如表 3-14 所示。

表 3-14

	$c_j \rightarrow$		80	100	0	0	0	0	
$\boldsymbol{C_B}$	基	$\boldsymbol{b}$	x_1	x_2	x_3	x_4	x_5	x_6	θ_i
0	x_5	130	0	5.5	0	0	1	−0.75	
0	x_4	40	0	−1	0	1	0	−1	
0	x_3	40	0	−8	1	0	0	−2	
80	x_1	40	1	1.5	0	0	0	0.25	
			0	−20	0	0	0	−20	

因此，最优解变为 $(40,0,40,40,130,0)$，即只生产 40 单位产品 I；对应的最优利润为 3200 元。

（2）假设原材料 B 的可用量变为 $200+\lambda$，按照类似（1）的过程，我们知在保持基变量为 (x_5,x_4,x_2,x_1) 时，基变量的取值为

$$\begin{bmatrix} x_5 \\ x_4 \\ x_2 \\ x_1 \end{bmatrix} = \begin{bmatrix} 72.5 \\ 5 \\ 5 \\ 42.5 \end{bmatrix} + \begin{bmatrix} 0.6875 & 0 & 1 & -2.125 \\ -0.125 & 1 & 0 & -0.75 \\ -0.125 & 0 & 0 & 0.25 \\ 0.1875 & 0 & 0 & -0.125 \end{bmatrix} \begin{bmatrix} 0 \\ 0 \\ 0 \\ \lambda \end{bmatrix} = \begin{bmatrix} 72.5-2.125\lambda \\ 5-0.75\lambda \\ 5+0.25\lambda \\ 42.5-0.125\lambda \end{bmatrix}$$

将其代入最终单纯形表，如表 3-15 所示。

表 3-15

	$c_j \rightarrow$		80	100	0	0	0	0	
$\boldsymbol{C_B}$	基	$\boldsymbol{b}$	x_1	x_2	x_3	x_4	x_5	x_6	θ_i
0	x_5	$72.5-2.125\lambda$	0	0	0.6875	0	1	−2.125	
0	x_4	$5-0.75\lambda$	0	0	−0.125	1	0	−0.75	
100	x_2	$5+0.25\lambda$	0	1	−0.125	0	0	0.25	
80	x_1	$42.5-0.125\lambda$	1	0	0.1875	0	0	−0.125	
			0	0	−2.5	0	0	−15	

要保持最优基不变，只需满足所有基变量的取值为非负即可：

$$\begin{cases} 72.5-2.125\lambda \geqslant 0 \\ 5-0.75\lambda \geqslant 0 \\ 5+0.25\lambda \geqslant 0 \\ 42.5-0.125\lambda \geqslant 0 \end{cases} \Rightarrow -20 \leqslant \lambda \leqslant 6.667$$

也就是说，在其他参数不变的前提下，当原材料 B 的可用量在 $[180, 206.667]$ 之间变化时，线性规划问题的最优基都是 (x_5,x_4,x_2,x_1)；但是其具体取值取决于原材料 B 的实际变化量 λ。在图 3-4 所示的敏感性报告中，每个约束的“约束限制值”之后，给出了该约束允许的增量和允许的减量，该变化范围正好对应最优基不变的约束右边项的变动范围。比如，原材料 B “允许的减量”为 20，“允许的增量”为 6.667，正好和上述 $-20 \leqslant \lambda \leqslant 6.667$ 的结果完全一致。类似地，在其他参数不变的前提下，原材料 A 在 $[177.5, +\infty)$ 之间变化（即原材料 A 允许的增量为无穷大）时，最优基为 (x_5,x_4,x_2,x_1) 保持不变。

如果最优基为 (x_5,x_4,x_2,x_1) 保持不变，最优解对应的最优目标函数值为

$$z(\lambda) = 100 \times (5+0.25\lambda) + 80 \times (42.5-0.125\lambda) = 3900 + 15\lambda$$

即：随着原材料 B 的可用量的增加，最优利润也会增加。特别是，每增加一单位的原材料 B，目标函数提升 15 个单位；这里的系数 15 刚好对应原材料 B 的阴影价格（参见图 3-4）。因此，当单个资源的可用量发生变化时，如果最优基保持不变，那么其阴影价格也将保持不变。

（3）如果原材料 A 的可用量变为 250+λ_1，原材料 B 的可用量变为 200+λ_2，按照类似（1）的过程，我们知在保持基变量为 (x_5, x_4, x_2, x_1) 时，基变量的取值为

$$\begin{bmatrix} x_5 \\ x_4 \\ x_2 \\ x_1 \end{bmatrix} = \begin{bmatrix} 72.5 \\ 5 \\ 5 \\ 42.5 \end{bmatrix} + \begin{bmatrix} 0.6875 & 0 & 1 & -2.125 \\ -0.125 & 1 & 0 & -0.75 \\ -0.125 & 0 & 0 & 0.25 \\ 0.1875 & 0 & 0 & -0.125 \end{bmatrix} \begin{bmatrix} 0 \\ 0 \\ \lambda_1 \\ \lambda_2 \end{bmatrix} = \begin{bmatrix} 72.5 + \lambda_1 - 2.125\lambda_2 \\ 5 - 0.75\lambda_2 \\ 5 + 0.25\lambda_2 \\ 42.5 - 0.125\lambda_2 \end{bmatrix}$$

将其代入最终单纯形表，如表 3-16 所示。

表 3-16

		$c_j \to$	80	100	0	0	0	0	
$\boldsymbol{C_B}$	基	$\boldsymbol{b}$	x_1	x_2	x_3	x_4	x_5	x_6	θ_i
0	x_5	$72.5+\lambda_1-2.125\lambda_2$	0	0	0.6875	0	1	−2.125	
0	x_4	$5-0.75\lambda_2$	0	0	−0.125	1	0	−0.75	
100	x_2	$5+0.25\lambda_2$	0	1	−0.125	0	0	0.25	
80	x_1	$42.5-0.125\lambda_2$	1	0	0.1875	0	0	−0.125	
			0	0	−2.5	0	0	−15	

要保持最优基不变，必须满足所有基变量的取值为非负，即

$$\begin{cases} 72.5 + \lambda_1 - 2.125\lambda_2 \geqslant 0 \\ 5 - 0.75\lambda_2 \geqslant 0 \\ 5 + 0.25\lambda_2 \geqslant 0 \\ 42.5 - 0.125\lambda_2 \geqslant 0 \end{cases} \Rightarrow \begin{cases} 72.5 + \lambda_1 - 2.125\lambda_2 \geqslant 0 \\ -20 \leqslant \lambda_2 \leqslant 6.667 \end{cases}$$

因此，当原材料 A 和 B 的变化量同时满足上述条件时，线性规划问题的最优基保持为 (x_5, x_4, x_2, x_1) 不变。上述条件对应的坐标图区域如图 3-6 所示。

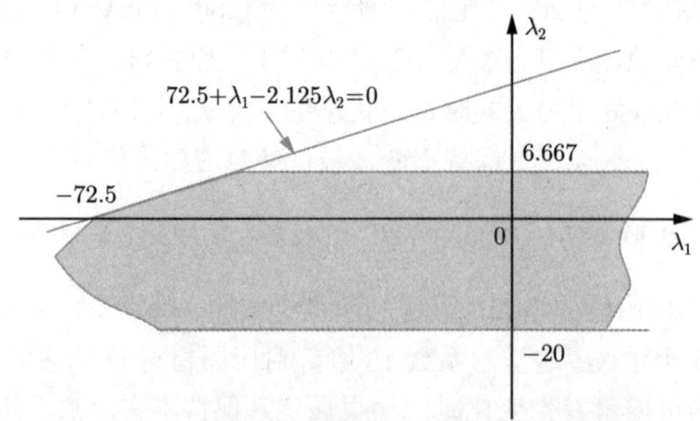

图 3-6　保持最优基不变的原材料 A 和 B 的可用量变动区域

在允许变化的范围内，最优解对应的最优目标函数值为

$$z(\lambda_1, \lambda_2) = 100 \times (5 + 0.25\lambda_2) + 80 \times (42.5 - 0.125\lambda_2) = 3900 + 15\lambda_2$$

该公式表明：每增加一单位的原材料 B，最优利润增加 15 元（刚好对应于原材料 B 的阴影价格）；然而，最优利润与原材料 A 的增量无关（因为原材料 A 的阴影价格为零）。这说明，当多个约束右边项发生变化时，如果最优基保持不变，那么最优目标函数值的变动量刚好等于各个资源变动量所引起的目标函数变化量之和。

进行多个约束右边项发生变化的敏感性分析时，有一个非常实用的法则（称为“100%法则”）。为了便于表述，记在敏感性报告中，第 i 个约束允许的增量为 U_i，允许的减量为 L_i。如果参数 b_i 变化的量为 Δb_i，我们可以计算出每个右边项系数变化的相对百分比：

$$\gamma_i = \begin{cases} \dfrac{\Delta b_i}{U_i} & 若\ \Delta b_i \geqslant 0 \\ \dfrac{\Delta b_i}{L_i} & 若\ \Delta b_i < 0 \end{cases}$$

100%法则表明，如果约束右边项参数变化的相对百分比之和不超过 100%（即 $\sum_i \gamma_i \leqslant 100\%$），那么线性规划的最优基和阴影价格保持不变；否则，如果相对百分比之和超过 100%（即 $\sum_i \gamma_i > 100\%$），那么最优基可能会发生变化。

不难发现，对于原材料 A 和原材料 B 同时发生变化的敏感性分析中，利用上述 100%法则给出的 (λ_1, λ_2) 的变化范围只是图 3-6 中阴影区域的一个子集。这说明，利用 100%法则进行敏感性分析，只是给出了最优基不变的一个充分条件，而不是必要条件。有兴趣的读者可以自行完成该性质的证明。

3.5.2　目标函数系数的敏感性分析

下面进行目标函数系数的敏感性分析。考虑如下问题：

（1）如果产品 I 的单位利润减少 10，而产品 Ⅱ 的单位利润增加 10，请问最优生产计划是否发生变化？

（2）保持其他参数不变，产品 Ⅱ 的单位利润在什么范围内变化时，最优计划保持不变？

（3）保持其他参数不变，产品 I 和产品 Ⅱ 的单位利润在什么范围变化时，最优计划保持不变？

我们也在原始问题最终单纯形表的基础上逐一回答上述问题。

（1）决策变量的目标函数系数发生变化只可能导致等值线的方向发生变化，并不影响到线性规划问题的可行域。根据图解法不难看出，等值线方向在一定的范围内变化时，最优解是有可能保持不变的。要判断最优解是否发生变化，可以在最终单纯形表中，直接更新目标函数系数（将 x_1 的系数更新为 70，x_2 的系数更新为 110），如表 3-17 所示。

表 3-17

$c_j \rightarrow$			70	110	0	0	0	0
C_B	基	b	x_1	x_2	x_3	x_4	x_5	x_6
0	x_5	72.5	0	0	[0.6875]	0	1	−2.125
0	x_4	5	0	0	−0.125	1	0	−0.75
110	x_2	5	0	1	−0.125	0	0	0.25
70	x_1	42.5	1	0	0.1875	0	0	−0.125
			0	0	0.625	0	0	−18.75

显然，目标函数系数的变化导致检验系数发生了变化。重新计算每个非基变量的检验系数，发现变量 x_3 的检验系数为正数。这说明当前的基可行解并不满足最优性条件，因此最优解发生了变化。根据单纯形法换基迭代，x_5 出基后得到如表 3-18 所示的单纯形表。

表 3-18

$c_j \rightarrow$			70	110	0	0	0	0
C_B	基	b	x_1	x_2	x_3	x_4	x_5	x_6
0	x_3	105.4545	0	0	1	0	1.4545	−3.0909
0	x_4	18.1818	0	0	0	1	0.1818	−1.1364
110	x_2	18.1818	0	1	0	0	0.1818	−0.1364
70	x_1	22.7273	1	0	0	0	−0.2727	0.4545
			0	0	0	0	−0.9091	−16.8182

上述检验系数均为非正，达到最优性条件。因此，产品 I 和产品 II 的单位利润发生变化后，最优生产方案将调整为生产 22.7273 单位产品 I，18.1818 单位产品 II；对应的最优利润为 3590.91 元。

（2）可以采用类似的方法判断保持最优解不变的产品 II 的单位利润的变化范围。假设产品 II 的单位利润变为 $100+r$，其中 r 表示产品 II 单位利润的变动量。在最终单纯形表中将 x_2 的系数更新为 $100+r$，并重新计算各非基变量的检验系数，如表 3-19 所示。

表 3-19

$c_j \rightarrow$			80	100+r	0	0	0	0
C_B	基	b	x_1	x_2	x_3	x_4	x_5	x_6
0	x_5	72.5	0	0	0.6875	0	1	−2.125
0	x_4	5	0	0	−0.125	1	0	−0.75
100+r	x_2	5	0	1	−0.125	0	0	0.25
80	x_1	42.5	1	0	0.1875	0	0	−0.125
			0	0	$-2.5+0.125r$	0	0	$-0.25r-15$

要保持最优解不发生变化，只需满足各非基变量检验数均非正，即

$$\begin{cases} -2.5+0.125r \leqslant 0 \\ -0.25r-15 \leqslant 0 \end{cases} \Rightarrow -60 \leqslant r \leqslant 20$$

因此，产品 Ⅱ 单位利润在 [40, 120] 之间变化时，最优产量决策 $(x_1, x_2) = (42.5, 5)$ 保持不变。此时，最优利润函数为

$$z(r) = 5 \times (100+r) + 42.5 \times 80 = 3900 + 5r$$

它与单位利润的实际变动量有关。

在图 3-4 的敏感性报告中，“可变单元格”部分已经给出了在其他参数不变的情况下，能保持最优解不变的每个目标函数系数允许变化的范围。比如，对产品 I 的产量决策，允许的增量是 120，允许的减量是 13.333，因此在其他参数不变的前提下，产品 I 的单位利润在 [66.667, 200] 之间变化时，最优生产安排均是 $(x_1, x_2) = (42.5,\ 5)$。

（3）考虑两种产品的单位利润同时发生变化的情形。设产品 I 的单位利润为 $80+r_1$，产品 Ⅱ 的单位利润为 $100+r_2$，其中 r_1 和 r_2 分别表示两种产品的单位利润变动量。类似（2），目标函数系数更新之后的单纯形表如表 3-20 所示。

表 3-20

$c_j \rightarrow$			$80+r_1$	$100+r_2$	0	0	0	0
$\boldsymbol{C_B}$	基	$\boldsymbol{b}$	x_1	x_2	x_3	x_4	x_5	x_6
0	x_5	72.5	0	0	0.6875	0	1	−2.125
0	x_4	5	0	0	−0.125	1	0	−0.75
$100+r_2$	x_2	5	0	1	−0.125	0	0	0.25
$80+r_1$	x_1	42.5	1	0	0.1875	0	0	−0.125
			0	0	$-2.5-0.1875r_1+0.125r_2$	0	0	$-15+0.125r_1-0.25r_2$

要保持最优解不发生变化，只需满足各非基变量检验数均非正，即

$$\begin{cases} -2.5-0.1875r_1+0.125r_2 \leqslant 0 \\ -15+0.125r_1-0.25r_2 \leqslant 0 \end{cases}$$

此时，最优利润函数为

$$z(r) = 5 \times (100+r_2) + 42.5 \times (80+r_1) = 3900 + 42.5r_1 + 5r_2$$

它与两种产品单位利润的实际变动量有关。

类似于多个约束右边项同时发生变化的敏感性分析，100%法则同样适用于多个目标函数系数变化的敏感性分析。记在敏感性报告中，目标函数系数 c_j 允许的增量为 U_j，允许的减量为 L_j。如果系数 c_j 变化的量为 Δc_j，可以计算出每个目标函数系数变化的相对百分比：

$$\gamma_j = \begin{cases} \dfrac{\Delta c_j}{U_j} & 若\ \Delta c_j \geqslant 0 \\ \dfrac{\Delta c_j}{L_j} & 若\ \Delta c_j < 0 \end{cases}$$

100%法则表明，如果目标函数系数变化的相对百分比之和不超过 100%（即 $\sum_j \gamma_j \leqslant 100\%$），那么线性规划的最优解保持不变；否则，如果相对百分比之和超过 100%（即 $\sum_j \gamma_j > 100\%$），那么最优解可能会发生变化。同样，该 100%法则只是一个充分条件，而不是一个必要条件。即：如果相对百分比之和不满足 100%法则，最优解也可能保持不变。

3.5.3 工艺矩阵系数的敏感性分析

下面考虑工艺系数矩阵 $\boldsymbol{A}$ 发生变化时，如何影响到线性规划问题的最优解。假设生产单位产品 I 所消耗的四种资源变为了 10、5、4、4。请问，企业是否应该调整生产方案？如果是，最优方案会如何改变？

我们用 $\hat{x}_1$ 表示新的生产工艺下产品 I 的产量，为了在最终单纯形表的基础上进行数据替换，需要将其列向量左乘 $\boldsymbol{B}^{-1}$，即

$$\hat{\boldsymbol{P}}_1 = \boldsymbol{B}^{-1}\begin{bmatrix} 10 \\ 5 \\ 4 \\ 4 \end{bmatrix} = \begin{bmatrix} 0.6875 & 0 & 1 & -2.125 \\ -0.125 & 1 & 0 & -0.75 \\ -0.125 & 0 & 0 & 0.25 \\ 0.1875 & 0 & 0 & -0.125 \end{bmatrix}\begin{bmatrix} 10 \\ 5 \\ 4 \\ 4 \end{bmatrix} = \begin{bmatrix} 2.375 \\ 0.75 \\ -0.25 \\ 1.375 \end{bmatrix}$$

在最终单纯形表中：

① 在 x_1 后面新增一列 $\hat{x}_1$，并填入 $\hat{x}_1$ 对应的列向量和目标函数系数；

② 将 x_1 出基，$\hat{x}_1$ 入基，基变量调整为 $(\hat{x}_1, x_2)$；

③ 从单纯形表中删除原来的 x_1 列，采用单纯形法或对偶单纯形法换基迭代，直到找到最优解。

单纯形表的迭代结果如表 3-21 所示。

表 3-21

$c_j \rightarrow$			80	80	100	0	0	0	0
$\boldsymbol{C_B}$	基	$\boldsymbol{b}$	x_1	$\hat{x}_1$	x_2	x_3	x_4	x_5	x_6
0	x_5	72.5	0	2.375	0	0.6875	0	1	−2.125
0	x_4	5	0	0.75	0	−0.125	1	0	−0.75
100	x_2	5	0	−0.25	1	−0.125	0	0	0.25
80	x_1	42.5	1	[1.375]	0	0.1875	0	0	−0.125
			0		0	−2.5	0	0	−15

续表

0	x_5	−0.9091	0	0	0.3636	0	1	−1.9091
0	x_4	−18.1818	0	0	[−0.2273]	1	0	−0.6818
100	x_2	12.7273	0	1	−0.0909	0	0	0.2273
80	$\hat{x}_1$	30.9091	1	0	0.1364	0	0	−0.0909
			0	0	−1.182	0	0	−15.455
0	x_5	−30	0	0	0	1.6	1	[−3]
0	x_3	80	0	0	1	−4.4	0	3
100	x_2	20	0	1	0	−0.4	0	0.5
80	$\hat{x}_1$	20	1	0	0	0.6	0	−0.5
			0	0	0	−8	0	−10
0	x_6	10	0	0	0	−0.5333	−0.3333	1
0	x_3	50	0	0	1	−2.8	1	0
100	x_2	15	0	1	0	−0.1333	0.1667	0
80	$\hat{x}_1$	25	1	0	0	0.3333	−0.1667	0
			0	0	0	−13.333	−3.333	0

上述结果表明，生产工艺的变化将导致最优生产方案为：生产 25 单位产品 I 和 15 单位产品 II；对应的利润为 3500 元。

3.5.4 添加新变量的敏感性分析

如果在产品 I 和 II 的基础上，工厂又研发出了一种新的产品 III。生产新产品 III 同样需要消耗各种资源，其单位利润是 35 元。已知产品 III 所需的各种资源如表 3-22 所示。

表 3-22

	产品 I	产品 II	产品 III	资源限额
劳动力	8	4	4	360 工时
设备	4	5	2	200 台时
原材料 A	3	10	3	250 公斤
原材料 B	4	6	2	200 公斤
单位利润（元）	80	100	35	

考虑如下问题：

- 是否应该投产产品 III？
- 新产品 III 的单位利润在什么范围内时，生产产品 III 才是有利的？

当引入一种新产品时，理论上需要重新建立模型进行优化求解。比如，如果定义变量 y 为产品 III 的产量，则对应的标准化后的线性规划模型如下：

$$\max z = 80x_1 + 100x_2 + 35y$$

$$\text{s.t.}\begin{cases} 8x_1 + 4x_2 + 4y + x_3 = 361 & \text{劳动力} \\ 4x_1 + 5x_2 + 2y + x_4 = 200 & \text{设备} \\ 3x_1 + 10x_2 + 3y + x_5 = 250 & \text{原材料A} \\ 4x_1 + 6x_2 + 2y + x_6 = 200 & \text{原材料B} \\ x_1, x_2, \cdots, x_6, y \geqslant 0 & \text{非负性} \end{cases}$$

下面我们直接在例 3-1 最终单纯形表和敏感性报告的基础上回答上述问题。

（1）要判断投产产品 Ⅲ 是否划算，只需权衡其投产的边际收益和边际成本即可。每生产一单位的产品 Ⅲ，能够创造的边际收益为 35。但是要消耗 4 单位的劳动力、2 单位的设备工时、3 单位原材料 A 和 2 单位原材料 B。这些资源对应的机会成本为 $2.5\times4+15\times2=40$。因此，投产一单位产品 Ⅲ 能带来的净利润为 $35-40=-5<0$，这意味着投产 Ⅲ 只会导致总利润进一步降低。因此，不应该投产。

事实上，产品 Ⅲ 的投产单位净利润刚好对应于其检验系数：

$$\lambda_y = 35-(0,\ 0,\ 100,\ 80)\begin{bmatrix} 0.6875 & 0 & 1 & -2.125 \\ -0.125 & 1 & 0 & -0.75 \\ -0.125 & 0 & 0 & 0.25 \\ 0.1875 & 0 & 0 & -0.125 \end{bmatrix}\begin{bmatrix} 4 \\ 2 \\ 3 \\ 2 \end{bmatrix} = 35-40=-5$$

当且仅当其检验系数大于 0 时，投产该产品才是有利可图的。

（2）设新产品 Ⅲ 的单位利润为 c_y，当且仅当决策变量 y 的检验系数为正，即

$$\lambda_y = c_y-(0,\ 0,\ 100,\ 80)\begin{bmatrix} 0.6875 & 0 & 1 & -2.125 \\ -0.125 & 1 & 0 & -0.75 \\ -0.125 & 0 & 0 & 0.25 \\ 0.1875 & 0 & 0 & -0.125 \end{bmatrix}\begin{bmatrix} 4 \\ 2 \\ 3 \\ 2 \end{bmatrix} = c_3-40>0$$

即 $c_y>40$ 时，投产产品 Ⅲ 才能进一步增加企业的利润。例如，如果产品 Ⅲ 的单位利润为 $c_y=50$，可得 $\lambda_{\mathrm{y}}=10$，即每生产一单位产品 Ⅲ，能够增加 10 元的净利润。为了计算新问题的最优解，我们同样要对决策变量 y 所对应的列向量 $\boldsymbol{P}_y$ 进行变换，即

$$\tilde{\boldsymbol{P}}_y = \boldsymbol{B}^{-1}\boldsymbol{P}_y = \begin{bmatrix} 0.6875 & 0 & 1 & -2.125 \\ -0.125 & 1 & 0 & -0.75 \\ -0.125 & 0 & 0 & 0.25 \\ 0.1875 & 0 & 0 & -0.125 \end{bmatrix}\begin{bmatrix} 4 \\ 2 \\ 3 \\ 2 \end{bmatrix} = \begin{bmatrix} 1.5 \\ 0 \\ 0 \\ 0.5 \end{bmatrix}$$

在原问题的最终单纯形表中，增加 y 列，同时填入 $\tilde{\boldsymbol{P}}_y$，得到如表 3-23 所示的单纯形表。因为 y 的检验系数为正，需要进行换基迭代。最终的单纯形表表明，企业应该调整生产方案为保持产品 Ⅱ 的产量不变，降低产品 Ⅰ 的产量，同时提高产品 Ⅲ 的产量。在最优安排下，能实现的最优利润为 4383.33 元；提升利润 483.33 元。

表 3-23

$c_j \rightarrow$			80	100	0	0	0	0	50
C_B	基	b	x_1	x_2	x_3	x_4	x_5	x_6	y
0	x_5	72.5	0	0	0.6875	0	1	−2.125	[1.5]
0	x_4	5	0	0	−0.125	1	0	−0.75	0
100	x_2	5	0	1	−0.125	0	0	0.25	0
80	x_1	42.5	1	0	0.1875	0	0	−0.125	0.5
			0	0	−2.5	0	0	−15	10
50	y	48.333	0	0	0.458	0	0.667	−1.417	1
0	x_4	5	0	0	−0.125	1	0	−0.75	0
100	x_2	5	0	1	−0.125	0	0	0.25	0
80	x_1	18.333	1	0	−0.042	0	−0.333	0.583	0
			0	0	−7.083	0	−6.667	−0.833	0

3.5.5　添加新约束的敏感性分析

有时，规划问题中会增加一些额外的约束。比如在例 3-1 中，假设工厂现在面临着碳排放量方面的限制。不妨考虑每单位产品 I 和产品 II 各自排放 1 和 2 单位当量碳的情形，已知工厂允许排放的碳总量为 50 单位（如表 3-24 所示）。那么，该碳排放约束是否会改变最优生产安排？

表 3-24

	产品 I	产品 II	资源限额
劳动力	8	4	360 工时
设备	4	5	200 台时
原材料 A	3	10	250 公斤
原材料 B	4	6	200 公斤
碳排放	1	2	50 单位
单位利润（元）	80	100	

引入碳排放限制，相当于在原线性规划问题的基础上新增了一个约束：

$$x_1 + 2x_2 \leqslant 50$$

引入松弛变量之后，为

$$x_1 + 2x_2 + x_7 = 50$$

要判断该新增的碳排放约束是否会改变最优生产安排，只需要判断原最优决策所需要的碳排放是否超标即可。在最优生产安排下排放的碳总额为 $1 \times 42.5 + 5 \times 2 = 52.5 > 50$，因此碳排放超标，需要调整生产计划。

为了调整生产安排，将原问题最优解代入上面新增的约束条件，可以算出 $x_7=-2.5$；即如果生产安排不变，碳排放将超标 2.5 单位。很显然，可以将 x_7 作为一个基变量，和 (x_5,x_4,x_2,x_1) 凑成新问题的基变量。当然，为了在最终单纯形表中加一行来引入新约束，需要用非基变量来表示 x_7，即

$$
\begin{aligned}
x_7 &= 50 - x_1 - 2x_2 \\
&= -2.5 - 0.0625x_3 + 0.375x_6
\end{aligned}
$$

将该约束加入单纯形表，如表 3-25 所示。接下来利用对偶单纯形法换基迭代，即可进一步找到问题的最优解。

表 3-25

	$c_j \to$		80	100	0	0	0	0	0
$\boldsymbol{C_B}$	基	$\boldsymbol{b}$	x_1	x_2	x_3	x_4	x_5	x_6	x_7
0	x_5	72.5	0	0	0.6875	0	1	−2.125	0
0	x_4	5	0	0	−0.125	1	0	−0.75	0
100	x_2	5	0	1	−0.125	0	0	0.25	0
80	x_1	42.5	1	0	0.1875	0	0	−0.125	0
0	x_7	−2.5	0	0	0.0625	0	0	[−0.375]	1
			0	0	−2.5	0	0	−15	0
0	x_5	86.667	0	0	0.333	0	1	0	−5.667
0	x_4	10	0	0	−0.25	1	0	0	−2
100	x_2	3.333	0	1	−0.083	0	0	0	0.667
80	x_1	43.333	1	0	0.167	0	0	0	−0.333
0	x_6	6.667	0	0	−0.167	0	0	1	−2.667
			0	0	−5	0	0	0	−40

正如表 3-25 所示，应该调整生产方案为生产 43.333 单位产品 I 和 3.333 单位产品 II；新增加的碳排放约束导致最优利润降低 100 元。

习　题

3.1　用单纯形法求解以下线性规划问题。

即测即练

(1) $\max\ z = 6x_1 - 2x_2 + 3x_3$

$$
\begin{cases}
2x_1 - x_2 + 2x_3 \leqslant 2 \\
x_1 + 4x_3 \leqslant 4 \\
x_1,\ x_2,\ x_3 \geqslant 0
\end{cases}
$$

(2) $\min\ z = 2x_1 + x_2$

$$
\begin{cases}
3x_1 + x_2 = 3 \\
4x_1 + 3x_2 \geqslant 6 \\
x_1 + 2x_2 \leqslant 3 \\
x_1,\ x_2 \geqslant 0
\end{cases}
$$

3.2　已知某线性规划问题，用单纯形法计算时得到的中间某两步的计算如表 3-26 所示，请将表中空白处数字填上。

表 3-26

	$c_j \rightarrow$		3	5	4	0	0	0
$\boldsymbol{C_B}$	$\boldsymbol{X_B}$	$\boldsymbol{b}$	x_1	x_2	x_3	x_4	x_5	x_6
	x_2	8/3	2/3	1	0	1/3	0	0
	x_5	14/3	−4/3	0	5	−2/3	1	0
	x_6	20/3	5/3	0	4	−2/3	0	1
			−1/3	0	4	−5/3	0	0
				……				
	x_2					15/41	8/41	−10/41
	x_3					−6/41	5/41	4/41
	x_1					−2/41	−12/41	15/41

3.3　判断下列说法是否正确，为什么?

（1）如果线性规划的原问题存在可行解，则其对偶问题也一定存在可行解；

（2）如果线性规划的对偶问题无可行解，则原问题也一定无可行解；

（3）如果线性规划的原问题和对偶问题都具有可行解，则该线性规划问题一定有有限最优解。

3.4　已知线性规划问题 $\max\ z = \boldsymbol{CX}, \boldsymbol{AX} = \boldsymbol{b}, \boldsymbol{X} \geqslant 0$，分别说明发生下列情况时，其对偶问题的解的变化：

（a）问题的第 k 个约束条件乘上常数 $\lambda(\lambda \neq 0)$；

（b）将第 k 个约束条件乘上常数 $\lambda(\lambda \neq 0)$ 后加到第 r 个约束条件上；

（c）目标函数 $\max\ z = \lambda \boldsymbol{CX}\ (\lambda \neq 0)$；

（d）模型中全部 x_1 用 $3x_1'$ 代换。

3.5　已知线性规划问题

$$\max\ z = c_1x_1 + c_2x_2 + c_3x_3$$
$$\begin{bmatrix} a_{11} \\ a_{21} \end{bmatrix} x_1 + \begin{bmatrix} a_{12} \\ a_{22} \end{bmatrix} x_2 + \begin{bmatrix} a_{13} \\ a_{23} \end{bmatrix} x_3 + \begin{bmatrix} 1 \\ 0 \end{bmatrix} x_4 + \begin{bmatrix} 0 \\ 1 \end{bmatrix} x_5 = \begin{bmatrix} b_1 \\ b_2 \end{bmatrix}$$
$$x_j \geqslant 0, j = 1, \cdots, 5$$

用单纯形法求解，得到最终单纯形表如表 3-27 所示，要求：

（1）求 a_{11}，a_{12}，a_{13}，a_{21}，a_{22}，a_{23}，b_1，b_2 的值；

（1）求 c_1，c_2，c_3 的值。

表 3-27

C_B	X_B	b	x_1	x_2	x_3	x_4	x_5
c_3	x_3	3/2	1	0	1	1/2	−1/2
c_2	x_2	2	1/2	1	0	−1	2
			−3	0	0	0	−4

3.6 已知线性规划问题

$$\max\ z = 2x_1 + x_2 + 5x_3 + 6x_4$$
$$\begin{cases} 2x_1 + \qquad x_3 + \ x_4 \leqslant 8 & \qquad y_1 \\ 2x_1 + 2x_2 + x_3 + 2x_4 \leqslant 12 & \qquad y_2 \\ x_j \geqslant 0, \quad j = 1, \cdots, 4 \end{cases}$$

其对偶问题的最优解为 $y_1^* = 4$，$y_2^* = 1$，试应用对偶问题的性质，求原问题的最优解。

3.7 试用对偶单纯形法求解下列线性规划问题。

(1) $\min\ z = x_1 + x_2$

$$\begin{cases} 2x_1 + \ x_2 \geqslant 4 \\ x_1 + 7x_2 \geqslant 7 \\ x_1, \quad x_2 \geqslant 0 \end{cases}$$

(2) $\min\ z = 3x_1 + 2x_2 + x_3 + 4x_4$

$$\begin{cases} 2x_1 + 4x_2 + 5x_3 + \ x_4 \geqslant 0 \\ 3x_1 - \ x_2 + 7x_3 - 2x_4 \geqslant 2 \\ 5x_1 + 2x_2 + \ x_3 + 6x_4 \geqslant 15 \\ x_1, \quad x_2, \quad x_3, \quad x_4 \geqslant 0 \end{cases}$$

3.8 考虑线性规划问题

$$\max\ z = -5x_1 + 5x_2 + 13x_3$$
$$\begin{cases} -x_1 + \ x_2 + \ 3x_3 \leqslant 20 & ① \\ 12x_1 + 4x_2 + 10x_3 \leqslant 90 & ② \\ x_1, \quad x_2, \quad x_3 \geqslant 0 \end{cases}$$

先用单纯形法求出最优解，然后分析在下列各种条件下，最优解分别有什么变化？

（1）约束条件①的右端常数由 20 变为 30；

（2）约束条件②的右端常数由 90 变为 70；

（3）目标函数中 x_3 的系数由 13 变为 8；

（4）x_1 的系数列向量由 $(-1, 12)^{\mathrm{T}}$ 变为 $(0, 5)^{\mathrm{T}}$；

（5）增加一个约束条件③ $2x_1 + 3x_2 + 5x_3 \leqslant 50$；

（6）将原约束条件② 改变为 $10x_1 + 5x_2 + 10x_3 \leqslant 100$。

CHAPTER 4 第4章

运 输 问 题

物流和供应链管理是经济管理中的一类重要问题。供应链是一个由物流系统和该供应链中的所有单个组织或企业相关活动组成的网络。为满足供应链中各方的需求，需要对物品、服务及相关信息，从产地到消费地高效率、低成本的流动及储存进行规划、执行和控制。运筹学中对运输模型的研究为达到上述目的提供了相应的理论和方法论基础。

4.1 运输问题的数学模型

在经济建设中，经常碰到大宗物资调运问题。如煤、钢铁、木材、粮食等物资，在全国有若干生产基地，根据已有的交通网，应如何制订调运方案，将这些物资运到各消费地点，而总运费要最小。这类问题可用以下数学语言描述。

已知有 m 个生产地点 $A_i, i=1,2,\cdots,m$，可供应某种物资，其供应量（产量）分别为 $a_i, i=1,2,\cdots,m$；有 n 个销地 $B_j, j=1,2,\cdots,n$，其需要量分别为 $b_j, j=1,2,\cdots,n$，从 A_i 到 B_j 运输单位物资的运价（单价）为 c_{ij}，如图 4-1 所示。

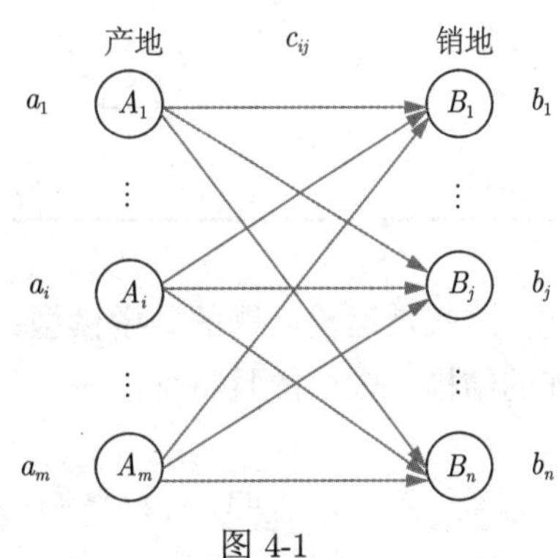

图 4-1

这些数据可汇总于产销平衡表和单位运价表中，见表 4-1，表 4-2。有时可把这两表合二为一。

表 4-1

产地	销地				产量
	1	2	$\cdots$	n	
1					a_1
2					a_2
$\vdots$					$\vdots$
m					a_m
销量	b_1	b_2	$\cdots$	b_n	

表 4-2

产地	销地			
	1	2	$\cdots$	n
1	c_{11}	c_{12}	$\cdots$	c_{1n}
2	c_{21}	c_{22}	$\cdots$	c_{2n}
$\vdots$		$\vdots$		
m	c_{m1}	c_{m2}	$\cdots$	c_{mn}

若用 x_{ij} 表示从 A_i 到 B_j 的运量，那么在产销平衡的条件下，要求得总运费最小的调运方案，可求解以下数学模型：

$$\min z=\sum_{i=1}^{m}\sum_{j=1}^{n}c_{ij}\ x_{ij}$$

$$\begin{cases}\displaystyle\sum_{i=1}^{m}x_{ij}=b_j,\ j=1,2,\cdots,n & \text{(4-1)}\\ \displaystyle\sum_{j=1}^{n}x_{ij}=a_i,\ i=1,2,\cdots,m & \text{(4-2)}\\ x_{ij}\geqslant 0\end{cases}$$

上述运输问题用表格表示如表 4-3 所示。

表 4-3

产地	销地					产量
	B_1	$\cdots$	B_j	$\cdots$	B_n	
A_1	x_{11} c_{11}	$\cdots$	x_{1j} c_{1j}		x_{1n} c_{1n}	a_1
$\vdots$	$\vdots$	$\cdots$	$\vdots$	$\cdots$	$\vdots$	$\vdots$
A_i	x_{i1} c_{i1}	$\cdots$	x_{ij} c_{ij}	$\cdots$	x_{in} c_{in}	a_i
$\vdots$	$\vdots$	$\cdots$	$\vdots$	$\cdots$	$\vdots$	$\vdots$
A_m	x_{m1} c_{m1}		x_{mj} c_{mj}		x_{mn} c_{mn}	a_m
销量	b_1	$\cdots$	b_j	$\cdots$	b_n	

这就是运输问题的数学模型。它包含 $m\times n$ 个变量，$(m+n)$ 个约束方程。其系数矩阵的结构比较松散且特殊。

$$\begin{array}{c} \\ u_1\\ u_2\\ \vdots\\ u_m\\ v_1\\ v_2\\ \vdots\\ v_n\end{array}\begin{array}{c}x_{11}\ x_{12}\cdots x_{1n}\ x_{21}\ x_{22}\cdots x_{2n}\cdots x_{m1}\ x_{m2}\cdots x_{mn}\\ \left[\begin{array}{ccccccccccccc}1&1&\cdots&1&&&&&&&&&\\ &&&&1&1&\cdots&1&&&&&\\ &&&&&&&&\ddots&&&&\\ &&&&&&&&&1&1&\cdots&1\\ 1&&&&1&&&&&1&&&\\ &1&&&&1&&&&&1&&\\ &&\ddots&&&&\ddots&&&&&\ddots&\\ &&&1&&&&1&&&&&1\end{array}\right]\end{array}\begin{array}{l} \\ \left.\begin{array}{c}\\ \\ \\ \\ \end{array}\right\}m\text{ 行}\\ \left.\begin{array}{c}\\ \\ \\ \\ \end{array}\right\}n\text{ 行}\end{array}$$

运输问题数学模型有以下三个特征：

（1）该系数矩阵中对应于变量 x_{ij} 的系数列向量 $\boldsymbol{P_{ij}}$，其分量中除第 i 个和第 $m+j$ 个为 1 以外，其余的都为零。即

$$\boldsymbol{P}_{ij}=(0,\cdots,1,\cdots,0,\cdots,1,\cdots,0)^{\mathrm{T}}=e_i+e_{m+j}$$

其中 $e_i=(0,\cdots,1,\cdots,0)^{\mathrm{T}}$，第 i 个元素为 1，其他为 0。

（2）对产销平衡的运输问题，由于有以下关系式存在：

$$\sum_{j=1}^{n}b_j=\sum_{j=1}^{n}\left(\sum_{i=1}^{m}x_{ij}\right)=\sum_{i=1}^{m}\left(\sum_{j=1}^{n}x_{ij}\right)=\sum_{i=1}^{m}a_i=Q$$

所以模型最多只有 $m+n-1$ 个独立约束方程，即系数矩阵的秩 $\leqslant m+n-1$。由于有以上特征，所以求解运输问题时，可用比较简便的计算方法，习惯上称为表上作业法。

（3）对产销平衡的运输问题，一定存在可行解 $x_{ij}=\dfrac{a_ib_j}{Q}$。又因为所有变量有界，因而存在最优解。

4.2 表上作业法

表上作业法是单纯形法在求解运输问题时的一种简化方法，其实质是单纯形法，故也称为运输问题单纯形法。但具体计算和术语有所不同。可归纳为：

（1）找出初始基可行解，即在有 $(m\times n)$ 格的产销平衡表上按一定的规则，给出 $(m+n-1)$ 个数字，称为数字格。它们就是初始基变量的取值。

（2）求各非基变量的检验数，即在表上计算空格的检验数，判别是否达到最优解。如已是最优解，则停止计算，否则转到下一步。

（3）确定换入变量和换出变量，找出新的基可行解，在表上用闭回路法调整。

（4）重复（2），（3）直到得到最优解为止。

以上运算都可以在表上完成，下面通过例子说明表上作业法的计算步骤。

例 4-1 某公司经销甲产品。它下设三个加工厂。每日的产量分别是：A_1 为 7 吨，A_2 为 4 吨，A_3 为 9 吨。该公司把这些产品分别运往四个销售点。各销售点每日销量为：B_1 为 3 吨，B_2 为 6 吨，B_3 为 5 吨，B_4 为 6 吨。已知从各工厂到各销售点的单位产品的运价如表 4-4 所示。问该公司应如何调运产品，在满足各销点的需要量的前提下，使总运费为最少。

解 先画出这个问题的单位运价表和产销平衡表，见表 4-4 和表 4-5。

表 4-4 单位运价表

加工厂	销 地			
	B_1	B_2	B_3	B_4
A_1	3	11	3	10
A_2	1	9	2	8
A_3	7	4	10	5

表 4-5　产销平衡表

产地	销地				产量
	B_1	B_2	B_3	B_4	
A_1					7
A_2					4
A_3					9
销量	3	6	5	6	

4.2.1　确定初始基可行解

确定初始基可行解的方法很多，一般希望的方法是既简便，又尽可能接近最优解。下面介绍两种方法：最小元素法和伏格尔 (Vogel) 法。

1. 最小元素法

这方法的基本思想是就近供应，即从单位运价表中最小的运价开始确定供销关系，然后次小。一直到给出初始基可行解为止。以例 4-1 进行讨论。

第一步：从表 4-4 中找出最小运价为 1，这表示先将 A_2 的产品供应给 B_1。因 $a_2 > b_1$，A_2 除满足 B_1 的全部需要外，还可多余 1 吨产品。在表 4-5 的 (A_2, B_1) 的交叉格处填上 3。得表 4-6。并将表 4-4 的 B_1 列运价划去。得表 4-7。

表 4-6

加工厂	销地				产量
	B_1	B_2	B_3	B_4	
A_1					7
A_2	3				4
A_3					9
销量	3	6	5	6	

表 4-7

产　地	销地			
	B_1	B_2	B_3	B_4
A_1	3	11	3	10
A_2	1	9	2	8
A_3	7	4	10	5

第二步：在表 4-7 未划去的元素中再找出最小运价 2，确定 A_2 多余的 1 吨供应 B_3，相应地划去 A_2 行运价，并得到表 4-8 与表 4-9。

表 4-8

加工厂	销地				产量
	B_1	B_2	B_3	B_4	
A_1					7
A_2	3		1		4
A_3					9
销量	3	6	5	6	

表 4-9

产 地	销地			
	B_1	B_2	B_3	B_4
A_1	3	11	3	10
A_2	1	9	2	8
A_3	7	4	10	5

第三步：在表 4-9 未划去的元素中再找出最小运价 3；这样一步步地进行下去，直到单位运价表上的所有元素划去为止，最后在产销平衡表上得到一个调运方案，见表 4-10。

表 4-10

产 地	销地				产量
	B_1	B_2	B_3	B_4	
A_1			4	3	7
A_2	3		1		4
A_3		6		3	9
销量	3	6	5	6	

$$\text{总运费} = \sum_{i=1}^{3}\sum_{j=1}^{4} c_{ij}x_{ij} = 1\times 3 + 4\times 6 + 3\times 4 + 2\times 1 + 10\times 3 + 5\times 3 = 86(\text{元})$$

用最小元素法给出的初始解是运输问题的基可行解，其理由为

（1）用最小元素法给出的初始解，是从单位运价表中逐次地挑选最小元素，并比较产量和销量。当产大于销，划去该元素所在列。当产小于销，划去该元素所在行。然后在未划去的元素中再找最小元素，再确定供应关系。这样在产销平衡表上每填入一个数字，在运价表上就划去一行或一列。表中共有 m 行 n 列，总共可画 $(n+m)$ 条直线。但当表中只剩一个元素时，这时在产销平衡表上填这个数字，而在运价表上同时划去一行和一列。此时把单价表上所有元素都划去了，相应地在产销平衡表上填了 $(m+n-1)$ 个数字。即给出了 $(m+n-1)$ 个基变量的值。

（2）这 $(m+n-1)$ 个基变量对应的系数列向量是线性独立的。

用最小元素法给出初始解时，有可能在产销平衡表上填入一个数字后，在单位运价表上同时划去一行和一列。这时就出现退化。关于退化时的处理将在 4.2.4 节中讲述。

2. 伏格尔（Vogel）法

最小元素法的缺点是：可能开始时节省一处的费用，但随后在其他处要多花几倍的运费。伏格尔法考虑到，一产地的产品假如不能按最小运费就近供应，就考虑次小运费，这就有一个差额。差额越大，说明不能按最小运费调运时，运费增加越多。因而对差额最大处，就应当采用最小运费调运。基于此，伏格尔法的步骤是：

第一步：在表 4-4 中分别计算出各行和各列的最小运费和次最小运费的差额，并填入该表的最右列和最下行。

第二步：从行或列差额中选出最大者，选择它所在行或列中的最小元素。B_2 列是最大差额所在列。B_2 列中最小元素为 4，可确定 A_3 的产品先供应 B_2 的需要。同时将运价表中的 B_2 列数字划去。

第三步：对未划去的元素再分别计算出各行、各列的最小运费和次最小运费的差额，并填入该表的最右列和最下行。重复第一、第二步。直到给出初始解为止。用此法给出例 4-1 的初始解列于表 4-11。

表 4-11

产地		销地 B_1	销地 B_2	销地 B_3	销地 B_4	产量	行差额 1	行差额 2	行差额 3	行差额 4	行差额 5
A_1		3	11	3 5	10 2	7	0	0	0	⑦	0
A_2		1 3	9	2	8 1	4	1	1	1	6	
A_3		7	4 6	10	5 3	9	1	2			
销量		3	6	5	6						
列差额	1	2	⑤	1	3						
	2	2		1	③						
	3	②		1	2						
	4			1	2						
	5				②						

$$\text{总运费} = \sum_{i=1}^{3}\sum_{j=1}^{4} c_{ij}x_{ij} = 3\times1+4\times6+3\times5+10\times2+8\times1+5\times3 = 85(\text{元})$$

由以上可见：伏格尔法同最小元素法除在确定供求关系的原则上不同外，其余步骤相同。一般地，伏格尔法给出的初始解比用最小元素法给出的初始解更接近最优解。

本例用伏格尔法给出的初始解就是最优解。

4.2.2 最优解的判别

判别的方法是计算空格 (非基变量) 的检验数 $c_{ij} - \boldsymbol{C}_B\boldsymbol{B}^{-1}\boldsymbol{P}_{ij}$（$i,j\in\mathbf{N}$）。因运输问题的目标函数是要求实现最小化，故当所有的 $c_{ij} - \boldsymbol{C}_B\boldsymbol{B}^{-1}\boldsymbol{P}_{ij} \geqslant 0$ 时，为最优解。下面介绍两种求空格检验数的方法。

1. 闭回路法

在给出调运方案的计算表上（见表 4-10），从每一空格出发找一条闭回路。它是以某空格为起点。用水平或垂直线向前划，当碰到一数字格时可以转 90° 后，继续前进，直到回到起始空格为止。简单的闭回路如图 4-2 的（a），（b），（c）等所示。复杂的是（a），（b），（c）图形的组合。

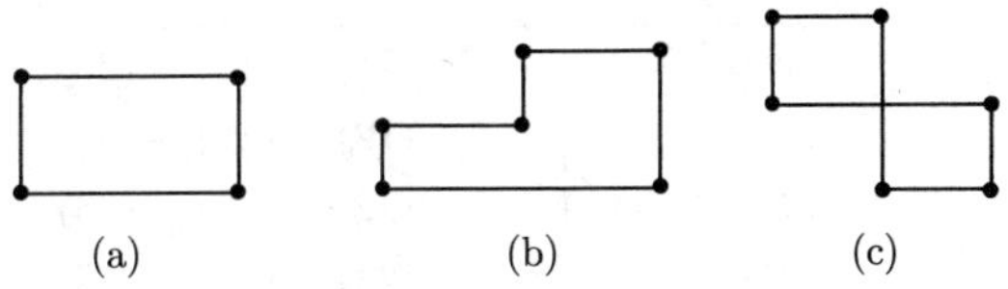

从每一空格出发一定存在和可以找到唯一的闭回路。因 $(m+n-1)$ 个数字格 (基变量) 对应的系数向量是一个基。任一空格 (非基变量) 对应的系数向量是这个基的线性组合。如 $\boldsymbol{P}_{ij}$, $i,j\in\mathbf{N}$ 可表示为

(a) (b) (c)

图 4-2

$$\begin{aligned}\boldsymbol{P}_{ij} &= e_i + e_{m+j}\\ &= e_i + e_{m+k} - e_{m+k} + e_l - e_l + e_{m+s} - e_{m+s} + e_u - e_u + e_{m+j}\\ &= (e_i + e_{m+k}) - (e_l + e_{m+k}) + (e_l + e_{m+s}) - (e_u + e_{m+s}) + (e_u + e_{m+j})\\ &= \boldsymbol{P}_{ik} - \boldsymbol{P}_{lk} + \boldsymbol{P}_{ls} - \boldsymbol{P}_{us} + \boldsymbol{P}_{uj}\end{aligned}$$

其中 $\boldsymbol{P}_{ik}$, $\boldsymbol{P}_{lk}$, $\boldsymbol{P}_{ls}$, $\boldsymbol{P}_{us}$, $\boldsymbol{P}_{uj}\in\boldsymbol{B}$。而这些向量构成了闭回路（见图 4-3）。

闭回路法计算检验数的经济解释为：在已给出初始解的表 4-11 中，可从任一空格出发，如 (A_1,B_1)，若让 A_1 的产品调运 1 吨给 B_1。为了保持产销平衡，就要依次作调整：在 (A_1,B_3) 处减少 1 吨，(A_2,B_3) 处增加 1 吨，$(A_2,\ B_1)$ 处减少 1 吨，即构成了以 (A_1,B_1) 空格为起点，其他为数字格的闭回路。如表 4-12 中的虚线所示。在此表中闭回路各顶点所在格的右上角数字是单位运价。

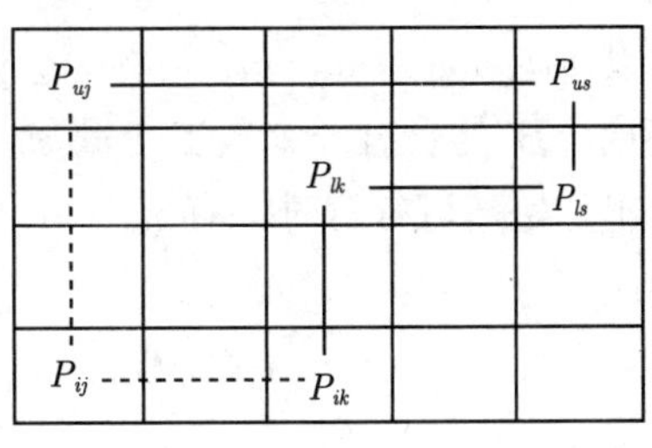

图 4-3

表 4-12

产地	销地				产量
	B_1	B_2	B_3	B_4	
A_1	3 (+1)	11	3 4(−1)	10 3	7
A_2	1 3(−1)	9	2 1(+1)	8	4
A_3	7	4 6	10	5 3	9
销量	3	6	5	6	

可见这调整的方案使运费增加

$$(+1) \times 3 + (-1) \times 3 + (+1) \times 2 + (-1) \times 1 = 1(\text{元})$$

这表明若这样调整运量将增加运费。将“1”这个数填入 (A_1, B_1) 格，这就是检验数。按以上所述，可找出所有空格的检验数，见表 4-13。

表 4-13

空格	闭回路	检验数
(11)	(11) − (13) − (23) − (21) − (11)	1
(12)	(12) − (14) − (34) − (32) − (12)	2
(22)	(22) − (23) − (13) − (14) − (34) − (32) − (22)	1
(24)	(24) − (23) − (13) − (14) − (24)	−1
(31)	(31) − (34) − (14) − (13) − (23) − (21) − (31)	10
(33)	(33) − (34) − (14) − (13) − (33)	12

当检验数还存在负数时，说明原方案不是最优解，要继续改进，改进方法见 4.2.3 小节。

2. 位势法

用闭回路法求检验数时，需给每一空格找一条闭回路。当产销点很多时，这种计算很烦琐。而且在极端情况下，有时找一条闭回路都不容易。下面介绍较为简便的方法——位势法。

设 $u_1, u_2, \cdots, u_m; v_1, v_2, \cdots, v_n$ 是对应产销平衡的运输问题的 $m+n$ 个约束条件的对偶变量。$\boldsymbol{B}$ 是含有一个人工变量 x_a 的 $(m+n) \times (m+n)$ 初始基矩阵。当用最小元素法等给出初始基可行解时，有 $m+n-1$ 个数字格，即赋值基变量；从线性规划的对偶理论可知：

$$\boldsymbol{C}_B \boldsymbol{B}^{-1} = (u_1, u_2, \cdots, u_m; v_1, v_2, \cdots, v_n)$$

而每个决策变量 x_{ij} 的系数向量 $\boldsymbol{P}_{ij} = e_i + e_{m+j}$，所以 $\boldsymbol{C}_B \boldsymbol{B}^{-1} \boldsymbol{P}_{ij} = u_i + v_j$。于是检验数

$$\sigma_{ij} = c_{ij} - \boldsymbol{C}_B \boldsymbol{B}^{-1} \boldsymbol{P}_{ij} = c_{ij} - (u_i + v_j)$$

由单纯形法得知所有基变量的检验数等于 0。即

$$c_{ij}-(u_i+v_j)=0,\ i,j\in \boldsymbol{B}$$

运输问题的原问题是等式约束；它的对偶问题的变量是无约束。

例如，在例 4-1 的由最小元素法得到的初始解中 $x_{23},x_{34},x_{21},x_{32},x_{13},x_{14}$ 是基变量。x_a 为人工变量，这时对应的检验数是

基变量	检验数	
x_{23}	$c_{23}-(u_2+v_3)=0$	即 $2-(u_2+v_3)=0$
x_{34}	$c_{34}-(u_3+v_4)=0$	$5-(u_3+v_4)=0$
x_{21}	$c_{21}-(u_2+v_1)=0$	$1-(u_2+v_1)=0$
x_{32}	$c_{32}-(u_3+v_2)=0$	$4-(u_3+v_2)=0$
x_{13}	$c_{13}-(u_1+v_3)=0$	$3-(u_1+v_3)=0$
x_{14}	$c_{14}-(u_1+v_4)=0$	$10-(u_1+v_4)=0$

以上 6 个方程，7 个未知数为不定方程组，令 $u_1=0$ 可求得

$$u_2=-1,u_3=-5,v_1=2,v_2=9,v_3=3,v_4=10$$

因非基变量的检验数

$$\sigma_{ij}=c_{ij}-(u_i+v_j),i,j\in \mathbf{N}$$

这就可以从已知的 u_i,v_j 值中求得。这些计算可在表格中进行。以例 4-1 说明。

第一步：按最小元素法给出表 4-10 的初始解，并在对应表 4-10 的数字格处填入单位运价，见表 4-14。

表 4-14

产 地	销 地			
	B_1	B_2	B_3	B_4
A_1			3	10
A_2	1		2	
A_3		4		5

第二步：在表 4-14 上增加一行一列，在列中填入 u_i，在行中填入 v_j，得表 4-15。

表 4-15

产 地	销 地				u_i
	B_1	B_2	B_3	B_4	
A_1			3	10	0
A_2	1		2		−1
A_3		4		5	−5
v_j	2	9	3	10	

先令 $u_1=0$，然后按 $u_i+v_j=c_{ij}, i,j\in \boldsymbol{B}$ 相继地确定 u_i, v_j。分别称 u_i 和 v_j 为行位势和列位势。由表 4-15 可见，当 $u_1=0$ 时，由 $u_1+v_3=3$ 可得 $v_3=3$，由 $u_1+v_4=10$ 可得 $v_4=10$；在 $v_4=10$ 时，由 $u_3+v_4=5$ 可得 $u_3=-5$，以此类推可确定所有的 u_i, v_j 的数值。

第三步：按 $\sigma_{ij}=c_{ij}-(u_i+v_j), i,j\in \mathbf{N}$ 计算所有空格的检验数。如

$$\sigma_{11}=c_{11}-(u_1+v_1)=3-(0+2)=1$$

$$\sigma_{12}=c_{12}-(u_1+v_2)=11-(0+9)=2$$

这些计算可直接在表 4-15 上进行。为了方便，特设计计算表，见表 4-16。

表 4-16

产 地	销 地				u_i
	B_1	B_2	B_3	B_4	
A_1	$\boxed{3}$ 1	$\boxed{11}$ 2	$\boxed{3}$ 0	$\boxed{10}$ 0	0
A_2	$\boxed{1}$ 0	$\boxed{9}$ 1	$\boxed{2}$ 0	$\boxed{8}$ −1	−1
A_3	$\boxed{7}$ 10	$\boxed{4}$ 0	$\boxed{10}$ 12	$\boxed{5}$ 0	−5
v_j	2	9	3	10	

在表 4-16 中还有负检验数。说明未得最优解，还可以改进。

4.2.3 改进的方法——闭回路调整法

当在表中空格处出现负检验数时，表明未得最优解。若有两个和两个以上的负检验数时，一般选其中最小的负检验数，以它对应的空格为调入格，即以它对应的非基变量为换入变量。由表 4-16 得 $(2,4)$ 为调入格。以此格为出发点，作一闭回路，如表 4-17 所示。

表 4-17

产 地	销 地				产量
	B_1	B_2	B_3	B_4	
A_1			4(+1)	3(−1)	7
A_2	3		1(−1)	(+1)	4
A_3		6		3	9
销 量	3	6	5	6	

$(2,4)$ 格的调入量 θ 是选择闭回路上具有 (-1) 的数字格中的最小者。即 $\theta=\min(1,3)=1$ (其原理与单纯形法中按 θ 规划来确定换出变量相同)。然后按闭回路上的正、负号，加上和减去此值，得到调整方案，如表 4-18 所示。

对表 4-18 给出的解，再用闭回路法或位势法求各空格的检验数，见表 4-19。表中的所有检验数都非负，故表 4-18 中的解为最优解。这时得到的总运费最小是 85 元。

表 4-18

产 地	销 地				产量
	B_1	B_2	B_3	B_4	
A_1			5	2	7
A_2	3			1	4
A_3		6		3	9
销 量	3	6	5	6	

表 4-19

产 地	销 地			
	B_1	B_2	B_3	B_4
A_1	0	2		
A_2		2	1	
A_3	9		12	

4.2.4 表上作业法计算中的问题

1. 无穷多最优解

在 4.2.1 节中提到，产销平衡的运输问题必定存在最优解。那么有唯一最优解还是无穷多最优解？某个非基变量 (空格) 的检验数为 0 时，该问题有无穷多最优解。表 4-19 空格 $(1,1)$ 的检验数是 0，表明例 4-1 有无穷多最优解。可在表 4-18 中以 $(1,1)$ 为调入格，作闭回路 $(1,1)_+ \rightarrow (1,4)_- \rightarrow (2,4)_+ \rightarrow (2,1)_- \rightarrow (1,1)_+$。确定 $\theta = \min(2,3) = 2$。经调整后得到另一最优解，见表 4-20。

表 4-20

产 地	销 地				产量
	B_1	B_2	B_3	B_4	
A_1	2		5		7
A_2	1			3	4
A_3		6		3	9
销 量	3	6	5	6	

2. 退化

用表上作业法求解运输问题当出现退化时，在相应的格中一定要填一个 0，以表示此格为数字格。有以下两种情况：

（1）当确定初始解的各供需关系时，若在 (i,j) 格填入某数字后，出现 A_i 处的余量等于 B_j 处的需量。这时在产销平衡表上填一个数，而在单位运价表上相应地要划去一行和一列。为了使在产销平衡表上有 $(m+n-1)$ 个数字格。这时需要添一个“0”。它的位置可在对应同时划去的那行或那列的任一空格处。如表 4-21、表 4-22 所示。因第一次划去第一列，剩下最小元素为 2，其对应的销地 B_2，需要量为 6，而对应的产地 A_3 未分配量也是 6。这时在产销表 $(3,2)$ 交叉格中填入 6，这时在单位运价表 4-22 中需同时划去 B_2 列和 A_3 行。原则上可在表 4-21 的空格（1，2），（2，2），（3，3），（3，4）中任选一格添加一个 0。但为了减少调整次数，可将 0 添加到上述 4 个空格对应最小运价的位置。从表 4-22 可看出最小运价的位置为 6，故将 0 添加到空格（3，4）处。

表 4-21

产　地	销　地				产量
	B_1	B_2	B_3	B_4	
A_1					7
A_2					4
A_3	3	6		0	9
销　量	3	6	5	6	

表 4-22

产　地	销　地			
	B_1	B_2	B_3	B_4
A_1	3	11	4	5
A_2	7	7	3	8
A_3	1	2	10	6

（2）在用闭回路法调整时，在闭回路上出现两个和两个以上的具有 (-1) 标记的相等的最小值。经调整后，得到退化解。处理方法为标记最小值处，除有一个变为空格外，在其他最小值的数字格必须填入 0，表明它是基变量。当出现退化解并改进调整时，可能在某闭回路上有标记为 (-1) 的取值为 0 的数字格，这时应取调整量 $\theta = 0$。

4.3 产销不平衡的运输问题

前面讲的表上作业法，都是以产销平衡为前提的，即

$$\sum_{i=1}^{m} a_i = \sum_{j=1}^{n} b_j$$

但是实际问题中产销往往是不平衡的，这就需要把产销不平衡的问题化成产销平衡的问题。

（1）当产大于销时，

$$\sum_{i=1}^{m} a_i > \sum_{j=1}^{n} b_j$$

运输问题的数学模型可写成

$$\min z = \sum_{i=1}^{m}\sum_{j=1}^{n} c_{ij}x_{ij}$$

满足

$$\begin{cases} \sum_{j=1}^{n} x_{ij} \leqslant a_i, (i=1,2,\cdots,m) \\ \sum_{i=1}^{m} x_{ij} = b_j, (j=1,2,\cdots,n) \\ x_{ij} \geqslant 0 \end{cases}$$

当产大于销时，只要增加一个假想的销地 $j=n+1$ (实际上是储存)，该销地总需要量为

$$\sum_{i=1}^{m} a_i - \sum_{j=1}^{n} b_j$$

而在单位运价表中从各产地到假想销地的单位运价为 $c'_{i,n+1}=0$，就转化成一个产销平衡的运输问题。

（2）类似地，当销大于产时，可以在产销平衡表中增加一个假想的产地 $i=m+1$，该地产量为

$$\sum_{j=1}^{n} b_j - \sum_{i=1}^{m} a_i$$

在单位运价表上令从该假想产地到各销地的运价 $c'_{m+1,j}=0$，同样可以转化为一个产销平衡的运输问题。

例 4-2 （销大于产）设有三个化肥厂 (A,B,C) 供应四个地区 (I，Ⅱ，Ⅲ，Ⅳ) 的农用化肥。假定等量的化肥在这些地区使用效果相同。各化肥厂年产量，各地区年需要量及从各化肥厂到各地区运送单位化肥的运价如表 4-23 所示。试求出总的运费最节省的化肥调拨方案。

表 4-23 万吨

化肥厂	需 求 地 区				产量
	I	Ⅱ	Ⅲ	Ⅳ	
A	16	13	22	17	50
B	14	13	19	15	60
C	19	20	23	—	50
最低需求	30	70	0	10	
最高需求	50	70	30	不限	

解 这是一个销量可变的产销不平衡运输问题，总产量为 160 万吨，四个地区的最低需求为 110 万吨，最高需求为无限。根据现有产量，第 Ⅳ 个地区每年最多能分配到 60 万吨，这样最高需求为 210 万吨，大于产量。为了求得平衡，在产销平衡表中增加一个假想的化肥厂 D，其年产量为 50 万吨。由于各地区的需要量包含两部分，如地区 Ⅰ，其中 30 万吨是最低需求，故不能由假想化肥厂 D 供给，令相应运价为 $\boldsymbol{M}$（任意大正数），而另一部分 20 万吨满足或不满足均可以，因此可以由假想化肥厂 D 供给，按前面讲的，令相应运价为 0。对需求分两种情况的地区按照两个地区看待。这样可以写出这个问题的产销平衡表（表 4-24）和单位运价表（表 4-25）。

表 4-24 产销平衡表

产 地	销 地						产量
	Ⅰ′	Ⅰ″	Ⅱ	Ⅲ	Ⅳ′	Ⅳ″	
A							50
B							60
C							50
D							50
销 量	30	20	70	30	10	50	

表 4-25 单位运价表

产 地	销 地					
	Ⅰ′	Ⅰ″	Ⅱ	Ⅲ	Ⅳ′	Ⅳ″
A	16	16	13	22	17	17
B	14	14	13	19	15	15
C	19	19	20	23	M	M
D	M	0	M	0	M	0

根据表上作业法计算，可以求得这个问题的最优方案如表 4-26 所示。

表 4-26

产 地	销 地						产量
	Ⅰ′	Ⅰ″	Ⅱ	Ⅲ	Ⅳ′	Ⅳ″	
A			50				50
B			20		10	30	60
C	30	20	0				50
D				30		20	50
销 量	30	20	70	30	10	50	

例 4-3（产大于销） 某厂按合同规定须于当年每个季度末分别提供 10，15，25，20 台同一规格的柴油机。已知该厂各季度的生产能力及生产每台柴油机的成本如表 4-27 所示。又如果生产出来的柴油机当季不交货的，每台每积压一个季度需储存、维护等费用 0.15 万元。要求在完成合同的情况下，作出使该厂全年生产 (包括储存、维护) 费用最小的决策。

表 4-27

季度	生产能力/台	单位成本/万元
Ⅰ	25	10.8
Ⅱ	35	11.1
Ⅲ	30	11.0
Ⅳ	10	11.3

解 由于每个季度生产出来的柴油机不一定当季交货，所以设 x_{ij} 为第 i 季度生产的用于第 j 季度交货的柴油机数。

根据合同要求，必须满足：

$$\begin{cases} x_{11} = 10 \\ x_{12}+x_{22} = 15 \\ x_{13}+x_{23}+x_{33} = 25 \\ x_{14}+x_{24}+x_{34}+x_{44} = 20 \end{cases}$$

又每季度生产的用于当季和以后各季交货的柴油机数不可能超过该季度的生产能力，故又有

$$\begin{cases} x_{11}+x_{12}+x_{13}+x_{14} \leqslant 25 \\ x_{22}+x_{23}+x_{24} \leqslant 35 \\ x_{33}+x_{34} \leqslant 30 \\ x_{44} \leqslant 10 \end{cases}$$

第 i 季度生产的用于 j 季度交货的每台柴油机的实际成本 c_{ij} 应该是该季度单位成本加上储存、维护等费用。c_{ij} 的具体数值见表 4-28。

表 4-28 c_{ij} 值

i	j			
	Ⅰ	Ⅱ	Ⅲ	Ⅳ
Ⅰ	10.8	10.95	11.10	11.25
Ⅱ		11.10	11.25	11.40
Ⅲ			11.00	11.15
Ⅳ				11.30

设用 a_i 表示该厂第 i 季度的生产能力，b_j 表示第 j 季度的合同供应量，则问题可写成

$$\min z = \sum_{i=1}^{4}\sum_{j=1}^{4} c_{ij}x_{ij}$$

满足

$$\begin{cases} \sum\limits_{j=1}^{4} x_{ij} \leqslant a_i \\ \sum\limits_{i=1}^{4} x_{ij} = b_j \\ x_{ij} \geqslant 0 \end{cases}$$

显然，这是一个有限制的产大于销的运输问题模型。注意到这个问题中当 $i > j$ 时，$x_{ij} = 0$，所以应令对应的 $c_{ij} = M$，再加上一个假想的需求 D，就可以把这个问题变成产销平衡的运输模型，并写出产销平衡表和单位运价表（合在一起，见表 4-29）。

表 4-29

产　地	销　　地					产量
	Ⅰ	Ⅱ	Ⅲ	Ⅳ	D	
Ⅰ	10.8	10.95	11.10	11.25	0	25
Ⅱ	M	11.10	11.25	11.40	0	35
Ⅲ	M	M	11.00	11.15	0	30
Ⅳ	M	M	M	11.30	0	10
销　量	10	15	25	20	30	

经用表上作业法求解，可得多个最优方案，表 4-30 中列出最优方案之一。即第Ⅰ季度生产 25 台，10 台当季交货，15 台Ⅱ季度交货；Ⅱ季度生产 5 台，用于Ⅲ季度交货；Ⅲ季度生产 30 台，其中 20 台于当季交货，10 台于Ⅳ季度交货。Ⅳ季度生产 10 台，于当季交货。按此方案生产，该厂总的生产 (包括储存、维护) 的费用为 773 万元。

表 4-30

生产季度	销 售 季 度					产量
	Ⅰ	Ⅱ	Ⅲ	Ⅳ	D	
Ⅰ	10	15	0			25
Ⅱ			5		30	35
Ⅲ			20	10		30
Ⅳ				10		10
销　量	10	15	25	20	30	

4.4 转运问题

在实际工作中，有一类问题是需要先将物品由产地运到某个中间转运地，这个转运地可以是产地、销地或中间转运仓库，然后再运到销售目的地，这类问题称为转运问题（Transshipment Problem），可以通过建模转化为平衡的运输问题模型。

例 4-4 在本章的例 4-1 中，如果假定①每个工厂生产的产品不一定直接发运到销售点，可以将其中几个产地集中一起运；② 运往各销地的产品可以先运给其中几个销地，再转运给其他销地；③ 除产、销地之外，中间还可以有几个转运站，在产地之间、销地之间或产地与销地间转运。已知各产地、销地、中间转运站及相互之间每吨产品的运价如表 4-31 所示，问在考虑到产销地之间直接运输和非直接运输的各种可能方案的情况下，如何将三个厂每天生产的产品运往销售地，使总的运费最少。

解 从表 4-31 中看出，从 A_1 到 B_2 每吨产品的直接运费为 11 元，如从 A_1 经 A_3 运往 B_2，每吨运价为 $3+4=7$（元），从 A_1 经 T_2 运往 B_2 只需 $1+5=6$（元），而从 A_1 到 B_2 运费最少的路径是从 A_1 经 A_2，B_1 到 B_2，每吨产品的运费只需 $1+1+1=3$（元）。可见这个问题中从每个产地到各销地之间的运输方案是很多的。为了把这个问题仍当作一般的运输问题处理，可以这样做：

表 4-31

项目		产地			中间转运站				销地			
		A_1	A_2	A_3	T_1	T_2	T_3	T_4	B_1	B_2	B_3	B_4
产地	A_1		1	3	2	1	4	3	4	11	3	10
	A_2	1		—	3	5	—	2	1	9	2	8
	A_3	3	—		1	—	2	3	7	4	10	5
中间转运站	T_1	2	3	1		1	3	2	2	8	4	6
	T_2	1	5	—	1		1	1	4	5	2	7
	T_3	4	—	2	3	1		2	1	8	2	4
	T_4	3	2	3	2	1	2		1	—	2	6
销地	B_1	3	1	7	2	4	1	1		1	4	2
	B_2	11	9	4	8	5	8	—	1		2	1
	B_3	3	2	10	4	2	2	2	4	2		3
	B_4	10	8	5	6	7	4	6	2	1	3	

（1）由于问题中所有产地、中间转运站、销地都可以看作产地，又可看作销地，因此把整个问题当作有 11 个产地和 11 个销地的扩大的运输问题。

（2）对扩大的运输问题建立单位运价表。方法将不可能的运输方案的运价用任意大的正数 M 代替。

（3）所有中间转运站的产量等于销量。由于运费最少时不可能出现一批物资来回倒运的现象，所以每个转运站的转运量不超过 20 吨。可以规定 T_1, T_2, T_3, T_4 的产量和销量均为 20 吨。由于实际的转运量

$$\sum_{j=1}^{n} x_{ij} \leqslant a_i, \quad \sum_{i=1}^{m} x_{ij} \leqslant b_j$$

可以在每个约束条件中增加一个松弛变量 x_{ii}，x_{ii} 相当于一个虚构的转运站，意义就是自己运给自己。$(20 - x_{ii})$ 就是每个转运站的实际转运量，x_{ii} 的对应运价 $c_{ii} = 0$。

（4）扩大的运输问题中原来的产地与销地因为也有转运站的作用，所以同样在原来产量与销量的数字上加 20 吨，即三个厂每天糖果产量改成 27，24，29 吨，销量均为 20 吨；四个销售点的每天销量改为 23，26，25，26 吨，产量均为 20 吨，同时引进 x_{ii} 作为松弛变量。

下面写出扩大运输问题的两者合一的产销平衡表与单位运价表 (见表 4-32)，由于这是一个产销平衡的运输问题，所以可以用表上作业法求解。

表 4-32

产地	销地											产量
	A_1	A_2	A_3	T_1	T_2	T_3	T_4	B_1	B_2	B_3	B_4	
A_1	0	1	3	2	1	4	3	3	11	3	10	27
A_2	1	0	M	3	5	M	2	1	9	2	8	24
A_3	3	M	0	1	M	2	3	7	4	10	5	29
T_1	2	3	1	0	1	3	2	2	8	4	6	20
T_2	1	5	M	1	0	1	1	4	5	2	7	20
T_3	4	M	2	3	1	0	2	1	8	2	4	20
T_4	3	2	3	2	1	2	0	1	M	2	6	20
B_1	3	1	7	2	4	1	1	0	1	4	2	20
B_2	11	9	4	8	5	8	M	1	0	2	1	20
B_3	3	2	10	4	2	2	2	4	2	0	3	20
B_4	10	8	5	6	7	4	6	2	1	3	0	20
销量	20	20	20	20	20	20	20	23	26	25	26	

用表上作业法解得最小运费为 68，最优解如表 4-33 所示。（空白处为 0）

表 4-33

产地	销地										
	A_1	A_2	A_3	T_1	T_2	T_3	T_4	B_1	B_2	B_3	B_4
A_1	20	7									
A_2		13						6		5	
A_3			20			9					
T_1				20							
T_2					20						
T_3						11		9			
T_4							20				
B_1								8	12		
B_2									14		6
B_3										20	
B_4											20

4.5 计算机解法

对于大规模运输问题，可以采用计算机软件来求解，下面介绍如何用 LINGO 程序求解运输问题。

例 4-5 使用 LINGO 软件计算 6 个产地 8 个销地的最小费用运输问题。产销单位运价如表 4-34 所示。

表 4-34

产地	销地								产量
	B_1	B_2	B_3	B_4	B_5	B_6	B_7	B_8	
A_1	6	2	6	7	4	2	5	9	60
A_2	4	9	5	3	8	5	8	2	55
A_3	5	2	1	9	7	4	3	3	51
A_4	7	6	7	3	9	2	7	1	43
A_5	2	3	9	5	7	2	6	5	41
A_6	5	5	2	2	8	1	4	3	52
销量	35	37	22	32	41	32	43	38	

使用 LINGO 软件，编制程序如下：

```
model:
!6发点8收点运输问题;
sets:
  warehouses/wh1..wh6/: capacity;
  vendors/v1..v8/: demand;
  links(warehouses,vendors): cost, volume;
endsets
!目标函数;
```

```
  min=@sum(links: cost*volume);
!需求约束;
  @for(vendors(J):
    @sum(warehouses(I): volume(I,J))=demand(J));
!产量约束;
  @for(warehouses(I):
    @sum(vendors(J): volume(I,J))<=capacity(I));

!这里是数据;
data:
  capacity=60 55 51 43 41 52;
  demand=35 37 22 32 41 32 43 38;
  cost=6 2 6 7 4 2 5 9
       4 9 5 3 8 5 8 2
       5 2 1 9 7 4 3 3
       7 6 7 3 9 2 7 1
       2 3 9 5 7 2 6 5
       5 5 2 2 8 1 4 3;
enddata
end
```

用 LINGO 求解结果报告如下：

```
Solution Report - Lingo1
 Global optimal solution found.
 Objective value:                              664.0000
 Infeasibilities:                              0.000000
 Total solver iterations:                            17
 Elapsed runtime seconds:                          0.05

 Model Class:                                        LP

 Total variables:                     48
 Nonlinear variables:                  0
 Integer variables:                    0

 Total constraints:                   15
 Nonlinear constraints:                0

 Total nonzeros:                     144
 Nonlinear nonzeros:                   0


                       Variable           Value        Reduced Cost
                 CAPACITY( WH1)        60.00000            0.000000
                 CAPACITY( WH2)        55.00000            0.000000
                 CAPACITY( WH3)        51.00000            0.000000
                 CAPACITY( WH4)        43.00000            0.000000
                 CAPACITY( WH5)        41.00000            0.000000
                 CAPACITY( WH6)        52.00000            0.000000
                    DEMAND( V1)        35.00000            0.000000
                    DEMAND( V2)        37.00000            0.000000
                    DEMAND( V3)        22.00000            0.000000
                    DEMAND( V4)        32.00000            0.000000
                    DEMAND( V5)        41.00000            0.000000
```

最小运输费用为 664，最优解如表 4-35 所示。

表 4-35

	B_1	B_2	B_3	B_4	B_5	B_6	B_7	B_8	产量
A_1	0	19	0	0	41	0	0	0	60
A_2	0	0	0	32	0	0	0	1	55
A_3	0	12	22	0	0	0	17	0	51
A_4	0	0	0	0	0	6	0	37	43
A_5	35	6	0	0	0	0	0	0	41
A_6	0	0	0	0	0	26	26	0	52
销量	35	37	22	32	41	32	43	38	

习　题

即测即练

4.1 判断表 4-36 到表 4-37 中给出的调运方案能否作为用表上作业法求解时的初始解？为什么？

表 4-36

产　地	销　地				产　量
	1	2	3	4	
1	0	15			15
2			15	10	25
3	5				5
销　量	5	15	15	10	

表 4-37

产　地	销　地					产　量
	1	2	3	4	5	
1	150			250		400
2		200	300			500
3			250		50	300
4	90	210				300
5				80	20	100
销　量	240	410	550	330	70	

4.2 判断下列说法是否正确，并说明理由。

（1）在运输问题中，只要任意给出一组含 $(m+n-1)$ 个非零的 $\{x_{ij}\}$，且满足

$\sum_{j=1}^{n} x_{ij} = a_i, \sum_{i=1}^{m} x_{ij} = b_j$，就可以作为一个初始基可行解；

（2）表上作业法实质上就是求解运输问题的单纯形法；

（3）如果运输问题单位运价表的某一行（或某一列）元素分别加上一个常数 k, 最优调运方案将不发生变化；

（4）运输问题单位运价表的全部元素乘上一个常数 $k(k > 0)$, 最优调运方案将不发生变化。

4.3 用表上作业法和伏格尔（Vogel）法求表 4-38 和表 4-39 中给出的运输问题的最优解和近似最优解（表中数字 M 为任意大正数）。

表 4-38

产 地	销 地					产 量
	甲	乙	丙	丁	戊	
1	10	20	5	9	10	5
2	2	10	80	30	6	6
3	1	20	7	10	4	2
4	8	6	3	7	5	9
销 量	4	4	6	2	4	

表 4-39

产 地	销 地					产 量
	甲	乙	丙	丁	戊	
1	10	18	29	13	22	100
2	13	M	21	14	16	120
3	0	6	11	3	M	140
4	9	11	23	18	19	80
5	24	28	36	30	34	60
销 量	100	120	100	60	80	

4.4 已知运输问题的产销平衡表、单位运价表及最优调运方案分别见表 4-40 和表 4-41，试回答下列问题。

表 4-40 产销平衡表及最优调运方案

产 地	销 地				产 量
	B_1	B_2	B_3	B_4	
A_1		5		10	15
A_2	0	10	15		25
A_3	5				5
销 量	5	15	15	10	

表 4-41 单位运价表

产 地	销 地			
	B_1	B_2	B_3	B_4
A_1	10	1	20	11
A_2	12	7	9	20
A_3	2	14	16	18

（1）从 $A_2 \to B_2$ 的单位运价 c_{22} 在什么范围变化时，上述最优调运方案不发生变化？

（2）$A_2 \to B_4$ 的单位运价 c_{24} 变为何值时，有无穷多最优调运方案。除表 4-40 中方案外，至少再写出其他两个。

CHAPTER 5 第 5 章

线性目标规划

线性规划在实践中得到广泛的应用，但存在两方面的不足：一是不能处理多目标的优化问题；二是其约束条件过于刚性化，不允许约束资源有丝毫超差。目标规划是为了解决上述不足，而创建的一类数学模型。同时，目标规划模型也更为直截明了地刻画了经济管理活动中决策者的目标管理过程，因而获得了广泛应用。

目标规划的有关概念和数学模型由美国学者查纳斯（A.Charnes）和库珀（W.W. Cooper）在 1961 年首次提出。1965 年井尻雄士（Yuji Ijiri）在处理多目标问题分析各类目标的重要性时，引入了赋予各目标优先因子和加权系数等概念，进一步完善了目标规划模型。后来，查斯基莱恩（U.Jaashelainen）和李（Sang Lee）改进了求解方法，近几年来又有新的发展。本章仅介绍有优先等级和加权系数的线性目标规划，下文中所提到的目标规划均指线性目标规划。

5.1 目标规划的数学模型

为了具体说明目标规划与线性规划在处理问题的方法上的区别，先通过例子来介绍目标规划的有关概念及数学模型。

例 5-1 某工厂生产 I, Ⅱ 两种产品，已知有关数据见表 5-1。试求获利最大的生产方案。

表 5-1

	I	Ⅱ	拥有量
原材料/kg	2	1	11
设备生产能力/小时	1	2	10
利润/（元/件）	8	10	

解 这是求获利最大的单目标的规划问题，用 x_1，x_2 分别表示 I，Ⅱ 产品的产量，其线性规划模型表述为

$$\max z = 8x_1 + 10x_2$$

$$\begin{cases} 2x_1 + x_2 \leqslant 11 \\ x_1 + 2x_2 \leqslant 10 \\ x_1, x_2 \geqslant 0 \end{cases}$$

用图解法求得最优决策方案为：$x_1^*=4, x_2^*=3, z^*=62$（元）。

但实际上工厂在作决策时，还要考虑市场等一系列其他条件。

（1）根据市场信息，产品 I 的销售量有下降的趋势，故考虑产品 I 的产量不大于产品 II。

（2）超过计划供应的原材料时，需用高价采购，会使成本大幅度增加。

（3）应尽可能充分利用设备台时，但不希望加班。

（4）应尽可能达到并超过计划利润指标 56 元。

这样在考虑产品决策时，便为多目标决策问题。目标规划方法是解这类决策问题的方法之一。下面引入与建立目标规划数学模型有关的概念。

1. 正、负偏差变量 d^+, d^-

除 x_1，x_2 为决策变量外，引进正偏差变量 d^+ 表示决策值超过目标值的部分；负偏差变量 d^- 表示决策值未达到目标值的部分。因决策值不可能既超过目标值同时又未达到目标值，即恒有 $d^+\cdot d^-=0$。

2. 绝对约束和目标约束

绝对约束是指必须严格满足的等式约束和不等式约束，如线性规划问题的所有约束条件。不能满足这些约束条件的解称为非可行解，所以它们是硬约束。目标约束是目标规划特有的，可把约束右端项看作要追求的目标值。在达到此目标值时允许发生正或负偏差，因此在这些约束中加入正、负偏差变量，它们是软约束。线性规划问题的目标函数，在给定目标值和加入正、负偏差变量后可变换为目标约束。也可根据问题的需要将绝对约束变换为目标约束。如：例 5-1 的目标函数 $z=8x_1+10x_2$ 可变换为目标约束 $8x_1+10x_2+d_1^- - d_1^+=56$。约束条件 $2x_1+x_2 \leqslant 11$ 可变换为目标约束 $2x_1+x_2+d_2^- - d_2^+=11$。

3. 优先因子（优先等级）与权系数

一个规划问题常常有若干目标。但决策者在追求这些目标时，是有主次或轻重缓急的。要求第一位达到的目标赋予优先因子 P_1，次位的目标赋予优先因子 P_2，$\cdots$，并规定 $P_k \gg P_{k+1}$, $k=1,2,\cdots,K$。表示 P_k 比 P_{k+1} 有更大的优先权。即首先保证 P_1 级目标的实现，这时可不考虑次级目标；而 P_2 级目标是在实现 P_1 级目标的基础上考虑的；以此类推。若要区别具有相同优先因子的两个目标的差别，这时可分别赋予它们不同的权系数 ω_j, 这些都由决策者按具体情况而定。

4. 目标规划的目标函数

目标规划的目标函数（准则函数）是按各目标约束的正、负偏差变量和相应的优先因子及权系数构造的。当每一目标值确定后，决策者的要求是尽可能缩小偏离目标值。因此目标规划的目标函数只能是 $\min z=f(d^+,d^-)$。其基本形式有三种：

（1）要求恰好达到目标值，即正、负偏差变量都要尽可能地小，这时

$$\min z=f(d^+ + d^-)$$

（2）要求不超过目标值，即允许达不到目标值，就是正偏差变量要尽可能地小。这时

$$\min z = f(d^+)$$

（3）要求超过目标值，即超过量不限，但必须是负偏差变量要尽可能地小，这时

$$\min z = f(d^-)$$

对每一个具体目标规划问题，可根据决策者的要求和赋予各目标的优先因子来构造目标函数，以下用例子说明。

例 5-2 例 5-1 的决策者在原材料供应受严格限制的基础上考虑：首先是产品 Ⅱ 的产量不低于产品 I 的产量；其次是充分利用设备有效台时，不加班；再次是利润额不小于 56 元。求决策方案。

解 按决策者所要求的，分别赋予这三个目标 P_1，P_2，P_3 优先因子。这问题的数学模型是

$$\min z = P_1 d_1^+ + P_2\left(d_2^- + d_2^+\right) + P_3 d_3^-$$

$$\begin{cases} 2x_1 + x_2 \leqslant 11 \\ x_1 - x_2 + d_1^- - d_1^+ = 0 \\ x_1 + 2x_2 + d_2^- - d_2^+ = 10 \\ 8x_1 + 10x_2 + d_3^- - d_3^+ = 56 \\ x_1, x_2, d_i^-, d_i^+ \geqslant 0, i = 1,2,3 \end{cases}$$

目标规划的一般数学模型为

$$\min z = \sum_{l=1}^{L} P_l \sum_{k=1}^{K} (\omega_{lk}^- d_k^- + \omega_{lk}^+ d_k^+) \tag{5-1}$$

$$\begin{cases} \sum_{j=1}^{n} c_{kj} x_j + d_k^- - d_k^+ = g_k, k = 1, \cdots, K & (5\text{-}2) \\ \sum_{j=1}^{n} a_{ij} x_j \leqslant (=, \geqslant)\, b_i, i = 1, \cdots, m & (5\text{-}3) \\ x_j \geqslant 0, j = 1, \cdots, n & (5\text{-}4) \\ d_k^-, d_k^+ \geqslant 0, k = 1, \cdots, K \end{cases}$$

式中 $\omega_{lk}^-, \omega_{lk}^+$ 为权系数。

建立目标规划的数学模型时，需要确定目标值、优先等级、权系数等，它都具有一定的主观性和模糊性，可以用专家评定法给予量化。

5.2 目标规划的图解法

对只具有两个决策变量的目标规划问题，可以用图解法来分析求解。

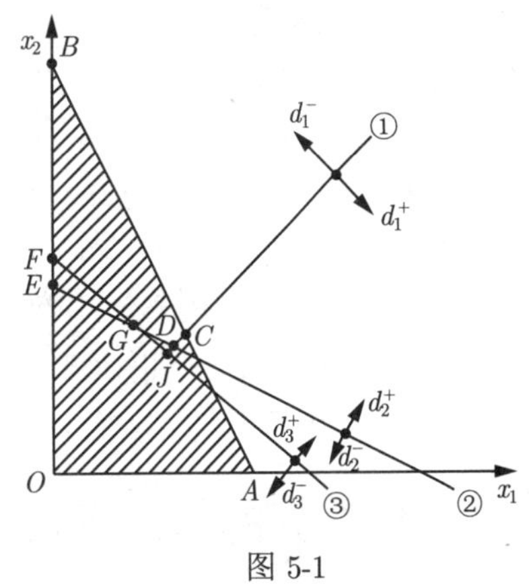

图 5-1

先在平面直角坐标系的第一象限内，画出各约束条件。绝对约束条件的作图与线性规划相同。本例中满足绝对约束的可行域为三角形 OAB。做目标约束时，先令 d_i^-，$d_i^+=0$，作相应的直线，然后在这直线旁标上 d_i^-，d_i^+，如图 5-1 所示。这表明目标约束可以沿 d_i^-，d_i^+ 所示方向平移。下面根据目标函数中的优先因子来分析求解。首先考虑具有 P_1 优先因子的目标的实现，在目标函数中要求实现 $\min d_1^+$，从图中可见，可以满足 $d_1^+=0$。这时 x_1，x_2 只能在三角形 OBC 的边界和其中取值，接着考虑具有 P_2 优先因子的目标的实现。在目标函数中要求实现 $\min(d_2^++d_2^-)$，当 d_2^+，$d_2^-=0$ 时，x_1、x_2 可在线段 ED 上取值。最后考虑具有 P_3 优先因子的目标的实现，在目标函数中要求实现 $\min d_3^-$。从图 5-1 中可以判断可以使 $d_3^-=0$，这就使 x_1、x_2 取值范围缩小到线段 GD 上，这就是该目标规划问题的解。可求得 G 的坐标是（2，4），D 的坐标是（10/3，10/3），G，D 的凸线性组合都是该目标规划问题的解。

注意目标规划问题求解时，把绝对约束作最高优先级考虑。在本例中能依先后次序都满足 $d_1^+=0$，$d_2^++d_2^-=0$，$d_3^-=0$，因而 $z^*=0$。但在大多数问题中并非如此，会出现某些约束得不到满足，故将目标规划问题的最优解称为满意解。

例 5-3 某电视机厂装配黑白和彩色两种电视机，每装配一台电视机需占用装配线 1 小时，装配线每周计划开动 40 小时。预计市场每周彩色电视机的销量是 24 台，每台可获利 80 元；黑白电视机的销量是 30 台，每台可获利 40 元。该厂按预测的销量制订生产计划，其目标为：

第一优先级：充分利用装配线每周计划开动 40 小时；

第二优先级：允许装配线加班，但加班时间每周尽量不超过 10 小时；

第三优先级：装配电视机的数量尽量满足市场需要。因彩色电视机的利润高，取其权系数为 2。

试建立这问题的目标规划模型，并求解黑白和彩色电视机的产量。

解 设 x_1,x_2 分别表示彩色和黑白电视机的产量。这个问题的目标规划模型为

$$\min z=P_1d_1^-+P_2d_2^++P_3(2d_3^-+d_4^-)$$

$$\begin{cases}x_1+x_2+d_1^--d_1^+=40\\x_1+x_2+d_2^--d_2^+=50\\x_1+d_3^--d_3^+=24\\x_2+d_4^--d_4^+=30\\x_1,x_2,d_i^-,d_i^+\geqslant 0,i=1,\cdots,4\end{cases}$$

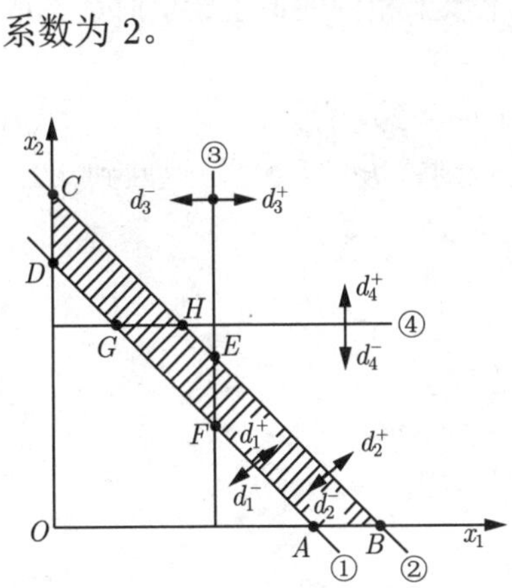

图 5-2

用图解法求解，见图 5-2。

从图 5-2 中看到，在考虑具有 P_1、P_2 的目标实现后，x_1、x_2 的取值范围为 $ABCD$。考虑 P_3 的目标要求为实现 $\min 2d_3^-$；这时 x_1、x_2 取值范围为 $ABEF$；而实现 $\min d_4^-$，x_1、x_2 取值范围为 $CDGH$。因两者无公共区，只能比较最邻近的 H 点和 E 点，看在哪一点处使 $(2d_3^- + d_4^-)$ 实现最小值。H 点的坐标为（20，30），在该点处 $d_3^- = 4, d_4^- = 0$, 有 $\left(2d_3^- + d_4^-\right) = 8$，$E$ 点的坐标为（24，26），在该点处 $d_3^- = 0, d_4^- = 4$，有 $\left(2d_3^- + d_4^-\right) = 4$。

故 E 点为满意解。因其坐标为（24，26），所以该厂每周应装配彩色电视机 24 台，黑白电视机 26 台。此目标规划的最优解为 $x_1^*=24, x_2^*=26$，$d_1^{-*}=0, d_1^{+*}=10, d_2^{-*}=d_2^{+*}=0, d_3^{-*}=d_3^{+*}=0, d_4^{-*}=4, d_4^{+*}=0$。

5.3 目标规划的单纯形法

目标规划的数学模型结构与线性规划的数学模型结构形式上没有本质的区别，所以可用单纯形法求解。但要考虑目标规划的数学模型一些特点，作以下规定：

（1）因目标规划问题的目标函数都是求最小化，所以以 $c_j - z_j \geqslant 0$，$(j = 1, 2, \cdots, n)$ 为最优准则。

（2）因非基变量的检验数中含有不同等级的优先因子，即

$$c_j - z_j = \sum a_{kj} P_k \quad j = 1, 2, \cdots n;\ k = 1, 2, \cdots, K$$

因 $P_1 \gg P_2 \gg \cdots \gg P_k$; 从每个检验数的整体来看: 检验数的正、负首先决定于 P_1 的系数 α_{1j} 的正、负。若 $\alpha_{1j} = 0$，这时此检验数的正、负就决定于 P_2 的系数 α_{2j} 的正、负，下面可以此类推。

解目标规划问题的单纯形法的计算步骤：

（1）建立初始单纯形表，在表中将检验数行按优先因子个数分别列成 K 行，置 $k=1$，即对应优先因子行中的第 1 行开始计数。

（2）检查该行中是否存在负数，且对应列的前 $k-1$ 行的系数是零。若有负数取其中最小者对应的变量为换入变量，转（3）。若无负数，则转（5）。

（3）按最小比值规则确定换出变量，当存在两个和两个以上相同的最小比值时，选取具有较高优先级别的变量为换出变量。

（4）按单纯形法进行基变换运算，建立新的计算表，返回（2）。

（5）当 $k = K$ 时，计算结束。表中的解即为满意解。否则置 $k = k + 1$，返回到（2）。

例 5-4　试用单纯形法来求解例 2。

将例 2 的数学模型化为标准型：

$$\min z = P_1 d_1^+ + P_2(d_2^- + d_2^+) + P_3 d_3^-$$

$$\begin{cases} 2x_1 + x_2 + x_3 = 11 \\ x_1 - x_2 + d_1^- - d_1^+ = 0 \\ x_1 + 2x_2 + d_2^- - d_2^+ = 10 \\ 8x_1 + 10x_2 + d_3^- - d_3^+ = 56 \\ x_1, x_2, x_3, d_i^-, d_i^+ \geqslant 0, i = 1, 2, 3 \end{cases}$$

① 取 x_3，d_1^-，d_2^-，d_3^- 为初始基变量，列初始单纯形表，见表 5-2。

② 取 $k=1$，检查 P_1 行的检验数，因该行无负检验数，故转（5）。

表 5-2

c_j							P_1	P_2	P_2	P_3		
$\boldsymbol{C}_B$	$\boldsymbol{X}_B$	$\boldsymbol{b}$	x_1	x_2	x_3	d_1^-	d_1^+	d_2^-	d_2^+	d_3^-	d_3^+	
	x_3	11	2	1	1							11/1
	d_1^-	0	1	−1		1	−1					
P_2	d_2^-	10	1	[2]				1	−1			10/2
P_3	d_3^-	56	8	10						1	−1	56/10
c_j-z_j		P_1					1					
		P_2	−1	−2					2			
		P_3	−8	−10							1	

③ 因 $k=1<K=3$，置$k=k+1=2$，返回到（2）。

④ $k=2$ 时, 查出 P_2 行中的检验数有 −1、−2；取 min(−1,−2) =−2。它对应的变量 x_2 为换入变量，转入（3）。

⑤ 在表 5-2 上计算最小比值

$$\theta=\min(11/1,-,10/2,56/10)=10/2$$

它对应的变量 d_2^- 为换出变量，转入（4）。

⑥ 进行基变换运算，计算结果见表 5-3。再返回到（2）。

表 5-3

c_j							P_1	P_2	P_2	P_3		θ
$\boldsymbol{C}_B$	$\boldsymbol{X}_B$	$\boldsymbol{b}$	x_1	x_2	x_3	d_1^-	d_1^+	d_2^-	d_2^+	d_3^-	d_3^+	
	x_3	6	3/2		1			−1/2	1/2			4
P_3	d_1^-	5	3/2			1	−1	1/2	−1/2			10/3
	x_2	5	1/2	1				1/2	−1/2			10
	d_3^-	6	[3]					−5	5	1	−1	6/3
c_j-z_j		P_1					1					
		P_2						1	1			
		P_3	−3					5	−5		1	

⑦ 表 5-3 中 P_1, P_2 行检验数全为正，P_3 行有两个负值检验数，即变量 x_1 列的 −3 和变量 d_2^+ 列的 −5，因 −5 上面 P_2 行的检验数为 1，即 d_2^+ 的检验数应为 $P_2-5P_3>0$, 故换入变量只能取 x_1。

⑧ 在表 5-3 中计算最小比值

$$\theta=\min\left(\frac{6}{3/2},\frac{5}{3/2},\frac{5}{1/2},\frac{6}{3}\right)=\frac{6}{3}$$

其对应变量 d_3^- 为换出变量，转入（4）。

⑨ 进行基变换运算，得新的单纯形表，见表 5-4。

表 5-4

c_j							P_1	P_2	P_2	P_3		θ
$\boldsymbol{C}_B$	$\boldsymbol{X}_B$	$\boldsymbol{b}$	x_1	x_2	x_3	d_1^-	d_1^+	d_2^-	d_2^+	d_3^-	d_3^+	
	x_3	3			1			2	-2	$-1/2$	$1/2$	6
	d_1^-	2				1	-1	3	-3	$-1/2$	$1/2$	4
	x_2	4		1				$4/3$	$-4/3$	$-1/6$	$1/6$	24
	x_1	2	1					$-5/3$	$5/3$	$1/3$	$-1/3$	
c_j-z_j		P_1					1					
		P_2						1	1			
		P_3								1		

表 5-4 所示的解 $x_1^*=2$，$x_2^*=4$ 为例 5-2 的满意解。此解相当于图 5-2 的 G 点。检查表 5-4 的检验数行，发现非基变量 d_3^+ 的检验数为 0，这表示存在多重满意解。在表 5-4 中以非基变量 d_3^+ 为换入变量，d_1^- 为换出变量，经迭代得到表 5-5。由表 5-5 得到解 $x_1^*=10/3$，$x_2^*=10/3$，此解相当于图 5-1 的 D 点，G、D 两点的凸线性组合都是例 5-2 的满意解。

表 5-5

c_j							P_1	P_2	P_2	P_3		θ
$\boldsymbol{C}_B$	$\boldsymbol{X}_B$	$\boldsymbol{b}$	x_1	x_2	x_3	d_1^-	d_1^+	d_2^-	d_2^+	d_3^-	d_3^+	
	x_3	1			1	-1	1	-1	1			
	d_3^-	4				2	-2	6	-6	-1	1	
	x_2	$10/3$		1		$-1/3$	$1/3$	$1/3$	$-1/3$			
	x_1	$10/3$	1			$2/3$	$-2/3$	$1/3$	$-1/3$			
c_j-z_j		P_1					1					
		P_2						1	1			
		P_3								1		

5.4 应用举例及计算机解法

5.4.1 应用举例

例 5-5 某研究所领导在考虑本单位职工的升级调资方案时，依次遵守以下优先级顺序规定：

（1）不超过年工资总额 3000 万元；

（2）提级时，每级的人数不超过定编规定的人数；

（3）Ⅱ、Ⅲ 级的升级面尽可能达到现有人数的 20%，且无越级提升；

此外，Ⅲ 级不足编制的人数可录用新职工，I 级的职工中有 10%要退休。

有关资料汇总于表 5-6 中，问该领导应如何拟订一个满意的方案。

表 5-6

等级	工资额/（万元/年）	现有人数/人	编制人数 / 人
Ⅰ	10.0	100	120
Ⅱ	7.5	120	150
Ⅲ	5.0	150	150
合计		370	420

解　设 x_1、x_2、x_3 分别表示提升到 Ⅰ、Ⅱ 级和录用到 Ⅲ 级的新职工人数。对各目标确定的优先因子为

P_1——不超过年工资总额 3000 万元；

P_2——每级的人数不超过定编规定的人数；

P_3——Ⅱ、Ⅲ 级的升级面尽可能达到现有人数的 20% 。

先分别建立各目标约束。

年工资总额不超过 3000 万元。

$$10\,(100-100\times0.1+x_1)+7.5\,(120-x_1+x_2)+5.0\,(150-x_2+x_3)+d_1^- - d_1^+ = 3000$$

每级的人数不超过定编规定的人数：

对 Ⅰ 级有　$100\,(1-0.1)+x_1+d_2^- - d_2^+ = 120$

对 Ⅱ 级有　$120-x_1+x_2+d_3^- - d_3^+ = 150$

对 Ⅲ 级有　$150-x_2+x_3+d_4^- - d_4^+ = 150$

Ⅱ、Ⅲ 级的升级面不大于现有人数的 20%

对 Ⅱ 级有　$x_1+d_5^- - d_5^+ = 120\times0.2$

对 Ⅲ 级有　$x_2+d_6^- - d_6^+ = 150\times0.2$

目标函数：$\min z = P_1 d_1^+ + P_2\left(d_2^+ + d_3^+ + d_4^+\right) + P_3(d_5^- + d_5^+ + d_6^- + d_6^+)$

经过整理后得下列目标规划模型：

$$\min z = P_1 d_1^+ + P_2\left(d_2^+ + d_3^+ + d_4^+\right) + P_3(d_5^- + d_5^+ + d_6^- + d_6^+)$$

$$\begin{cases} 2.5x_1+2.5x_2+5.0x_3+d_1^- - d_1^+ = 450 \\ x_1 + d_2^- - d_2^+ = 30 \\ -x_1 + x_2 + d_3^- - d_3^+ = 30 \\ -x_2 + x_3 + d_4^- - d_4^+ = 0 \\ x_1 + d_5^- - d_5^+ = 24 \\ x_2 + d_6^- - d_6^+ = 30 \\ x_1, x_2, x_3, d_i^-, d_i^+ \geqslant 0, (i=1,2,\cdots,6) \end{cases}$$

将求得的部分变量的结果及含义汇总于表 5-7，在表中未列出的变量，均在满意解时取值为 0。

表 5-7

变　量	含　义	解 1
x_1	晋升到 I 级的人数	24
x_2	晋升到 Ⅱ 级的人数	30
x_3	晋升到 Ⅲ 级的人数	30
d_1^-	工资总额的结余额	165（万元）
d_2^-	I 级缺编人数	6
d_3^-	Ⅱ 级缺编人数	24
d_4^-	Ⅲ 级缺编人数	0

例 5-6　已知有三个产地给四个销地供应某种产品，产销地之间的供需量和单位运价见表 5-8。有关部门在研究调运方案时依次考虑以下七项目标，并规定其相应的优先等级：

表 5-8

产　地	销　地				产量
	B_1	B_2	B_3	B_4	
A_1	5	2	6	7	300
A_2	3	5	4	6	200
A_3	4	5	2	3	400
销量	200	100	450	250	900/1000

P_1——B_4 是重点保证单位，必须全部满足其需要；

P_2——A_3 向 B_1 提供的产量不少于 100；

P_3——每个销地的供应量不小于其需要量的 80%；

P_4——所定调运方案的总运费不超过最小运费调运方案的 10%；

P_5——因路段的问题，尽量避免安排将 A_2 的产品往 B_4；

P_6——给 B_1 和 B_3 的供应率要相同；

P_7——力求总运费最省。

试求满意的调运方案。

解　用表上作业法求得最小运费的调运方案见表 5-9。这时得最小运费为 2 950 元，再根据提出的各项目标的要求建立目标规划的模型。模型中 x_{ij} 为由 i 产地调运给 j 销地的产品数。

表 5-9

产　地	销　地				产　量
	B_1	B_2	B_3	B_4	
A_1	200	100			300
A_2	0		200		200
A_3			250	150	400
虚设点				100	100
销　量	200	100	450	250	1000/1000

供应约束

$$x_{11}+x_{12}+x_{13}+x_{14}\leqslant 300$$
$$x_{21}+x_{22}+x_{23}+x_{24}\leqslant 200$$
$$x_{31}+x_{32}+x_{33}+x_{34}\leqslant 400$$

需求约束

$$x_{11}+x_{21}+x_{31}+d_1^- - d_1^+ = 200$$
$$x_{12}+x_{22}+x_{32}+d_2^- - d_2^+ = 100$$
$$x_{13}+x_{23}+x_{33}+d_3^- - d_3^+ = 450$$
$$x_{14}+x_{24}+x_{34}+d_4^- - d_4^+ = 250$$

A_3 向 B_1 提供的产品量不少于 100:

$$x_{31}+d_5^- - d_5^+ = 100$$

每个销地的供应量不小于其需要量的 80%：

$$x_{11}+x_{21}+x_{31}+d_6^- - d_6^+ = 200\times 0.8$$
$$x_{12}+x_{22}+x_{32}+d_7^- - d_7^+ = 100\times 0.8$$
$$x_{13}+x_{23}+x_{33}+d_8^- - d_8^+ = 450\times 0.8$$
$$x_{14}+x_{24}+x_{34}+d_9^- - d_9^+ = 250\times 0.8$$

调运方案的总运费不超过最小运费调运方案的 10%：

$$\sum_{i=1}^{3}\sum_{j=1}^{4}c_{ij}x_{ij}+d_{10}^- - d_{10}^+ = 2950(1+10\%)$$

因路段的问题，尽量避免安排将 A_2 的产品运往 B_4:

$$x_{24}+d_{11}^- - d_{11}^+ = 0$$

给 B_1 和 B_3 的供应率要相同:

$$(x_{11}+x_{21}+x_{31})-\frac{200}{450}(x_{13}+x_{23}+x_{33})+d_{12}^- - d_{12}^+ = 0$$

力求总运费最省:

$$\sum_{i=1}^{3}\sum_{j=1}^{4}c_{ij}x_{ij}+d_{13}^- - d_{13}^+ = 2950$$

目标函数为

$$\min z = P_1d_4^- + P_2d_5^- + P_3(d_6^- + d_7^- + d_8^- + d_9^-) + P_4d_{10}^+ + P_5d_{11}^+ + P_6\left(d_{12}^- + d_{12}^+\right) + P_7d_{13}^+$$

计算结果，得到满意调运方案 $\boldsymbol{x}_{ij}^*$，见表 5-10。

表 5-10

产　地	销　地				产量
	B_1	B_2	B_3	B_4	
A_1		100		200	300
A_2	90		110		200
A_3	100		250	50	400
虚设点	10		90		100
销　量	200	100	450	250	1000/1000

总运费为

$$C = 3\times 90 + 4\times 100 + 2\times 100 + 4\times 110 + 2\times 250 + 7\times 200 + 3\times 50$$

$$= 3360\,(\text{元})$$

5.4.2 计算机解法

多目标规划用计算机软件求解时步骤为:

第一步：对目标 P_i $(i=1,\cdots,k)$ 优先因子赋值 p_i, 上一级别优先因子赋值远远大于下一级别优先因子赋值，即 $p_1 \gg p_2 \gg \cdots \gg p_k$;

第二步：用计算机软件求解此线性规划。

例 5-7　用计算机解法求解例 5-5。

解：令 $P_1=1000, P_2=100, P_3=1$, 则原来多目标规划变为

$$\min z = 1000d_1^+ + 100\left(d_2^+ + d_3^+ + d_4^+\right) + 1(d_5^- + d_5^+ + d_6^- + d_6^+)$$

$$\begin{cases} 2.5\,x_1 + 2.5x_2 + 5.0x_3 + d_1^- - d_1^+ = 450 \\ x_1 + d_2^- - d_2^+ = 30 \\ -\ x_1 + x_2 + d_3^- - d_3^+ = 30 \\ -\ x_2 + x_3 + d_4^- - d_4^+ = 0 \\ x_1 + d_5^- - d_5^+ = 24 \\ x_2 + d_6^- - d_6^+ = 30 \\ x_1, x_2, x_3, d_i^-, d_i^+ \geqslant 0, (i = 1, 2, \cdots, 6) \end{cases}$$

用计算机软件解得最优解为

$$x_1^*=24, x_2^*=30, x_3^*=30$$

$$d_1^{-*}=165, d_1^{+*}=0, d_2^{-*}=6, d_2^{+*}=0, d_3^{-*}=24, d_3^{+*}=0, d_4^{-*}=0, d_4^{+*}=0$$

习　题

5.1 若用以下表达式作为目标规划的目标函数，试述其逻辑是否正确?

（1）$\max z = d^- + d^+$　　（2）$\max z = d^- - d^+$

（3）$\min z = d^- + d^+$　　（4）$\min z = d^- - d^+$

即测即练

5.2 分别用图解法和单纯形法找出以下目标规划问题的满意解。

（1）$\min z = P_1\left(d_1^- + d_1^+\right) + P_2(2d_2^+ + d_3^+)$

$$\begin{cases} x_1 - 10x_2 + d_1^- - d_1^+ = 50 \\ 3x_1 + 5x_2 + d_2^- - d_2^+ = 20 \\ 8x_1 + 6x_2 + d_3^- - d_3^+ = 100 \\ x_1，x_2，d_i^-，d_i^+ \geqslant 0，i = 1，2，3 \end{cases}$$

（2）$\min z = P_1\left(d_3^+ + d_4^+\right) + P_2 d_1^+ + P_3 d_2^- + P_4(d_3^- + 1.5d_4^-)$

$$\begin{cases} x_1 + x_2 + d_1^- - d_1^+ = 40 \\ x_1 + x_2 + d_2^- - d_2^+ = 100 \\ x_1 + d_3^- - d_3^+ = 30 \\ x_2 + d_4^- - d_4^+ = 15 \\ x_1, x_2, d_i^-, d_i^+ \geqslant 0, i = 1,2,3,4 \end{cases}$$

（3）$\min z = P_1 d_2^+ + P_1 d_2^- + P_2 d_1^-$

$$\begin{cases} x_1 + 2x_2 + d_1^- - d_1^+ = 10 \\ 10x_1 + 12x_2 + d_2^- - d_2^+ = 62.4 \\ 2x_1 + x_2 \leqslant 8 \\ x_1, x_2, d_i^-, d_i^+ \geqslant 0, i = 1,2 \end{cases}$$

（4）$\min z = P_1 d_1^- + P_2 d_2^+ + P_3\left(5d_3^- + 3d_4^-\right) + P_4 d_1^+$

$$\begin{cases} x_1 + x_2 + d_1^- - d_1^+ = 80 \\ x_1 + x_2 + d_2^- - d_2^+ = 90 \\ x_1 + d_3^- - d_3^+ = 70 \\ x_2 + d_4^- - d_4^+ = 45 \\ x_1, x_2, d_i^-, d_i^+ \geqslant 0, i = 1,2,3,4 \end{cases}$$

5.3 根据本书第 2 章习题 2.10 给出的某糖果厂生产计划优化的各项数据，若该糖果厂确定生产计划的目标函数为:

P_1—— 利润不低于某预期值;

P_2—— 甲，乙，丙三种糖果的原材料比例性满足配方要求;

P_3—— 充分利用又不超过规定的原材料供应量。

根据上述要求，构建目标规划的数学模型。

5.4 南溪市计划在下一年度预算中购置一批救护车，已知每辆购置价为 20 万元。救护车用于所属 A，B 个郊区县，各分配 x_A 辆和 x_B 辆。A 县救护站从接到呼叫到出动的响应时间为（$40-3x_A$）分钟；B 县救护站的响应时间为（$50-4x_B$）分钟。该市确定如下优先目标：

P_1——用于救护车的购置费不超过 400 万元；

P_2——A 县的响应时间不超过 8 分钟；

P_3——B 县的响应时间不超过 8 分钟。

要求：

（1）建立目标规划模型，并求出满意解；

（2）若对优先级目标函数进行调整，将 P_2 调为 P_1，P_3 调为 P_2，P_1 调为 P_3。试重新构建目标规划的数学模型，并找出新的满意解。

5.5 某商标的酒是用三种等级的酒兑制而成。若这三种等级的酒每天供应量和单位成本见表 5-11。

表 5-11

等　级	日供应量（kg）	成本（元/kg）
Ⅰ	1500	6
Ⅱ	2000	4.5
Ⅲ	1000	3

设该种牌号酒有三种商标（红、黄、蓝），各种商标的酒对原料酒的混合比及售价，见表 5-12。决策者规定：首先必须严格按规定比例兑制各商标的酒；其次是获利最大；再次是红商标的酒每天至少生产 2000kg，试列出目标规划的数学模型。

表 5-12

商　标	兑制要求/%	售价/（元/kg）
红	Ⅲ少于 10　　Ⅰ多于 50	5.5
黄	Ⅲ少于 70　　Ⅰ多于 20	5.0
蓝	Ⅲ少于 50　　Ⅰ多于 10	4.8

CHAPTER 6
第 6 章

整数规划

6.1 整数规划问题的提出

在前面讨论的线性规划问题中，有些最优解可能是分数或小数，这是因为线性规划求解的是连续变量的优化问题。但在实际中，常有要求问题的解必须是整数的情形（称为整数解）。例如，所求的解是运行机器的台数、指派工作的人数或装货的车数等，分数或小数形式的解就不合要求。为了满足整数解的要求，初看起来，似乎只要把已得到的带有分数或小数形式的解经过“舍入化整”就可以了。但这常常是不行的，因为化整后的解不见得是可行解；或虽是可行解，但不一定是最优解。因此，对求最优整数解的问题，有必要另行研究。我们称这样的问题为整数线性规划（integer linear programming，ILP）①，整数线性规划是最近几十年来发展起来的数学规划论中的一个分支。

整数线性规划中如果所有的变量都限制为（非负）整数，就称为纯整数线性规划（pure integer linear programming）或称为全整数线性规划（all integer linear programming）；如果仅一部分变量限制为整数，则称为混合整数线性规划（mixed integer linear programming）。整数线性规划的一种特殊情形是 0-1 规划，它的变量取值仅限于 0 或 1。本章最后讲到的指派问题就是一个 0-1 规划问题。

现举例说明用前述单纯形法求得的解不能保证是整数最优解。

例 6-1 某厂拟用集装箱托运甲乙两种货物，每箱的体积、重量、可获利润以及托运所受限制如表 6-1 所示。问两种货物各托运多少箱，可使获得利润为最大？

表 6-1

货物	体积（m^3/箱）	重量（100kg/箱）	利润（100 元/箱）
甲	5	2	20
乙	4	5	10
托运限制	$24m^3$	1300kg	

现在我们解这个问题，设 x_1，x_2 分别为甲、乙两种货物的托运箱数（当然都是非负整数）。这是一个（纯）整数线性规划问题，用数学式可表示为

① 理论上，整数规划可以包含非线性的情形，但在实际应用和研究中，整数规划通常是指整数线性规划。下文将不加区别地使用“整数线性规划”或“整数规划”。

$$
\max \quad z = 20x_1 + 10x_2 \qquad ①
$$

$$
\begin{cases}
5x_1 + 4x_2 \leqslant 24 & ② \\
2x_1 + 5x_2 \leqslant 13 & ③ \\
x_1, x_2 \geqslant 0 & ④ \\
x_1, x_2 \text{为整数} & ⑤
\end{cases} \qquad (6\text{-}1)
$$

它和线性规划问题的区别仅在于最后的条件⑤。现在我们暂不考虑这一条件，即解式①～式④（以后我们称这样的问题为与原问题相应的线性规划问题），很容易求得最优解为

$$
x_1 = 4.8, x_2 = 0, \max z = 96
$$

因 x_1 是托运甲种货物的箱数，但它不是整数，所以不合条件⑤的要求。

那么，是不是可以把所得的非整数的最优解经过“化整”得到符合条件⑤的整数最优解呢？如将 $(x_1{=}4.8，x_2 = 0)$ 凑整为 $(x_1{=}5，x_2 = 0)$，这样就破坏了条件②（关于体积的限制），因而它不是可行解；如将 $(x_1{=}4.8，x_2 = 0)$ 舍去尾数 0.8，变为 $(x_1{=}4，x_2 = 0)$，这当然满足各约束条件，是可行解，但不是最优解，因为

当 $x_1 = 4$，$x_2 = 0$ 时 $z = 80$，

但当 $x_1 = 4$，$x_2 = 1$（这也是可行解）时，$z = 90$。

本例还可以用图解法来说明。见图 6-1。

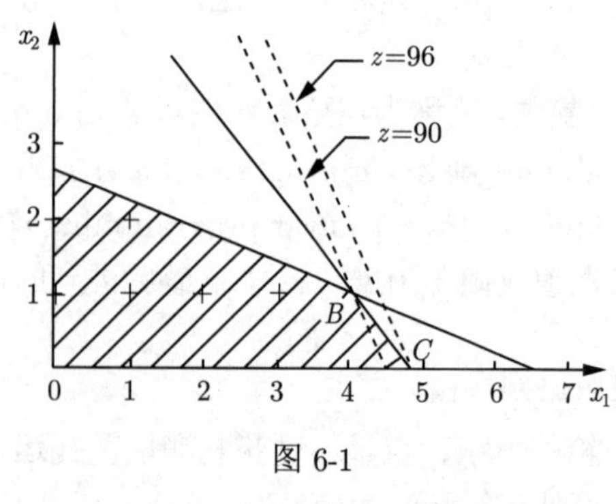

图 6-1

非整数的最优解在 $C(4.8,0)$ 点达到。图中画“+”号的点表示可行的整数解，可见整数线性规划问题的可行域是某相应线性规划可行域中的整数点集（或称格点集）。凑整的 (5,0) 点不在可行域内，而 C 点又不合于条件⑤。为了满足题中要求，表示目标函数的 z 的等值线必须向原点（即向可行域内部方向）平行移动，直到第一次遇到带“+”号 B 点 (4,1) 为止。这样，z 的等值线就由 $z = 96$ 变到 $z = 90$，它们的差值

$$
\Delta z = 96 - 90 = 6
$$

表示利润的降低，这是由于变量的不可分性（装箱）所引起的。

由上例看出，通过将一个与整数规划相应的线性规划的最优解“化整”来解原整数线性规划，虽是最容易想到的，但常常得不到整数线性规划的最优解，甚至根本不是可行解。因此有必要对整数线性规划的解法进行专门研究。

6.2 分支定界法

在求解整数线性规划时，如果可行域是有界的，首先容易想到的方法就是穷举变量的所有可行的整数组合，就像在图 6-1 中画出所有“+”号的点那样，然后比较它们的目标函

数值以定出最优解。对于小规模的问题，变量数很少，可行的整数组合数也是很小时，这个方法是可行的，也是有效的。在例 6-1 中，变量只有 x_1 和 x_2；由条件②，x_1 所能取的整数值为 0、1、2、3、4 共 5 个；由条件③，x_2 所能取的整数值为 0、1、2 共 3 个，它的组合（不都是可行的）数是 3×5=15（个），穷举法还是勉强可用的。对于大规模的问题，可行的整数组合数是很大的。例如在本章第 5 节的指派问题（这也是整数规划）中，将 n 项任务指派 n 个人去完成，不同的指派方案共有 $n!$ 种，当 $n=10$，这个数就超过 300 万；当 $n=20$，这个数就超过 $20!=2.4329\times10^{18}$。如果一一计算，就是用每秒百万次的计算机，也要几万年的工夫。很明显，解这样的题，穷举法是不可取的。

所以我们希望找到这样的方法，只需检查可行的整数组合的一部分，就能定出最优的整数解。**分支定界解法**（branch and bound method）就是这类方法中的一个。分支定界法可用于解纯整数或混合的整数规划问题。在 20 世纪 60 年代初由兰多 • 伊格（Land Doig）和达金（Dakin）等人提出。由于该方法灵活且便于用计算机求解，现在已是解整数规划的重要方法。目前大部分整数规划商业软件，如 CPLEX 和 BARON 等都是基于分支定界法计算的。

下面来介绍分支定界法。设有最大化的整数规划问题 A，与它相应的线性规划为问题 B，从解问题 B 开始，若其最优解不符合问题 A 要求的整数条件，那么 B 的最优目标函数值必是 A 的最优目标函数值 z^* 的上界，记作 $\bar{z}$；而 A 的任意可行解的目标函数值将是 z^* 的一个下界 $\underline{z}$。分支定界法就是将 B 的可行域分成子区域（称为分支）的方法，逐步减小 $\bar{z}$ 和增大 $\underline{z}$，最终求到 z^*。现用下例来说明。

例 6-2　求解 A

$$\max\quad z=40x_1+90x_2 \qquad ①$$

$$\begin{cases} 9x_1+7x_2\leqslant 56 & ② \\ 7x_1+20x_2\leqslant 70 & ③ \\ x_1,x_2\geqslant 0 & ④ \\ x_1,x_2\ \text{整数} & ⑤ \end{cases} \qquad (6\text{-}2)$$

解　先不考虑条件⑤，即解相应的线性规划 B，式①～式④（见图 6-2），得最优解

$$x_1=4.81,\quad x_2=1.82,\quad z_0=356$$

可见它不符合整数条件⑤，但 $z_0=356$ 是问题 A 的最优目标函数值 z^* 的上界，记作 $z_0=\bar{z}$。而 $x_1=0,x_2=0$ 时，显然是问题 A 的一个整数可行解，其相应的 $z=0$，是 z^* 的一个下界，记作 $\underline{z}=0$，即 $0\leqslant z^*\leqslant 356$。

分支定界法的解法，是基于其中非整数变量的解进行分支的，如 x_1，在问题 B 的解中 $x_1=4.81$。基于 x_1，对原问题增加两个约束条件

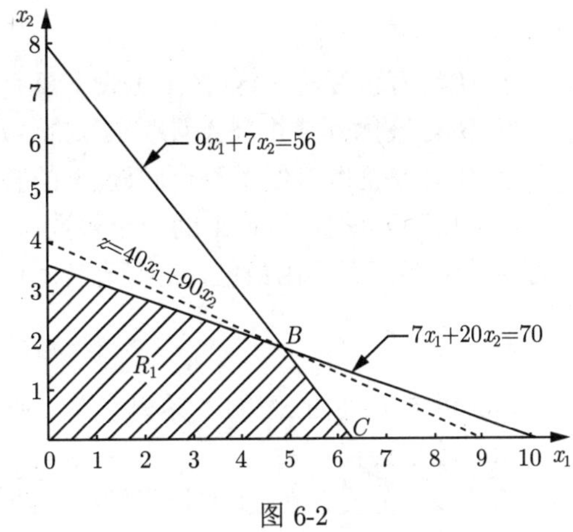

图 6-2

$$x_1\leqslant 4,x_1\geqslant 5$$

可将原问题分解为两个子问题 B_1 和 B_2（即两支），且对应地给每支增加一个约束条件，如图 6-3 所示。这并不影响问题 A 的可行域，不考虑问题 B_1 和 B_2 的整数条件解，称此为原问题的第一次迭代。这两个子问题得到的最优解如表 6-2 所示。

表 6-2

问题 B_1	问题 B_2
$z_1 = 349$ $x_1 = 4.00$ $x_2 = 2.10$	$z_2 = 341$ $x_1 = 5.00$ $x_2 = 1.57$

显然没有得到全部变量是整数的解。因 $z_1 > z_2$，故将 $\bar{z}$ 改为 349，那么必存在最优整数解，得到 z^*，并且

$$0 \leqslant z^* \leqslant 349$$

继续对问题 B_1 和 B_2 进行分解，因 $z_1 > z_2$，故先分解 B_1 为两支。增加条件 $x_2 \leqslant 2$ 者，称为问题 B_3；增加条件 $x_2 \geqslant 3$ 者，称为问题 B_4。在图 6-3 中再舍去 $x_2 > 2$ 与 $x_2 < 3$ 之间的可行域，再进行第二次迭代。求解过程见图 6-4。其中问题 B_3 的解已都是整数，它的目标函数值 $z_3 = 340$，可取为 $\underline{z}$，而它大于 $z_4 = 327$。所以再分解 B_4 已无必要。而问题 B_2 的 $z_2 = 341$，所以 z^* 可能在 $340 \leqslant z^* \leqslant 341$ 之间有整数解。于是对 B_2 分解，得问题 B_5，既非整数解，且 $z_5 = 308 < z_3$，问题 B_6 无可行解。于是可以断定

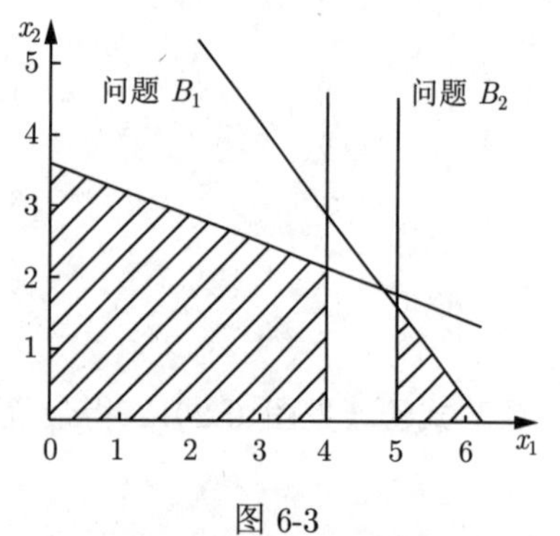

图 6-3

$$z_3 = \underline{z} = z^* = 340$$

问题 B_3 的解 $x_1 = 4.00, x_2 = 2.00$ 为最优整数解。

从以上解题过程可得，用分支定界法求解整数规划（最大化）问题的步骤为：

将要求解的整数规划问题称为问题 A，将与其相应的线性规划问题称为问题 B。

（1）解问题 B，可能得到以下情况之一。

① B 没有可行解，这时 A 也没有可行解，则停止。

② B 有最优解，并符合问题 A 的整数条件，B 的最优解即为 A 的最优解，则停止。

③ B 有最优解，但不符合问题 A 的整数条件，记它的目标函数值为 $\bar{z}_0$。

（2）用观察法找问题 A 的一个整数可行解，如可取 $x_j = 0, j = 1, \cdots, n$，验证是否为可行解，求得其目标函数值，并记作 $\underline{z}$。以 z^* 表示问题 A 的最优目标函数值；这时有

$$\underline{z} \leqslant z^* \leqslant \bar{z}$$

其中，$\underline{z}$ 和 $\bar{z}$ 分别为 z^* 的下界和上界，初始上界即 $\bar{z}_0$。

（3）进行迭代。

第一步：分支，在 B 的最优解中任选一个不符合整数条件的变量 x_j，其值为 b_j，以 $[b_j]$ 表示小于等于 b_j 的最大整数。构造两个约束条件：

$$x_j \leqslant [b_j] \quad 和 \quad x_j \geqslant [b_j]+1$$

将这两个约束条件，分别加入问题 B，形成两个后继规划问题 B_1 和 B_2。不考虑整数条件求解这两个后继问题。

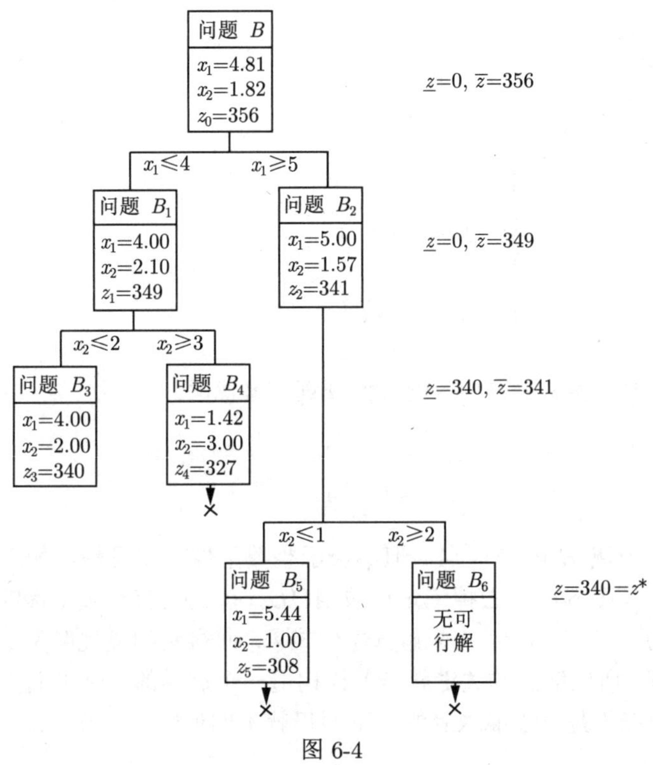

图 6-4

定界，以每个后继问题为一分支，标明求解的结果，与其他问题的解比较，找出最优目标函数值最大者作为新的上界 $\bar{z}$。从已符合整数条件的各分支中，找出目标函数值最大者作为新的下界 $\underline{z}$，若无可行解，$\underline{z}=0$。

第二步：比较与剪支，各分支的最优目标函数值中若有小于 $\underline{z}$ 者，则剪掉这支（用打 × 表示），即以后不再考虑。若大于 $\underline{z}$，且不符合整数条件，则重复第一步骤。直至 $z^*=\underline{z}$，得最优整数解 $x_j^*, j=1,\cdots,n$。

用分支定界法可解纯整数规划问题和混合整数规划问题。它比穷举法优越，因为它仅在一部分可行解的整数解中寻求最优解，计算量比穷举法小。但若变量数目很大，其计算工作量还是相当大的。

6.3　割平面解法

与分支定界法相同的是，割平面解法也是将求解的整数线性规划问题化为一系列普通线性规划问题求解。

割平面解法的求解思路是：首先不考虑变量 x_i 是整数这一条件，仍然先解其相应的线性规划，若得到非整数的最优解，则增加能割去非整数解的线性约束条件（用几何术语，称为割平面），使得原可行域被“切割”掉一部分，切割掉的部分只包含非整数解，即没有切割掉任何整数可行解。本方法将指出怎样找到适当的割平面（不见得一次就找到），使切割后最终得到这样的可行域，它的一个有整数坐标的极点恰好是问题的最优解。这个方法是戈莫里（R.E.Gomory）提出来的，所以又称为 Gomory 割平面法。以下只讨论纯整数规划的情形，现举例说明。

例 6-3 求解

$$\max \quad z = x_1 + x_2 \qquad ①$$

$$\begin{cases} -x_1 + x_2 \leqslant 1 & ② \\ 3x_1 + x_2 \leqslant 4 & ③ \\ x_1, x_2 \geqslant 0 & ④ \\ x_1, x_2 \text{ 整数} & ⑤ \end{cases} \qquad (6\text{-}3)$$

如不考虑条件⑤，容易求得相应的线性规划的最优解：

$$x_1 = \frac{3}{4}, \quad x_2 = \frac{7}{4}, \quad \max\ z = \frac{10}{4}$$

它就是图 6-5 中域 R 的极点 A，但不合于整数条件。现设想，如能找到像 CD 那样的直线去切割域 R（图 6-6），去掉三角形域 ACD，那么具有整数坐标的 C 点（1，1）就是域 R' 的一个极点，如在域 R' 上求解式①～式④，而得到的最优解又恰巧在 C 点，就得到原问题的整数解，所以解法的关键就是怎样构造一个这样的“割平面”CD，尽管它可能不是唯一的，也可能不是一步能求到的。下面仍就本例说明。

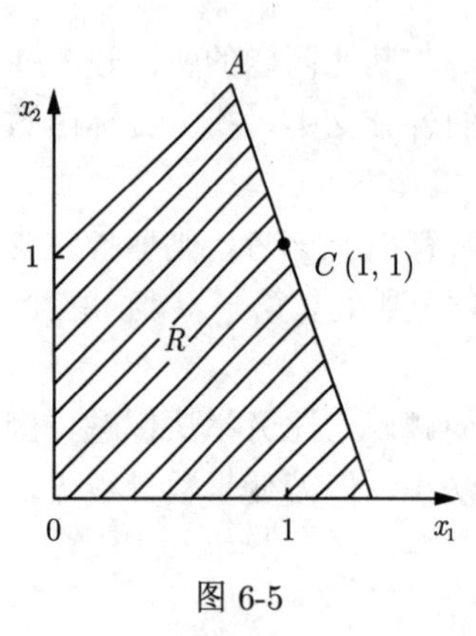

图 6-5

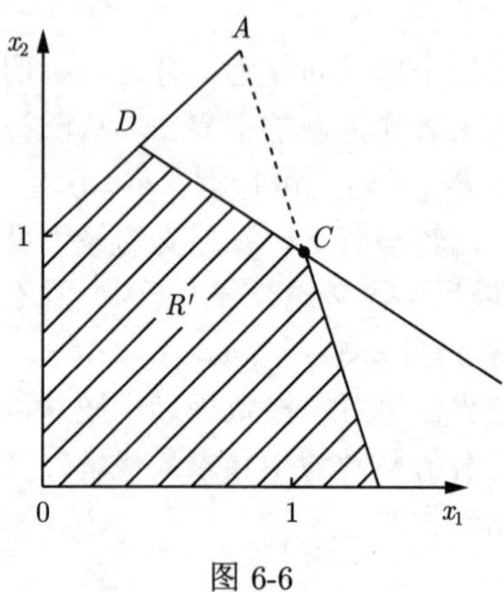

图 6-6

在原问题的前两个不等式中增加非负松弛变量 x_3、x_4，使两式变成等式约束：

$$\begin{cases} -x_1 + x_2 + x_3 \qquad = 1 & ⑥ \\ 3x_1 + x_2 + \qquad x_4 = 4 & ⑦ \end{cases}$$

不考虑条件⑤，用单纯形表解题，见表 6-3。

表 6-3

	c_j			1	1	0	0
	$\boldsymbol{C_B}$	$\boldsymbol{X_B}$	$\boldsymbol{b}$	x_1	x_2	x_3	x_4
初始计算表	0	x_3	1	−1	1	1	0
	0	x_4	4	3	1	0	1
	c_j-z_j		0	1	1	0	0
最终计算表	1	x_1	3/4	1	0	−1/4	1/4
	1	x_2	7/4	0	1	3/4	1/4
	c_j-z_j		-5/2	0	0	−1/2	−1/2

从表 6-3 的最终计算表中，得到非整数的最优解：

$$x_1=\frac{3}{4},x_2=\frac{7}{4},x_3=x_4=0,\max z=\frac{5}{2}$$

该解不能满足整数最优解的要求。考虑其中的非整数变量，可以从最终计算表中得到相应的关系式：

$$x_1-\frac{1}{4}x_3+\frac{1}{4}x_4=\frac{3}{4}$$

$$x_2+\frac{3}{4}x_3+\frac{1}{4}x_4=\frac{7}{4}$$

将系数和常数项都分解成整数和非负真分数两部分之和：

$$(1+0)x_1+\left(-1+\frac{3}{4}\right)x_3+\frac{1}{4}x_4=0+\frac{3}{4}$$

$$x_2+\frac{3}{4}x_3+\frac{1}{4}x_4=1+\frac{3}{4}$$

然后将整数部分与分数部分分开，移到等式左右两边，得到：

$$x_1-x_3=\frac{3}{4}-\left(\frac{3}{4}x_3+\frac{1}{4}x_4\right)$$

$$x_2-1=\frac{3}{4}-\left(\frac{3}{4}x_3+\frac{1}{4}x_4\right)$$

现考虑整数条件⑤，要求 x_1、x_2 都是非负整数，于是由条件⑥、⑦可知 x_3、x_4 也都是非负整数。①在上式中（其实只考虑一式即可）从等式左边看是整数；等式右边也应是整数。但在等式右边的（·）是正数；所以等式右边必是非正数。就是说，右边的整数值最大是零。于是整数条件⑤ 可由下式所代替：

$$\frac{3}{4}-\left(\frac{3}{4}x_3+\frac{1}{4}x_4\right)\leqslant 0$$

即

$$-3x_3-x_4\leqslant -3 \qquad ⑧$$

这就得到一个切割方程（或称为切割约束），将它作为增加的约束条件，再解例 6-3。

引入松弛变量 x_5，得到等式

① 这一点对以下推导是必要的。如不都是整数，则应在引入 x_3、x_4 之前乘以适当常数，使之都是整数。

$$-3x_3 - x_4 + x_5 = -3$$

将这个新的约束方程加到表 6-3 的最终计算表，得表 6-4。

表 6-4

	c_j		1	1	0	0	0
$\mathbf{C}_B$	$\mathbf{X}_B$	$\boldsymbol{b}$	x_1	x_2	x_3	x_4	x_5
1	x_1	3/4	1	0	−1/4	1/4	0
1	x_2	7/4	0	1	3/4	1/4	0
0	x_5	−3	0	0	−3	−1	1
$c_j - z_j$		−5/2	0	0	−1/2	−1/2	0

从表 6-4 的 $\boldsymbol{b}$ 列中可看到，这时得到的是非可行解，于是需要用对偶单纯形法继续进行计算。选择 x_5 为换出变量，计算

$$\theta = \min_j \left(\frac{c_j - z_j}{\alpha_{lj}} \middle| \alpha_{lj} < 0 \right) = \min \left[\frac{-\frac{1}{2}}{-3}, \frac{-\frac{1}{2}}{-1} \right] = \frac{1}{6}$$

将 x_3 作为换入变量，再按原单纯形法进行迭代，得表 6-5。

表 6-5

	c_j		1	1	0	0	0
$\mathbf{C}_B$	$\mathbf{X}_B$	$\boldsymbol{b}$	x_1	x_2	x_3	x_4	x_5
1	x_1	1	1	0	0	1/3	−1/12
1	x_2	1	0	1	0	0	1/4
0	x_3	1	0	0	1	1/3	−1/3
$c_j - z_j$		−2	0	0	0	−1/3	−1/6

由于 x_1、x_2 的值已都是整数，求解已完成。

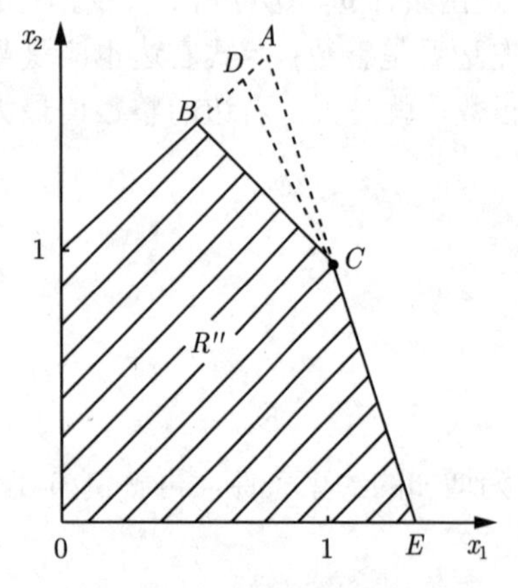

图 6-7

注意：新得到的约束条件⑧

$$-3x_3 - x_4 \leqslant -3$$

如用 x_1、x_2 表示，由式⑥、式⑦得

$$3(1 + x_1 - x_2) + (4 - 3x_1 - x_2) \geqslant 3$$
$$x_2 \leqslant 1$$

这就是 (x_1, x_2) 平面内形成新的可行域，即包括平行于 x_1 轴的直线 $x_2 = 1$ 和这条直线下的可行区域，整数点也在其中，没有被切割掉，直观表示见图 6-7。但从解题过程来看，这一步是不必要的。

现把求一个切割方程的步骤归纳为

（1）令 x_i 是相应线性规划最优解中为分数值的一个基变量，由单纯形表的最终表得到

$$x_i + \sum_k \alpha_{ik} x_k = b_i \tag{6-4}$$

其中，$i \in Q$（Q 指构成基变量下标的集合）；$k \in K$（K 指构成非基变量下标的集合）。

（2）将 b_i 和 α_{ik} 都分解成整数部分 N 与非负真分数 f 之和，即

$$\begin{aligned} b_i &= N_i + f_i, \quad \text{其中} 0 < f_i < 1 \\ \alpha_{ik} &= N_{ik} + f_{ik}, \quad \text{其中} 0 \leqslant f_{ik} < 1 \end{aligned} \tag{6-5}$$

而 N 表示不超过 b 的最大整数。例如：

$$\begin{aligned} &\text{若} b = 2.35, \quad \text{则} N = 2, \quad f = 0.35 \\ &\text{若} b = -0.45, \quad \text{则} N = -1, \quad f = 0.55 \end{aligned}$$

代入式（6-4）得

$$x_i + \sum_k N_{ik} x_k - N_i = f_i - \sum_k f_{ik} x_k \tag{6-6}$$

（3）现在提出变量（包括松弛变量，参阅例 6-3 的注）为整数的条件（当然还有非负的条件），这时，上式左端必须是整数，但等式右端，因为 $0 < f_i < 1$，所以不能为正，即

$$f_i - \sum_k f_{ik} x_k \leqslant 0 \tag{6-7}$$

这就是一个切割方程。

由式（6-4）、式（6-6）和式（6-7）可知：

① 切割方程式（6-7）真正进行了切割，至少把非整数最优解这一点割掉了。

② 没有割掉整数解，这是因为相应的线性规划的任意整数可行解都满足式（6-7）。

Gomory 切割法自 1958 年被提出后，即引起人们广泛关注，至今还在不断地改进。

6.4 0-1 型整数规划

0-1 型整数规划是整数规划中的特殊情形，它的变量 x_i 仅取值 0 或 1。这时 x_i 称为 0-1 变量，或称二进制变量。x_i 仅取值 0 或 1 这个条件可由下述约束条件所代替。

$$\begin{aligned} &x_i \leqslant 1 \\ &x_i \geqslant 0, \text{整数} \end{aligned}$$

它和一般整数规划的约束条件形式是一致的。如果变量 x_i 不是仅取值 0 或 1，而是可取其他范围的非负整数，这时可利用二进制的记数法将它用若干个 0-1 变量来代替。例如，在给定的问题中，变量 x 可取 0 与 10 之间的任意整数时，令

$$x = 2^0x_0 + 2^1x_1 + 2^2x_2 + 2^3x_3$$

则 x 就可用 4 个 0-1 变量 x_0, x_1, x_2, x_3 来代替，因此 0-1 变量也称二进制变量。

在实际问题中，如果引入 0-1 变量，就可以把有各种情况需要分别讨论的线性规划问题统一在一个问题中讨论了。在本节我们先介绍引入 0-1 变量的实际问题，再研究解法。

6.4.1 引入 0-1 变量的实际问题

1. 投资场所的选定——相互排斥的计划

例 6-4 某公司拟在市东、西、南三区建立门市部。拟议中有 7 个位置（点）$A_i(i = 1, 2, \cdots, 7)$ 可供选择。规定：

在东区，由 A_1, A_2, A_3 三个点中至多选两个；

在西区，由 A_4, A_5 两个点中至少选一个；

在南区，由 A_6, A_7 两个点中至少选一个。

如选用 A_i 点，设备投资估计为 b_i 元，每年可获利润估计为 c_i 元，但投资总额不能超过 B 元。问应选择哪几个点可使年利润为最大?

解题时先引入 0-1 变量 $x_i(i = 1, 2, \cdots, 7)$

令

$$x_i = \begin{cases} 1, & \text{当 } A_i \text{ 点被选用,} \\ 0, & \text{当 } A_i \text{ 点没有被选用。} \end{cases} \quad (i = 1, 2, \cdots, 7)$$

于是问题可表示为

$$\max z = \sum_{i=1}^{7} c_i x_i$$

$$\begin{cases} \sum\limits_{i=1}^{7} b_i x_i \leqslant B \\ x_1 + x_2 + x_3 \leqslant 2 \\ x_4 + x_5 \geqslant 1 \\ x_6 + x_7 \geqslant 1 \\ x_i = 0\text{或}1 \end{cases} \tag{6-8}$$

2. 相互排斥的约束条件

在本章开始的例 6-1 中，关于运货的体积限制为

$$5x_1 + 4x_2 \leqslant 24 \tag{6-9}$$

设运货有车运和船运两种方式，上面的条件系用车运时的限制条件，如用船运时关于体积的限制条件为

$$7x_1 + 3x_2 \leqslant 45 \tag{6-10}$$

这两个条件是互相排斥的。为了将其统一在一个问题中，引入 0-1 变量 y，令

$$y = \begin{cases} 0, & \text{当采取车运方式} \\ 1, & \text{当采取船运方式} \end{cases}$$

于是式（6-9）和式（6-10）可由下述的条件式（6-11）和式（6-12）来代替

$$5x_1 + 4x_2 \leqslant 24 + yM \tag{6-11}$$

$$7x_1 + 3x_2 \leqslant 45 + (1-y)M \tag{6-12}$$

其中，M 是充分大的数。读者可以验证，当 $y=0$ 时，式（6-11）就是式（6-9），而式（6-12）自然成立，因而是多余的。当 $y=1$ 时式（6-12）就是式（6-10），而式（6-11）是多余的。引入的变量 y 不必出现在目标函数内，即认为在目标函数式内 y 的系数为 0。

如果有 m 个互相排斥的约束条件（$\leqslant$ 型）

$$\alpha_{i1}x_1 + \alpha_{i2}x_2 + \cdots + \alpha_{in}x_n \leqslant b_i, \quad i = 1, 2, \cdots, m$$

为了保证这 m 个约束条件只有一个起作用，引入 m 个 0-1 变量 $y_i (i = 1, 2, \cdots, m)$ 和一个充分大的常数 M，而下面这一组 $m+1$ 个约束条件

$$\alpha_{i1}x_1 + \alpha_{i2}x_2 + \cdots + \alpha_{in}x_n \leqslant b_i + y_iM, \quad i = 1, 2, \cdots, m \tag{6-13}$$

$$y_1 + y_2 + \cdots + y_m = m - 1 \tag{6-14}$$

就合于上述的要求。这是因为在式 (6-14) 中，m 个 y_i 中只有一个能取 0 值，设 $y_i^* = 0$，代入式 (6-13)，就只有 $i = i^*$ 的约束条件起作用，而别的约束条件都是多余的。

3. 关于固定费用的问题（fixed cost problem）

在讨论线性规划时，有些问题要求成本最小。通常设固定成本为常数，并在线性规划的模型中不明显列出。有些固定费用（固定成本）的问题不能用一般线性规划来描述，但可通过将其改为混合整数规划来解决，见例 6-5。

例 6-5 某工厂为了生产某种产品，有几种不同的生产方式可供选择，如选定投资高的生产方式（选购自动化程度高的设备），由于产量大，因而分配到每件产品的变动成本就降低；反之，如选定投资低的生产方式，将来分配到每件产品的变动成本可能增加，所以必须全面考虑。设有三种方式可供选择，令

x_j 表示采用第 j 种方式时的产量；

c_j 表示采用第 j 种方式时每件产品的变动成本；

k_j 表示采用第 j 种方式时的固定成本。

为了强调成本的特点，暂不考虑其他约束条件。采用各种生产方式的总成本分别为

$$P_j = \begin{cases} k_j + c_j x_j, & \text{当 } x_j > 0 \\ 0, & \text{当 } x_j = 0 \end{cases} \quad j = 1, 2, 3$$

在构成目标函数时，为了将它们统一在一个问题中讨论，现引入 0-1 变量 y_j，令

$$y_j = \begin{cases} 1, & \text{当采用第 } j \text{ 种生产方式，即 } x_j > 0 \text{ 时} \\ 0, & \text{当不采用第 } j \text{ 种生产方式，即 } x_j = 0 \text{ 时} \end{cases} \tag{6-15}$$

于是目标函数为

$$\min z = (k_1 y_1 + c_1 x_1) + (k_2 y_2 + c_2 x_2) + (k_3 y_3 + c_3 x_3)$$

式（6-15）这个定义可由下述 3 个线性约束条件表示：

$$x_j \leqslant y_j M, \quad j = 1, 2, 3 \tag{6-16}$$

其中 M 是个充分大的常数。式（6-16）说明，当 $x_j > 0$ 时，y_j 必须为 1；当 $x_j = 0$ 时，只有 y_j 为 0 时才有意义，所以式（6-16）完全可以代替式（6-15）。

6.4.2 0-1 型整数线性规划的解法

解 0-1 型整数规划最容易想到的方法，和一般整数规划的情形一样，就是穷举法，即检查变量取值为 0 或 1 的每一种组合，比较目标函数值以求得最优解，这就需要检查变量取值的 2^n 个组合。对于变量个数 n 较大的情况（例如 $n > 10$），穷举法几乎是不切实际的。因此常设计一些方法，只检查变量取值的组合的一部分，就能求到问题的最优解。这样的方法称为隐枚举法（implicit enumeration），分支定界法也是一种隐枚举法。另外，还有拉格朗日松弛法等。

下面举例说明一种解 0-1 型整数规划的隐枚举法。

例 6-6 求解

$$\max \quad z = 3x_1 - 2x_2 + 5x_3$$
$$\begin{cases} x_1 + 2x_2 - x_3 \leqslant 2 & ① \\ x_1 + 4x_2 + x_3 \leqslant 4 & ② \\ x_1 + x_2 \leqslant 3 & ③ \\ 4x_1 + x_3 \leqslant 6 & ④ \\ x_1, x_2, x_3 = 0\text{或}1 & ⑤ \end{cases} \tag{6-17}$$

先通过试探的方法找一个可行解，容易看出 $(x_1, x_2, x_3) = (1, 0, 0)$ 就是合于式①～式④条件的，算出相应的目标函数值 $z = 3$。

对于极大化问题，当然希望 $z \geqslant 3$，于是在式①之前增加一个约束条件

$$3x_1 - 2x_2 + 5x_3 \geqslant 3 \qquad ◎$$

增加的这个约束条件称为过滤的条件（filtering constraint）。这样，原问题的线性约束条件就变成 5 个。用全部枚举的方法，3 个变量共有 $2^3=8$ 个解，原来 4 个约束条件，共需 32 次运算。现在增加了过滤条件 ◎，如按下述方法进行，就可减少运算次数。将 5 个约束条件按 ◎～④ 顺序排好（见表 6-6），对每个解，依次代入约束条件左侧，求出数值，看是否适合不等式条件，如某一条件不适合，同行以下各条件就不必再检查，因而就减少了运算次数。本例计算过程如表 6-6，实际只做 24 次运算。

于是求得最优解　　$(x_1,x_2,x_3)=(1,0,1),\ \max z=8$

在计算过程中，若遇到 z 值已超过条件 ◎ 右边的值，应改变条件 ◎，使右边为目前最大者，然后继续进行运算。例如，当检查点（0，0，1）时，因 $z=5(>3)$，所以应将条件 ◎ 换成

$$3x_1-2x_2+5x_3\geqslant 5 \qquad ◎$$

这种对过滤条件的改进，更可以减少计算量。

表 6-6

点	条　件					满足条件？是（√）否（×）	z 值
	◎	①	②	③	④		
（0，0，0）	0					×	
（0，0，1）	5	−1	1	0	1	√	5
（0，1，0）	−2					×	
（0，1，1）	3	1	5			×	
（1，0，0）	3	1	1	1	0	√	3
（1，0，1）	8	0	2	1	1	√	8
（1，1，0）	1					×	
（1，1，1）	6	2	6			×	

注意：常重新排列 x_i 的顺序使目标函数中 x_i 的系数是递增（不减）的，如在上例中，改写 $z=3x_1-2x_2+5x_3=-2x_2+3x_1+5x_3$。

因为 $-2,3,5$ 是递增的，变量 (x_2,x_1,x_3) 也按下述顺序取值：$(0,0,0),(0,0,1),(0,1,0),(0,1,1),\cdots$ 这样，最优解容易比较早地被发现。再结合过滤条件的改进，更可使计算简化。在上例中：

$$\max\quad z=-2x_2+3x_1+5x_3$$

$$\begin{cases}-2x_2+3x_1+5x_3\geqslant 3 & ◎\\ 2x_2+x_1-x_3\leqslant 2 & ①\\ 4x_2+x_1+x_3\leqslant 4 & ②\\ x_2+x_1\leqslant 3 & ③\\ 4x_1+x_3\leqslant 6 & ④\end{cases} \tag{6-18}$$

求解时按下述步骤进行（见表 6-7）：

表 6-7 (a)

点 (x_2,x_1,x_3)	条件					是否满足条件	z 值
	◎	①	②	③	④		
(0, 0, 0)	0					×	
(0, 0, 1)	5	−1	1	0	1	√	5

表 6-7 (b)

点 (x_2,x_1,x_3)	条件					是否满足条件	z 值
	◎′	①	②	③	④		
(0, 1, 0)	3					×	
(0, 1, 1)	8	0	2	1	1	√	8

改进过滤条件，用

$$-2x_2+3x_1+5x_3 \geqslant 5 \qquad ◎'$$

代替 ◎，继续进行。

再改进过滤条件，用

$$2x_2+3x_1+5x_3 \geqslant 8 \qquad ◎''$$

代替 ◎′，再继续进行。至此，z 值已不能改进，即得到最优解，求得的结果和前面保持一致，但计算已简化。

表 6-7 (c)

点 (x_2,x_1,x_3)	条件					是否满足条件	z 值
	◎″	①	②	③	④		
(1, 0, 0)	2					×	
(1, 0, 1)	3					×	
(1, 1, 0)	1					×	
(1, 1, 1)	6					×	

6.5 指派问题

在生活中经常遇到这样的问题，某单位需完成 n 项任务，恰好有 n 个人可承担这些任务。由于每个人的专长不同，各人完成任务的成本不同（或所费时间），效率也不同。于是产生应指派哪个人去完成哪项任务，使完成 n 项任务的总效率最高（或所需总时间最小）的问题。这类问题称为指派问题或分派问题（assignment problem）。

例 6-7 有一份中文说明书，需译成英、日、德、俄四种文字。分别记作 E、J、G、R。现有甲、乙、丙、丁四人。他们将中文说明书翻译成不同语种的说明书所需时间如表 6-8 所示。问应指派何人去完成何工作，使所需总时间最少？

类似有：有 n 项加工任务，怎样指派到 n 台机床上分别完成的问题；有 n 条航线，怎样指定 n 艘船去航行问题……对应每个指派问题，需有类似表 6-8 那样的数表，称为效率矩阵或系数矩阵，其元素 $c_{ij}>0(i,j=1,2,\cdots,n)$ 表示指派第 i 人去完成第 j 项任务时的效率（或时间、成本等）。解题时需引入变量 x_{ij}，其取值只能是 1 或 0。并令

$$x_{ij} = \begin{cases} 1 & \text{当指派第 } i \text{ 个人去完成第 } j \text{ 项工作} \\ 0 & \text{当不指派第 } i \text{ 个人去完成第 } j \text{ 项工作} \end{cases}$$

表 6-8

人　员	任　务			
	E	J	G	R
甲	2	15	13	4
乙	10	4	14	15
丙	9	14	16	13
丁	7	8	11	9

当问题要求极小化时的数学模型是

$$\begin{aligned} \min \quad & z = \sum_i \sum_j c_{ij} x_{ij} & ① \\ & \begin{cases} \sum_i x_{ij} = 1, j = 1, 2, \cdots, n & ② \\ \sum_j x_{ij} = 1, i = 1, 2, \cdots, n & ③ \\ x_{ij} = 1 \text{或} 0 & ④ \end{cases} \end{aligned} \tag{6-19}$$

约束条件②说明第 j 项任务只能由 1 人去完成；约束条件③说明第 i 人只能完成 1 项任务。满足约束条件②~④的可行解 x_{ij} 也可写成表格或矩阵形式，称为解矩阵。如例 6-7 的一个可行解矩阵是

$$(x_{ij}) = \begin{bmatrix} 0 & 1 & 0 & 0 \\ 0 & 0 & 1 & 0 \\ 1 & 0 & 0 & 0 \\ 0 & 0 & 0 & 1 \end{bmatrix}$$

解矩阵（x_{ij}）中各行各列的元素之和都是 1, 但这不是最优解。

指派问题是 0-1 规划的特例，也是运输问题的特例；即 $n = m, a_j = b_i = 1$。当然可用整数规划、0-1 规划或运输问题的解法去求解，但这就如同用单纯形法求解运输问题一样是不合算的。利用指派问题的特点可有更简便的解法。

指派问题的最优解有这样的性质，若从系数矩阵 (c_{ij}) 的一行（列）各元素中分别减去该行（列）的最小元素，得到新矩阵 (b_{ij})，那么以 (b_{ij}) 为系数矩阵求得的最优解和用原系数矩阵求得的最优解相同。

利用这个性质，可使原系数矩阵变换为含有很多 0 元素的新系数矩阵，而最优解保持不变，在系数矩阵 (b_{ij}) 中，我们关心位于不同行不同列的 0 元素，以下简称为独立的 0 元素。若能在系数矩阵 (b_{ij}) 中找出 n 个独立的 0 元素，则令解矩阵 (x_{ij}) 中对应这 n 个独立的 0 元素的元素取值为 1，其他元素取值为 0。将其代入目标函数中得到 $z_b = 0$，它一定最小。这就是以 (b_{ij}) 为系数矩阵的指派问题的最优解，也就得到了原问题的最优解。

库恩（W.W.Kuhn）于 1955 年提出了指派问题的解法，他引用了匈牙利数学家康尼格（D.König）一个关于矩阵中 0 元素的定理：系数矩阵中独立 0 元素的最多个数等于能覆盖所有 0 元素的最少直线数。这一解法称为匈牙利法。此后该方法虽有不断改进，但仍沿用这一名称。以下用例 6-7 来说明指派问题的匈牙利解法。

第一步：使指派问题的系数矩阵经变换，在各行各列中都出现 0 元素。

（1）从系数矩阵的每行元素减去该行的最小元素；

（2）再从所得系数矩阵的每列元素中减去该列的最小元素。

若某行（列）已有 0 元素，那就不必再减了。例 6-7 的计算为

$$(c_{ij}) = \begin{bmatrix} 2 & 15 & 13 & 4 \\ 10 & 4 & 14 & 15 \\ 9 & 14 & 16 & 13 \\ 7 & 8 & 11 & 9 \end{bmatrix} \begin{matrix} \min \\ 2 \\ 4 \\ 9 \\ 7 \end{matrix} \to \begin{bmatrix} 0 & 13 & 11 & 2 \\ 6 & 0 & 10 & 11 \\ 0 & 5 & 7 & 4 \\ 0 & 1 & 4 & 2 \end{bmatrix} \to \begin{bmatrix} 0 & 13 & 7 & 0 \\ 6 & 0 & 6 & 9 \\ 0 & 5 & 3 & 2 \\ 0 & 1 & 0 & 0 \end{bmatrix} = (b_{ij})$$
$$\qquad\qquad\qquad\qquad\qquad\qquad 4 \quad 2 \quad \min$$

第二步：进行试指派，以寻求最优解。为此，按以下步骤进行。

经第一步变换后，系数矩阵中每行每列都已有了 0 元素，但需找出 n 个独立的 0 元素。若能找出，就以这些独立 0 元素对应解矩阵 (x_{ij}) 中的元素为 1，其余为 0，这就得到最优解。当 n 较小时，可用观察法、试探法去找出 n 个独立 0 元素。若 n 较大时，就必须按一定的步骤去找，常用的步骤为：

（1）从只有一个 0 元素的行开始，给这个 0 元素加圈，记作 ◎，表示对这行所代表的人，只有一种任务可指派。然后划去 ◎ 所在列的其他 0 元素，记作 ϕ，表示这列所代表的任务已指派完，不必再考虑别人了。

（2）给只有一个 0 元素列的 0 元素加圈，记作 ◎；然后划去 ◎ 所在行的其他 0 元素，记作 ϕ。

（3）反复进行（1），（2）两步，直到所有 0 元素都被圈出和划掉为止。

（4）若仍有没有划圈的 0 元素，且同行的 0 元素至少有两个（表示对这个人可以从两项任务中指派其一）。可用不同的方案去试探。从剩有 0 元素最少的行（列）开始，比较这行各 0 元素所在列中 0 元素的数目，选择 0 元素少的那列的这个 0 元素加圈（表示选择性多的要“礼让”选择性少的）。然后划掉同行同列的其他 0 元素。可反复进行，直到所有 0 元素都已圈出和划掉为止。

（5）若 ◎ 元素的数目 m 等于矩阵的阶数 n，那么这指派问题的最优解已得到。若 $m < n$，则转入下一步。

现用例 6-7 的 (b_{ij}) 矩阵，按上述步骤进行运算。按步骤（1），先给 b_{22} 加圈，然后给 b_{31} 加圈，划掉 b_{11}，b_{41}；按步骤（2），给 b_{43} 加圈，划掉 b_{44}，最后给 b_{14} 加圈，得到

$$\begin{bmatrix} \phi & 13 & 7 & \circledcirc \\ 6 & \circledcirc & 6 & 9 \\ \circledcirc & 5 & 3 & 2 \\ \phi & 1 & \circledcirc & \phi \end{bmatrix}$$

可见 $m=n=4$, 所以得最优解为

$$(x_{ij})=\begin{bmatrix}0&0&0&1\\0&1&0&0\\1&0&0&0\\0&0&1&0\end{bmatrix}$$

这表示：指定甲译出俄文，乙译出日文，丙译出英文，丁译出德文，所需总时间最少。

$$\min z_b=\sum_i\sum_j b_{ij}x_{ij}=0$$

$$\min z=\sum_i\sum_j c_{ij}x_{ij}=c_{31}+c_{22}+c_{43}+c_{14}=28(\text{小时})$$

例 6-8　求表 6-9 所示效率矩阵的指派问题的最小解。

表 6-9

人　员	任　务				
	A	B	C	D	E
甲	12	7	9	7	9
乙	8	9	6	6	6
丙	7	17	12	14	9
丁	15	14	6	6	10
戊	4	10	7	10	9

求解时按上述第一步，将该系数矩阵进行变换。

$$\begin{bmatrix}12&7&9&7&9\\8&9&6&6&6\\7&17&12&14&9\\15&14&6&6&10\\4&10&7&10&9\end{bmatrix}\begin{matrix}\min\\7\\6\\7\\6\\4\end{matrix}\rightarrow\begin{bmatrix}5&0&2&0&2\\2&3&0&0&0\\0&10&5&7&2\\9&8&0&0&4\\0&6&3&6&5\end{bmatrix}$$

经一次运算即得每行每列都有 0 元素的系数矩阵，再按上述步骤运算，得到

$$\begin{bmatrix}5&◎&2&\phi&2\\2&3&\phi&◎&\phi\\◎&10&5&7&2\\9&8&◎&\phi&4\\\phi&6&3&6&5\end{bmatrix}\qquad ①$$

这里 ◎ 的个数 $m=4$，而 $n=5$，求解尚未完成，此时应按以下步骤继续进行。

第三步：作最少的直线覆盖所有 0 元素，以确定该系数矩阵中能找到最多的独立元素数。为此按以下步骤进行：

（1）对没有 ◎ 的行打 √ 号；

（2）对已打 √ 号的行中所有含 ϕ 元素的列打 √ 号；

（3）再对打有 √ 号的列中含 ◎ 元素的行打 √ 号；

（4）重复（2),（3）直到不含新的可打 √ 号的行、列为止；

（5）对没有打 √ 号的行画一横线，有打 √ 号的列画一纵线，这就得到覆盖所有 0 元素的最少直线数。

令此时直线数为 ℓ。若 $\ell < n$，说明必须再变换当前的系数矩阵，才能找到 n 个独立的 0 元素，为此转第四步；若 $\ell = n$，而 $m < n$，应回到第二步（4)，另行试探。

在例 6-8 中，对矩阵①按以下顺序进行：

先在第 5 行旁打 √，接着可判断应在第 1 列下打 √，接着在第 3 行旁打 √。经检查不再能打 √ 了。对没有打 √ 行，画一直线以覆盖 0 元素，已打 √ 的列画一直线以覆盖 0 元素。得

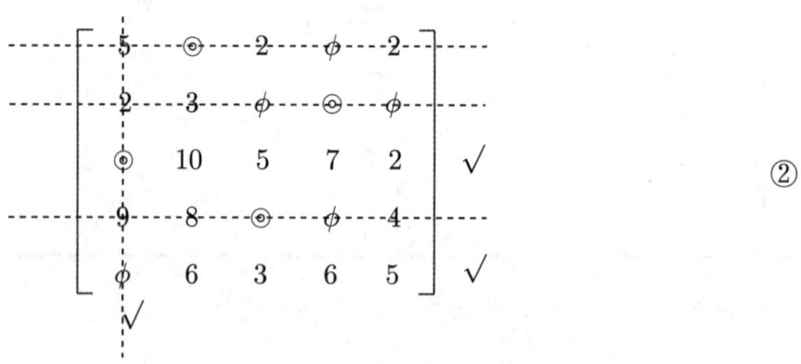

由此可见 $\ell = 4 < n$。所以应继续对矩阵②进行变换。转第四步。

第四步：对矩阵②进行变换的目的是增加 0 元素。为此在没有被直线覆盖的部分中找出最小元素。然后在打 √ 行各元素中都减去这个最小元素，而在打 √ 列的各元素分别加上这个最小元素，以保证原来 0 元素不变。这样得到新系数矩阵（它的最优解和原问题相同)。若得到 n 个独立的 0 元素，则已得最优解，否则回到第三步重复进行。

在例 6-8 的矩阵②中，在没有被覆盖部分（第 3、5 行）中找出最小元素为 2，然后在第 3、5 行各元素分别减去 2，给第 1 列各元素加 2，得到新矩阵③。按第二步，找出所有独立的 0 元素，得到矩阵④。

$$\begin{bmatrix} 7 & 0 & 2 & 0 & 2 \\ 4 & 3 & 0 & 0 & 0 \\ 0 & 8 & 3 & 5 & 0 \\ 11 & 8 & 0 & 0 & 4 \\ 0 & 4 & 1 & 4 & 3 \end{bmatrix} \qquad ③$$

$$\begin{bmatrix} 7 & \circledcirc & 2 & \phi & 2 \\ 4 & 3 & \phi & \circledcirc & \phi \\ \phi & 8 & 3 & 5 & \circledcirc \\ 11 & 8 & \circledcirc & \phi & 4 \\ \circledcirc & 4 & 1 & 4 & 3 \end{bmatrix} \qquad ④$$

它具有 n 个独立 0 元素。这就得到了最优解，相应的解矩阵为

$$\begin{bmatrix} 0 & 1 & 0 & 0 & 0 \\ 0 & 0 & 0 & 1 & 0 \\ 0 & 0 & 0 & 0 & 1 \\ 0 & 0 & 1 & 0 & 0 \\ 1 & 0 & 0 & 0 & 0 \end{bmatrix}$$

由解矩阵得最优指派方案

甲—B，乙—D，丙—E，丁—C，戊—A

本例还可以得到另一最优指派方案

甲—B，乙—C，丙—E，丁—D，戊—A

所需总时间为 $\min z = 32$。

当指派问题的系数矩阵，经过变换，得到了同行和同列中都有两个或两个以上 0 元素时，可以任选一行（列）中某一个 0 元素，再划去同行（列）的其他 0 元素。这时会出现多重解。

以上讨论限于极小化的指派问题。对极大化的问题，即求

$$\max z = \sum_i \sum_j c_{ij} x_{ij} \tag{6-20}$$

可令

$$b_{ij} = M - c_{ij}$$

其中 M 是足够大的常数（如选 c_{ij} 中最大元素为 M 即可），这时系数矩阵可变换为

$$\boldsymbol{B} = (b_{ij})$$

这时 $b_{ij} \geqslant 0$，符合匈牙利法的条件。目标函数经变换后，即解

$$\min z' = \sum_i \sum_j b_{ij} x_{ij} \tag{6-21}$$

所得最小解就是原问题的最大解，因为

$$\begin{aligned}\sum_i\sum_j b_{ij}x_{ij} &= \sum_i\sum_j (M-c_{ij})x_{ij}\\ &= \sum_i\sum_j Mx_{ij} - \sum_i\sum_j c_{ij}x_{ij}\\ &= nM - \sum_i\sum_j c_{ij}x_{ij}\end{aligned}$$

因 nM 为常数，所以当 $\sum\limits_i\sum\limits_j b_{ij}x_{ij}$ 取最小时，$\sum\limits_i\sum\limits_j c_{ij}x_{ij}$ 便为最大。

6.6 整数规划的建模和应用

在上一节，我们讨论了一个典型的整数规划问题——指派问题。本节我们将从实际生活出发，介绍几种常见的整数规划问题的应用。其典型例题将放入课后习题，供同学们巩固和练习。

1. 投资项目的选择

利用线性规划可以进行资金预算决策，决定对不同项目的投资额。但在实际中，资金预算决策有时不是决定投资额的多少, 而是决定是否对某些项目进行投资。也就是说，项目负责人面对的是：在预算资金额度一定的条件下，是否进行一项或多项投资。此时，该问题就是一个典型的 0-1 规划问题。

2. 值班安排问题

我们常常需要对工作人员的值班情况进行有效的安排。此类问题的目标常常有所区别，有时要求配备的工作人员数量最少，有时要求花费的工资报酬最少；同时，根据不同的工作目的和情况，其约束条件也有较大区别，例 6-9 是一个比较简单的人员需求问题，实际的人员安排则较为复杂，如习题 6.10。

例 6-9 某医院为了保证所有患者都能够被及时充分地照顾，需要 24 小时不间断值班，但每天不同的阶段所需要的人数不同，具体情况如表 6-10 所示。

表 6-10

班次	时间段	所需人数
1	6：00—10：00	20
2	10：00—14：00	25
3	14：00—18：00	20
4	18：00—22：00	30
5	22：00—6：00	10
6	2：00—6：00	10

假设值班人员分别在各时间段开始时上班，并连续工作 8 个小时，那么医院要完成任务至少需要配备的值班人数各是多少？

解 设 x_i 表示第 i 个班次开始上班的值班人数，根据题意所求问题归结为如下整数规划的数学模型：

$$\min z = \sum_{i=1}^{6} x_i$$

$$\begin{cases} x_6 + x_1 \geqslant 20 \\ x_1 + x_2 \geqslant 25 \\ x_2 + x_3 \geqslant 20 \\ x_3 + x_4 \geqslant 30 \\ x_4 + x_5 \geqslant 10 \\ x_5 + x_6 \geqslant 10 \\ x_i \geqslant 0 \text{且为整数}，i = 1, \cdots, 6 \end{cases}$$

3. 固定成本问题

固定成本也称固定费用，它是指在一定的范围内不随产品产量或商品流转量变动的那部分成本，如企业员工的工资，企业缴纳的保险费用，企业固定资产的折旧费，办公用品的费用等；变动成本是指那些总的费用额在一定的范围内跟随业务数量的转变而变动的成本。如直接的人工、直接的材料等。本章第 4 节对固定成本问题已经有了简要介绍，这里就不再详细说明了。

4. 背包问题

背包问题是一个典型的组合优化问题，其可以描述为：给定一组物品，每种物品都有自己的重量和价值，在限定的总重量内，我们如何选择，才能使得物品的总价值最高。根据物品的总件数，我们可以将其分为三类：基础背包问题、完全背包问题、多重背包问题。基础背包问题是指每种物品仅有一件，选择放或者不放；完全背包问题是指每种物品有无限件；多重背包问题是指每种物品有固定的件数，不仅需要决定放或者不放，还需要选择放几件。

例 6-10 有一个容量为 b 的背包和 n 种物品，第 i 种物品的总件数为 s_i，重量为 c_i，价值为 w_i，求解将哪些物品装入背包可使这些物品的重量总和不超过背包容量限制，且价值总和最大。

解 设 x_i 表示第 i 种物品选择的件数，根据题意所求问题归结为如下整数规划的数学模型：

$$\max z = \sum_{i=1}^{n} w_i x_i$$

$$\begin{cases} \sum\limits_{j=1}^{n} c_i x_i \leqslant b \\ 0 \leqslant x_i \leqslant s_i \text{且为整数}, i = 1, \cdots, n \end{cases}$$

这是一个最普通的背包问题，真实情况可能复杂得多，比如背包混合、二维背包、分组背包问题等。背包问题还有比较多的变形和限制，比如物品之间的依赖情况、排斥情况等，习题 6.12 就是背包问题的一个简单变形。此外，背包问题的应用还体现在生产生活的各个方面，比如寻找最少浪费的方式来削减原材料、选择投资和投资组合等，这就需要在日常生活中善于积累，懂得变通。

其实，整数规划不仅在工业、商业等经济领域有很多应用，还与图论、统计、深度学习等其他学科有很多联系，这就需要同学们在生活中善于发现、善于积累，真真正正地将理论与实际紧密结合。

6.7 利用 Excel 求解整数规划问题

本节我们将简要介绍怎样利用 Excel 软件求解整数线性规划问题，熟练掌握这个步骤可以大大节省手工计算的时间，提高运算的效率和准确度。下面我们将以例 6-1 的托运问题为例来进行说明。

1. 添加求解器

通常，Excel 里不会默认添加线性规划求解器，因此，在第一次使用之前需要进行简单的操作。

具体步骤是：选择“文件”，单击“选项”；在弹出的 Excel 选项框中单击“加载项”，选择“规划求解加载项”，单击“转到”(注意，单击“转到”，不是单击“确定”)；在弹出的加载宏对话框中勾选“规划求解加载项”，单击“确定”；此时数据选项卡中就添加了需要的工具。

2. 建立求解所需的电子表格

如图 6-8 所示，我们需在 Excel 中输入题目给定的数据。

	A	B	C	D
1				
2	货物	体积(m³/箱)	重量(100kg/箱)	利润(100元/箱)
3	甲	5	2	20
4	乙	4	5	10
5	托运限制	24	1300	

图 6-8

3. 选定目标单元格和可变单元格，输入目标函数和约束条件进行求解

(1) 选定目标单元格，用来记录目标函数值

当求解结束时，该单元格显示目标函数的最优值。这里，我们选择单元格 $D6$ 作为目标单元格 (代表变量 z)，在其中输入目标函数公式 $D6 = D3 * E3 + D4 * E4$，如图 6-9 所示。

(2) 选定可变单元格，用来记录最终的最优解

当求解结束时，该单元格显示整数规划的最优解，它通常是一块连续的区域。这里，我们选择单元 $E3$ 和 $E4$ 作为可变单元格 (代表变量 x_1 和 x_2)。

（3）输入求解所需的条件的函数表达式

这里，我们需要在单元格 $B6$（代表托运的总体积）和单元格 $C6$（代表托运的总重量）分别输入函数 $B6 = B3 * E3 + B4 * E4$，$C6 = C3 * E3 + C4 * E4$ 用以接下来的计算，如图 6-9 所示。

	A	B	C	D	E
1					
2	货物	体积(m³/箱)	重量(100kg/箱)	利润(100元/箱)	箱数
3	甲	5	2	20	
4	乙	4	5	10	
5	托运限制	24	1300		
6	合计	=B3*E3+B4*E4	=C3*E3+C4*E4	=D3*E3+D4*E4	

图 6-9

（4）规划求解参数

单击“数据”选项卡中的“规划求解”，在弹出的规划求解参数对话框中填入相应的信息：

设置目标函数的过程如图 6-10 所示。在“设置目标”选择框中填入单元格 $D6$，即目标单元格的位置；例题是求最大值，因此需勾选“最大值”选项；在“通过更改可变单元格”选择框中填入货物甲、乙箱数的单元格 $E3$，$E4$，即可变单元格的位置。

设置目标:(T)　$D$6

到:　◉ 最大值(M)　○ 最小值(N)　○ 目标值:(V)　0

通过更改可变单元格:(B)

$E$3:$E$4

图 6-10

设置约束条件的过程如图 6-11 所示。

遵守约束:(U)

$B$6 <= 24
$C$6 <= 13
$E$3 = 整数
$E$3 >= 0
$E$4 = 整数
$E$4 >= 0

添加(A)
更改(C)
删除(D)
全部重置(R)
装入/保存(L)

图 6-11

具体过程为：在“遵守约束”区域，单击“添加”。在弹出的“添加约束”对话框内输入第一条限制公式，单击“确定”，如图 6-12 所示。再单击添加，继续按照前一步骤添加另外的约束条件。

对于 0-1 型变量，需在“添加约束”对话框的“单元格引用”中两次输入变量对应的单元格，限制约束值分别为“$\leqslant 1$”和“$\geqslant 0$”。对于整型变量，需在“添加约束”对话框中，选择“int”，如图 6-13 所示。

添加约束

单元格引用:(E) $B$6 <= 约束:(N) 24

确定(O) 添加(A) 取消(C)

图 6-12

添加约束

单元格引用:(E) $E$3 int 约束:(N) 整数

确定(O) 添加(A) 取消(C)

图 6-13

（5）得到结果

单击“求解”按钮就可以得到相应的结果，如图 6-14 所示。$x_1=4$，$x_2=1$，$z=90$，即当货物甲托运 4 箱，货物乙托运 1 箱，总利润最大，且最大值为 90。

	A	B	C	D	E
1					
2	货物	体积(m³/箱)	重量(100kg/箱)	利润(100元/箱)	箱数
3	甲	5	2	20	4
4	乙	4	5	10	1
5	托运限制	24	1300		
6	合计	24	13	90	

图 6-14

习　题

即测即练

6.1　用分支定界法解

$$\max \quad z = x_1 + x_2$$

$$\begin{cases} x_1 + \dfrac{9}{14}x_2 \leqslant \dfrac{51}{14} \\ -2x_1 + x_2 \leqslant \dfrac{1}{3} \\ x_1, x_2 \geqslant 0 \\ x_1, x_2 \text{ 整数} \end{cases}$$

6.2 用 Gomory 切割法解

（1）$\max z = x_1 + x_2$

$$\begin{cases} 2x_1 + x_2 \leqslant 6 \\ 4x_1 + 5x_2 \leqslant 20 \\ x_1, x_2 \geqslant 0 \\ x_1, x_2 \text{ 整数} \end{cases}$$

（2）$\max z = 3x_1 - x_2$

$$\begin{cases} 3x_1 - 2x_2 \leqslant 3 \\ -5x_1 - 4x_2 \leqslant -10 \\ 2x_1 + x_2 \leqslant 5 \\ x_1, x_2 \geqslant 0 \\ x_1, x_2 \text{ 整数} \end{cases}$$

6.3 某城市的消防总部将全市划分为 11 个防火区，设有 4 个消防（救火）站。图 6-15 表示各防火区域与消防站的位置，其中①②③④表示消防站，1，2，$\cdots$，11 表示防火区域。根据历史的资料证实，各消防站可在事先规定的允许时间内对所负责的地区的火灾予以消灭。图中虚线即表示各地区由哪个消防站负责（没有虚线相连，就表示不负责）。现在总部提出：可否减少消防站的数目，仍能同样完成各地区的防火任务？如果可以，应当关闭哪个？

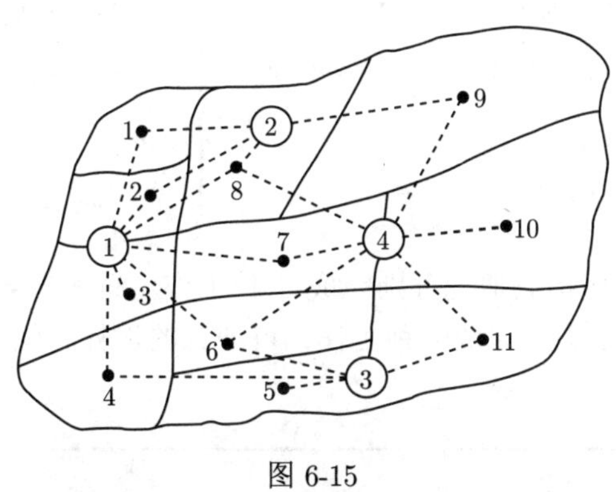

图 6-15

提示：对每个消防站定义一个 0-1 变量 x_i。

6.4 某大型企业每年需要进行多种类型的员工培训。假设共有培训需求（如技术类、管理类）6 种，每种需求的最低培训人数为 a_i，$i = 1, \cdots, 6$，可供选择的培训方式（如内部自行培训、外部与高校合作培训）有 5 种，每种的最高培训人数为 b_j，$j = 1, \cdots, 5$。又设若选择了第 1 种培训方式，则第 3 种培训方式也要选择。记 x_{ij} 为第 i 种需求由第 j 种方式培训的人员数量，Z 为培训总费用。费用的构成包括固定费用和可变费用，第 j 种方式的固定培训费用为 h_j（与人数无关），与人数 x_{ij} 相应的可变费用为 C_{ij}（表示用第 j 种方式培训第 i 种需求类型的单位费用）。如果以成本费用为优化目标，请建立该培训问题的结构优化模型。

6.5 为了提高校园的安全性，某大学的保安部门决定在校园内部的几个位置安装紧急报警电话。校园的主要街道示意图如图 6-16，其中①~⑧表示道路交叉口，A~K 表示街道。现需决定在哪些地方安装，可使每条街道都有报警电话，并且总电话数目最少？请建立本问题的数学规划模型。

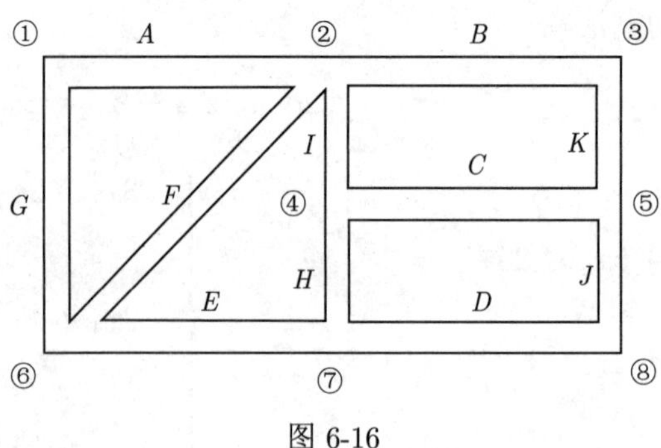

图 6-16

6.6 在有互相排斥的约束条件的问题中，如果约束条件是（$\leqslant$）型的，我们用加以 y_iM 项（y_i 是 0-1 变量，M 是很大的常数）的方法统一在一个问题中。如果约束条件是（$\geqslant$）型的，我们将怎样利用 y_i 和 M 呢？

6.7 解 0-1 规划

（1）$\min z = 4x_1 + 3x_2 + 2x_3$

$$\begin{cases} 2x_1 - 5x_2 + 3x_3 \leqslant 4 \\ 4x_1 + x_2 + 3x_3 \geqslant 3 \\ x_2 + x_3 \geqslant 1 \\ x_1, x_2, x_3 = 0\text{或}1 \end{cases}$$

（2）$\min z = 2x_1 + 5x_2 + 3x_3 + 4x_4$

$$\begin{cases} -4x_1 + x_2 + x_3 + x_4 \geqslant 0 \\ -2x_1 + 4x_2 + 2x_3 + 4x_4 \geqslant 4 \\ x_1 + x_2 - x_3 + x_4 \geqslant 1 \\ x_1, x_2, x_3, x_4 = 0\text{或}1 \end{cases}$$

6.8 有 4 个工人，要指派他们分别完成 4 种工作，每人做各种工作所消耗的时间如表 6-11 所示，问指派哪个人去完成哪种工作，可使总的消耗时间最小？

表 6-11

工　人	工　种			
	A	B	C	D
甲	15	18	21	24
乙	19	23	22	18
丙	26	17	16	19
丁	19	21	23	17

6.9 为紧跟互联网时代的潮流，某部门决定加大与互联网公司的合作，现有 5 个互联网公司被列入投资计划, 各公司的主要业务、投资额以及预计的投资收益如表 6-12 所示。

表 6-12

公司	主要业务	投资额（万元）	预计的投资收益（万元）
1	搜索引擎	200	140
2	电子商务	300	210
3	搜索引擎	100	65
4	电子商务	140	100
5	电子商务	250	190

但该部门只有 700 万元资金可用于投资，且为保证合作的多样性和发展的可持续性，投资受到以下约束:

(1)“电子商务”是互联网时代受众面较广、应用范围较大的方向，故该部门决定至少投资一个“电子商务”项目。在可供选择的五个公司中，2、4 和 5 的主要业务是电子商务;

(2) 考虑到“搜索引擎”方向的技术较为成熟，该部门决定至多投资一个“搜索引擎”项目。在可供选择的五个公司中，1 和 3 的主要业务是搜索引擎;

(3) 公司 1 和公司 5 之间有战略合作关系，具体表现：公司 1 的信息智能提取技术为公司 5 提供了数据支持，故选择公司 5 的前提的选择公司 1。

如何在满足上述条件的情况下，选择一个最好的投资方案，使该部门的投资收益最大。

6.10 某大学实验室聘用了勤工俭学的 4 名大学生（代号 1,2,3,4）和 2 名研究生（代号 5,6）进行值班。已知每人从周一至周五每天最多可安排的值班时间及每人每小时的值班报酬如表 6-13 所示。

表 6-13

学生代号	报酬（元/小时）	每天最多可安排的值班时间/小时				
		周一	周二	周三	周四	周五
1	10	6	0	6	0	7
2	10	0	6	0	6	0
3	9.9	4	8	3	0	5
4	9.8	5	5	6	0	4
5	11	3	0	4	8	0
6	11.5	0	6	0	6	3

该实验室的开放时间为上午 8 : 00 至晚上 10 : 00，开放时间内须有且仅须一名学生值班。规定大学生每周值班不少于 8 小时，研究生每周不少于 7 小时，每名学生每周值班不超过 3 次，每次值班不少于 2 小时，每天安排的值班学生不超过 3 人，且其中必须有一名研究生。试为该实验室安排一张人员值班表，使总支付的报酬最少。

6.11 某公司制造小、中、大三种尺寸的容器，所需资源有金属板、劳动力和机器设备，制造一个容器所需的各种资源的数量如表 6-14 所示。

表 6-14

资源	小号	中号	大号
金属板（吨）	1	2	4
劳动力（人）	3	4	5
机器设备（台）	1	2	3

若每种容器售出一只所得的利润分别为 4 万元、5 万元、6 万元，可使用的金属板有 500 吨/月，劳动力有 300 人/月，机器有 100 台/月，此外不管每种容器制造的数量是多少，都要支付一笔固定的费用：小号是 100 万元/月，中号为 150 万元/月，大号为 200 万元/月。试为该公司制定一个月生产计划，使获得的利润最大。

6.12 某人开学打点行李，现有三个行李箱，容积大小分别为 1000 毫升、1500 毫升和 2000 毫升，根据需要列出需带物品清单，其中一些物品是必带物品共有 5 件（标号 1, 2, 3, 4, 5），其体积大小分别为 400、150、250、450、190（单位毫升）。尚有 7 件可带可不带物品（标号 6, 7, 8, 9, 10, 11, 12），如果不带将在学校购买，并且已知其在学校所在地的价格（单位元），这些物品的体积和价格见表 6-15。试给出一个合理的安排方案把物品放在三个行李箱里。

表 6-15

物品	6	7	8	9	10	11	12
体积	200	350	450	320	140	420	300
价格	15	45	95	50	80	90	25

CHAPTER 7 第7章

非线性规划

由前面几章知道，在科学管理和其他领域中，很多实际问题可以归结为线性规划问题，其目标函数和约束条件都是自变量的线性函数。但是，还有另外一些问题，其目标函数和（或）约束条件很难用线性函数表达。如果目标函数或约束条件中含有非线性函数，则称这种规划问题为非线性规划问题。解这种问题要用非线性规划的方法。由于很多实际问题要求进一步精确化以及电子计算机的发展，使非线性规划在近几十年来得以长驱进展。目前，它已成为运筹学的重要分支之一，并在最优设计、管理科学、系统控制、经济分析等许多领域得到越来越广泛的应用。

一般说来，由于非线性函数的复杂性，解非线性规划问题要比解线性规划问题困难得多。而且，也不像线性规划有单纯形法等通用方法，非线性规划目前还没有适于解决各种问题的一般算法，各个方法都有自己特定的适用范围。这是需要人们更深入地进行研究的一个领域。

本章简要介绍非线性规划的基本问题、建模及在经济管理中的应用。

7.1 问题的提出及基本模型

非线性规划问题是微观经济学、博弈论、经济管理等领域中最常用的数学分析方法。如微观经济学中的消费者效用最大化问题、支出最小化问题，生产者的利润最大化问题、成本最小化问题，社会决策者的最优决策问题、社会福利最大化问题等，以及博弈论中参与人的支付最大化问题，等等。非线性规划的各类算法也广泛应用于运筹管理、统计学等实际计算之中。

与前面的线性规划问题类似，非线性规划也是在满足一些等式约束或者不等式约束的条件下，求解变量 $x_1, x_2, \cdots, x_n$，使得某个目标函数取得最大值或最小值的问题。因此，在建模过程中，我们需确定决策变量 $x_1, x_2, \cdots, x_n$ 的含义，找到约束条件以及目标函数。

1. 问题的提出

让我们先看几个例子。

例 7-1 某公司经营两种产品，第一种产品每件售价 30 元，第二种产品每件售价 450 元。根据统计，售出一件第一种产品所需要的服务时间平均是 0.5 小时，第二种产品是

$(2+0.25x_2)$ 小时，其中 x_2 是第二种产品的售出数量。已知该公司在这段时间内的总服务时间为 800 小时，试决定使其营业额最大的营业计划。

下面我们来分析这个例子，并为其建立数学模型。

设该公司计划经营第一种产品 x_1 件，第二种产品 x_2 件。根据题意，其营业额为

$$f(X)=30x_1+450x_2$$

由于服务时间的限制，该计划必须满足

$$0.5x_1+(2+0.25x_2)\,x_2\leqslant 800$$

此外，这个问题还应满足

$$x_1\geqslant 0, x_2\geqslant 0$$

如此，得到这个问题的数学模型如下：

$$\begin{cases}\max f\,(X)=30x_1+450x_2\\ \quad 0.5x_1+2x_2+0.25x_2^2\leqslant 800\\ \quad x_1\geqslant 0,\ x_2\geqslant 0\end{cases}$$

例 7-2 为了进行多属性问题（假设有 n 个属性）的综合评价，就需要知道每个属性的相对重要性，即确定它们的权重。为此将各属性的重要性（对评价者或决策者而言）进行两两比较，从而得出如下判断矩阵

$$\boldsymbol{J}=\begin{bmatrix}a_{11} & \cdots & a_{1n}\\ \vdots & \ddots & \vdots\\ a_{n1} & \cdots & a_{nn}\end{bmatrix}$$

其中元素 a_{ij} 是第 i 个属性的重要性与第 j 个属性的重要性之比。

现需从判断矩阵求出各属性的权重 $w_i\,(i=1,2,\cdots,n)$。为了使求出的权向量

$$\boldsymbol{W}=(w_1,w_2,\cdots,w_n)^{\mathrm{T}}$$

在最小二乘意义上能最好地反映判断矩阵的估计，由 $a_{ij}\approx w_i/w_j$，可得

$$\begin{cases}\min\displaystyle\sum_{i=1}^{n}\sum_{j=1}^{n}(a_{ij}w_j-w_i)^2\\ \displaystyle\sum_{i=1}^{n}w_i=1\end{cases}$$

例 7-1 的目标函数为自变量的线性函数，但其第一个约束条件却是自变量的二次函数，因而它是非线性规划问题。例 7-2 的目标函数是自变量的非线性函数，所以它也是非线性规划问题。事实上, 非线性规划问题广泛存在于经济、管理和决策问题之中。

例 7-3 消费者效用最大化问题。已知消费者消费 n 种商品，其效用函数是 $u(x_1, x_2, \cdots, x_n)$，其中 $x_1, x_2, \cdots, x_n$ 是每种商品的消费数量。已知 n 种商品的价格分别为 $p_1, p_2, \cdots, p_n$，消费者的财富水平为 w。那么消费者的最优决策问题是，在能买得起的商品组合中寻找使得效用最大的。即

$$\begin{cases} \max\ u(x_1, x_2, \cdots, x_n) \\ \qquad p_1x_1 + p_2x_2 + \cdots + p_nx_n \leqslant w \\ \qquad x_1 \geqslant 0, x_2 \geqslant 0, \cdots, x_n \geqslant 0 \end{cases}$$

一般的，消费者的效用函数 $u(x_1, x_2, \cdots, x_n)$ 不一定是线性函数，故这是非线性规划问题。

2. 非线性规划问题的基本模型

非线性规划的数学模型常表示成以下形式

$$\begin{cases} \min\ f(\boldsymbol{X}) & (7\text{-}1) \\ \qquad h_i(\boldsymbol{X}) = 0,\ \ i = 1, 2, \cdots, m & (7\text{-}2) \\ \qquad g_j(\boldsymbol{X}) \geqslant 0,\ \ j = 1, 2, \cdots, l & (7\text{-}3) \end{cases}$$

其中自变量 $\boldsymbol{X} = (x_1, x_2, \cdots, x_n)^{\mathrm{T}}$ 是 n 维欧氏空间 E^n 中的向量（点）；$f(\boldsymbol{X})$ 为**目标函数**，$h_i(\boldsymbol{X}) = 0 (i = 1, 2, \cdots, m)$ 和 $g_j(\boldsymbol{X}) \geqslant 0 (j = 1, 2, \cdots, l)$ 为**约束条件**。

由于 $\max f(\boldsymbol{X}) = -\min[-f(\boldsymbol{X})]$，当需使目标函数极大化时，只需使其负值极小化即可。因而仅考虑目标函数极小化，这无损于一般性。

若某约束条件是“$\leqslant$”不等式时，仅需用“-1”乘该约束的两端，即可将这个约束变为“$\geqslant$”的形式。由于等式约束

$$h_i(\boldsymbol{X}) = 0$$

等价于下述两个不等式约束

$$\begin{cases} h_i(\boldsymbol{X}) \geqslant 0 \\ -h_i(\boldsymbol{X}) \geqslant 0 \end{cases}$$

因而，也可将非线性规划的数学模型写成以下形式

$$\begin{cases} \min\ \ f(\boldsymbol{X}) & (7\text{-}4) \\ \qquad g_j(\boldsymbol{X}) \geqslant 0, j = 1, 2, \cdots, l & (7\text{-}5) \end{cases}$$

7.2 最优性条件

在高等数学课程中，已学过一元函数和多元函数的极值问题，现仅扼要说明如下。

1. 局部极值和全局极值

由于线性规划的目标函数为线性函数，可行域为凸集，因而求出的最优解就是在整个可行域上的全局最优解。非线性规划却不然，有时求出的某个解虽是一部分可行域上的极值点，但却并不一定是整个可行域上的全局最优解。

设 $f(\boldsymbol{X})$ 为定义在 n 维欧氏空间 E^n 的某一区域 R 上的 n 元实函数，其中 $\boldsymbol{X}=(x_1,x_2,\cdots,x_n)^{\mathrm{T}}$。对于 $\boldsymbol{X}^*\in R$，如果存在某个 $\varepsilon>0$，使所有与 $\boldsymbol{X}^*$ 的距离小于 ε 的 $\boldsymbol{X}\in R$ (即 $\boldsymbol{X}\in R$ 且 $\|\boldsymbol{X}-\boldsymbol{X}^*\|<\varepsilon$) 均满足不等式 $f(\boldsymbol{X})\geqslant f(\boldsymbol{X}^*)$，则称 $\boldsymbol{X}^*$ 为 $f(\boldsymbol{X})$ 在 R 上的**局部极小点** (或相对极小点)，$f(\boldsymbol{X}^*)$ 为**局部极小值**。若对于所有 $\boldsymbol{X}\neq\boldsymbol{X}^*$ 且与 $\boldsymbol{X}^*$ 的距离小于 ε 的 $\boldsymbol{X}\in R$，$f(\boldsymbol{X})>f(\boldsymbol{X}^*)$，则称 $\boldsymbol{X}^*$ 为 $f(\boldsymbol{X})$ 在 R 上的**严格局部极小点**，$f(\boldsymbol{X}^*)$ 为**严格局部极小值**。

若点 $\boldsymbol{X}^*\in R$，而对于所有 $\boldsymbol{X}\in R$ 都有 $f(\boldsymbol{X})\geqslant f(\boldsymbol{X}^*)$，则称 $\boldsymbol{X}^*$ 为 $f(\boldsymbol{X})$ 在 R 上的**全局极小点**，$f(\boldsymbol{X}^*)$ 为**全局极小值**。若对于所有 $\boldsymbol{X}\in R$ 且 $\boldsymbol{X}\neq\boldsymbol{X}^*$，都有 $f(\boldsymbol{X})>f(\boldsymbol{X}^*)$，则称 $\boldsymbol{X}^*$ 为 $f(\boldsymbol{X})$ 在 R 上的**严格全局极小点**，$f(\boldsymbol{X}^*)$ 为**严格全局极小值**。

如将上述不等式反向，即可得到相应的极大点和极大值的定义。

下面仅就极小点及极小值加以说明，而且主要研究局部极小。

2. 无约束问题极值点的最优性条件

现说明极值点存在的必要条件和充分条件。

定理 7-1 （必要条件）

设 R 是 n 维欧氏空间 E^n 上的某一开集，$f(X)$ 在 R 上有一阶连续偏导数，且在点 $X^*\in R$ 取得局部极值，则必有

$$\frac{\partial f(X^*)}{\partial x_1}=\frac{\partial f(X^*)}{\partial x_2}=\cdots=\frac{\partial f(X^*)}{\partial x_n}=0 \tag{7-6}$$

或

$$\nabla f(X^*)=0 \tag{7-7}$$

上式中

$$\nabla f(X^*)=\left(\frac{\partial f(X^*)}{\partial x_1},\frac{\partial f(X^*)}{\partial x_2},\cdots,\frac{\partial f(X^*)}{\partial x_n}\right)^{\mathrm{T}} \tag{7-8}$$

为函数 $f(X)$ 在点 X^* 处的**梯度**。

由数学分析知道，$\nabla f(X)$ 的方向为 $f(X)$ 的等值面（等值线）的法线（在点 X 处）方向，沿这个方向函数值增加最快。

满足式 (7-6) 或式 (7-7) 的点称为**平稳点**或**驻点**，在区域内部，极值点必为平稳点，但平稳点不一定是极值点。

定理 7-2 （充分条件）

设 R 是 n 维欧氏空间 E^n 上的某一开集，$f(X)$ 在 R 上具有二阶连续偏导数，$X^*\in R$，若 $\nabla f(X^*)=0$，且对任何非零向量 $\boldsymbol{Z}\in E^n$ 有

$$\boldsymbol{Z}^{\mathrm{T}}\boldsymbol{H}(X^*)\boldsymbol{Z}>0 \tag{7-9}$$

则 X^* 为 $f(X)$ 的严格局部极小点。

此处 $\boldsymbol{H}(X^*)$ 为 $f(X)$ 在点 X^* 处的**海赛（Hessian）矩阵**：

$$\boldsymbol{H}\left(X^*\right)=\begin{bmatrix}\dfrac{\partial^2 f\left(X^*\right)}{\partial x_1^2} & \dfrac{\partial^2 f\left(X^*\right)}{\partial x_1 \partial x_2} & \cdots & \dfrac{\partial^2 f\left(X^*\right)}{\partial x_1 \partial x_n}\\ \dfrac{\partial^2 f\left(X^*\right)}{\partial x_2 \partial x_1} & \dfrac{\partial^2 f\left(X^*\right)}{\partial x_2^2} & \cdots & \dfrac{\partial^2 f\left(X^*\right)}{\partial x_2 \partial x_n}\\ \vdots & \vdots & \ddots & \vdots\\ \dfrac{\partial^2 f\left(X^*\right)}{\partial x_n \partial x_1} & \dfrac{\partial^2 f\left(X^*\right)}{\partial x_n \partial x_2} & \cdots & \dfrac{\partial^2 f\left(X^*\right)}{\partial x_n^2}\end{bmatrix} \tag{7-10}$$

证明从略。

需要指出，定理 7-2 中的充分条件式 (7-9) 并不是必要的。可以举出这样的例子：X^* 是 $f(X)$ 的极小点，但却不满足条件式 (7-10)。例如，$f(x)=x^4$，它的极小点是 $x^*=0$，但 $f''(x^*)=0$，这不满足式 (7-9)。

例 7-4　竞争厂商的利润最大化问题。假设竞争厂商使用两种投入要素 L 和 K 生产单一产品，生产函数为 $f(L,K)=L^{\alpha}K^{1-\alpha}, 0<\alpha<1$，产品价格是 p，要素价格分别为 w 和 r。那么厂商的利润最大化问题是

$$\max\pi=\max pf(L,K)-wL-rK=\max pL^{\alpha}K^{1-\alpha}-wL-rK$$

由最优性条件得

$$\frac{\partial\pi}{\partial L}=p\frac{\partial f}{\partial L}-w=p\alpha L^{\alpha-1}K^{1-\alpha}-w=0$$

$$\frac{\partial\pi}{\partial K}=p\frac{\partial f}{\partial K}-r=p(1-\alpha)L^{\alpha}K^{-\alpha}-r=0$$

如果令 $\alpha=1/2$，则得到 $K^*/L^*=w/r$。

3. 等式约束问题极值点的最优性条件

本节考虑具有等式约束的极值问题

$$(P)\begin{cases}\min f(X)\\ h_i(X)=0, i=1,2,\cdots,m\end{cases} \tag{7-11}$$

其中 $f(X)$ 和 $h_i(X), i=1,2,\cdots,m$，具有一阶连续偏导数。令

$$L(X,\lambda)=f(X)-\sum_{i=1}^{m}\lambda_i h_i(X) \tag{7-12}$$

称其为**拉格朗日函数**，称 $\boldsymbol{\lambda}=(\lambda_1,\lambda_2,\cdots,\lambda_m)^{\mathrm{T}}$ 为**拉格朗日乘子**。拉格朗日乘子法是将求（P）的最优解的问题，转化为求方程组的解。我们称其为拉格朗日条件，记为

$$(L)\begin{cases}\dfrac{\partial L(X,\lambda)}{\partial x_j}=\dfrac{\partial f(X)}{\partial x_j}-\sum\limits_{i=1}^{m}\lambda_i\dfrac{\partial h_i(X)}{\partial x_j}=0,\ j=1,2,\cdots,n\\ \dfrac{\partial L(X,\lambda)}{\partial \lambda_i}=-h_i(X)=0, i=1,2,\cdots,m\end{cases}$$

定理 7-3 （P）的最优解的必要条件

设 X^* 是（P）的最优解，并且 $h_x(X^*)=(h_{1x}(X^*),\cdots,h_{mx}(X^*))$ 为行满秩 $(m\leqslant n)$，则存在 λ^*，使得 X^*,λ^* 满足拉格朗日条件。证明省略。

定理 7-4 （P）的最优解的充分条件

设 $f(X)$ 和 $h_i(X)$, $i=1,2,\cdots,m$，具有二阶连续偏导数，X^*,λ^* 满足拉格朗日条件，即

$$(L)\begin{cases}\dfrac{\partial L(X,\lambda)}{\partial x_j}=\dfrac{\partial f(X)}{\partial x_j}-\sum\limits_{i=1}^{m}\lambda_i\dfrac{\partial h_i(X)}{\partial x_j}=0,\ j=1,2,\cdots,n\\ \dfrac{\partial L(X,\lambda)}{\partial \lambda_i}=-h_i(X)=0, i=1,2,\cdots,m\end{cases}$$

并且 $\boldsymbol{L}(X,\lambda^*)$ 关于变量 X 的海塞矩阵

$$\boldsymbol{L}_{xx}(X,\lambda^*)=f_{xx}(X)-\sum_{i=1}^{m}\lambda_i^* h_{ixx}(X)$$

为正定矩阵，则 X^* 是（P）的唯一最优解。证明省略。

例 7-5 求解下面问题的最优解。

$$(P)\begin{cases}\min -x_1x_2\\ x_1+x_2=2\end{cases}$$

我们写出该问题的拉格朗日函数为

$$L(x_1,x_2,\lambda)=-x_1x_2-\lambda(x_1+x_2-2)$$

因此，拉格朗日条件为

$$(L)\begin{cases}\dfrac{\partial L(X,\lambda)}{\partial x_1}=-x_2-\lambda=0\\ \dfrac{\partial L(X,\lambda)}{\partial x_2}=-x_1-\lambda=0\\ x_1+x_2-2=0\end{cases}$$

解得，方程组的解为 $x_1^*=x_2^*=1,\lambda^*=-1$。则 $x_1^*=x_2^*=1$ 是（P）的最优解。

例 7-6 厂商的成本最小化问题。考虑某厂商利用两种投入要素 x_1 和 x_2，生产单一产品。给定产量 q 之下的成本最小化问题为下面模型：

$$(P)\begin{cases} \min w_1x_1+w_2x_2 \\ f(x_1,x_2)=q \end{cases}$$

那么，利用拉格朗日条件求解，写出拉格朗日函数

$$L(x_1,x_2,\lambda)=w_1x_1+w_2x_2-\lambda(f(x_1,x_2)-q)$$

拉格朗日条件为

$$(L)\begin{cases} \dfrac{\partial L(X,\lambda)}{\partial x_1}=w_1-\lambda\dfrac{\partial f}{\partial x_1}=0 & (7\text{-}13) \\ \dfrac{\partial L(X,\lambda)}{\partial x_2}=w_2-\lambda\dfrac{\partial f}{\partial x_2}=0 & (7\text{-}14) \\ f(x_1,x_2)=q & (7\text{-}15) \end{cases}$$

由式（7-13）和式（7-14）得，$\dfrac{w_1}{w_2}=\dfrac{\partial f/\partial x_1}{\partial f/\partial x_2}$，即边际技术替代率等于要素价格比。

4. 拉格朗日乘子的经济含义

在非线性规划问题中，无论是等式约束问题还是不等式约束问题，其对应的拉格朗日乘子具有明显的经济含义，即对应资源的影子价格。本节以拉格朗日乘子为例说明其经济含义。

为简单起见，我们考虑只具有一个等式约束的最优化问题，

$$(P)\begin{cases} \min f(X)=F(\alpha) \\ h_1(X)=\alpha, \end{cases}$$

这里，α 为给定的外生参数。例如，我们可以将（P）理解为给定产量约束之下的成本最小化问题。那么此时目标函数就是成本函数，约束条件就是生产函数，外生参数 α 就是给定产量。

假设对于给定 α，（P）存在最优解，那么显然，最优解依赖于 α，我们可以记为

$$X(\alpha)=(x_1(\alpha),x_2(\alpha),\cdots,x_n(\alpha))^{\mathrm{T}}$$

那么，最优值为 $F(\alpha)=f(X(\alpha))$。

根据等式约束问题的最优性条件，（P）的拉格朗日条件是

$$(L)\begin{cases} \dfrac{\partial L(X,\lambda)}{\partial x_j}=\dfrac{\partial f(X(\alpha))}{\partial x_j}-\lambda\dfrac{\partial h_1(X(\alpha))}{\partial x_j}=0,\ j=1,2,\cdots,n \\ h_1(X(\alpha))-\alpha=0 \end{cases}$$

由复合函数链式求导法则，有

$$\frac{\mathrm{d}F(\alpha)}{\mathrm{d}\alpha}=\sum_{j=1}^{n}\frac{\partial f\left(X\left(\alpha\right)\right)}{\partial x_j}\cdot\frac{\mathrm{d}x_j\left(\alpha\right)}{\mathrm{d}\alpha}=\lambda\sum_{j=1}^{n}\frac{\partial h_1\left(X\left(\alpha\right)\right)}{\partial x_j}\cdot\frac{\mathrm{d}x_j\left(\alpha\right)}{\mathrm{d}\alpha} \tag{7-16}$$

又由约束条件两边对 α 求导得 $\sum_{j=1}^{n}\frac{\partial h_1\left(X\left(\alpha\right)\right)}{\partial x_j}\cdot\frac{\mathrm{d}x_j\left(\alpha\right)}{\mathrm{d}\alpha}=1$，所以式（7-16）为

$$\frac{\mathrm{d}F(\alpha)}{\mathrm{d}\alpha}=\lambda$$

也就是，拉格朗日乘子 λ 是资源约束对目标值的边际贡献，这里为产出的边际成本。我们均称之为资源的影子价格。

7.3 约束极值问题

求解约束极值问题要比求解无约束极值问题困难得多。对有约束的极小化问题来说，除了要使目标函数在每次迭代有所下降之外，还要时刻注意解的可行性问题（某些算法的中间步骤除外），这就给寻优工作带来了很大困难。为了实际求解和（或）简化其优化工作，可采用以下方法：将约束问题化为无约束问题；将非线性规划问题化为线性规划问题，以及能将复杂问题变换为较简单问题的其他方法。

考虑下面的非线性规划

$$(P)\begin{cases}\min f(X)\\ g_j(X)\geqslant 0, j=1,2,\cdots,l\end{cases} \tag{7-17}$$

其中 $f(X)$ 和 $g_j(X), j=1,2,\cdots,l$，具有一阶连续偏导数。

1. 起作用约束和可行下降方向的概念

设 $X^{(0)}$ 是非线性规划的一个可行解，它当然满足所有约束。现考虑某一不等式约束条件 $g_j(X)\geqslant 0$，$X^{(0)}$ 满足它有两种可能：其一为 $g_j(X^{(0)})>0$，这时，点 $X^{(0)}$ 不是处于由这一约束条件形成的可行域边界上，因而这一约束对 $X^{(0)}$ 点的微小摄动不起限制作用，从而称这个约束条件是 $X^{(0)}$ 点的**不起作用约束**（或无效约束）；其二是 $g_j(X^{(0)})=0$，这时 $X^{(0)}$ 点处于该约束条件形成的可行域边界上，它对 $X^{(0)}$ 的摄动起到了某种限制作用，故称这个约束是 $X^{(0)}$ 点的**起作用约束**（有效约束）。

显而易见，等式约束对所有可行点来说都是起作用约束。

假定 $X^{(0)}$ 是非线性规划式 (7-17) 的一个可行点，现考虑此点的某一方向 D，若存在实数 $\lambda_0>0$，使对任意 $\lambda\in[0,\lambda_0]$ 均有

$$X^{(0)}+\lambda D\in R \tag{7-18}$$

就称方向 D 是 $X^{(0)}$ 点的一个**可行方向**。

若 D 是可行点 $X^{(0)}$ 处的任一可行方向 (见图 7-1)，则对该点的所有起作用约束

$$g_j(X^{(0)}) = 0$$

均有

$$\nabla g_j(X^{(0)})^{\mathrm{T}} D \geqslant 0, \quad j \in J \tag{7-19}$$

其中 J 为这个点所有起作用约束下标的集合。另一方面，由泰勒公式

$$\begin{aligned}&g_j(X^{(0)} + \lambda D)\\ =&g_j(X^{(0)}) + \lambda \nabla g_j(X^{(0)})^{\mathrm{T}} D + o(\lambda)\end{aligned}$$

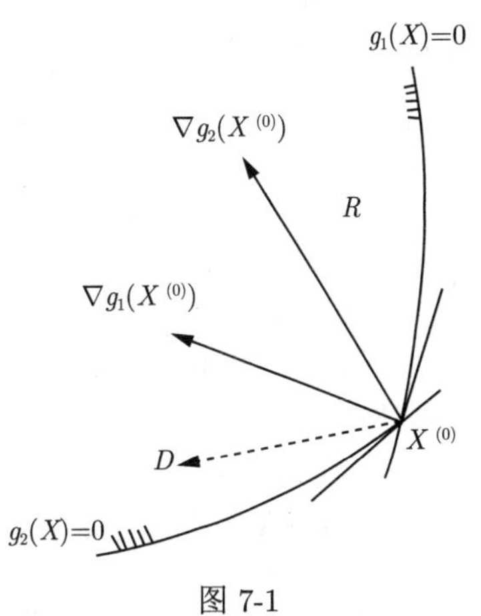

图 7-1

对所有起作用约束，当 $\lambda > 0$ 足够小时，只要

$$\nabla g_j(X^{(0)})^{\mathrm{T}} D > 0, \quad j \in J \tag{7-20}$$

就有

$$g_j(X^{(0)} + \lambda D) \geqslant 0, \quad j \in J$$

此外，对 $X^{(0)}$ 点的不起作用约束，由约束函数的连续性，当 $\lambda > 0$ 足够小时亦有上式成立。从而，只要方向 D 满足式 (7-20)，即可保证它是 $X^{(0)}$ 点的可行方向。

考虑非线性规划的某一可行点 $X^{(0)}$，对该点的任一方向 D 来说，若存在实数 $\lambda_0' > 0$，使对任意 $\lambda \in [0, \lambda_0']$ 均有

$$f(X^{(0)} + \lambda D) < f(X^{(0)})$$

就称方向 D 为 $X^{(0)}$ 点的一个**下降方向**。

将目标函数 $f(X)$ 在点 $X^{(0)}$ 处作一阶泰勒展开，可知满足条件

$$\nabla f(X^{(0)})^{\mathrm{T}} D < 0 \tag{7-21}$$

的方向 D 必为 $X^{(0)}$ 点的**下降方向**。

如果方向 D 既是 $X^{(0)}$ 点的可行方向，又是这个点的下降方向，就称它是该点的可行下降方向。假如 $X^{(0)}$ 点不是极小点，继续寻优时的搜索方向就应从该点的可行下降方向中去找。显然，若某点存在可行下降方向，它就不会是极小点。另一方面，若某点为极小点，则在该点不存在可行下降方向。

2. 库恩-塔克条件

假定 X^* 是非线性规划式 (7-17) 的极小点，该点可能位于可行域的内部，也可能处于可行域的边界上。若为前者，则事实上是个无约束问题，X^* 必满足条件 $\nabla f(X^*) = 0$；若为后者，情况就复杂得多了，现在我们来讨论后一种情形。

不失一般性，设 X^* 位于第一个约束条件形成的可行域边界上，即第一个约束条件是 X^* 点的起作用约束 ($g_1(X^*) = 0$)。若 X^* 是极小点，则 $\nabla g_1(X^*) = 0$ 必与 $-\nabla f(X^*)$ 在

一条直线上且方向相反 (我们在这里假定向量 $\nabla g_1(X^*)$ 和 $\nabla f(X^*)$ 皆不为零)，否则，在该点就一定存在可行下降方向 (图 7-2 中的 X^* 点为极小点；X 点不满足上述要求，它不是极小点，角度 β 表示了该点可行下降方向的范围)。上面的论述说明，在上述条件下，存在实数 $\gamma_1 \geqslant 0$，使

$$\nabla f(X^*) - \gamma_1 \nabla g_1(X^*) = 0$$

若 X^* 点有两个起作用约束，例如有 $g_1(X^*) = 0$ 和 $g_2(X^*) = 0$。在这种情况下，$\nabla f(X^*)$ 必处于 $\nabla g_1(X^*)$ 和 $\nabla g_2(X^*)$ 的夹角之内。如若不然，在 X^* 点必有可行下降方向，它就不会是极小点 (图 7-3)。由此可见，如果 X^* 是极小点，而且 X^* 点的起作用约束条件的梯度 $\nabla g_1(X^*)$ 和 $\nabla g_2(X^*)$ 线性无关，则可将 $\nabla f(X^*)$ 表示成 $\nabla g_1(X^*)$ 和 $\nabla g_2(X^*)$ 的非负线性组合。也就是说，在这种情况下存在实数 $\gamma_1 \geqslant 0$ 和 $\gamma_2 \geqslant 0$，使

$$\nabla f(X^*) - \gamma_1 \nabla g_1(X^*) - \gamma_2 \nabla g_2(X^*) = 0$$

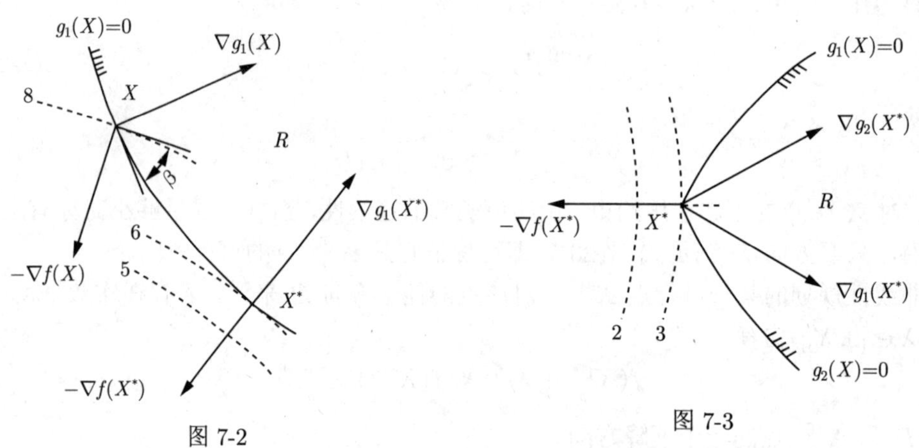

图 7-2

图 7-3

如上类推，可以得到

$$\nabla f(X^*) - \sum_{j \in J} \gamma_j \nabla g_j(X^*) = 0 \tag{7-22}$$

为了把不起作用约束也包括进式 (7-22) 中，增加条件 $\begin{cases} \gamma_j g_j(X^*) = 0 \\ \gamma_j \geqslant 0 \end{cases}$

当 $g_j(X^*) = 0$ 时，γ_j 可不为零；当 $g_j(X^*) \neq 0$ 时，必有 $\gamma_j = 0$。如此即可得到著名的**库恩-塔克（Kuhn-Tucker，简写为 K-T）条件**。

库恩-塔克条件是非线性规划领域中最重要的理论成果之一，是确定某点为最优点的必要条件。只要是最优点（而且该点起作用约束的梯度线性无关，满足这种要求的点称为正则点），就必须满足这个条件。但一般说它并不是充分条件，因而满足这个条件的点不一定就是最优点（对于凸规划，它既是最优点存在的必要条件，同时也是充分条件）。

现可将**库恩-塔克条件**叙述如下：

设 X^* 是非线性规划式 (7-17) 的极小值点，而且在 X^* 点的各起作用约束的梯度**线性无关**，则存在向量 $\boldsymbol{\Gamma}^* = (\gamma_1^*, \gamma_2^*, \cdots, \gamma_l^*)^{\mathrm{T}}$，使下述条件成立：

$$\begin{cases} \nabla f\left(X^{*}\right)-\sum_{j=1}^{l} \gamma_{j}^{*} \nabla g_{j}\left(X^{*}\right)=0 \\ \gamma_{j}^{*} g_{j}\left(X^{*}\right)=0, \quad j=1,2,\cdots,l \\ \gamma_{j}^{*} \geqslant 0, \quad j=1,2,\cdots,l \end{cases} \tag{7-23}$$

条件式 (7-23) 常简称为 K-T 条件。满足这个条件的点（它当然也满足非线性规划的所有约束条件）称为**库恩-塔克点** (或 K-T 点)。注意，这里我们称 $\gamma_j^* g_j(X^*)=0, j=1,2,\cdots,l$ 为**互补松弛条件**。其含义为如果某个约束条件 j 是不起作用的，即 $g_j(X^*)>0$，则对应的库恩-塔克乘子等于 0；如果约束条件 j 是起作用约束，即 $g_j(X^*)=0$，则库恩-塔克乘子大于或等于 0。

如前面给出的拉格朗日乘子的经济含义，不等式约束条件的库恩-塔克乘子（或称广义拉格朗日乘子）具有类似的性质，也是对应不等式资源约束条件的影子价格。例如，消费者效用最大化问题的约束条件是预算约束，那么其对应的 K-T 乘子为财富的边际效用值；厂商成本最小化问题的 K-T 乘子对应产量的边际成本。从而，我们也可以看出，K-T 条件式（7-23）中的互补松弛条件 $\gamma_j^* g_j(X^*)=0, j=1,2,\cdots,l$ 的经济学含义。当约束条件不起作用时（此时该资源有剩余，故新增加一个单位资源，对目标值没有边际贡献），对应的 K-T 乘子为 0，即此时的资源影子价格为零。

CHAPTER 8

第8章

动 态 规 划

在很多管理情境中，企业面临着多阶段（可以体现为空间、时间等维度）的决策问题，每一阶段的最优决策不仅受制于当时的实际情况（比如当时具备的资源），而且要考虑到该决策对未来的影响。因此，不同阶段的决策是彼此关联的。作为运筹学的一个分支，动态规划提供了一种解决多阶段决策过程最优化的数学方法。1951 年，美国数学家贝尔曼（R. Bellman）等人根据一类多阶段决策问题的特点，把多阶段决策问题变换为一系列互相联系的单阶段问题，然后逐个加以解决。与此同时，他提出了解决这类问题的 “最优性原理”，研究了许多实际问题，从而创建了解决动态最优化问题的一种新的方法——动态规划。他的名著《动态规划》于 1957 年出版，是动态规划的第一本著作。

动态规划在工程技术、企业管理、工农业生产及军事等部门中都有广泛的应用，并且获得了显著的效果。在企业管理方面，动态规划可以用来解决最优路径问题、资源分配问题、生产调度问题、库存问题、装载问题、排序问题、设备更新问题、生产过程最优控制问题等，因此它是现代企业管理中一种重要的决策方法。

8.1 动态规划的基本概念和基本方程

在很多管理决策中，可将决策过程分为若干个互相联系的阶段，决策的目标是使整个过程达到最优的效果。各个阶段决策的选取不是任意确定的，它既依赖于当前面临的状态，又要考虑到对未来过程的影响。当各个阶段上的决策确定后，就组成了一个决策序列，因而也就决定了整个过程的一条活动路线。这种把一个问题看作是一个前后关联具有链状结构的多阶段过程（如图 8-1 所示）被称为多阶段决策过程，也称序贯决策过程。

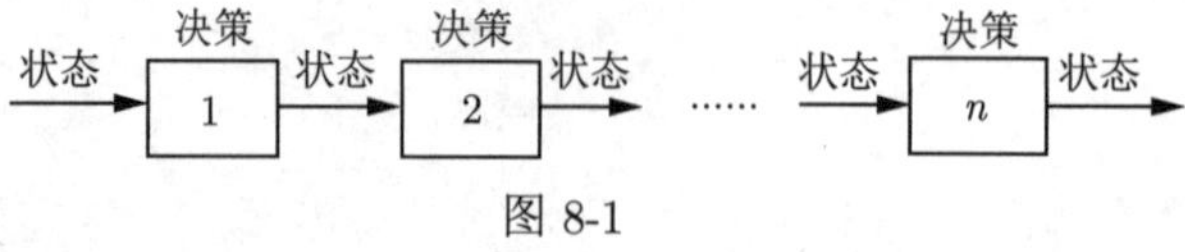

图 8-1

在多阶段决策问题中，可以按照时间、空间等维度进行阶段的划分。每阶段的决策依赖于当前的状态，又会影响下一阶段的状态。一个决策序列就是在变化的状态中产生出来的，故有 “动态” 的含义。因此，把处理它的方法称为动态规划方法。下面以一个经典的最

短路径问题进行举例说明。

例 8-1（最短路径问题） 如图 8-2 所示，给定一个线路网络，两点之间连线上的数字表示两点之间的距离 (或费用)，试求一条由 A 点到 G 点的最短路径。

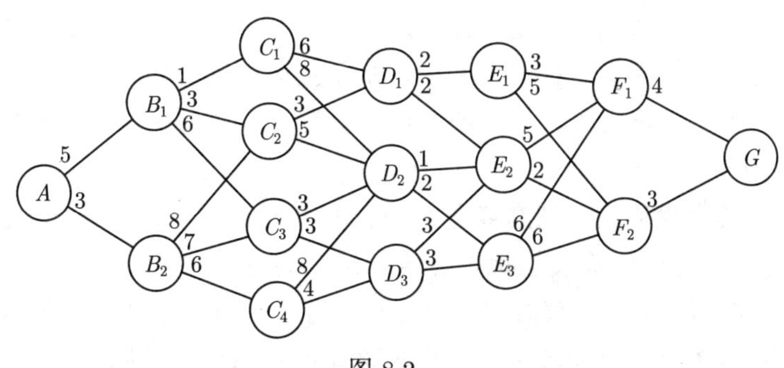

图 8-2

不难看出，从 A 点到 G 点的路径选择可以分为 6 个阶段。在第一阶段（从 A 点到 B 点），A 为起点有两个选择，即 $A \to B_1$ 或 $A \to B_2$；在第二阶段，从 B_1 点出发，可供选择的路径集合为 $\{C_1, C_2, C_3\}$；若选择从 B_2 点出发，可供选择的路径集合则为 $\{C_2, C_3, C_4\}$。因此，从 A 点到 G 点，可供选择的路径总共有 6 条。同理递推，可得从 A 点到 G 点的所有可行路径。由以上可看到：各个阶段中不同的选择决策对应不同的路径。当某阶段的始点给定时，它直接影响后续阶段的行进路线和整个路径的长短，而后续阶段中路线的发展不受这点以前各阶段路线的影响。故此问题的要求是：在各个阶段选择一个恰当的决策，使由这些决策组成的决策序列所决定的一条路线，其总路程最短。

解决这个问题的一个直观思路是采取穷举法，即列出由 A 点到 G 点的所有可选路线并计算每条路线的总路程，然后进行比较以找出最短路径，相应地得出最短距离。这样，由 A 点到 G 点的 6 个阶段中，可供选择的路径总共有 2×3×2×2×2×1=48 条。比较 48 条可行路径的路程，可以得到最短路线为

$$A \to B_1 \to C_2 \to D_1 \to E_2 \to F_2 \to G$$

相应的最短距离为 18。显然，采用穷举法解决该问题需要大量的数学计算。当可供选择的路径组合很多时，穷举法将变得极其繁杂，甚至在计算机上都很难实现。为了减少计算工作量，需要使用动态规划方法进行求解。下面，首先介绍动态规划的基本概念和符号。

8.1.1 动态规划的基本概念

一个动态规划模型包括下列要素。

1. 阶段

一个动态规划模型可以转化为一系列的子问题，我们称每个子问题对应于一个阶段的决策。描述阶段的变量称为阶段变量，常用 k 表示。一般按照时间、空间等维度进行阶段

的划分。要便于把问题的决策过程转化为多阶段决策过程。如例 8-1 中最短路径问题可分为 6 个阶段来求解，$k=1,2,3,4,5,6$。

2. 状态与状态变量

每个阶段的初始自然状况或客观条件即为动态规划问题的 **"状态"**，它描述了研究问题过程的状况，又称不可控因素。在例 8-1 中，状态是每个阶段的出发点，它既为该阶段可行线路的起点，又是前一阶段可行线路的终点。通常一个阶段有若干个状态，第 k 阶段的状态为第 k 阶段所有始点的集合。

描述过程状态的变量称为 **"状态变量"**，可用一个数、一组数或一个向量 (多维情形) 来描述，常用 s_k 表示第 k 阶段的状态变量。如在例 8-1 中第三阶段有四个状态, 则状态变量 s_k 为 C_1,C_2,C_3,C_4 。集合 $\{C_1,C_2,C_3,C_4\}$ 称为第三阶段的**可达状态集合**，记为 $s_3=\{C_1,C_2,C_3,C_4\}$。方便起见，可将该阶段的状态编上号码 $1,2,\cdots$，这时也可记 $s_3=\{1,2,3,4\}$。

在动态规划模型中，选取的状态应具有 "无后效性"，即：在某阶段状态给定后，这一阶段的后续过程发展不受这一阶段以前各阶段状态的影响。换言之，当前的状态是以往历史的一个总结，过程的过去历史只能通过当前的状态去影响未来的发展。无后效性亦称 "马尔可夫性"。

如果状态仅仅描述过程的具体特征，则并不是任何实际过程都满足无后效性的。因此，在构造动态规划模型时，不能仅从描述过程的具体特征出发去规定状态变量，而要充分注意是否满足无后效性的要求。如果状态的某种规定方式可能导致不满足无后效性，则应改变状态的规定方法，使它满足无后效性的要求。例如，研究物体 (把它看作一个质点) 受外力作用后的空间运动轨迹问题。若仅从描述轨迹出发，可以只选取坐标位置 (x_k,y_k,z_k) 为过程的状态。即使知道了外力的大小和方向，仍无法确定物体受力后的运动方向和轨迹，因此该状态不满足无后效性。将位置 (x_k,y_k,z_k) 和速度 $(\dot{x}_k,\dot{y}_k,\dot{z}_k)$ 都作为过程的状态变量，才能确定物体的后续运动方向和轨迹，实现无后效性的要求。

3. 决策

决策表示当过程处于某一阶段的某个状态时，可以作出的决定 (或选择)。描述决策的变量，称为 **"决策变量"**，其可用一个数、一组数或一个向量来描述。它是状态变量的函数，常用 $u_k(s_k)$ 表示第 k 阶段中状态为 s_k 时的决策变量。在实际问题中，决策变量的选取往往和该阶段的初始状态有关; 常用 $D_k(s_k)$ 表示第 k 阶段从状态 s_k 出发的允许决策集合。显然，$u_k(s_k)\in D_k(s_k)$。如在例 8-1 的第二阶段中，若从状态 B_1 出发，有三种不同的选择，其允许决策集合为 $D_2(B_1)=\{C_1,C_2,C_3\}$, 若选择行进到 C_2 点，则 C_2 即为状态 B_1 在决策 $u_2(B_1)$ 作用下的一个新状态，记作 $u_2(B_1)=C_2$。

4. 策略

策略是按顺序排列的决策组成的一个集合。由过程的第 k 阶段开始到终止状态为止的过程，称为问题的后部子过程（或称为 k 子过程）。由每个阶段的决策按顺序排列组成的

决策函数序列 $\{u_k(s_k),\cdots,u_n(s_n)\}$ 称为 k 子过程策略，简称子策略，记为 $p_{k,n}(s_k)$：

$$p_{k,n}(s_k)=\{u_k(s_k),u_{k+1}(s_{k+1}),\cdots,u_n(s_n)\}$$

当 $k=1$ 时，此决策函数序列称为全过程的一个策略，简称策略，记为 $p_{1,n}(s_1)$。即

$$p_{1,n}(s_1)=\{u_1(s_1),u_2(s_2),\cdots,u_n(s_n)\}$$

在实际问题中，可供选择的策略有一定的范围，此范围称为**允许策略集合**，用 P 表示。从允许策略集合中找出达到最优效果的策略称为**最优策略**。

5. 状态转移方程

状态转移方程确定了过程由一个状态到另一个状态的演变过程。若给定第 k 阶段状态变量 s_k 的值，那么该阶段的决策变量 u_k 一经确定，第 $k+1$ 阶段中状态变量 s_{k+1} 的值也就完全确定，即 s_{k+1} 的值随着 s_k 和 u_k 取值的变化而变化。这种确定的对应关系，记为

$$s_{k+1}=T_k(s_k,u_k)$$

上式描述了由 k 阶段到 $k+1$ 阶段的状态转移规律，称为“**状态转移方程**”。T_k 称为状态转移函数。

6. 指标函数和最优值函数

指标函数是用来衡量所实现过程优劣的数量指标，它是定义在全过程和所有后部子过程上确定的数量函数。常用 $V_{k,n}$ 表示，即

$$V_{k,n}=V_{k,n}\left(s_k,u_k,s_{k+1},\cdots,s_{n+1}\right),k=1,2,\cdots,n$$

对于要构成动态规划模型的指标函数，应具有可分离性，并满足递推关系。即 $V_{k,n}$ 可以表示为 s_k、u_k、$V_{k+1,n}$ 的函数。记为

$$V_{k,n}(s_k,u_k,s_{k+1},\cdots,s_{n+1})=\psi_k\left[s_k,u_k,V_{k+1},n(s_{k+1},\cdots,s_{n+1})\right]$$

常见的指标函数包括如下形式：

（1）过程和它的任一子过程的指标是它所包含的各个阶段的指标之和，即

$$V_{k,n}(s_k,u_k,\cdots,s_{n+1})=\sum_{j=k}^{n}v_j(s_j,u_j)$$

其中 $v_j(s_j,u_j)$ 表示第 j 阶段的阶段指标。这时，上式可写为

$$V_{k,n}(s_k,u_k,\cdots,s_{n+1})=v_k(s_k,u_k)+V_{k+1,n}(s_{k+1},u_{k+1},\cdots,s_{n+1})$$

（2）过程和它的任一子过程的指标是它所包含的各个阶段的指标的乘积，即

$$V_{k,n}(s_k,u_k,\cdots,s_{n+1})=\prod_{j=k}^{n}v_j(s_j,u_j)$$

进一步地，可将其写为

$$V_{k,n}(s_k,u_k,\cdots,s_{n+1})=v_k(s_k,u_k)V_{k+1,n}(s_{k+1},u_{k+1},\cdots,s_{n+1})$$

指标函数的最优值（最大值或最小值）称为**最优值函数**，记为 $f_k(s_k)$。它表示在从第 k 阶段的状态 s_k 开始到第 n 阶段的终止状态的过程中，所采取的最优策略得到的指标函数值。即

$$f_k(s_k) = \max_{\{u_k,\cdots,u_n\}} / \min V_{k,n}(s_k, u_k, \cdots, s_{n+1})$$

8.1.2 动态规划的基本思想和基本方程

下面，结合例 8-1 的最短路径问题介绍动态规划的基本思想。生活常识告诉我们，最短路径有一个重要特性：如果由起点 A 经过 P 点和 H 点而到达终点 G 是一条最短路线，则由 P 点出发经过 H 点到达终点 G 的这条子路线，对于从 P 点出发到达终点的所有可行路线来说，必定也是最短路线。例如，在最短路径问题中，若 $A \to B_1 \to C_2 \to D_1 \to E_2 \to F_2 \to G$ 是由 A 点到 G 点的最短路线，则 $D_1 \to E_2 \to F_2 \to G$ 为由 D_1 点出发到 G 点的所有可行路线中的最短路线。

根据这一特性，寻找最短路线的方法为：从最后一个阶段开始，采用由后向前逐步递推的方法，得到各点到 G 点的最短路线，最后得到由 A 点到 G 点的最短路线。因此，动态规划方法是从终点逐段向始点方向寻找最短路线的一种方法。

下面按照动态规划方法，将例 8-1 从最后一个阶段开始计算，由后向前逐步推移至 A 点：

当 $k=6$ 时，由 F_1 到终点 G 只有一条路线，故 $f_6(F_1)=4$。同理可得，$f_6(F_2)=3$。

当 $k=5$ 时，出发点有三个，即 E_1、E_2 和 E_3。若从 E_1 出发，则有两个选择（分别为 F_1 和 F_2），则

$$f_5(E_1) = \min\left\{\begin{array}{c} d_5(E_1,F_1)+f_6(F_1) \\ d_5(E_1,F_2)+f_6(F_2) \end{array}\right\} = \min\left\{\begin{array}{c} 3+4 \\ 5+3 \end{array}\right\} = 7$$

对应的决策为 $u_5(E_1)=F_1$。这说明，由 E_1 至终点 G 的最短距离为 7，其最短路线为 $E_1 \to F_1 \to G$。

若从 E_2 出发，可以得到

$$f_5(E_2) = \min\left\{\begin{array}{c} d_5(E_2,F_1)+f_6(F_1) \\ d_5(E_2,F_2)+f_6(F_2) \end{array}\right\} = \min\left\{\begin{array}{c} 5+4 \\ 2+3 \end{array}\right\} = 5$$

对应的决策为 $u_5(E_2)=F_2$。

同理，若从 E_3 出发，可以得到

$$f_5(E_3) = \min\left\{\begin{array}{c} d_5(E_3,F_1)+f_6(F_1) \\ d_5(E_3,F_2)+f_6(F_2) \end{array}\right\} = \min\left\{\begin{array}{c} 6+4 \\ 6+3 \end{array}\right\} = 9$$

对应的决策为 $u_5(E_3)=F_2$。

依此类推，可以得到

当 $k=4$ 时，有

$$f_4(D_1)=7,\quad u_4(D_1)=E_2$$
$$f_4(D_2)=6,\quad u_4(D_2)=E_2$$
$$f_4(D_3)=8,\quad u_4(D_3)=E_2$$

当 $k=3$ 时，有

$$f_3(C_1)=13,\quad u_3(C_1)=D_1$$
$$f_3(C_2)=10,\quad u_3(C_2)=D_1$$
$$f_3(C_3)=9,\quad u_3(C_3)=D_2$$
$$f_3(C_4)=12,\quad u_3(C_4)=D_3$$

当 $k=2$ 时，有

$$f_2(B_1)=13,\quad u_2(B_1)=C_2$$
$$f_2(B_2)=16,\quad u_2(B_2)=C_3$$

当 $k=1$ 时，出发点只有 A 点，则

$$f_1(A)=\min\left\{\begin{array}{c}d_1(A,B_1)+f_2(B_1)\\ d_1(A,B_2)+f_2(B_2)\end{array}\right\}=\min\left\{\begin{array}{c}5+13\\ 3+16\end{array}\right\}=18$$

即 $u_1(A)=B_1$。因此，由起点 A 到终点 G 的最短距离为 18。

为了得到最短路线，按照计算顺序反推之，可以得到最优决策函数序列 $\{u_k\}$，即由

$$u_1(A)=B_1,u_2(B_1)=C_2,u_3(C_2)=D_1,u_4(D_1)=E_2,u_5(E_2)=F_2,u_6(F_2)=G$$

组成一个最优策略。因而，相应的最短路线为

$$A\rightarrow B_1\rightarrow C_2\rightarrow D_1\rightarrow E_2\rightarrow F_2\rightarrow G$$

由上述计算过程可以看出，在求解的各个阶段，利用了 k 阶段与 $k+1$ 阶段之间的递推关系

$$\begin{cases} f_k(s_k)=\min\limits_{u_k\in D_k(s_k)}\{d_k(s_k,u_k(s_k))+f_{k+1}(u_k(s_k))\},k=6,5,4,3,2,1\\ f_7(s_7)=0\quad(\text{或写为}f_6(s_6)=d_6(s_6,G))\end{cases}$$

通常，可将第 k 阶段与第 $k+1$ 阶段的递推关系式记为

$$f_k(s_k)=\max_{u_k\in D_k(s_k)}/\min\{v_k(s_k,u_k(s_k))+f_{k+1}(u_k(s_k))\},\quad k=n,n-1,\cdots,1 \tag{8-1}$$

其边界条件为 $f_{n+1}(s_{n+1})=0$，递推关系式 (8-1) 称为**动态规划的基本方程**。在下文中，使用 opt 表示目标函数的优化方向：对于效益函数，opt 选取 max；对于损失函数，opt 则选取 min。

动态规划方法的基本思想可以归纳如下：

（1）动态规划方法的关键在于正确地写出递推关系式和边界条件 (简言之为基本方程)。要做到这一点，必须先将问题过程划分成相互联系的若干阶段，恰当地选取状态变量和决策变量并定义最优值函数，从而把一个大问题转化为一族同类型的子问题，然后逐个进行求解。

即从边界条件开始，逐段递推寻优，在每一个子问题的求解中，均利用了它前面的子问题的最优化结果，依次进行，直至得到最后一个子问题的最优解，便得到整个问题的最优解。

（2）在多阶段决策过程中，动态规划方法是既将当前阶段和未来各个阶段分开，又将当前效益和未来效益结合起来考虑的一种最优化方法。因此，每个阶段决策的选取是从全局来考虑的，一般不同于该阶段的最优选择答案。

（3）在求解整个问题的最优策略时，由于初始状态是已知的，而每个阶段的决策都是该阶段状态的函数，故最优策略所经过的各个阶段状态便可逐次变换得到，从而确定多阶段问题的最优解。

从不同的维度，可以将动态规划模型划分为不同类型：

• 离散时间和连续时间动态规划模型。按照时间来划分决策阶段是很多动态规划模型（比如库存管理）普遍采用的方法。理论上，时间是一个连续变量，需要建立连续时间动态规划模型来优化求解。有时也可以将时间离散化，将考虑的时间区间划分为若干个子区间，建立离散时间动态规划模型来优化求解。两种模型在数学表达形式上存在较大差异：连续时间模型通常采用偏微分方程来描述，而离散时间模型采用差分方程来描述。

• 确定型和随机型动态规划模型。如果各个阶段的状态是确定的（即下一阶段的状态由本阶段的状态和决策变量明确确定），则对应的动态规划为确定型模型。如果状态存在不确定性（即下一阶段的状态是取决于本阶段状态与决策的一个随机变量），则对应的动态规划为随机型模型。对于随机动态规划模型，指标函数中往往需要考虑到决策的期望效益和风险。当决策者是风险中性时，追求的目标为期望效益最大化或者期望成本最小化。

• 有限和无限周期动态规划模型。根据动态规划模型中包括的决策阶段数目，可以分为有限和无限周期动态规划模型。对于无限周期模型，需要采用不同的方法进行建模，有兴趣的读者可以参阅相关图书。

值得一提的是，有些复杂的单周期决策问题，也可以等价变换为一系列的多阶段决策问题，然后采用动态规划方法加以求解。

8.2 动态规划的最优性原理

正如例 8-1 的最短路径求解过程中阐述的，对于一个多阶段决策问题，作为整个过程的最优策略具有下述性质：即无论过去的状态和决策如何，对前面决策所形成的状态而言，未来决策必须构成最优策略。简言之，一个最优策略的子策略总是最优的。这一原理即为动态规划的最优性原理。

定理 8-1（动态规划的最优性定理） 考虑一个 n 阶段的决策过程，策略 $p_{0,n-1}^* = (u_0^*, u_1^*, \cdots, u_{n-1}^*)$ 为最优策略的充要条件是对任意阶段 k（$0<k<n-1$）和初始状态 $s_0 \in S_0$，有

$$V_{0,n-1}(s_0, p_{0,n-1}^*) = \underset{p_{0,k-1}\in p_{0,k-1}(s_0)}{\text{opt}} \left\{V_{0,k-1}(s_0, p_{0,k-1}) + \underset{p_{k,n-1}\in p_{k,n-1}(\tilde{s}_k)}{\text{opt}} V_{k,n-1}(\tilde{s}_k, p_{k,n-1})\right\} \tag{8-2}$$

上式中 $p^*_{0,n-1}=(p_{0,k-1},p_{k,n-1})$ 且 $\tilde{s}_k=T_{k-1}(s_{k-1},u_{k-1})$，它是由给定的初始状态 s_0 和子策略 $p_{0,k-1}$ 所确定的 k 阶段状态。

证明 必要性：设 $p^*_{0,n-1}$ 是最优策略，则

$$\begin{aligned}V_{0,n-1}(s_0,p^*_{0,n-1})&=\underset{p_{0,n-1}\in p_{0,n-1}(s_0)}{\text{opt}}\{V_{0,n-1}(s_0,p_{0,n-1})\}\\&=\underset{p_{0,n-1}\in p_{0,n-1}(s_0)}{\text{opt}}\{V_{0,k-1}(s_0,p_{0,k-1})+V_{k,n-1}(\tilde{s}_k,p_{k,n-1})\}\end{aligned}$$

对于从第 k 至第 $n-1$ 阶段的子过程而言，其总指标取决于过程的起始点 $\tilde{s}_k=T_{k-1}(s_{k-1},u_{k-1})$ 和子策略 $p_{k,n-1}$。该起始点 $\tilde{s}_k$ 是由前一阶段子过程在子策略 $p_{0,k-1}$ 下确定的。因此，在策略集合 $p_{0,k-1}$ 上求解最优解等价于先在子策略集合 $p_{k,n-1}(\tilde{s}_k)$ 上求解最优解，然后再求解子最优解在子策略集合 $p_{0,k-1}(s_0)$ 上的最优解。故上式可写为

$$\begin{aligned}&V_{0,n-1}(s_0,p^*_{0,n-1})\\=&\underset{p_{0,k-1}\in p_{0,k-1}(s_0)}{\text{opt}}\{\underset{p_{k,n-1}\in p_{k,n-1}(\tilde{s}_k)}{\text{opt}}[V_{0,k-1}(s_0,p_{0,k-1})+V_{k,n-1}(\tilde{s}_k,p_{k,n-1})]\}\end{aligned}$$

其中括号内第一项与子策略 $p_{k,n-1}$ 无关，故有

$$V_{0,n-1}(s_0,p^*_{0,n-1})=\underset{p_{0,k-1}\in p_{0,k-1}(s_0)}{\text{opt}}\{V_{0,k-1}(s_0,p_{0,k-1})+\underset{p_{k,n-1}\in p_{k,n-1}(\tilde{s}_k)}{\text{opt}}V_{k,n-1}(\tilde{s}_k,p_{k,n-1})\}$$

充分性：设 $p_{0,n-1}=(p_{0,k-1},p_{k,n-1})$ 为任一策略，$\tilde{s}_k$ 为由 $(s_0,p_{0,k-1})$ 所确定的 k 阶段的起始状态，则有

$$V_{k,n-1}(\tilde{s}_k,p_{k,n-1})\preceq\underset{p_{k,n-1}\in p_{k,n-1}(\tilde{s}_k)}{\text{opt}}V_{k,n-1}(\tilde{s}_k,p_{k,n-1})$$

这里，当 opt 表示 max 时，记号 "$\preccurlyeq$" 表示 "$\leqslant$"，而当 opt 表示 min 时则表示 "$\geqslant$"。因此，式 (8-2) 可表示为

$$\begin{aligned}V_{0,n-1}(s_0,p_{0,n-1})&=V_{0,k-1}(s_0,p_{0,k-1})+V_{k,n-1}(\tilde{s}_k,p_{k,n-1})\\&\preccurlyeq V_{0,k-1}(s_0,p_{0,k-1})+\underset{p_{k,n-1}\in p_{k,n-1}(\tilde{s}_k)}{\text{opt}}\{V_{k,n-1}(\tilde{s}_k,p_{k,n-1})\}\\&\preccurlyeq\underset{p_{0,k-1}\in p_{0,k-1}(s_0)}{\text{opt}}\{V_{0,k-1}(s_0,p_{0,k-1})+\\&\qquad\underset{p_{k,n-1}\in p_{k,n-1}(\tilde{s}_k)}{\text{opt}}V_{k,n-1}(\tilde{s}_k,p_{k,n-1})\}\\&=V_{0,n-1}(s_0,p^*_{0,n-1})\end{aligned}$$

故只要 $p^*_{0,n-1}$ 使式 (8-2) 成立，则对任一策略 $p_{0,n-1}$，均满足

$$V_{0,n-1}(s_0,p_{0,n-1})\preccurlyeq V_{0,n-1}(s_0,p^*_{0,n-1})$$

因此，$p_{0,n-1}^*$ 即为最优策略。证毕。

推论 8-1 若策略 $p_{0,n-1}^*$ 为最优策略，则对任意的 k，$0<k<n-1$，它的子策略 $p_{k,n-1}^*$ 对于以 $s_k^*=T_{k-1}(s_{k-1}^*,u_{k-1}^*)$ 为起点的 k 到 $n-1$ 子过程来说，必是最优策略（注意：k 阶段状态 s_k^* 是由 s_0 和 $p_{0,k-1}^*$ 所确定的）。

推论 8-1 用反证法即可容易获得。从最优性定理可知：如果一个决策问题有最优策略，则该问题的最优值函数一定可用动态规划的基本方程来表示，反之亦真。该定理为人们使用动态规划方法处理决策问题提供了理论依据并指明了方法，即需要充分分析决策问题的结构，使它满足动态规划的条件，并且正确地写出动态规划的基本方程。

8.3 动态规划的求解方法

动态规划方法有逆序解法和顺序解法之分，其关键在于正确写出动态规划的递推关系式，故递推方式有逆推和顺推两种形式。一般而言，当初始状态给定时，用逆推解法比较方便；而当终止状态给定时，用顺推解法比较方便。

考查一个 n 阶段决策过程,其中状态变量为 $s_1,s_2,\cdots,s_{n+1}$;决策变量为 $x_1,x_2,\cdots,x_n$。在第 k 阶段，决策 x_k 使状态从 s_k 转移到 s_{k+1}，设状态转移函数为

$$s_{k+1}=T_k(s_k,x_k),\quad k=1,2,\cdots,n$$

假定过程的总效益（指标函数）与各阶段效益（阶段指标函数）的关系为

$$V_{1,n}=v_1(s_1,x_1)*v_2(s_2,x_2)*\cdots*v_n(s_n,x_n)$$

其中记号“*”可都表示为“+”或者都表示为“×”。为使 $V_{1,n}$ 达到最优化，需要求解 opt $V_{1,n}$。简单起见，此处求解 $\max V_{1,n}$。

8.3.1 逆推解法

设 $f_k(s_k)$ 为第 k 阶段初始状态为 x_k 的前提下，从 k 阶段到 n 阶段采用最优决策所得到的最大效益。在最后一个阶段，有

$$f_n(s_n)=\max_{x_n\in D_n(s_n)} v_n(s_n,x_n)$$

其中 $D_n(s_n)$ 是由状态 s_n 所确定的第 n 阶段的允许决策集合。设上述问题的最优解为 $x_n=x_n(s_n)$。

在第 $n-1$ 阶段，有

$$f_{n-1}(s_{n-1})=\max_{x_{n-1}\in D_n(s_{n-1})}[v_{n-1}(s_{n-1},x_{n-1})*f_n(s_n)]$$

其中 $s_n=T_{n-1}(s_{n-1},x_{n-1})$。求解此一维极值问题，可以得到最优解 $x_{n-1}=x_{n-1}(s_{n-1})$ 和最优值 $f_{n-1}(s_{n-1})$。

在第 k 阶段，有

$$f_k(s_k)=\max_{x_k\in D_k(s_k)}[v_k(s_k,x_k)*f_{k+1}(s_{k+1})]$$

其中 $s_{k+1}=T_k(s_k,x_k)$。通过求解，可以得到最优解 $x_k=x_k(s_k)$ 和最优值 $f_k(s_k)$。

依此类推，直至第一阶段，可以得到

$$f_1(s_1)=\max_{x_1\in D_1(s_1)}[v_1(s_1,x_1)*f_2(s_2)]$$

其中 $s_2=T_1(s_1,x_1)$。通过求解，可以得到最优解 $x_1=x_1(s_1)$ 和最优值 $f_1(s_1)$。

由于初始状态 s_1 已知，故 $x_1=x_1(s_1)$ 和 $f_1(s_1)$ 是确定的，从而 $s_2=T_1(s_1,x_1)$ 可以确定。进一步地，可以得到 $x_2=x_2(s_2)$ 和 $f_2(s_2)$。这样，按照与上述递推过程相反的顺序推算下去，即可逐步确定每个阶段的决策及效益。

例 8-2 采用逆推解法求解下面问题

$$\max z=x_1\cdot x_2^2\cdot x_3$$
$$\begin{cases} x_1+x_2+x_3=c \quad (c>0) \\ x_i\geqslant 0, \quad i=1,2.3 \end{cases}$$

解 按问题的变量个数划分阶段，可将其看作一个三阶段决策问题。设状态变量为 s_1、s_2、s_3，并记 $s_1=c$；然后，选取问题中的变量 x_1、x_2、x_3 为决策变量；最后，对各个阶段指标函数按照乘积方式进行结合。令最优值函数 $f_k(s_k)$ 表示第 k 阶段初始状态为 s_k 时，从 k 阶段到 3 阶段所得到的最大值。

设 $$s_3=x_3,\ s_3+x_2=s_2,\ s_2+x_1=s_1=c$$

则有 $$x_3=s_3,\ 0\leqslant x_2\leqslant s_2,\ 0\leqslant x_1\leqslant s_1=c$$

由此，采用逆推解法，从后向前依次可以得到：

$$f_3(s_3)=\max_{x_3=s_3}(x_3)=s_3 \text{ 及最优解 } x_3^*=s_3$$

$$f_2(s_2)=\max_{0\leqslant x_2\leqslant s_2}\left[x_2^2f_3(s_3)\right]=\max_{0\leqslant x_2\leqslant s_2}\left[x_2^2(s_2-x_2)\right]=\max_{0\leqslant x_2\leqslant s_2}h_2(s_2,x_2)$$

然后，由 $\dfrac{\mathrm{d}h_2}{\mathrm{d}x_2}=2x_2s_2-3x_2^2=0$，可以得到 $x_2=\dfrac{2}{3}s_2$ 和 $x_2=0$(舍去)；又 $\dfrac{\mathrm{d}^2h_2}{\mathrm{d}x_2^2}=2s_2-6x_2$，而 $\left.\dfrac{\mathrm{d}^2h_2}{\mathrm{d}x_2^2}\right|_{x_2=\frac{2}{3}s_2}=-2s_2<0$，故 $x_2=\dfrac{2}{3}s_2$ 为极大值点。

因此，可以得到 $f_2(s_2)=\dfrac{4}{27}s_2^3$ 以及最优解 $x_2^*=\dfrac{2}{3}s_2$。

同理可得

$$f_1(s_1)=\max_{0\leqslant x_1\leqslant s_1}[x_1\cdot f_2(s_2)]=\max_{0\leqslant x_1\leqslant s_1}\left[x_1\cdot\frac{4}{27}(s_1-x_1)^3\right]=\max_{0\leqslant x_1\leqslant s_1}h_1(s_1,x_1)$$

利用微分法易知 $x_1^*=\dfrac{1}{4}s_1$，故 $f_1(s_1)=\dfrac{1}{64}s_1^4$。

由于已知 $s_1=c$，因而按计算顺序反推算，可得各个阶段的最优决策和最优值。即

$$x_1^*=\frac{1}{4}c, \quad f_1(c)=\frac{1}{64}c^4$$

由

$$s_2=s_1-x_1^*=c-\frac{1}{4}c=\frac{3}{4}c$$

得到

$$x_2^*=\frac{2}{3}s_2=\frac{1}{2}c, \quad f_2(s_2)=\frac{1}{16}c^3$$

进一步地，由

$$s_3=s_2-x_2^*=\frac{3}{4}c-\frac{1}{2}c=\frac{1}{4}c$$

得到

$$x_3^*=\frac{1}{4}c, \quad f_3(s_3)=\frac{1}{4}c$$

因此，可以得到最优解为

$$x_1^*=\frac{1}{4}c, \quad x_2^*=\frac{1}{2}c, \quad x_3^*=\frac{1}{4}c$$

对应的最优目标函数值为 $\max z=f_1(c)=\dfrac{1}{64}c^4$。

8.3.2 顺推解法

假定函数 $f_k(s)$ 表示第 k 阶段末结束状态为 s 的前提下，从 1 阶段到 k 阶段通过最优决策所得到的最大收益。

已知终止状态 s_{n+1} 用顺推解法与已知初始状态用逆推解法在本质上没有区别，它相当于把实际的起点视为终点，而按逆推解法进行。换言之，只要把输出 s_{k+1} 看作输入，把输入 s_k 看作输出，便可得到顺推解法。但应注意，这里是在上述状态变量和决策变量的记法不变的情况下考虑的。因而这时的状态变换是上面状态变换的逆变换，记为 $s_k=T_k^*(s_{k+1},x_k)$；从运算而言，即是由 s_{k+1} 和 x_k 确定 s_k。

从第一阶段开始，由

$$f_1(s_2)=\max_{x_1\in D_1(s_1)} v_1(s_1,x_1)，\text{其中 } s_1=T_1^*(s_2,x_1)$$

解得最优解 $x_1=x_1(s_2)$ 和最优值 $f_1(s_2)$。

在第二阶段，由

$$f_2(s_3)=\max_{x_2\in D_2(s_2)} [v_2(s_2,x_2)*f_1(s_2)]$$

其中 $s_2=T_2^*(s_3,x_2)$，可以得到最优解 $x_2=x_2(s_3)$ 和最优值 $f_2(x_3)$。

依此类推，直至第 n 阶段，由

$$f_n(s_{n+1})=\max_{x_n\in D_n(s_n)}[v_n(s_n,x_n)*f_{n-1}(s_n)]$$

其中 $s_n=T_n^*(s_{n+1},x_n)$，可以得到最优解 $x_n=x_n(s_{n+1})$ 和最优值 $f_n(s_{n+1})$。

由于终止状态 s_{n+1} 是已知的，故 $x_n=x_n(s_{n+1})$ 和 $f_n(s_{n+1})$ 是确定的。这样，按照计算过程的相反顺序进行推算，便可逐步得到每个阶段的决策及效益。应指出的是，若将状态变量的记法改为 $s_0,s_1,\cdots,s_n$，而决策变量记法保持不变，则按顺序解法，得到的最优值函数为 $f_k(s_k)$。因而，这个符号与逆推解法的符号一样，但含义有所不同，这里，s_k 表示 k 阶段末的结束状态。

例 8-3 利用顺推解法求解例 8-2。

解 设 $s_4=c$，令最优值函数 $f_k(s_{k+1})$ 表示第 k 阶段末结束状态为 s_{k+1} 时，从 1 阶段到 k 阶段的最大值。

设 $$s_2=x_1,\ s_2+x_2=s_3,\ s_3+x_3=s_4=c$$

则有 $$x_1=s_2,\ 0\leqslant x_2\leqslant s_3,\ 0\leqslant x_3\leqslant s_4$$

因而利用顺推解法，从前向后依次可以得到

$$f_1(s_2)=\max_{x_1=s_2}(x_1)=s_2\ \text{及最优解}\ x_1^*=s_2,$$

$$f_2(s_3)=\max_{0\leqslant x_2\leqslant s_3}[x_2^2f_1(s_2)]=\max_{0\leqslant x_2\leqslant s_3}[x_2^2(s_3-x_2)]=\frac{4}{27}s_3^3\ \text{及最优解}\ x_2^*=\frac{2}{3}s_3,$$

$$f_3(s_4)=\max_{0\leqslant x_3\leqslant s_4}[x_3f_2(s_3)]=\max_{0\leqslant x_3\leqslant s_4}\left[x_3\frac{4}{27}(s_4-x_3)^3\right]=\frac{1}{64}S_4^4\ \text{及最优解}\ x_3^*=\frac{1}{4}s_3\text{。}$$

由于已知 $s_4=c$，故易得最优解为 $x_1^*=\frac{1}{4}c$，$x_2^*=\frac{1}{2}c$，$x_3^*=\frac{1}{4}c$；相应的最大值为 $\max z=\frac{1}{64}c^4$。

8.4 动态规划的管理应用

动态规划应用领域非常广泛，包括最短路径、资源分配、库存管理、背包问题等。虽然动态规划主要用于用时间或空间划分的多阶段决策问题，一些静态规划问题也可以划分为多个阶段，并使用动态规划方法来求解。应用动态规划解决多阶段决策问题时，最重要的是建立正确的动态规划模型。本节通过几个例子介绍动态规划的管理应用。

8.4.1 资源分配问题

资源分配问题的一般性描述为（以单一资源为例）：设有某种资源，总数量为 a，用于生产 n 种产品。若分配数量 x_i 用于生产第 i 种产品，其收益为 $g_i(x_i)$。问应如何分配，才能使生产 n 种产品的总收入最大?

此问题可写为以下静态规划问题

$$\begin{cases} \max z = g_1(x_1) + g_2(x_2) + \cdots + g_n(x_n) \\ x_1 + x_2 + \cdots + x_n = a \\ x_i \geqslant 0, i = 1, 2, \cdots, n \end{cases}$$

当 $g_i(x_i)$ 均为线性函数时，它是一个线性规划问题；当 $g_i(x_i)$ 是非线性函数时，它是一个非线性规划问题。当 n 比较大时，具体求解比较麻烦。然而，由于这类问题的特殊结构，可以将它看作一个多阶段决策问题，并利用动态规划的递推关系来求解。在应用动态规划方法处理这类“静态规划”问题时，通常以把资源分配给一个或几个使用者的过程作为一个阶段，把问题中的变量 x_i 选为决策变量，将累计的量或随递推过程变化的量选为状态变量。

设状态变量 s_k 表示分配用于生产第 k 种产品至第 n 种产品的资源数量。

决策变量 u_k 表示分配给生产第 k 种产品的资源数，即 $u_k = x_k$。

状态转移方程为

$$s_{k+1} = s_k - u_k = s_k - x_k$$

允许决策集合为

$$D_k(s_k) = \{\, u_k |\, 0 \leqslant u_k = x_k \leqslant s_k \}$$

令最优值函数 $f_k(s_k)$ 表示以数量为 s_k 的资源分配给第 k 种产品至第 n 种产品所得到的最大总收入。因而可写出动态规划的逆推关系式为

$$\begin{cases} f_k(s_k) = \max\limits_{0 \leqslant x_k \leqslant s_k} \{g_k(x_k) + f_{k+1}(s_k - x_k)\} \\ f_n(s_n) = \max\limits_{x_n = s_n} g_n(x_n) \end{cases}, \quad k = n-1, \cdots, 1$$

利用此递推关系式进行逐段计算，最后求得 $f_1(a)$ 即为所求问题的最大总收入。

例 8-4 某工业部门根据国家计划的安排，拟将某种高效率的设备（共 5 台），分配给所属的甲、乙、丙三个工厂。各工厂获得该设备后，可以为国家提供的盈利如表 8-1 所示。问：应该采用何种分配方案，才能使国家获得的总盈利最大？

表 8-1　某工业部门设备高效利用盈利表　　万元

设备台数	甲	乙	丙
0	0	0	0
1	3	5	4
2	7	10	6
3	9	11	11
4	12	11	12
5	13	11	12

解　将问题按工厂分为三个阶段，甲、乙、丙三个工厂分别编号为 1、2、3。

设 s_k——分配给第 k 个工厂至第 n 个工厂的设备台数；

x_k——分配给第 k 个工厂的设备台数；

$s_{k+1}=s_k-x_k$——分配给第 $k+1$ 个工厂至第 n 个工厂的设备台数；

$P_k(x_k)$——将 x_k 台设备分配至第 k 个工厂所得的盈利值；

$f_k(s_k)$——将 s_k 台设备分配给第 k 个工厂至第 n 个工厂时所得到的最大盈利值。

因此，动态规划的逆推关系式为

$$\begin{cases} f_k(s_k)=\max\limits_{0\leqslant x_k\leqslant s_k}[P_k(x_k)+f_{k+1}(s_k-x_k)] \\ f_4(s_4)=0 \end{cases},\quad k=3,2,1$$

下面从最后一个阶段开始向前逆推计算。

第三阶段：

设将 s_3 台设备 $(s_3=0,1,2,3,4,5)$ 全部分配给工厂丙时，最大盈利值为

$$f_3(s_3)=\max_{x_3}[P_3(x_3)]$$

其中，$x_3=s_3=0,1,2,3,4,5$。

由于此时将设备全部分配给工厂丙，故它的盈利值即为该阶段的最大盈利值。其数值计算如表 8-2 所示。

表 8-2

s_3	$p_3(x_3)$						$f_3(s_3)$	x_3^*
	0	1	2	3	4	5		
0	0						0	0
1		4					4	1
2			6				6	2
3				11			11	3
4					12		12	4
5						12	12	5

表中 x_3^* 表示使 $f_3(s_3)$ 为最大值时的最优决策。

第二阶段：

设把 s_2 台设备 $(s_2=0,1,2,3,4,5)$ 分配给工厂乙和工厂丙，则对每个 s_2 值，有一种最优分配方案，使最大盈利值为

$$f_2(s_2)=\max_{x_2}[P_2(x_2)+f_3(s_2-x_2)],\quad x_2=0,1,2,3,4,5$$

由于分配给工厂乙 x_2 台设备，其盈利为 $p_2(x_2)$；余下的 s_2-x_2 台设备分配给工厂丙，则它的最大盈利值为 $f_3(s_2-x_2)$。现选择 x_2 的值，使 $p_2(x_2)+f_3(s_2-x_2)$ 得到最大值。其数值计算如表 8-3 所示。

表 8-3

s_2	$p_2(x_2)+f_3(s_2-x_2)$						$f_2(x_2)$	x_2^*
	0	1	2	3	4	5		
0	0						0	0
1	0+4	5+0					5	1
2	0+6	5+4	10+0				10	2
3	0+11	5+6	10+4	11+0			14	2
4	0+12	5+11	10+6	11+4	11+0		16	1,2
5	0+12	5+12	10+11	11+6	11+4	11+0	21	2

第一阶段：

设把 s_1 台 (这里只考虑 $s_1=5$) 设备分配给甲、乙、丙三个工厂，则最大盈利值为

$$f_1(5)=\max_{x_1}[p_1(x_1)+f_2(5-x_1)],\quad x_1=0,1,2,3,4,5$$

因为分配给工厂甲 x_1 台设备，其盈利为 $p_1(x_1)$，其余 $5-x_1$ 台设备分配给工厂乙和工厂丙，则它的盈利最大值为 $f_2(5-x_1)$。现选择 x_1 值，使 $p_1(x_1)+f_2(5-x_1)$ 得到最大值，它即为所求的总盈利最大值，其数值计算如表 8-4 所示。

表 8-4

s_1	$p_1(x_1)+f_2(5-x_1)$						$f_1(5)$	x_1^*
	0	1	2	3	4	5		
5	0+21	3+16	7+14	9+10	12+5	13+0	21	0,2

然后按照上述计算顺序反向推算，可知最优分配方案为

(1) 由于 $x_1^*=0$，根据 $s_2=s_1-x_1^*=5-0=5$，查表 8-3 知 $x_2^*=2$，由 $s_3=s_2-x_2^*=5-2=3$，故 $x_3^*=s_3=3$。即分配给工厂甲 0 台设备，工厂乙 2 台设备，工厂丙 3 台设备。

(2) 由于 $x_1^*=2$，根据 $s_2=s_1-x_1^*=5-2=3$，查表 8-3 知 $x_2^*=2$，由 $s_3=s_2-x_2^*=3-2=1$，故 $x_3^*=s_3=1$。即分配给工厂甲 2 台设备，工厂乙 2 台设备，工厂丙 1 台设备。

以上两个分配方案所得的总盈利均为 21 万元。

8.4.2 生产与存储问题

在生产和经营管理中，经常遇到需要合理安排生产 (或购买) 与库存的问题，达到既满足社会需要，又能够尽量降低成本费用的目标。因此，正确制定生产 (或采购) 策略，确定不同时期的生产量 (或采购量) 和库存量，以使总生产成本费用和库存费用之和最小，此即为生产与存储问题的最优化目标。

1. 生产计划问题

设某公司对某种产品要制定一项 n 阶段的生产 (或购买) 计划。已知它的初始库存量为零，每阶段中该产品的生产 (或购买) 数量有上限限制；每阶段中社会对该产品的需求量

是已知的，公司需要保证供应；并且确保在 n 阶段末的终结库存量仍为零。问该公司如何制定每个阶段的生产 (或采购) 计划，从而使总成本最小。

设 d_k 为第 k 阶段该产品的需求量，x_k 为第 k 阶段该产品的生产量 (或采购量)，v_k 为第 k 阶段结束时的产品库存量，则有 $v_k = v_{k-1} + x_k - d_k$。

$c_k(x_k)$ 表示第 k 阶段生产 x_k 单位产品所需要支付的成本费用，它包括生产准备成本 K 和产品成本 ax_k(其中 a 是单位产品成本) 两项费用。即

$$c_k\left(x_k\right)=\begin{cases}0 & \text{当}x_k=0\\ K+ax_k & \text{当}x_k=1,2,\cdots,m\\ \infty & \text{当}x_k>m\end{cases}$$

$h_k(v_k)$ 表示在第 k 阶段结束时库存量为 v_k 所需的存储费用，故第 k 阶段的成本费用为 $c_k(x_k)+h_k(v_k)$，m 表示每个阶段生产该产品的上限数。因而，上述问题的数学模型可表述为如下形式

$$\min g=\sum_{k=1}^{n}\left[c_k(x_k)+h_k(v_k)\right]$$

$$\begin{cases}v_0=0, v_n=0\\ v_k=\displaystyle\sum_{j=1}^{k}(x_j-d_j)\geqslant 0 & k=2,\cdots,n-1\\ 0\leqslant x_k\leqslant m & k=1,2,\cdots,n\\ x_k\ \text{为整数} & k=1,2,\cdots,n\end{cases}$$

将上述问题看作一个 n 阶段决策问题，则可以用动态规划方法对其进行求解。令 v_{k-1} 为状态变量，它表示第 k 阶段的初始库存量。x_k 为决策变量，它表示第 k 阶段的产品生产量。这样，状态转移方程可写为

$$v_k=v_{k-1}+x_k-d_k,\quad k=1,2,\cdots,n$$

最优值函数 $f_k(v_k)$ 表示从第 1 阶段初始库存量为 0 到第 k 阶段末库存量为 v_k 时的最小总费用。因此，可以给出如下顺序递推关系式

$$f_k(v_k)=\min_{0\leqslant x_k\leqslant\sigma_k}\left[c_k(x_k)+h_k(v_k)+f_{k-1}(v_{k-1})\right],\quad k=1,\cdots,n$$

由于每个阶段中产品的生产量上限为 m，并且产品的产量需要满足社会需求，故第 $k-1$ 阶段末的库存量 v_{k-1} 必须非负，即 $v_k+d_k-x_k\geqslant 0$（$x_k\leqslant v_k+d_k$）。因此，$\sigma_k=\min(v_k+d_k,m)$。

边界条件为 $f_0(v_0)=0$ (或 $f_1(v_1)=\min\limits_{x_1=\sigma_1}\left[c_1(x_1)+h_1(v_1)\right]$)，从边界条件出发，利用上述递推关系式计算 $f_k(v_k)$ 中 v_k 在 0 至 $\min\left[\sum\limits_{j=k+1}^{n}d_j,\ m-d_k\right]$ 之间的数值解，$k=1,\cdots,n$，由此得到的 $f_n(0)$ 即为所要求解的最小总费用。

注 若每个阶段中产品的生产数量无上限限制，则只需改变 $c_k(x_k)$ 和 σ_k 即可。即

$$c_k(x_k)=\begin{cases}0 & \text{当} x_k=0\\ K+ax_k & \text{当} x_k=1,2,\cdots\end{cases},\quad \sigma_k=v_k+d_k$$

同理，需要求解 $f_k(v_k)$ 中 v_k 在 0 至 $\sum\limits_{j=k+1}^{n} d_j$ 之间的数值解，$k=1,\cdots,n$。

例 8-5 某工厂拟对一种产品制订今后四个时期的生产计划，据估计在今后四个时期内，市场对于该产品的需求量如表 8-5 所示。

表 8-5

时期 k	1	2	3	4
需求量 d_k	2	3	2	4

假定该厂生产每批产品的固定成本为 3 千元；每单位产品成本为 1 千元；每个时期中产品的最大生产批量为 6 单位；每个时期末每单位未售出的产品需支付存储费 0.5 千元。此外，假定第一个时期的初始库存量为 0，第四个时期末的库存量也为 0。试问该厂应如何安排各个时期的生产与库存计划，才能在满足市场需要的前提下，使总成本最小。

解 使用动态规划方法对该问题进行求解，其符号含义与前述相同。按照四个时期将该问题划分为四个阶段。由题意可知，第 k 时期的生产成本为

$$c_k(x_k)=\begin{cases}0 & \text{当} x_k=0\\ 3+1\cdot x_k & \text{当} x_k=1,2,\cdots,6\\ \infty & \text{当} x_k>6\end{cases}$$

第 k 时期末库存量为 v_k 时的存储费用为 $h_k(v_k)=0.5v_k$，故第 k 时期的总成本费用为 $c_k(x_k)+h_k(v_k)$。这样，可以给出如下顺序递推关系式

$$f_k(v_k)=\min_{0\leqslant x_k\leqslant\sigma_k}\left[c_k(x_k)+h_k(v_k)+f_{k-1}(v_k+d_k-x_k)\right],\quad k=2,3,4$$

其中 $\sigma_k=\min(v_k+d_k,6)$。边界条件为 $f_1(v_1)=\min\limits_{x_1=\min(v_1+d_1,6)}\left[c_1(x_1)+h_1(v_1)\right]$。

当 $k=1$ 时，由

$$f_1(v_1)=\min_{x_1=\min(v_1+2,6)}\left[c_1(x_1)+h_1(v_1)\right]$$

分别求解 v_1 在 0 至 $\min\left[\sum\limits_{j=2}^{4}d_j, m-d_1\right]=\min[9,\ 6-2]=4$ 之间的数值解。由此得到

当 $v_1=0$ 时，$f_1(0)=\min\limits_{x_1=2}[3+x_1+0.5\times 0]=5$，因此 $x_1=2$；

当 $v_1=1$ 时，$f_1(1)=\min\limits_{x_1=3}[3+x_1+0.5\times 1]=6.5$，因此 $x_1=3$；

当 $v_1=2$ 时，$f_1(2)=\min\limits_{x_1=4}[3+x_1+0.5\times 2]=8$，因此 $x_1=4$；

同理可得 $f_1(3)=9.5$，$x_1=5$；$f_1(4)=11$， $x_1=6$。

当 $k=2$ 时，由

$$f_2(v_2)=\min_{0\leqslant x_2\leqslant\sigma_2}[c_2(x_2)+h_2(v_2)+f_1(v_2+3-x_2)]$$

其中 $\sigma_2=\min(v_2+3,6)$。分别计算 v_2 在 0 至 $\min\left[\sum\limits_{j=3}^{4}d_j,6-3\right]=\min[6,3]=3$ 之间的数值解。从而得到

$$\begin{aligned}f_2(0)&=\min_{0\leqslant x_2\leqslant 3}[c_2(x_2)+h_2(0)+f_1(3-x_2)]\\&=\min\begin{bmatrix}c_2(0)+h_2(0)+f_1(3)\\c_2(1)+h_2(0)+f_1(2)\\c_2(2)+h_2(0)+f_1(1)\\c_2(3)+h_2(0)+f_1(0)\end{bmatrix}=\min\begin{bmatrix}0+9.5\\4+8\\5+6.5\\6+5\end{bmatrix}=9.5,\quad x_2=0\end{aligned}$$

$$f_2(1)=\min_{0\leqslant x_2\leqslant 4}[c_2(x_2)+h_2(1)+f_1(4-x_2)]=11.5,\quad x_2=0$$

$$f_2(2)=\min_{0\leqslant x_2\leqslant 5}[c_2(x_2)+h_2(2)+f_1(5-x_2)]=14,\quad x_2=5$$

$$f_2(3)=\min_{0\leqslant x_2\leqslant 6}[c_2(x_2)+h_2(3)+f_1(6-x_2)]=15.5,\quad x_2=6$$

注 在计算 $f_2(2)$ 和 $f_2(3)$ 时，由于每个时期的最大生产批量为 6 单位，故 $f_1(5)$ 和 $f_1(6)$ 无意义，因而给定 $f_1(5)=f_1(6)=\infty$，其余类推。

当 $k=3$ 时，由

$$f_3(v_3)=\min_{0\leqslant x_3\leqslant\sigma_3}[c_3(x_3)+h_3(v_3)+f_2(v_3+2-x_3)]$$

其中 $\sigma_3=\min(v_3+2,6)$。之后，分别计算 v_3 在 0 至 $\min[4,6-2]=4$ 之间的数值解从而得到

$$\begin{aligned}&f_3(0)=14, &&x_3=0\\&f_3(1)=16, &&x_3=0 \text{ 或 } 3\\&f_3(2)=17.5, &&x_3=4\\&f_3(3)=19, &&x_3=5\\&f_3(4)=20.5, &&x_3=6\end{aligned}$$

当 $k=4$ 时，因要求第 4 时期末的库存量为 0，即 $v_4=0$，故

$$f_4(0)=\min_{0\leqslant x_1\leqslant 4}[c_4(x_4)+h_4(0)+f_3(4-x_4)]$$

$$
= \min \begin{bmatrix} c_4(0)+f_3(4) \\ c_4(1)+f_3(3) \\ c_4(2)+f_3(2) \\ c_4(3)+f_3(1) \\ c_4(4)+f_3(0) \end{bmatrix} = \min \begin{bmatrix} 0+20.5 \\ 4+19 \\ 5+17.5 \\ 6+16 \\ 7+14 \end{bmatrix} = 20.5, \quad x_4 = 0
$$

最后，按照计算顺序反向推算，即可得到每个时期的最优生产决策为

$$
x_1 = 5, \quad x_2 = 0, \quad x_3 = 6, \quad x_4 = 0
$$

其相应的最小总成本为 20.5 千元。

进一步地，将上述例题中的有关数据列成表 8-6，通过分析这些数据，可以得到一些规律性的见解。

表 8-6

阶段 i	0	1	2	3	4
需求量 d_i	—	2	3	2	4
生产量 x_i	—	5	0	6	0
库存量 v_i	0	3	0	4	0

由表中数据可以得到，上述库存问题具有如下特征：

（1）对任意 i, 有 $v_{i-1} \cdot x_i = 0, (i = 1, 2, 3, 4)$ 其中 $v_0 = 0$。

（2）对于最优生产决策，它可以被裂解为两个子问题，一是阶段 1 至阶段 2，二是阶段 3 至阶段 4。这样，每个子问题中最优生产决策所对应的最小总成本之和等于原问题的最小总成本。

上述现象并非偶然，而是这类库存问题数学模型所具有的普遍特征。在这类问题的研究中，依据上述规律（2），可以极大地降低计算工作量。

若对任意 i，均存在 $v_{i-1}x_i = 0$，则称该点的生产决策 (或称一个策略 $x = x_1, \cdots, x_n$) 具有**再生产点性质** (又称重生性质)。若 $v_i = 0$，则称阶段 i 为**再生产点** (又称重生点)。

假定 $v_0 = 0$ 和 $v_n = 0$，则阶段 0 和阶段 n 为再生产点。可以证明：若库存问题的目标函数 $g(x)$ 在凸集合 S 上是凹函数 (或凸函数)，则 $g(x)$ 在 S 的顶点上可以得到具有再生产点性质的最优策略。下面，运用再生产点性质计算库存问题为凹函数的最优解。

设 $c(j,i)$ 为阶段 j 到阶段 i 的总成本，$j \leqslant i$；给定 $j-1$ 和 i 是再生产点，并且阶段 j 到阶段 i 期间的产品全部由阶段 j 供给。则

$$
c(j,i) = c_j\left(\sum_{s=j}^{i} \mathrm{d}_s\right) + \sum_{s=j+1}^{i} c_s(0) + \sum_{s=j}^{i-1} h_s\left(\sum_{t=s+1}^{i} \mathrm{d}_t\right) \tag{8-7}
$$

根据两个再生产点之间的最优策略，可以得到一个更为有效的动态规划递推关系式。

设最优值函数 f_i 表示在阶段 i 末库存量为 $v_i = 0$ 时，从阶段 1 到阶段 i 的最小成本，其对应的递推关系式为

$$f_i = \min_{1 \leqslant j \leqslant i} [f_{j-1} + c(j,i)], \quad i = 1, 2, \cdots, n \tag{8-8}$$

边界条件为

$$f_0 = 0 \tag{8-9}$$

为了确定最优生产决策，依次计算 $f_1, f_2, \cdots, f_n$。则 $f_n(0)$ 为 n 个阶段的最小总成本。设 $j(n)$ 为计算 f_n 时，使式 (8-8) 等式右侧实现最小化的 j 值，即

$$f_n = \min_{1 \leqslant j \leqslant n} [f_{j-1} + c(j,n)] = f_{j(n)-1} + c(j(n), n)$$

则从阶段 $j(n)$ 到阶段 n 的最优生产决策为

$$x_{j(n)} = \sum_{s=j(n)}^{n} d_s$$

$$x_s = 0, \quad s = j(n)+1, \quad j(n)+2, \cdots, n$$

故阶段 $j(n)-1$ 为再生产点。为了进一步确定阶段 $j(n)-1$ 到阶段 1 的最优生产决策，记 $m = j(n)-1$，而 $j(m)$ 为在计算 f_m 时，使式 (8-8) 等式右侧实现最小化的 j 值，则从阶段 $j(m)$ 到阶段 $j(n)$ 的最优生产决策为

$$x_{j(n)} = \sum_{s=j(m)}^{m} d_s$$

$$x_s = 0, \quad s = j(m)+1, \quad j(m)+2, \cdots, m$$

故阶段 $j(m)-1$ 为再生产点，其余依此类推。

2. 不确定性的采购问题

在实际问题中，还存在某些多阶段决策过程，它们与前述确定性多阶段决策过程不同，其状态转移涉及随机性因素，不能完全确定，而是按照某种已知概率分布进行取值。具有这种性质的多阶段决策过程称为随机性决策过程。同处理确定性问题类似，使用动态规划方法也可处理这种随机性问题，因而又称此为随机性动态规划。下面，通过列举一个简单的例子，对这种随机性决策过程加以说明。

例 8-6（采购问题） 某工厂需要在近五周内采购一批原料，估计在未来五周内价格有所波动，已测得其浮动价格和相应概率如表 8-7 所示。试求在哪一周以什么价格购入原料，能够使得采购价格的数学期望值最小，并求出期望值。

表 8-7

单价	概率
500	0.3
600	0.3
700	0.4

解 价格是一个随机变量，服从某种已知概率分布如上表所示。采用动态规划方法进行处理，按采购期限（5 周）将其划分为 5 个阶段，并将每周的采购价格看作该阶段的状态。

设 y_k 为状态变量，表示第 k 周的实际采购价格。

x_k 为决策变量，$x_k=1$ 表示第 k 周决定采购；$x_k=0$ 表示第 k 周决定等待。

y_{kE} 表示第 k 周决定等待，而在以后采取最优决策时采购价格的期望值。

$f_k(y_k)$ 表示在第 k 周实际采购价格为 y_k 时，从第 k 周至第 5 周采取最优决策所得的最小期望值。

因而可写出如下逆序递推关系式

$$f_k(y_k)=\min\{y_k,y_{kE}\}, \quad y_k\in s_k \tag{8-10}$$

$$f_5(y_k)=y_5, \quad y_5\in s_5 \tag{8-11}$$

其中

$$s_k=\{500,600,700\}, \quad k=1,2,3,4,5 \tag{8-12}$$

由 y_{kE} 和 $f_k(y_k)$ 的定义可知

$$y_{kE}=Ef_{k+1}(y_{k+1})=0.3f_{k+1}(500)+0.3f_{k+1}(600)+0.4f_{k+1}(700) \tag{8-13}$$

因此最优决策为

$$x_k=\begin{cases}1(\text{采购}) & \text{当} f_k(y_k)=y_k\\ 0(\text{等待}) & \text{当} f_k(y_k)=y_{kE}\end{cases} \tag{8-14}$$

以最后一周为起点，逐步向前递推计算，具体计算过程如下：

当 $k=5$ 时，因 $f_5(y_5)=y_5$ 且 $y_5\in s_5$，故

$$f_5(500)=500, \quad f_5(600)=600, \quad f_5(700)=700$$

即在第五周时，若所需原料尚未购入，则无论市场价格如何，都必须采购。

当 $k=4$ 时，由式 (8-13) 可知

$$\begin{aligned}y_{4E}&=0.3f_5(500)+0.3f_5(600)+0.4f_5(700)\\&=0.3\times500+0.3\times600+0.4\times700=610\end{aligned}$$

这样，由式 (8-10) 可得

$$\begin{aligned}f_4(y_4)&=\min_{y_4\in s_4}\{y_4,y_{4E}\}=\min_{y_4\in s_4}\{y_4,610\}\\&=\begin{cases}500 & \text{若} y_4=500\\ 600 & \text{若} y_4=600\\ 610 & \text{若} y_4=700\end{cases}\end{aligned}$$

进而，由式 (8-14) 可知，第四周的最优决策为

$$x_4=\begin{cases}1(\text{采购}) & \text{若}y_4=500\text{ 或}600\\0(\text{等待}) & \text{若}y_4=700\end{cases}$$

同理，可以得到

$$f_3\left(y_3\right)=\min_{y_3\in s_3}\left\{y_3,y_{3E}\right\}=\min_{y_3\in G_3}\left\{y_3,574\right\}$$

$$=\begin{cases}500 & \text{若}y_3=500\\574 & \text{若}y_3=600\text{ 或}700\end{cases}$$

$$x_3=\begin{cases}1 & \text{若}y_3=500\\0 & \text{若}y_3=600\text{ 或}700\end{cases}$$

$$f_2\left(y_2\right)=\min_{y_2\in s_2}\left\{y_2,y_{2E}\right\}=\min_{y_2\in s_2}\left\{y_2,551.8\right\}$$

$$=\begin{cases}500 & \text{若}y_2=500\\551.8 & \text{若}y_2=600\text{ 或}700\end{cases}$$

$$x_2=\begin{cases}1 & \text{若}y_2=500\\0 & \text{若}y_2=600\text{ 或}700\end{cases}$$

$$f_1\left(y_1\right)=\min_{y_1\in 5_1}\left\{y_1,y_{1E}\right\}=\min_{y_1\in_1}\left\{y_1,536.26\right\}$$

$$=\begin{cases}500 & \text{若}y_1=500\\536.26 & \text{若}y_1=600\text{ 或}700\end{cases}$$

$$x_1=\begin{cases}1 & \text{若}y_1=500\\0 & \text{若}y_1=600\text{ 或}700\end{cases}$$

由以上可知，最优采购策略为：在第一、二、三周时，若价格为 500 应进行采购，否则应该等待；在第四周时，若价格为 500 或 600 应采购，否则应等待；在第五周则必须进行采购。

依照上述最优策略进行原料采购时，价格 (单价) 的数学期望值为

$$\begin{aligned}&500\times0.3\left[1+0.7+0.7^2+0.7^3+0.7^3\times0.4\right]+\\&600\times0.3\left[0.7^3+0.4\times0.7^3\right]+700\times0.4^2\times0.7^3\\&=500\times0.801\,06+600\times0.144\,06+700\times0.054\,88\\&=525.382\approx525\end{aligned}$$

其中 $0.801\,06+0.144\,06+0.054\,88=1$。

例 8-7 （库存管理问题） 某销售商在一段时间（T 个周期）内采购并销售某产品。在每周期初，销售商向上游供应商订货，单位批发价格为 c。假定供应商的物流运输足够快，销售商所订购货物可以认为是瞬时到达。产品的销售价格是固定的，记为 p。历史销

售数据表明，每周期的需求（记为 D_t）服从一个独立同分布的连续随机分布，概率密度函数为 $f(x)$，累计概率分布函数为 $F(x)$。在各周期，没有满足的需求会损失掉。当期未售出的库存可以保存到下一周期继续销售，但是需要花费库存成本 h。试帮助该销售商规划每周期的最优订货决策以最大化 T 周期的期望利润。

解 显然，每周期的订货量与周期初持有的库存量相关：如果期初库存较高，则销售商可以采购较少数量的产品；否则需订购更多产品。因此，可将状态变量定义为

$$x_t = \text{第 } t \text{ 周期的期初库存}, t = 1, 2, \cdots, T$$

设 q_t 为第 t 周期的订货量决策；令 $R_t(x_t)$ 表示在第 t 周期的期初库存水平为 x_t 时，通过最优库存管理，销售商在 $t \sim T$ 周期内能够获得的最大期望利润。

由于市场需求具有不确定性，第 $t+1$ 周期的期初库存取决于第 t 周期实际实现的需求；则对应的状态转移方程为

$$x_{t+1} = \begin{cases} x_t + q_t - D_t & \text{如果} D_t \leqslant x_t + q_t \\ 0 & \text{如果} D_t > x_t + q_t \end{cases}$$

相应地，销售商在第 t 周期的利润为

$$\phi(q_t \mid D_t) = \begin{cases} pD_t - cq_t - h(x_t + q_t - D_t) & \text{如果} D_t \leqslant x_t + q_t \\ p(x_t + q_t) - cq_t & \text{如果} D_t > x_t + q_t \end{cases}$$

即 $\phi(q_t \mid D_t) = p \cdot \min(D_t, x_t + q_t) - cq_t - h \cdot \max(x_t + q_t - D_t, 0)$

因此，递归方程式（Bellman 方程）为

$$\begin{aligned} R_t(x_t) &= \sup_{q_t \geqslant 0} \mathbf{E}\{\phi(q_t \mid D_t)\} \\ &= \sup_{q_t \geqslant 0} \{-cq_t + \mathbf{E}[p \cdot \min(D_t, x_t + q_t) - h \cdot \max(x_t + q_t - D_t, 0) + R_{t+1}(x_{t+1})]\} \end{aligned}$$

其中

$$x_{t+1} = \max\{x_t + q_t - D_t, 0\}$$

模型的边际条件为（在最后一周期）

$$R_T(x_T) = \sup_{q_T \geqslant 0} \{-cq_T + \mathbf{E}[p \cdot \min(D_T, x_T + q_T)]\}$$

以最后一个周期为始点，并结合非线性规划优化方法，可以依次求解各周期的最优订货量决策。在最优决策下，T 个周期内的最优期望总利润为 $R_1(0)$。

例 8-7 是运营与供应链管理领域一类典型的随机库存问题，该问题无法通过一个显式表达式来描述各周期的最优订货量决策。因此，学者从结构性质刻画的角度去研究利润函数的结构性质，并进一步刻画最优订货量随期初库存的变化规律；感兴趣的读者可以参阅运营管理的相关图书和学术论文。

在该例中有一些基本假设，包括：需求独立同分布、不考虑固定订货成本、采购提前期为零（即订购的货物瞬时抵达）、需求损失（lost sales）、无限产品生命周期等。在很

多情境下，这些假设不一定符合企业现实，因此很多学者结合不同的情境分别对多周期库存模型的最优订货策略展开研究。此外，有些情境下产品的销售价格也作为企业决策，这时销售商面临订货量和销售价格的联合动态优化问题。对上述问题感兴趣的读者可以参阅发表于 *Management Science*、*Operations Research*、*Manufacturing & Service Operations Management*、*Production and Operations Management* 等国际学术期刊的相关学术论文。

8.4.3 设备更新问题

在工业和交通运输企业中，经常碰到设备陈旧或部分损坏需要更新的问题。从经济上来分析，一种设备应该在使用多少年后进行更新最为恰当，即应该如何确定最佳更新策略，以使在某一时间内的总收入达到最大 (或总费用达到最小)。

现以一台机器为例，随着使用年限的增加，机器的使用效率降低，收入随之减少，但维修费用增加。此外，机器使用年限越长，它本身的价值越小，因而更新机器时所需的净支出费用愈多。设：

$I_j(t)$——在第 j 年运行一台役龄为 t 年的机器所得的收入。

$O_j(t)$——在第 j 年运行一台役龄为 t 年的机器所需的运行费用。

$C_j(t)$——在第 j 年更新一台役龄为 t 年的机器所需的净费用。

α——折扣因子 ($0 \leqslant \alpha \leqslant 1$)，表示一年以后的单位收入所具有的价值为现年的 α 单位。

T——在第一年开始时，正在使用的机器的役龄。

n——计划的年限总数。

$g_j(t)$——在第 j 年开始使用一台役龄为 t 年的机器时，从第 j 年至第 n 年内的最佳收入。

$x_j(t)$——给定 $g_j(t)$，在第 j 年开始时的决策 (保留或更新)。

为了写出递推关系式，从以下两个方面对上述问题进行分析。若在第 j 年开始时选择购买新机器，则从第 j 年至第 n 年得到的总收入应等于在第 j 年中由新机器获得的收入，减去在第 j 年中的机器运行费用，再减去在第 j 年开始时役龄为 t 年的机器的更新费用，并加上在第 $j+1$ 年开始使用役龄为 1 年的机器从第 $j+1$ 年至第 n 年所能够获得的最佳收入；若在第 j 年开始时选择继续使用役龄为 t 年的机器，则从第 j 年至第 n 年的总收入应等于在第 j 年由役龄为 t 年的机器所获得的收入，减去在第 j 年中役龄为 t 年的机器的运行费用，加上在第 $j+1$ 年开始使用役龄为 $t+1$ 年的机器从第 $j+1$ 年至第 n 年的最佳收入。然后，对比不同策略下的收入，选取获得收入更高的策略，并相应地得出更新或保留的决策。

将上述分析转换为数学形式，即得递推关系式为

$$g_j(t) = \max \begin{bmatrix} R: I_j(0) - O_j(0) - C_j(t) + \alpha g_{j+1}(1) \\ K: I_j(t) - O_j(t) + \alpha g_{j+1}(t+1) \end{bmatrix}$$

$$(j=1,2,\cdots,n\,;\,t=1,2,\cdots,j-1,j+T-1)$$

其中 “K” 是 Keep 的缩写，表示保留使用；“R” 是 Replacement 的缩写，表示更新机器。

由于研究的是今后 n 年的机器更新计划，故要求

$$g_{n+1}(t)=0$$

因当进入计划过程时，机器必然已经使用了 T 年。因此对于 $g_1(\cdot)$ 而言，允许的 t 值只能是 T。

应指出的是：这里研究的设备更新问题，是以机龄作为状态变量，决策为保留或更新。它可推广到多维情形，如还可考虑对使用的机器进行大修作为一种决策，那时所需的费用和收入，不仅取决于机龄和机器购置年限，也取决于上次大修后的时间。因此，必须使用两个状态变量来描述系统的状态，其过程与此类似。

例 8-8 假设 $n=5$，$\alpha=1$，$T=1$，其有关数据如表 8-8 所示。试制定 5 年中的设备更新策略，使在 5 年内的总收入达到最大。

解 首先对符号含义进行解释。因第 j 年开始机龄为 t 年的机器，其制造年序应为 $j-t$ 年，因此 $I_5(0)$ 为第 5 年新机器的收入，故 $I_5(0)=32$。$I_1(2)$ 为第 1 年机龄为 2 年的机器能够获得的收入，故 $I_1(2)=20$。同理 $O_5(0)=4$，$O_1(2)=8$。而 $C_5(1)$ 是第 5 年机龄为 1 年的机器 (应为第 4 年的产品) 的更新费用，故 $C_5(1)=32$。同理 $C_5(2)=33$，$C_3(1)=29$，其余类推。

表 8-8

项　目	机　龄																			
	第一年					第二年				第三年			第四年		第五年	期　前				
	0	1	2	3	4	0	1	2	3	0	1	2	0	1	0	1	2	3	4	5
收入	22	21	20	18	16	27	25	24	22	29	26	24	30	28	32	18	16	16	14	14
运行费用	6	6	8	8	10	5	6	8	9	5	5	6	4	5	4	8	8	9	9	10
更新费用	27	29	32	34	37	29	31	34	36	31	32	33	32	33	34	32	34	36	36	38

当 $j=5$ 时，由于 $T=1$，故从第 5 年开始计算时，机器使用了 1、2、3、4、5 年，则递推关系式为

$$g_5(t)=\max\begin{bmatrix} R\colon I_5(0)-O_5(0)-C_5(t)+1\cdot g_6(1) \\ K: I_5(t)-O_5(t)+1\cdot g_6(t+1) \end{bmatrix}$$

因此

$$g_5(1)=\max\begin{bmatrix} R\colon 32-4-33+0=-5 \\ K\colon 28-5+0=23 \end{bmatrix}=23,\quad x_5(1)=K$$

$$g_5(2)=\max\begin{bmatrix} R\colon 32-4-33+0=-5 \\ K\colon 24-6+0=18 \end{bmatrix}=18,\quad x_5(2)=K$$

同理可得

$$g_5(3) = 13, \quad x_5(3) = K$$
$$g_5(4) = 6, \quad x_5(4) = K$$
$$g_5(5) = 4, \quad x_5(5) = K$$

当 $j = 4$ 时，递推关系为

$$g_4(t) = \max \begin{bmatrix} R: I_4(0) - O_4(0) - C_4(t) + g_5(1) \\ K: I_4(t) - O_4(t) + g_5(t+1) \end{bmatrix}$$

故

$$g_4(1) = \max \begin{bmatrix} R\text{: } 30 - 4 - 32 + 23 = 17 \\ K\text{: } 26 - 5 + 18 = 39 \end{bmatrix} = 39, \quad x_4(1) = K$$

同理可得

$$g_4(2) = 29, \quad x_4(2) = K$$
$$g_4(3) = 16, \quad x_4(3) = K$$
$$g_4(4) = 13, \quad x_4(4) = R$$

当 $j = 3$ 时，有

$$g_3(t) = \max \begin{bmatrix} R: I_3(0) - O_3(0) - C_3(t) + g_4(1) \\ K: I_3(t) - O_3(t) + g_4(t+1) \end{bmatrix}$$

故

$$g_3(1) = \max \begin{bmatrix} R: 29 - 5 - 31 + 39 = 32 \\ K: 25 - 6 + 29 = 48 \end{bmatrix} = 48, \quad x_3(1) = K$$

同理可得

$$g_3(2) = 31, \quad x_3(2) = R$$
$$g_3(3) = 27, \quad x_3(3) = R$$

当 $j = 2$ 时，有

$$g_2(t) = \max \begin{bmatrix} R: I_2(0) - O_2(0) - C_2(t) + g_3(1) \\ K: I_2(t) - O_2(t) + g_3(t+1) \end{bmatrix}$$

故

$$g_2(1) = \max \begin{bmatrix} R: 27 - 5 - 29 + 48 = 41 \\ K: 21 - 6 + 31 = 46 \end{bmatrix} = 46, \quad x_2(1) = K$$

$$g_2(2) = \max \begin{bmatrix} R: 27 - 5 - 34 + 48 = 36 \\ K: 16 - 8 + 27 = 35 \end{bmatrix} = 36, \quad x_2(2) = R$$

当 $j = 1$ 时，有

$$g_1(t) = \max \begin{bmatrix} R: I_1(0) - O_1(0) - C_1(t) + g_2(1) \\ K: I_1(t) - O_1(t) + g_2(t+1) \end{bmatrix}$$

故

$$g_1(1)=\max\begin{bmatrix} R:22-6-32+46=30 \\ K:18-8+36=46 \end{bmatrix}=46, \quad x_1(1)=K$$

最后，根据以上计算过程反推之，则可求得最优策略如表 8-9 所示，相应的最佳收益为 46 单位。

表 8-9

年	机龄	最佳策略
1	1	K
2	2	R
3	1	K
4	2	K
5	3	K

8.4.4 货郎担问题

货郎担问题是运筹学里一个著名的命题，设有一个串村走户卖货郎，他从某个村庄出发，途经若干个村庄一次且仅一次，最后返回到原出发村庄，问应如何选择行走路线，才能使总行程最短。类似地，在旅行路线问题中，应如何选择行走路线，使总路程最短或费用最少。

现将该问题一般化。设有 n 个城市，以 1，2，$\cdots$，n 表示之。d_{ij} 表示从城市 i 到城市 j 的距离。一个推销员从城市 1 出发仅去往其他每个城市一次，然后返回城市 1。问他应如何选择行走路线，使总路程最短。该问题属于组合最优化问题，当 n 不太大时，利用动态规划方法进行求解是十分方便的。

由于规定推销员以城市 1 为出发地，设推销员行进至城市 i，记 $N_i=\{2,3,\cdots,i-1,i+1,\cdots,n\}$ 表示由城市 1 到城市 i 的中间城市集合。

S 表示推销员到达城市 i 之前所途经的城市集合，则有 $S\subseteq N_i$

因此，可选取 (i,S) 作为描述过程的状态变量，决策为由一个城市行进至另一个城市，并定义最优值函数 $f_k(i,S)$ 为从城市 1 开始经由 k 个中间城市的 S 集合到城市 i 的最短路线所对应的最短距离，则可写出如下动态规划的递推关系式

$$f_k(i,S)=\min_{j\in s}\left[f_{k-1}(j,S\backslash\{j\})+d_{ji}\right]$$

$$(k=1,2,\cdots,n-1\ ;\ i=2,3,\cdots,\ n\ ;\ S\subseteq N_i)$$

边界条件为 $f_0(i,\varPhi)=d_{1i}$。

$P_k(i,S)$ 为最优决策函数，表示从城市 1 开始途经 k 个中间城市的 S 集合到城市 i 的最短路线上与城市 i 紧邻的前一个城市。

例 8-9 求解四个城市旅行推销员问题，其距离矩阵如表 8-10 所示。推销员从城市 1 出发，途经每个城市一次且仅一次，最后返回城市 1。问推销员应按怎样的路线行走，可以使总行程距离最短。

表 8-10

j	i			
	1	2	3	4
	距离			
1	0	8	5	6
2	6	0	8	5
3	7	9	0	5
4	9	7	8	0

解 由边界条件可知

$$f_0(2,\varPhi)=d_{12}=8,\quad f_0(3,\varPhi)=d_{13}=5,\quad f_0(4,\varPhi)=d_{14}=6$$

当 $k=1$ 时，即从城市 1 出发，途经 1 个城市到达城市 i 的最短距离为

$$f_1(2,\{3\})=f_0(3,\varPhi)+d_{32}=5+9=14$$

$$f_1(2,\{4\})=f_0(4,\varPhi)+d_{42}=6+7=13$$

$$f_1(3,\{2\})=8+8=16,\quad f_1(3,\{4\})=6+8=14$$

$$f_1(4,\{2\})=8+5=13,\quad f_1(4,\{3\})=5+5=10$$

当 $k=2$ 时，即从城市 1 出发，途经两个城市 (不考虑顺序) 到达城市 i 的最短距离为

$$\begin{aligned}f_2(2,[3,4])&=\min\left[f_1(3,\{4\})+d_{32},f_1(4,\{3\})+d_{42}\right]\\&=\min\left[14+9,10+7\right]=17,\quad p_2(2,\{3,4\})=4\end{aligned}$$

$$f_2(3,\{2,4\})=\min\ \ [13+8,13+8]=21,\quad p_2(3,\{2,4\})=2\text{ 或 }4$$

$$f_2(4,\{2,3\})=\min\ \ [14+5,16+5]=19,\quad p_2(4,\{2,3\})=2$$

当 $k=3$ 时，即从城市 1 出发，途经 3 个城市 (不考虑顺序) 返回到城市 1 的最短距离为

$$\begin{aligned}f_3(1,\{2,3,4\})&=\min\left[f_2(2,\{3,\ 4\})+d_{21},\ f_2(3,\{2,4\})+d_{31},f_2(4,\{2,3\})+d_{41}\right]\\&=\min\left[17+6,\ 21+7,\ 19+9\right]=23\end{aligned}$$

因而

$$p_3(1,\{2,3,4\})=2$$

由此可知，推销员的最短旅行路线为 1→3→4→2→1，最短距离为 23。

实际中很多问题都可以归结为货郎担问题。如物资运输路线中，汽车应按怎样的路线行进才可以使路程最短；在对钢板钻孔时，自动焊机的割嘴应按怎样的路线行进才可以使路程最短；在铺设城市管道时，应按怎样的路线铺设管道才能够最小化总费用等。

8.4.5 收益管理与动态定价

例 8-10（机票动态定价） 为了提高客座率和销售收益，航空公司经常结合实际销售情况调整机票售价。考虑一个航班的价格调整策略。假设该航班的座位数是固定的（记为 C），销售时间区间为 $[0,T]$，其中 T 表示航班起飞时间（或者停止售票时间）。根据舱位等级的不同，记机票的可行价格集合为 $P=\{p_1,p_2,\cdots,p_m\}$，其中 p_1 表示全价，其他价格表示不同等级的折扣价水平，$p_1>p_2>\cdots>p_m$。潜在顾客的到达服从一个时期的 Poisson 过程，到达率为 λ。潜在顾客到达以后，只有在价格低于顾客的最大支付意愿时，顾客才会选择购买机票。市场调查表明，当机票价格为 p 时，到达的顾客实际发生购买的概率函数为 $\alpha(p)\in[0,1]$，其为关于 p 的递减函数，记

$$\lambda_i=\lambda\cdot\alpha(p_i),i=1,2,\cdots,m$$

因此，$\lambda_1<\lambda_2<\cdots<\lambda_m$。

假设航空公司是风险中性的，请建立动态规划模型帮助航空公司动态调整机票价格，以最大化航班的总期望收益。

解 将机票销售时间区间 $[0,T]$ 等分为 N 个子区间，每个子区间可看作一个决策周期，每个周期的时长为 $\dfrac{T}{N}$。这里考虑 N 足够大的情形（比如每个周期的时长只有 0.1 秒）。因顾客到达服从 Poisson 过程，那么假定每个周期最多只到达一个潜在顾客。

记 $R_t(n)$ 为在第 $t(=1,2,\cdots,N)$ 周期初航班剩余 n 张机票的前提下，通过最优定价，在剩余销售时间所能获得的最大期望收益。在各个周期发生的事件次序如下：

- 航空公司观察当前周期的剩余机票数，确定该周期的销售价格；
- 最多一个潜在顾客到达（也可能没有顾客到达）；
- 顾客决策是否以当前价格购买机票，如果顾客选择不购买，则顾客损失。

根据 Poisson 过程的数学性质，每周期到达一个潜在顾客的概率为 $\dfrac{T}{N}\lambda$，则没有顾客到达的概率为 $1-\dfrac{T}{N}\lambda$。如果顾客到达，在面对价格 p 时，该顾客购买机票的概率为 $\alpha(p)$。因此，在 t 周期销售 1 张机票的概率为 $\dfrac{T}{N}\lambda\alpha(p)$。考虑到所有的可能情形，可以写出如下期望收益函数的递归方程式（差分方程）

$$\begin{aligned}R_t(n)&=\max_{p\in P}\left\{\frac{T}{N}\lambda\alpha(p)\left[p+R_{t+1}(n-1)\right]+\left(1-\frac{T}{N}\lambda\alpha(p)\right)R_{t+1}(n)\right\}\\&=\max_{i=1,2,\ldots,m}\left\{\frac{\lambda_iT}{N}\left[p_i+R_{t+1}(n-1)\right]+\left(1-\frac{\lambda_iT}{N}\right)R_{t+1}(n)\right\}\\&=\max_{i=1,2,\ldots,m}\left\{\frac{\lambda_iT}{N}\left[p_i+R_{t+1}(n-1)-R_{t+1}(n)\right]\right\}+R_{t+1}(n)\end{aligned}$$

可以看出，由 $\Delta R_{t+1}(n):=R_{t+1}(n)-R_{t+1}(n-1)$ 可以确定第 t 周期的最优定价，它对应于座位的边际期望收益。

上述递归方程式需要的边际条件为

$$R_{N+1}(n) = 0, \forall n \geqslant 0$$
$$R_t(0) = 0, \forall t \geqslant 1$$

其中，第一个边际条件表示航班起飞后，任何剩余的座位价值为零；第二个边际条件表明在销售过程中，一旦座位销售完毕，在剩余的销售区间内所能获得的收益也为零。

例 8-10 是一个典型的动态定价和收益管理模型，学者们围绕该研究方向已在国际学术期刊发表了大量的学术论文。在一般的研究中，学者从 Bellman 方程出发研究收益函数和最优决策的结构性质，并挖掘有意义的管理启示。比如对类似例 8-10 的问题，通过数学证明可以发现下述结论：

- 状态 (t,n) 下的最优定价是关于边际期望收益函数的增函数；
- $R_t(n)$ 和 $R(t,n)$ 是关于剩余机票数量 n 的凹函数；因此，对任何给定时间 t，剩余的机票数量越多，则机票的最优定价越低；
- $R_t(n)$ 和 $R(t,n)$ 是关于 (t,n) 的下模函数；因此，对任何给定的机票数量 t，越临近航班起飞时间，则机票的最优定价越低。

由递归方程式可知，需要计算任意状态下的最优决策以及相应的收益函数。因此，可以借助计算机编程来实现例 8-10 中动态规划模型的求解。

习　题

8.1　设某工厂自国外进口一部精密机器，由机器制造厂至出口港有三个港口可供选择，而进口港又有三个可供选择，进口后可经由两个城市到达目的地，其间的运输成本见图 8-3，试求运费最低的路线。

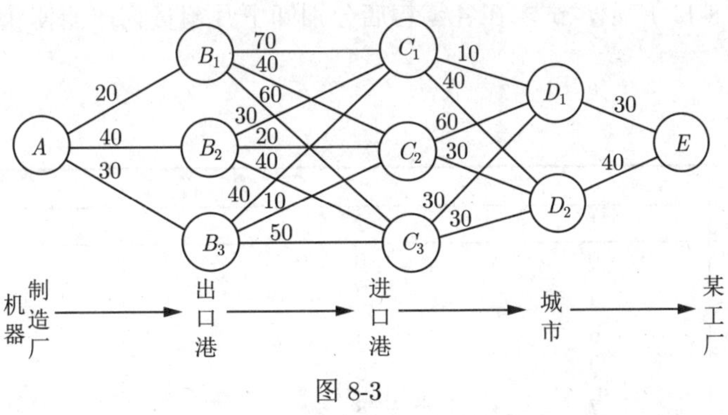

图 8-3

8.2　计算从 A 到 B、C 和 D 的最短路线。已知各段路线的长度如图 8-4 所示。

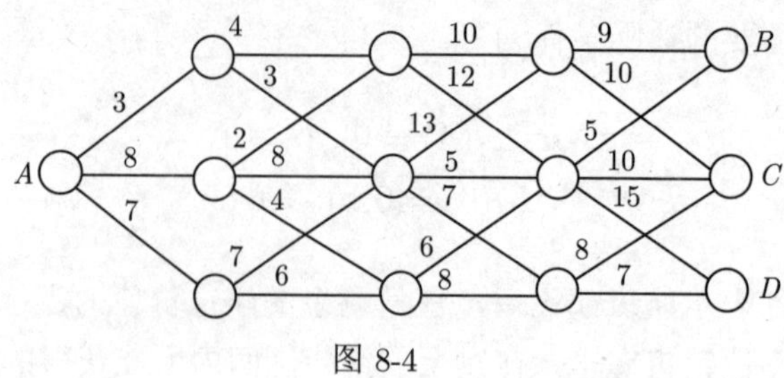

图 8-4

8.3 写出下列问题的动态规划基本方程。

(1) $\max z=\sum_{i=1}^{n}\varphi_i(x_i)$

$$\begin{cases}\sum_{i=1}^{n}x_i=b\quad(b>0)\\ x_i\geqslant 0,\ i=1,2,\cdots,n\end{cases}$$

(2) $\min z=\sum_{i=1}^{n}c_ix_i^2$

$$\begin{cases}\sum_{i=1}^{n}a_ix_i\geqslant b\quad(a_i>0)\\ x_i\geqslant 0,\ i=1,2,\cdots,n\end{cases}$$

8.4 用递推方法求解下列问题。

(1) $\max z=4x_1+9x_2+2x_3^2$

$$\begin{cases}x_1+x_2+x_3=10\\ x_i\geqslant 0,\quad i=1,2,3\end{cases}$$

(2) $\max z=4x_1+9x_2+2x_3^2$

$$\begin{cases}2x_1+4x_2+3x_3\leqslant 10\\ x_i\geqslant 0,\quad i=1,2,3\end{cases}$$

8.5 设某人有 400 万元，计划在四年内将其全部用于投资。已知在一年内投资 x 万元则能够获得 $\sqrt{x}$ 万元的效用。当年没有用掉的金额，连同利息（年利息 10%）可在下一年继续用于投资。但每年已打算用于投资的金额则不再计利息。试制订金额的使用计划，而使四年内获得的总效用最大。

（1）用动态规划方法求解；

（2）用拉格朗日乘数法求解；

（3）比较两种解法，并说明动态规划方法有哪些优点。

8.6 有一部货车每天沿着公路给四个零售店卸下 6 箱货物，如果各零售店出售该货物所得利润如表 8-11 所示，试求在各零售店分别卸下几箱货物，能使获得的总利润最大？其值是多少？

表 8-11

箱数	零售店			
	1	2	3	4
0	0	0	0	0
1	4	2	3	4
2	6	4	5	5
3	7	6	7	6
4	7	8	8	6
5	7	9	8	6
6	7	10	8	6

8.7 设有某种肥料共 6 个单位重量，准备供给四块粮田使用。每块田施肥数量与增产粮食关系如表 8-12 所示。试求对每块田施肥多少，能够使总增产粮食最多。

表 8-12

施肥	粮田			
	1	2	3	4
0	0	0	0	0
1	20	25	18	28
2	42	45	39	47
3	60	57	61	65
4	75	65	78	74
5	85	70	90	80
6	90	73	95	85

8.8 某公司打算向它的三个营业区增设六个销售店，每个营业区至少增设一个销售店。从各区赚取的利润 (单位：万元) 与增设的销售店个数有关，相关数据如表 8-13 所示。

表 8-13

销售店增加数	A 区利润	B 区利润	C 区利润
0	100	200	150
1	200	210	160
2	280	220	170
3	330	225	180
4	340	230	200

试求各区应分别增设几个销售店，才能使总利润最大? 其值是多少?

8.9 某工厂有 100 台机器，拟分四个周期使用，在每一周期有两种生产任务。据经验，若为完成第一种生产任务投入 x_1 台机器，则在一个生产周期中将有 $x_1/3$ 台机器作废；余下的机器全部投入第二种生产任务，则有 1/10 台机器作废。已知为第一种生产任务投入每台机器可以获得的收益为 10，为第二种生产任务投入每台机器能够获得的收益为 7。问应怎样分配机器，才能使总收益最大?

8.10 用逐次逼近法求解下述问题。

$$\max \quad z = x_1^2 y_1 + 3x_2 y_2^2 + 4x_3^2 y_3$$
$$\begin{cases} 2x_1 + 3x_2 + 4x_3 \leqslant 24 \\ 3y_1 + 2y_2 + 5y_3 \leqslant 30 \\ x_i \geqslant 0, y_j \geqslant 0 \text{ 且为整数 } (i = 1,2,3; j = 1,2,3) \end{cases}$$

8.11 设有三种资源，其单位成本分别为 a、b、c。给定的利润函数为

$$r_i(x_i, y_i, z_i), \quad (i = 1, 2, \cdots, n)$$

现有资金为 W，应分别购买多少单位的各种资源分配给 n 个行业，才能使总利润最大。试给出动态规划公式，并写出它的一维递推关系式。

8.12 某厂生产一种产品，估计该产品在未来 4 个月的销售量分别为 400、500、300、200 件。该种产品的生产准备费用为每批 500 元，生产费用为每件 1 元，存储费用为每件每月 1 元。假定 1 月初的存货量为 100 件，4 月底的存货为零。试求该厂在这 4 个月内的最优生产计划。

8.13 某电视机厂为生产电视机而需生产喇叭。根据以往记录，一年中四个季度内所需喇叭数分别为 3 万、2 万、3 万、2 万只。设在仓库内存储每万只喇叭需要存储费为 0.2 万元/每季度，每生产一批喇叭需要装配费 2 万元，每万只喇叭的生产成本费为 1 万元。问应该怎样安排四个季度的生产，才能使总费用最小。

8.14 某公司需要决定某产品在未来半年内每个月的最佳存储量，以最小化总费用。已知未来半年内该产品的需求量、单位订货费用和单位存储费用如表 8-14 所示。

表 8-14

月份 k	1	2	3	4	5	6
需求量 d_k	50	55	50	45	40	30
单位订货费用 c_k	825	775	850	850	775	825
单位存储费用 p_k	40	30	35	20	40	

8.15 某罐头制造公司需要在近五周内采购一批原料，估计在未来五周内价格有所波动，其浮动价格和概率如表 8-15 所示。试求各周应以什么价格购入原料，才能使采购价格的数学期望值最小。

表 8-15

单价	概率
9	0.4
8	0.3
7	0.3

8.16 某工厂生产三种产品，各产品重量与利润关系如表 8-16 所示。现将此三种产品运往市场出售，运输能力不超过 6 吨。问应如何安排运输才能使总利润最大。

表 8-16

种类	1	2	3
重量	2	3	4
利润	80	130	180

8.17 某工厂在一年内进行了 A、B、C 三种新产品试制，由于资金不足，估计在年内这三种新产品研制不成功的概率分别为 0.40、0.60、0.80，因而都研制不成功的概率为 $0.40\times0.60\times0.80=0.192$，为了促进三种新产品的研制，决定增拨 2 万元的研制费，以万元为单位对其进行分配。增拨研制费与新产品研制不成功的概率如表 8-17 所示。试问应如何分配费用，才能使这三种新产品都研制不成功的概率为最小。

表 8-17

研制费	不成功的概率		
	产品 A	产品 B	产品 C
0	0.40	0.60	0.80
1	0.20	0.40	0.50
2	0.15	0.20	0.30

8.18 试对一台机器制定五年中的更新策略，使总收入达到最大。设 $\alpha = 1, T = 2$，有关数据如表 8-18 所示。

表 8-18

项目	机龄											
	第一年					第二年				第三年		
	0	1	2	3	4	0	1	2	3	0	1	2
收入	20	19	18	16	14	25	23	22	20	27	24	22
运行费用	4	4	6	6	8	3	4	6	7	3	3	4
更新费用	25	27	30	32	35	27	29	32	34	29	30	31

项目	机龄							
	第四年		第五年	期前				
	0	1	0	2	3	4	5	6
收入	28	26	30	16	14	14	12	12
运行费用	2	3	2	6	6	7	7	8
更新费用	30	31	32	30	32	34	34	36

8.19 求解六个城市旅行推销员问题。其距离矩阵如表 8-19 所示。设推销员从城市 1 出发，途径每个城市一次且仅一次，最后返回到城市 1。问应按怎样的路线行走，才能使总行程最短。

表 8-19

j	距离					
	1	2	3	4	5	6
1	0	10	20	30	40	50
2	12	0	18	30	25	21
3	23	9	0	5	10	15
4	34	32	4	0	8	16
5	45	27	11	10	0	18
6	56	22	16	20	12	0

CHAPTER 9

第9章

图 与 网 络

图论是应用十分广泛的运筹学分支，它已广泛地应用在物理学、化学、控制论、信息论、科学管理、电子计算机等各个领域。在实际生活、生产和科学研究中，有很多问题可以用图论的理论和方法来解决。例如，在组织生产中，为完成某项生产任务，各工序之间怎样衔接，才能使生产任务完成得既快又好。一个邮递员送信，要走完他负责投递的全部街道，完成任务后回到邮局，应该按照怎样的路线走，所走的路程最短。再例如，各种通信网络的合理架设，交通网络的合理分布等问题，都可以应用图论的方法求解。

欧拉在 1736 年发表了图论方面的第一篇论文，解决了著名的哥尼斯堡七桥问题。哥尼斯堡城中有一条河叫普雷格尔河，该河中有两个岛，河上有七座桥。如图 9-1（a）所示。

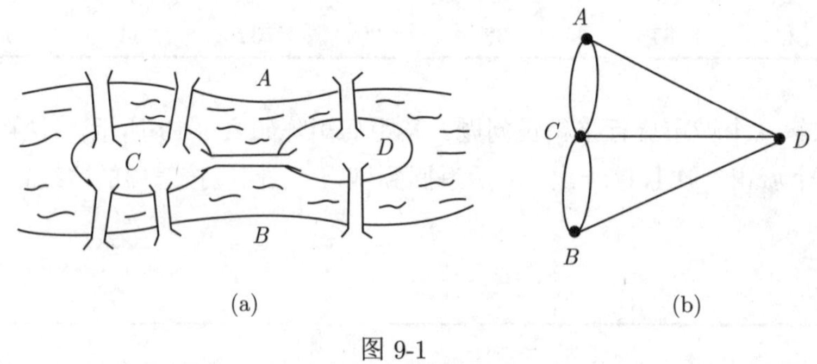

图 9-1

当时那里的居民热衷于这样的问题：一个散步者能否走过七座桥，且每座桥只走过一次，最后回到出发点。

1736 年欧拉将此问题归结为如图 9-1（b）所示图形的一笔画问题。即能否从某一点开始，不重复地一笔画出这个图形，最后回到出发点。欧拉证明了这是不可能的，因为图 9-1（b）中的每个点都只与奇数条线相关联，不可能将这个图不重复地一笔画成。这是古典图论中的一个著名问题。

随着科学技术的发展以及电子计算机的出现与广泛应用，20 世纪 50 年代，图论得到进一步发展。将庞大复杂的工程系统和管理问题用图描述，可以解决很多工程设计和管理决策的最优化问题。例如，完成工程任务的时间最少、距离最短、费用最省等。图论受到数学、工程技术及经营管理等各个方面越来越广泛的重视。

9.1 图的基本概念

在实际生活中，人们为了反映一些对象之间的关系，常常在纸上用点和线画出各种各样的示意图。

例 9-1 图 9-2 是我国北京、上海等十个城市间的铁路交通图，反映了这 10 个城市间的铁路分布情况。这里用点代表城市，用点和点之间的连线代表这两个城市之间的铁路线。诸如此类的还有电话线分布图、煤气管道图、航空线图等。

例 9-2 有甲、乙、丙、丁、戊 5 个球队，它们之间比赛的情况，也可以用图表示出来。已知甲队和其他各队都比赛过一次，乙队和甲、丙队比赛过，丙队和甲、乙、丁队比赛过，丁队和甲、丙、戊队比赛过，戊队和甲、丁队比赛过。为了反映这个情况，可以用点 v_1，v_2，v_3，v_4，v_5 分别代表这五个队，某两个队之间比赛过，就在这两个队相应的点之间连一条线，这条线不经过其他的点，如图 9-3 所示。

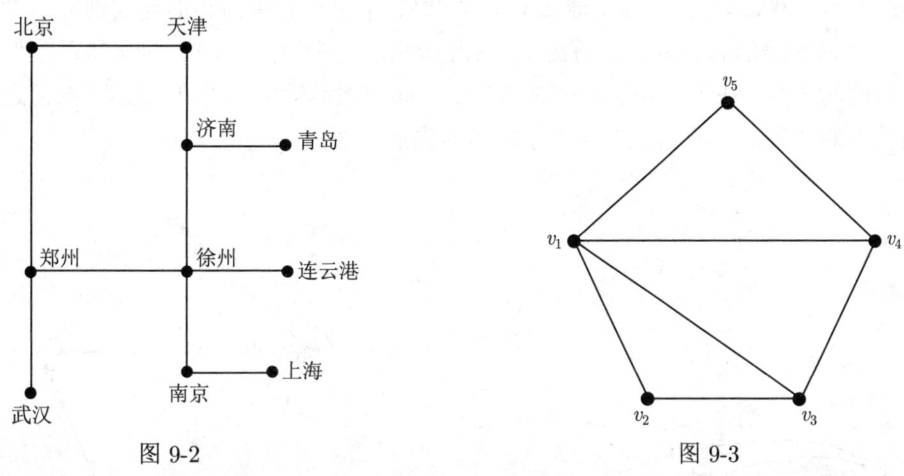

图 9-2　　图 9-3

例 9-3 单位储存 8 种化学药品，其中某些药品是不能存放在同一个库房里的。为了反映这个情况，可以用点 v_1，v_2，$\cdots$，v_8 分别代表这 8 种药品，若药品 v_i 和药品 v_j 是不能存放在同一个库房的，则在 v_i 和 v_j 之间连一条线，如图 9-4 所示。从图中可以看到，至少要有 4 个库房，因为 v_1，v_2，v_5，v_8 必须存放在不同的库房里。事实上，4 个库房就足够了。例如，$\{v_1\}$，$\{v_2,v_4,v_7\}$，$\{v_3,v_5\}$，$\{v_6,v_8\}$ 各存放在一个库房里（这一类求解库房的最少个数问题，属于图论中的染色问题，一般情况下是尚未解决的）。

从以上几个例子可见，可以用由点及点与点的连线所构成的图，去反映实际生活中某些对象之间的某个特定的关系。通常用点代表研究的对象（如城市、球队、药品等），用点与点的连线表示这两个对象之间有特定的关系（如两个城市间有铁路线、两个球队比赛过、两种药品不能存放在同一个库房里等）。

因此，可以说图是反映对象之间关系的一种工具，在一般情况下，图中点的相对位置如何，点与点之间连线的长短曲直，对于反映对象之间的关系，并不重要。如例 9-2，也可以用图 9-5 所示的图去反映 5 个球队的比赛情况，这与图 9-3 没有本质的区别。所以，图论中的图与几何图、工程图是不同的。

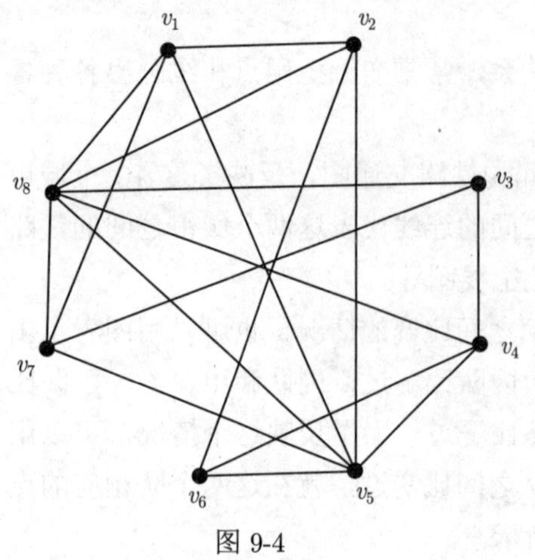

图 9-4

前面几个例子中涉及的对象之间的“关系”具有“对称性”，就是说，如果甲与乙有这种关系，那么同时乙与甲也有这种关系。例如甲药品不能和乙药品放在一起，那么，乙药品当然也不能和甲药品放在一起。在实际生活中，有许多关系不具有这种对称性。比如人们之间的认识关系，甲认识乙并不意味着乙也认识甲。比赛中的胜负关系也是这样，甲胜乙和乙胜甲是不同的。反映这种非对称的关系，只用一条连线就不行了。如例 9-2，如果人们关心的是 5 个球队比赛的胜负情况，那么从图 9-3 中就看不出来了。为了反映这一类关系，可以用一条带箭头的连线表示。例如球队 v_1 胜了球队 v_2，可以从 v_1 引一条带箭头的连线到 v_2。图 9-6 反映了 5 个球队比赛的胜负情况，可见 v_1 三胜一负，v_4 打了三场球，全负等。类似胜负这种非对称性的关系，在生产和生活中是常见的，如交通运输中的“单行线”，部门之间的领导与被领导的关系，一项工程中各工序之间的先后关系等。

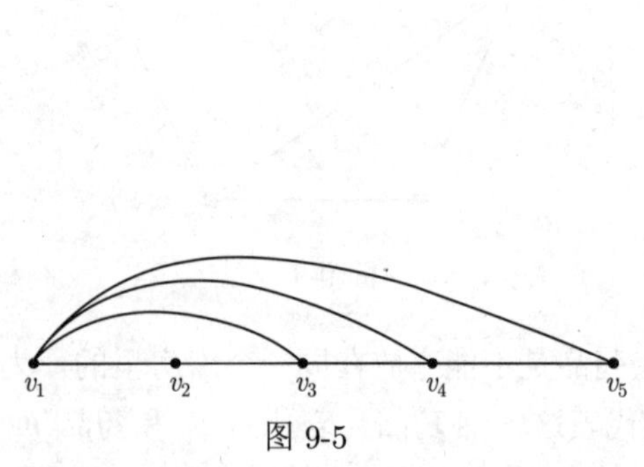

图 9-5

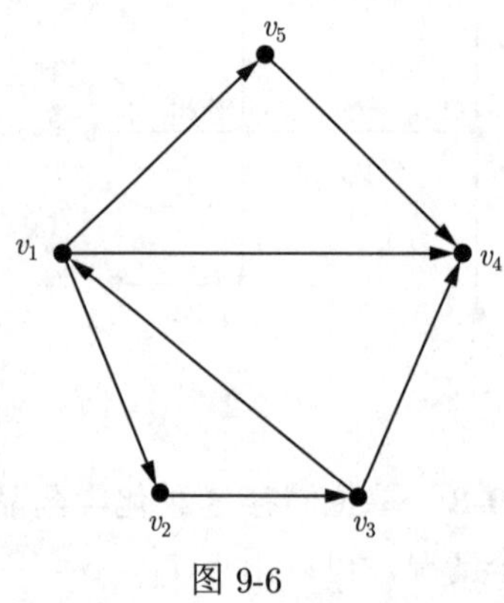

图 9-6

综上所述，一个图是由一些点及一些点之间的连线（不带箭头或带箭头）所组成的。

为了区别起见，把两点之间的不带箭头的连线称为**边**，带箭头的连线称为**弧**。

如果一个图 G 是由点及边所构成的，则称之为**无向图**（也简称为 **图**），记为 $G=(V,E)$，其中 V，E 分别是 G 的点集合和边集合。一条连结点 $v_i,v_j\in V$ 的边记为 $[v_i,v_j]$ （或 $[v_j,v_i]$）。

如果一个图 D 是由点及弧所构成的，则称为**有向图**，记为 $D=(V,A)$，其中 V，A 分别表示 D 的点集合和弧集合。一条方向是从 v_i 指向 v_j 的弧记为 (v_i,v_j)。

图 9-7 是一个无向图。

$$V=\{v_1,v_2,v_3,v_4\},\ E=\{e_1,e_2,e_3,e_4,e_5,e_6,e_7\}$$

其中

$$e_1=[v_1,v_2],\ e_2=[v_1,v_2],\ e_3=[v_2,v_3],\ e_4=[v_3,v_4],$$
$$e_5=[v_1,v_4],\ e_6=[v_1,v_3],\ e_7=[v_4,v_4]$$

图 9-8 是一个有向图，

$$V=\{v_1,v_2,v_3,v_4,v_5,v_6,v_7\},\ A=\{a_1,a_2,a_3,a_4,\cdots,a_{11}\}$$

其中

$$a_1=(v_1,v_2), a_2=(v_1,v_3), a_3=(v_3,v_2), a_4=(v_3,v_4), a_5=(v_2,v_4),$$
$$a_6=(v_4,v_5),\ a_7=(v_4,v_6),\ a_8=(v_5,v_3),\ a_9=(v_5,v_4),\ a_{10}=(v_5,v_6),$$
$$a_{11}=(v_6,v_7)$$

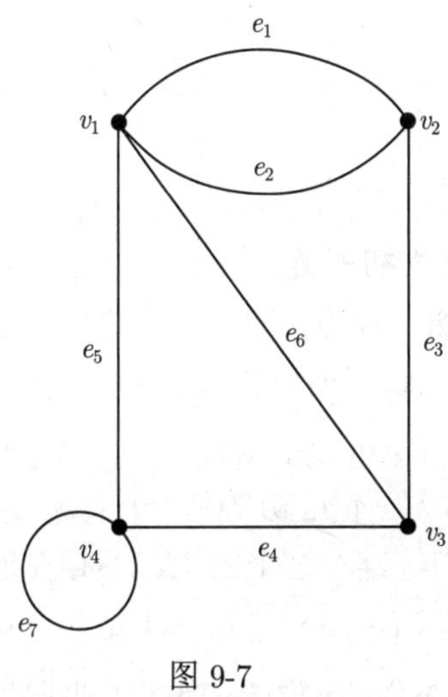

图 9-7

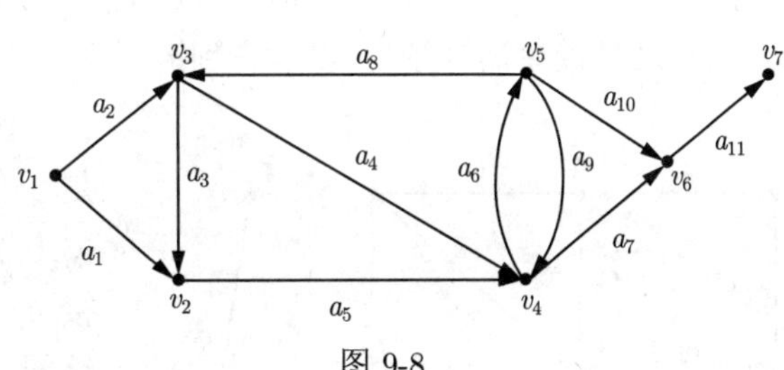

图 9-8

图 G 和图 D 中的点数记为 $p(G)$ 和 $p(D)$，边（弧）数记为 $q(G)$ 和 $q(D)$。在不会引起混淆的情况下，也分别简记为 p,q。

下面介绍一些常用的名词和记号，先考虑无向图 $G=(V,E)$。

若边 $e=[u,v]\in E$，则称 u，v 是 e 的**端点**，也称 u，v 是 **相邻**的，称 e 是点 u（及点 v）的**关联边**。若图 G 中，某个边 e 的两个端点相同，则称 e 是**环**（如图 9-7 中的 e_7），若两个点之间有多于一条的边，称这些边为**多重边**（如图 9-7 中的 e_1,e_2）。一个无环，无多重边的图称为**简单图**，一个无环，但允许有多重边的图称为**多重图**。

以点 v 为端点的边的个数称为 v 的**次**，记为 $d_G(v)$ 或 $d(v)$。如图 9-7 中，$d(v_1)=4,d(v_2)=3,d(v_3)=3,d(v_4)=4$（环 e_7 在计算 $d(v_4)$ 时算作两次）。

称次为 1 的点为**悬挂点**，悬挂点的关联边称为**悬挂边**，次为零的点称为**孤立点**。

定理 9-1 图 $G=(V,E)$ 中，所有点的次之和是边数的两倍，即

$$\sum_{v\in V} d(v)=2q$$

这是显然的，因为在计算各点的次时，每条边被它的端点各用了一次。

次为奇数的点，称为**奇点**，否则称为**偶点**。

定理 9-2 任一个图中，奇点的个数为偶数。

证明 设 V_1 和 V_2 分别是 G 中奇点和偶点的集合，由定理 9-1，有

$$\sum_{v\in V_1} d(v)+\sum_{v\in V_2} d(v)=\sum_{v\in V} d(v)=2q$$

因 $\sum\limits_{v\in V} d(v)$ 是偶数，$\sum\limits_{v\in V_2} d(v)$ 也是偶数，故 $\sum\limits_{v\in V_1} d(v)$ 必定也是偶数，从而 V_1 的点数是偶数。

给定一个图 $G=(V,E)$，一个点、边的交错序列 $(v_{i_1},e_{i_1},v_{i_2},e_{i_2},\cdots,v_{i_{k-1}},e_{i_{k-1}},v_{i_k})$，如果满足 $e_{i_t}=[v_{i_t},v_{i_{t+1}}](t=1,2,\cdots,k-1)$，则称为一条连接 v_{i_1} 和 v_{i_k} 的**链**，记为 $(v_{i_1},v_{i_2},\cdots,v_{i_k})$，有时称点 $v_{i_2},v_{i_3},\cdots,v_{i_{k-1}}$ 为链的**中间点**。

链 $(v_{i_1},v_{i_2},\cdots,v_{i_k})$ 中，若 $v_{i_1}=v_{i_k}$，则称之为一个**圈**，记为 $(v_{i_1},v_{i_2},\cdots,v_{i_{k-1}},v_{i_1})$。若链 $(v_{i_1},v_{i_2},\cdots,v_{i_k})$ 中，点 $v_{i_1},v_{i_2},\cdots,v_{i_k}$ 都是不同的，则称之为**初等链**；若圈 $(v_{i_1},v_{i_2},\cdots,v_{i_{k-1}},v_{i_1})$ 中，$v_{i_1},v_{i_2},\cdots,v_{i_{k-1}}$ 都是不同的，则称之为**初等圈**；若链（圈）中含的边均不相同，则称之为**简单链（圈）**。以后说到链（圈），除非特别交代，均指初等链（圈）。

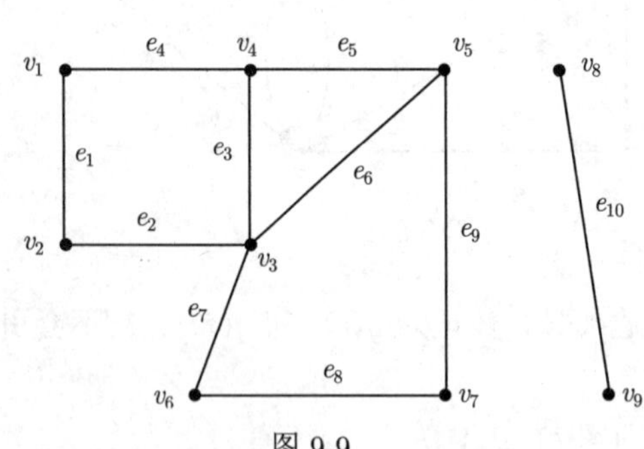

图 9-9

例如图 9-9 中，$(v_1,v_2,v_3,v_4,v_5,v_3,v_6,v_7)$ 是一条简单链，但不是初等链，(v_1,v_2,v_3,v_6,v_7) 是一条初等链。这个图中，不存在连接 v_1 和 v_9 的链。(v_1,v_2,v_3,v_4,v_1) 是一个初等圈，$(v_4,v_1,v_2,v_3,v_5,v_7,v_6,v_3,v_4)$ 是简单圈，但不是初等圈。

图 G 中，若任何两个点之间，至少有一条链，则称 G 是**连通图**，否则称为**不连通图**。若 G 是不连通图，它的每个连通的部分称为 G 的一个**连通分图**（也简称**分图**）。如图 9-9 是一个不连通图，它有两个连通分图。

给了一个图 $G=(V,E)$，如果图 $G'=(V',E')$，使 $V=V'$ 及 $E'\subseteq E$，则称 G' 是 G 的一个**支撑子图**。

设 $v\in V(G)$，用 $G-v$ 表示从图 G 中去掉点 v 及 v 的关联边后得到的一个图。

例如若 G 如图 9-10（a）所示，则 $G-v_3$ 见图 9-10（b）。图 9-10（c）是图 G 的一个支撑子图。

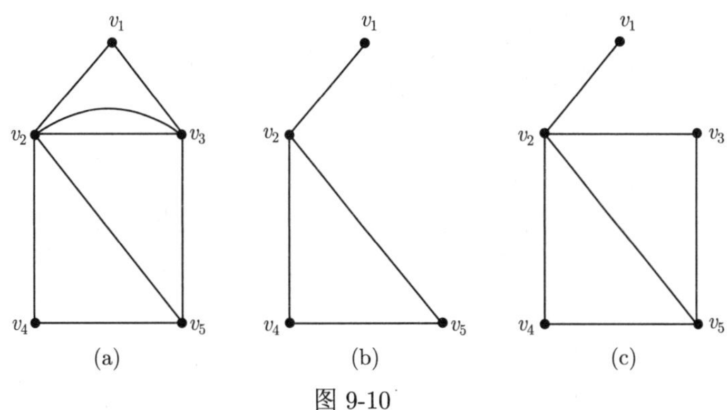

图 9-10

设 $V' \subseteq V(G), E' \subseteq E(G)$，用 $G-V'$ 表示从图 G 中删除顶点子集 V'（连同它们关联的边一起删去）所获得的子图，用 $G-E'$ 表示从图 G 中删除边子集 E'（但不删除它们的端点）所获得的子图。

现在讨论有向图的情形。给定一个有向图，$D=(V,A)$，从 D 中去掉所有弧上的箭头，就得到一个无向图，称之为 D 的**基础图**，记之为 $G(D)$。

对于 D 中的一条弧 $a=(u,v)$，称 u 为 a 的**始点**，v 为 a 的 **终点**，称弧 a 是从 u 指向 v 的。

设 $(v_{i_1}, a_{i_1}, v_{i_2}, a_{i_2}, \cdots, v_{i_{k-1}}, a_{i_{k-1}}, v_{i_k})$ 是 D 中的一个点弧交错序列，如果这个序列在基础图 $G(D)$ 中所对应的点边序列是一条链，则称这个点弧交错序列是 D 的一条链。类似定义圈和初等链（圈）。

如果 $(v_{i_1}, a_{i_1}, v_{i_2}, a_{i_2}, \cdots, v_{i_{k-1}}, a_{i_{k-1}}, v_{i_k})$ 是 D 中的一条链，并且对 $t=1,2,\cdots,k-1$，均有 $a_{i_t}=(v_{i_t}, v_{i_{t+1}})$，称之为**从** v_{i_1} **到** v_{i_k} **的一条路**。若路的第一个点和最后一点相同，则称之为**回路**。类似定义 **初等路**（回路）。

例如图 9-8 中，$(v_3, (v_3, v_2), v_2, (v_2, v_4), v_4, (v_4, v_5), v_5, (v_5, v_3), v_3)$ 是一个回路，$(v_1, (v_1, v_3), v_3, (v_3, v_4), v_4, (v_4, v_6), v_6)$ 是从 v_1 到 v_6 的路，$(v_1, (v_1, v_3), v_3, (v_3, v_5), v_5, (v_5, v_6), v_6)$ 是一条链，但不是路。

对无向图，链与路（圈与回路）这两个概念是一致的。

类似于无向图，可定义简单有向图、多重有向图，图 9-8 是一个简单有向图。以后除特别交代外，说到图（有向图）均指简单图（简单有向图）。

9.2 树

9.2.1 树及其性质

在各式各样的图中，有一类图是极其简单然而却是很有用的，这就是树。

例 9-4 已知有五个城市，要在它们之间架设电话线，要求任何两个城市都可以互相通话（允许通过其他城市），并且电话线的根数最少。

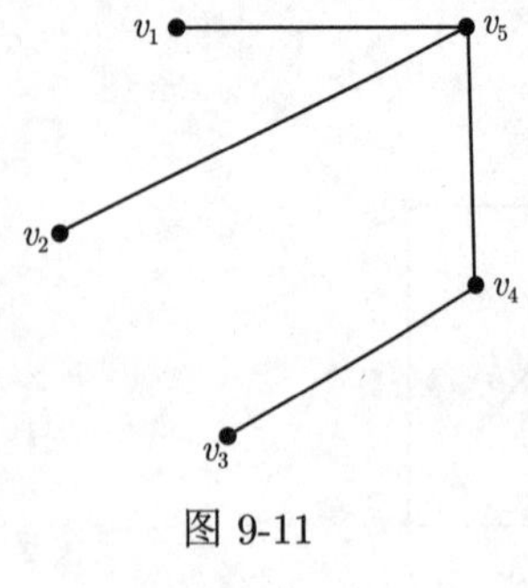

图 9-11

用五个点 v_1, v_2, v_3, v_4, v_5 代表五个城市，如果在某两个城市之间架设电话线，则在相应的两个点之间连一条边，这样一个电话线网就可以用一个图来表示。首先，为了使任何两个城市都可以通话，这样的图必须是连通的。其次，若图中有圈的话，从圈上任意去掉一条边，余下的图仍是连通的，这样可以省去一根电话线。因而，满足要求的电话线网所对应的图必定是不含圈的连通图。图 9-11 代表了满足要求的一个电话线网。

定义 9-1 一个无圈的连通图称为**树**。

例 9-5 某工厂的组织机构如图 9-12(a) 所示。

如果用图表示，该工厂的组织机构图就是一个树（如图 9-12(b) 所示）。

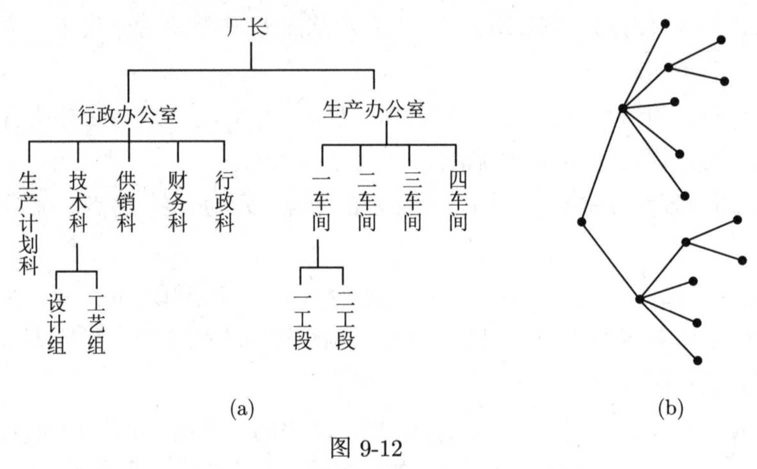

图 9-12

下面介绍树的一些重要性质。

定理 9-3 设图 $G=(V,E)$ 是一个树，$p(G)\geqslant 2$，则 G 中至少有两个悬挂点。

证明 令 $p=(v_1,v_2,\cdots,v_k)$ 是 G 中含边数最多的一条初等链，因 $p(G)\geqslant 2$，并且 G 是连通的，故链 P 中至少有一条边，从而 v_1 与 v_k 是不同的。现在来证明：v_1 是悬挂点，即 $d(v_1)=1$。用反证法，如果 $d(v_1)\geqslant 2$，则存在边 $[v_1,v_m]$ 使 $m\neq 2$。若点 v_m 不在 P 上，那么 $(v_m,v_1,v_2,\cdots,v_k)$ 是 G 中的一条初等链，它含的边数比 P 多一条，这与 P 是含边数最多的初等链矛盾。若点 v_m 在 P 上，那么 $(v_1,v_2,\cdots,v_m,v_1)$ 是 G 中的一个圈，这与树的定义矛盾。于是必有 $d(v_1)=1$，即 v_1 是悬挂点。同理可证 v_k 也是悬挂点，因而 G 至少有两个悬挂点。

定理 9-4 图 $G=(V,E)$ 是一个树的充分必要条件是 G 不含圈，且恰有 $p-1$ 条边。

证明 必要性 设 G 是一个树，根据定义，G 不含圈，故只要证明 G 恰有 $p-1$ 条边。对点数 p 施行数学归纳法。$p=1,2$ 时，结论显然成立。

假设对点数 $p\leqslant n$ 时，结论成立。设树 G 含 $n+1$ 个点。由定理 9-3，G 含悬挂点，设 v_1 是 G 的一个悬挂点，考虑图 $G-v_1$，易见 $p(G-v_1)=n$，$q(G-v_1)=q(G)-1$。因

$G-v_1$ 是 n 个点的树，由归纳假设，$q(G-v_1)=n-1$，于是

$$q(G)=q(G-v_1)+1=(n-1)+1=n=p(G)-1$$

充分性　只要证明 G 是连通的。用反证法，设 G 是不连通的，G 含 s 个连通分图 $G_1,G_2,\cdots,G_s\ (s\geqslant 2)$。因每个 $G_i(i=1,2,\cdots,s)$ 是连通的，并且不含圈，故每个 G_i 是树。设 G_i 有 p_i 个点，则由必要性，G_i 有 p_i-1 条边，于是

$$q(G)=\sum_{i=1}^{s}q(G_i)=\sum_{i=1}^{s}(p_i-1)=\sum_{i=1}^{s}p_i-s=p(G)-s\leqslant p(G)-2$$

这与 $q(G)=p(G)-1$ 的假设矛盾。

定理 9-5　图 $G=(V,E)$ 是一个树的充分必要条件是 G 是连通图，并且

$$q(G)=p(G)-1$$

证明　必要性　设 G 是树，根据定义，G 是连通图，由定理 9-4，$q(G)=p(G)-1$。

充分性　只要证明 G 不含圈，对点数施行归纳。运用反证法证明 G 必有悬挂点，再归纳即可。

定理 9-6　图 G 是树的充分必要条件是任意两个顶点之间恰有一条链。

证明　必要性　因 G 是连通的，故任两个点之间至少有一条链。但如果某两个点之间有两条链的话，那么图 G 中含有圈，这与树的定义矛盾，从而任两个点之间恰有一条链。

充分性　设图 G 中任两个点之间恰有一条链，那么易见 G 是连通的。如果 G 中含有圈，那么这个圈上的两个顶点之间有两条链，这与假设矛盾，故 G 不含圈，于是 G 是树。

由这个定理，很容易推出如下结论：

（1）从一个树中去掉任意一条边，则余下的图是不连通的。由此可知，在点集合相同的所有图中，树是含边数最少的连通图。这样，例 9-4 中所要求的电话线网就是以这五个城市为点的一个树。

（2）在树中不相邻的两个点间添上一条边，则恰好得到一个圈。进一步地说，如果再从这个圈上任意去掉一条边，可以得到一个树。

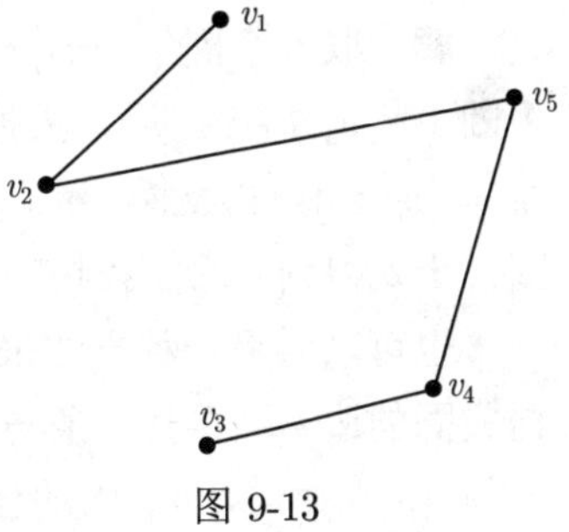

图 9-13

如图 9-11 中，添加 $[v_2,v_1]$，就得到一个圈 (v_1,v_2,v_5,v_1)，如果从这个圈中去掉一条边 $[v_1,v_5]$，就得到如图 9-13 所示的树。

9.2.2　图的支撑树

定义 9-2　设图 $T=(V,E')$ 是图 $G=(V,E)$ 的支撑子图，如果图 $T=(V,E')$ 是一个树，则称 T 是 G 的一个**支撑树**。

例如图 9-14(b) 是图 9-14(a) 所示图的一个支撑树。

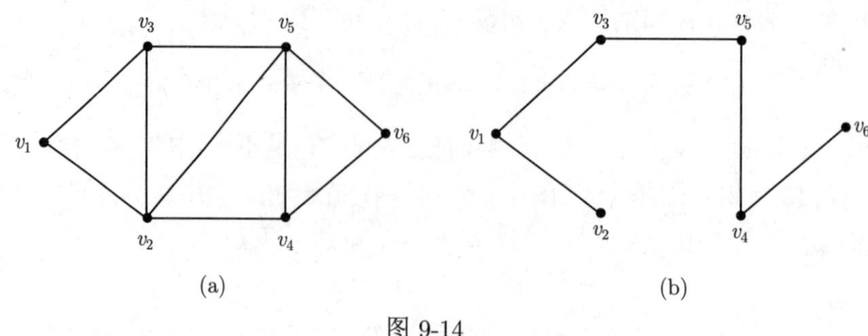

(a) (b)

图 9-14

若 $T=(V,E')$ 是 $G=(V,E)$ 的一个支撑树，则显然，树 T 中边的个数是 $p(G)-1$，G 中不属于树 T 的边数是 $q(G)-p(G)+1$。

定理 9-7 图 G 有支撑树的充分必要条件是图 G 是连通的。

证明 必要性是显然的。

充分性 设图 G 是连通图，如果 G 不含圈，那么 G 本身是一个树，从而 G 是它自身的一个支撑树。现设 G 含圈，任取一个圈，从圈中任意地去掉一条边，得到图 G 的一个支撑子图 G_1。如果 G_1 不含圈，那么 G_1 是 G 的一个支撑树 (因为易见 G_1 是连通的)；如果 G_1 仍含圈，那么从 G_1 中任取一个圈，从圈中再任意去掉一条边，得到图 G 的一个支撑子图 G_2。如此重复，最终可以得到 G 的一个支撑子图 G_k，它不含圈，于是 G_k 是 G 的一个支撑树。

定理 9-7 充分性的证明，提供了一个寻求连通图的支撑树的方法。这就是任取一个圈，从圈中去掉一边，对余下的图重复这个步骤，直到不含圈时为止，即得到一个支撑树，称这种方法为**“破圈法”**。

例 9-6 在图 9-15 中，用破圈法求出图的一个支撑树。

解 取一个圈 (v_1,v_2,v_3,v_1)，从这个圈中去掉边 $e_3=[v_2,v_3]$；在余下的图中，再取一个圈 (v_1,v_2,v_4,v_3,v_1)，去掉边 $e_4=[v_2,v_4]$；在余下的图中，从圈 (v_3,v_4,v_5,v_3) 中去掉边 $e_6=[v_5,v_3]$；再从圈 $(v_1,v_2,v_5,v_4,v_3,v_1)$ 中去掉边 $e_8=[v_2,v_5]$。这时，剩余的图中不含圈，于是得到一个支撑树，如图 9-15 中粗线所示。

也可以用另一种方法来寻求连通图的支撑树。在图中任取一条边 e_1，找一条与 e_1 不构成圈的边 e_2，再找一条与 $\{e_1,e_2\}$ 不构成圈的边 e_3，一般，设已有 $\{e_1,e_2,\cdots,e_k\}$，找一条与 $\{e_1,e_2,\cdots,e_k\}$ 中的任何边不构成圈的边 e_{k+1}。重复这个过程，直到不能进行为止。这时，由所有取出的边构成的图是一个支撑树，称这种方法为**“避圈法”**。

例 9-7 在图 9-16 中，用避圈法求出一个支撑树。

解 首先任取边 e_1，因 e_2 与 e_1 不构成圈，所以可以取 e_2，因为 e_5 与 $\{e_1,e_2\}$ 不构成圈，故可以取 e_5（因 e_3 与 $\{e_1,e_2\}$ 构成一个圈 (v_1,v_2,v_3,v_1)，所以不能取 e_3）因 e_6 与 $\{e_1,e_2,e_5\}$ 不构成圈，故可取 e_6；因 e_8 与 $\{e_1,e_2,e_5,e_6\}$ 不构成圈，故可取 e_8（注意，因 e_7 与 $\{e_1,e_2,e_5,e_6\}$ 中的 e_5，e_6 构成圈 (v_2,v_5,v_4,v_2)，故不能取 e_7）。这时由 $\{e_1,e_2,e_5,e_6,e_8\}$ 所构成的图就是一个支撑树，如图 9-16 中粗线所示。

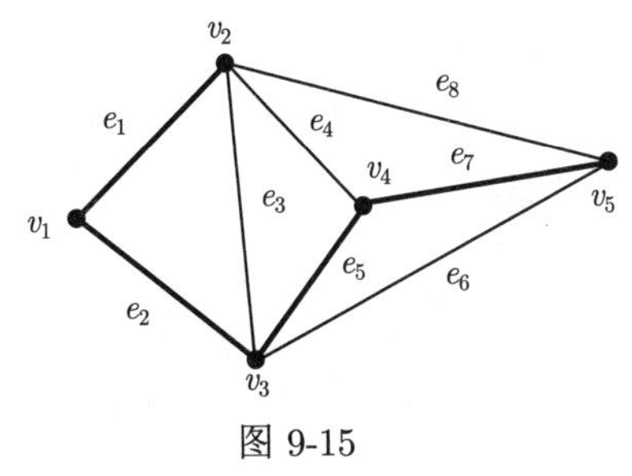

图 9-15

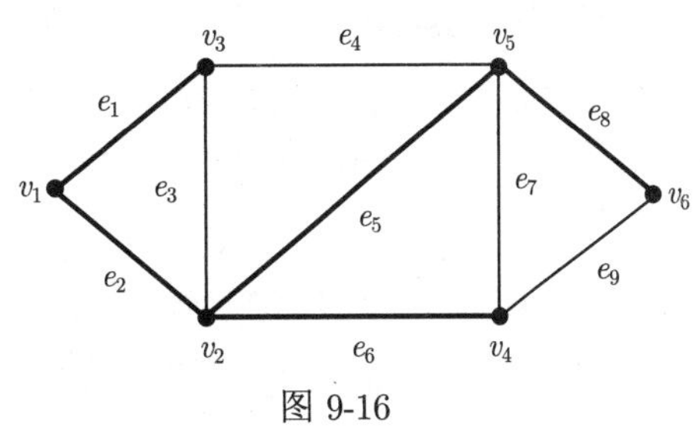

图 9-16

实际上，由定理 9-4、定理 9-5 可知，在“破圈法”中去掉的边数必是 $q(G)-p(G)+1$ 条，在“避圈法”中取出的边数必定是 $p(G)-1$ 条。

9.2.3 最小支撑树问题

定义 9-3 给图 $G=(V,E)$，对 G 中的每一条边 $[v_i,v_j]$，相应地有一个数 w_{ij}，则称这样的图 G 为**赋权图**，w_{ij} 称为边 $[v_i,v_j]$ 上的 **权**。

这里所说的“权”，是指与边有关的数量指标。根据实际问题的需要，可以赋予它不同的含义，例如表示距离、时间、费用等。

赋权图在图的理论及其应用方面有着重要的地位。赋权图不仅表示出各个点之间的邻接关系，而且同时也表示出各点之间的数量关系。所以，赋权图被广泛地应用于解决工程技术及科学生产管理等领域的最优化问题。最小支撑树问题就是赋权图上的最优化问题之一。

设有一个连通图 $G=(V,E)$，每一边 $e=[v_i,v_j]$，有一个非负权

$$\omega(e)=\omega_{ij} \quad (\omega_{ij}\geqslant 0)$$

定义 9-4 如果 $T=(V,E')$ 是 G 的一个支撑树，称 E' 中所有边的权之和为支撑树 T 的权，记为 $\omega(T)$。即

$$\omega(T)=\sum_{[v_i,v_j]\in T}\omega_{ij}$$

如果支撑树 T^* 的权 $\omega(T^*)$ 是 G 的所有支撑树的权中最小者，则称 T^* 是 G 的**最小支撑树**（简称**最小树**）。即

$$\omega(T^*)=\min_{T}\omega(T)$$

式中对 G 的所有支撑树 T 取最小。

最小支撑树问题就是要求给定连通赋权图 G 的最小支撑树。

假设给定一些城市，已知每对城市间交通线的建造费用。要求建造一个连接这些城市的交通网，使总的建造费用最小，这个问题就是赋权图上的最小树问题。

下面介绍求最小树的两个方法。

1. 避圈法（Kruskal）

开始选一条最小权的边，以后每一步中，总从与已选边不构成圈的那些未选边中，选一条权最小的。（每一步中，如果有两条或两条以上的边都是权最小的边，则从中任选一条。）

算法的具体步骤如下：给定赋权图 $G=(V,E)$

第一步：令 $i=1, E_0=\varnothing$($\varnothing$ 表示空集)。

第二步：

（2.1）如果 $i=p(G)$, 那么 $T=(V,E_{i-1})$ 是最小支撑树，算法终止。

（2.2）如果 $i<p(G)$，选一条边 $e_i \in E \setminus E_{i-1}$，使 e_i 是使 $(V,E_{i-1}\cup\{e\})$ 不含圈的所有边 $e(e\in E\setminus E_{i-1})$ 中权最小的边。如果这样的边不存在，则说明图 G 不含支撑树，从而也就没有最小支撑树，算法终止。否则，令 $E_i=E_{i-1}\cup\{e_i\}$，转入第三步。

第三步：把 i 换成 $i+1$，转入第二步。

下面介绍一个例子。

例 9-8 某工厂内连接六个车间的道路网如图 9-17(a) 所示。已知每条道路的长度，要求沿道路架设连接六个车间的电话线网，使电话线的总长最小。

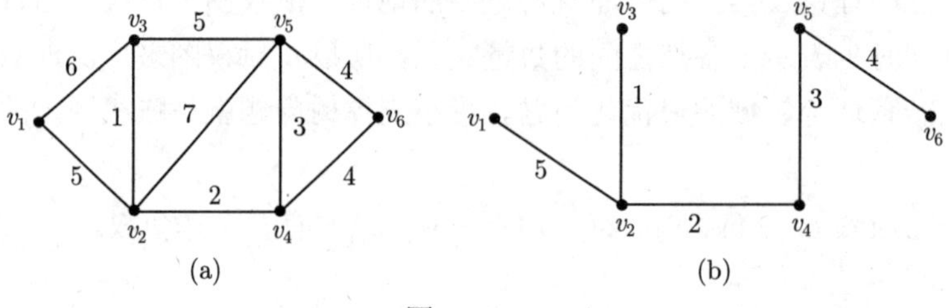

图 9-17

解 这个问题就是求如图 9-17(a) 所示的赋权图上的最小树，用避圈法求解。

$i=1$，$E_0=\varnothing$，从 E 中选最小权边 $[v_2,v_3]$，$E_1=\{[v_2,v_3]\}$；

$i=2$，从 $E\setminus E_1$ 中选最小权边 $[v_2,v_4]$（$[v_2,v_4]$ 与 $[v_2,v_3]$ 不构成圈），$E_2=\{[v_2,v_3],[v_2,v_4]\}$；

$i=3$，从 $E\setminus E_2$ 中选 $[v_4,v_5]$ （$(V,E_2\cup\{[v_4,v_5]\})$ 不含圈），令 $E_3=\{[v_2,v_3],[v_2,v_4],[v_4,v_5]\}$；

$i=4$，从 $E\setminus E_3$ 中选 $[v_5,v_6]$（或选 $[v_4,v_6]$）（$(V,E_3\cup\{[v_5,v_6]\})$ 不含圈），令 $E_4=\{[v_2,v_3],[v_2,v_4],[v_4,v_5],[v_5,v_6]\}$；

$i=5$，从 $E\setminus E_4$ 中选 $[v_1,v_2]$ （$(V,E_4\cup\{[v_1,v_2]\})$ 不含圈）。注意，因 $[v_4,v_6]$ 与已选边 $[v_4,v_5]$，$[v_5,v_6]$ 构成圈，所以虽然 $[v_4,v_6]$ 的权小于 $[v_1,v_2]$ 的权，但这时不能选 $[v_4,v_6]$，令 $E_5=\{[v_2,v_3],[v_2,v_4],[v_4,v_5],[v_5,v_6],[v_1,v_2]\}$；

$i=6$，这时，任一条未选的边都与已选的边构成圈，所以算法终止。

(V,E_5) 就是要求的最小树，即电话线总长最小的电话线网方案（图 9-17(b)），电话线总长为 15 单位。

2. 破圈法

任取一个圈，从圈中去掉一条权最大的边（如果有两条或两条以上的边都是权最大的边，则任意去掉其中一条）。在余下的图中，重复这个步骤，直至得到一个不含圈的图为止，这时的图便是最小树。

例 9-9 用破圈法求图 9-17(a) 所示赋权图的最小支撑树。

解 任取一个圈，比如 (v_1, v_2, v_3, v_1)，边 $[v_1, v_3]$ 是这个圈中权最大的边，于是去掉 $[v_1, v_3]$；再取圈 (v_3, v_5, v_2, v_3)，去掉 $[v_2, v_5]$；取圈 $(v_3, v_5, v_4, v_2, v_3)$，去掉 $[v_3, v_5]$；取圈 (v_5, v_6, v_4, v_5)，这个圈中，$[v_5, v_6]$ 及 $[v_4, v_6]$ 都是权最大的边，去掉其中的一条，比如说 $[v_4, v_6]$。这时得到一个不含圈的图（如图 9-17(b) 所示），即为最小树。

9.3 最短路问题

9.3.1 引例

例 9-10 已知如图 9-18 所示的单行线交通网，每弧旁的数字表示通过这条单行线所需要的费用。现在某人要从 v_1 出发，通过这个交通网到 v_8 去，求使总费用最小的旅行路线。

可见，从 v_1 到 v_8 的旅行路线是很多的，例如可以从 v_1 出发，依次经过 v_2, v_5，然后到 v_8；也可以从 v_1 出发，依次经过 v_3, v_4, v_6, v_7，然后到 v_8 等。不同的路线，所需总费用是不同的。比如，按前一个路线，总费用是 $6+1+6=13$ 单位；而按后一个路线，总费用是 $3+2+10+2+4=21$ 单位。不难看到，用图的语言来描述，从 v_1 到 v_8 的旅行路线与有向图中从 v_1 到 v_8 的路是一一对应的。一条旅行路线的总费用就是相应地从 v_1 到 v_8 的路中所有弧旁数字之和。当然，这里说到的路可以不是初等路。例如某人从 v_1 到 v_8 的旅行路线可以是从 v_1 出发，依次经 $v_3, v_4, v_6, v_5, v_4, v_6, v_7$，最后到达 v_8。这条路线相应的路是 $(v_1, v_3, v_4, v_6, v_5, v_4, v_6, v_7, v_8)$，总费用是 47 单位。

从这个例子可以引出一般的最短路问题，给定一个赋权有向图，即给了一个有向图 $D=(V, A)$，对每一个弧 $a=(v_i, v_j)$，相应地有权 $\omega(a)=\omega_{ij}$，又给定 D 中的两个顶点 v_s, v_t。设 P 是 D 中从 v_s 到 v_t 的一条路，定义路 P 的权是 P 中所有弧的权之和，记为 $\omega(P)$。最短路问题就是要在所有从 v_s 到 v_t 的路中，求一条权最小的路，即求一条从 v_s 到 v_t 的路 P_0，使

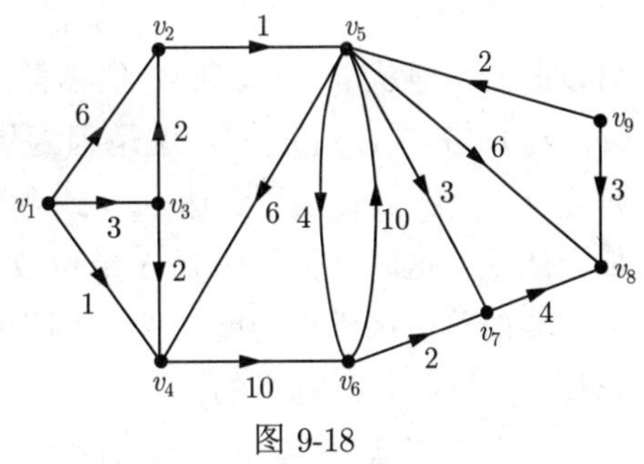

图 9-18

$$\omega(P_0)=\min_P \omega(P)$$

式中对 D 中所有从 v_s 到 v_t 的路 P 取最小，称 P_0 是从 v_s 到 v_t 的**最短路**。路 P_0 的权称为从 v_s 到 v_t 的**距离**，记为 $d(v_s, v_t)$。显然，$d(v_s, v_t)$ 与 $d(v_t, v_s)$ 不一定相等。

最短路问题是重要的最优化问题之一，它不仅可以直接应用于解决生产实际的许多问题，如管道铺设、线路安排、厂区布局、设备更新等，而且经常被作为一个基本工具，用于解决其他的优化问题。

9.3.2 最短路算法

本节将介绍在一个赋权有向图中寻求最短路的方法，这些方法实际上求出了从给定一个点 v_s 到任一个点 v_j 的最短路。

如下事实是经常要利用的，如果 P 是 D 中从 v_s 到 v_j 的最短路，v_i 是 P 中的一个点，那么，从 v_s 沿 P 到 v_i 的路是从 v_s 到 v_i 的最短路。事实上，如果这个结论不成立，设 Q 是从 v_s 到 v_i 的最短路，令 P' 是从 v_s 沿 Q 到达 v_i，再从 v_i 沿 P 到达 v_j 的路，那么，P' 的权就比 P 的权小，这与 P 是从 v_s 到 v_j 的最短路矛盾。

首先介绍所有 $\omega_{ij} \geqslant 0$ 的情形下，求最短路的方法。当所有的 $\omega_{ij} \geqslant 0$ 时，目前公认最好的方法是由迪杰斯特拉（Dijkstra）于 1959 年提出来的。

Dijkstra 方法的基本思想是从 v_s 出发，逐步地向外探寻最短路。执行过程中，与每个点对应，记录下一个数（称为这个点的标号），它或者表示从 v_s 到该点的最短路的权（称为 P 标号），或者是从 v_s 到该点的最短路的权的上界（称为 T 标号），方法的每一步是去修改 T 标号，并且把某一个具 T 标号的点改变为具 P 标号的点，从而使 D 中具 P 标号的顶点数多一个，这样，至多经过 $p-1$ 步，就可以求出从 v_s 到各点的最短路。

在叙述 Dijkstra 方法的具体步骤之前，以例 9-10 为例说明一下这个方法的基本思想。例 9-10 中，$s=1$。因为所有 $\omega_{ij} \geqslant 0$，故有 $d(v_1,v_1)=0$。这时，v_1 是具 P 标号的点。现在考查从 v_1 发出的三条弧，（v_1, v_2），（v_1, v_3）和（v_1, v_4）。如果某人从 v_1 出发，沿（v_1, v_2）到达 v_2，这时需要 $d(v_1,v_1)+\omega_{12}=6$ 单位的费用；如果他从 v_1 出发，沿（v_1, v_3）到达 v_3，则需要 $d(v_1,v_1)+\omega_{13}=3$ 单位的费用；类似地，若沿（v_1, v_4）到达 v_4，需要 $d(v_1,v_1)+\omega_{14}=1$ 单位的费用。因

$$\min\{d(v_1,v_1)+\omega_{12}, d(v_1,v_1)+\omega_{13}, d(v_1,v_1)+\omega_{14}\}=d(v_1,v_1)+\omega_{14}=1$$

可以断言，他从 v_1 出发到 v_4 所需要的最小费用必定是 1 单位，即从 v_1 到 v_4 的最短路是（v_1, v_4），d（v_1, v_4）=1。这是因为从 v_1 到 v_4 的任一条路 P，如果不是（v_1, v_4），则必是先从 v_1 沿（v_1, v_2）到达 v_2，或者沿（v_1, v_3）到达 v_3，而后再从 v_2 或 v_3 到 v_4 去，但如上所说，这时候他已需要 6 单位或 3 单位的费用，不管他如何再从 v_2 或从 v_3 到达 v_4，所需要的总费用都不会比 1 少（因为所有的 $\omega_{ij} \geqslant 0$）。因而推知 $d(v_1,v_4)=1$，这样就可以使 v_4 变成具 P 标号的点。

现在考查从 v_1 及 v_4 指向其余点的弧，由上已知，从 v_1 出发，分别沿（v_1, v_2）、（v_1, v_3）到达 v_2, v_3，需要 6 单位或 3 单位的费用，而从 v_4 出发沿 (v_4,v_6) 到达 v_6，所需要的费用是 $d(v_1,v_4)+\omega_{46}=1+10=11$ 单位，因

$$\min\{d(v_1,v_1)+\omega_{12}, d(v_1,v_1)+\omega_{13}, d(v_1,v_4)+\omega_{46}\}=d(v_1,v_1)+\omega_{13}=3$$

同理，从 v_1 到 v_3 的最短路是（v_1, v_3），$d(v_1, v_3) = 3$。这样又可以使点 v_3 变成具 P 标号的点。如此重复这个过程，可以求出从 v_1 到任一点的最短路。

在下述 Dijkstra 方法具体步骤中，用 $P(v), T(v)$ 分别表示点 v 的 P 标号和 T 标号，S_i 表示第 i 步时，具 P 标号的点的集合。为了在求出从 v_s 到各点的距离的同时，也求出从 v_s 到各点的最短路，给每个点 v 以一个 λ 值，算法终止时，如果 $\lambda(v) = m$，表示在从 v_s 到 v 的最短路上，v 的前一个点是 v_m；如果 $\lambda(v) = M$，则表示 D 中不含从 v_s 到 v 的路；$\lambda(v) = 0$ 表示 $v = v_s$。

Dijkstra 方法的具体步骤：给定赋权有向图 $D = (V, A)$。

开始 $(i = 1)$ 令 $S_1 = \{v_s\}$，$P(v_s) = 0$，$\lambda(v_s) = 0$，对每一个 $v \neq v_s$，令 $T(v) = +\infty$，$\lambda(v) = M$，令 $k = s$。

第一步：如果 $S_i = V$，算法终止，这时，对每个 $v \in S_i, d(v_s, v) = P(v)$；否则转入第二步。

第二步：考查每个使 $(v_k, v_j) \in A$ 且 $v_j \notin S_i$ 的点 v_j。如果 $T(v_j) > P(v_k) + \omega_{kj}$，则把 $T(v_j)$ 修改为 $P(v_k) + \omega_{kj}$，把 $\lambda(v_j)$ 修改为 k；否则转入第三步。

第三步：令 $T(v_{j_i}) = \min\limits_{v_j \notin S_i} \{T(v_j)\}$。

如果 $T(v_{j_i}) < +\infty$,则把 v_{j_i} 的 T 标号变为 P 标号 $P(v_{j_i}) = T(v_{j_i})$,令 $S_{i+1} = S_i \cup \{v_{j_i}\}$, $k = j_i$, 把 i 换成 $i+1$, 转入第一步; 否则算法终止, 这时对每一个 $v \in S_i$, $d(v_s, v) = P(v)$, 而对每一个 $v \notin S_i$，$d(v_s, v) = T(v)$。

现在用 Dijkstra 方法求例 9-10 中从 v_1 到各个顶点的最短路，这时 $s = 1$。

（1）$i = 1$

$S_1 = \{v_1\}$，$P(v_1) = 0$，$\lambda(v_1) = 0$，$T(v_i) = +\infty$，$\lambda(v_i) = M(i = 2, 3, \cdots, 9)$，以及 $k = 1$。

转入第二步，因 $(v_1, v_2) \in A$，$v_2 \notin S_1$，$P(v_1) + \omega_{12} < T(v_2)$，故把 $T(v_2)$ 修改为 $P(v_1) + \omega_{12} = 6$，$\lambda(v_2)$ 修改为 1。

同理,把 $T(v_3)$ 修改为 $P(v_1)+\omega_{13} = 3$,$\lambda(v_3)$ 修改为 1;把 $T(v_4)$ 修改为 $P(v_1)+\omega_{14} = 1$, $\lambda(v_4)$ 修改为 1。

转入第三步,在所有的 T 标号中 $T(v_4) = 1$ 最小,于是令 $P(v_4) = 1$,令 $S_2 = S_1 \cup \{v_4\} = \{v_1, v_4\}, k = 4$。

（2）$i = 2$

转入第二步，把 $T(v_6)$ 修改为 $P(v_4) + \omega_{46} = 11$，$\lambda(v_6)$ 修改为 4。

转入第三步，在所有 T 标号中，$T(v_3) = 3$ 最小，于是令 $P(v_3) = 3$，令 $S_3 = \{v_1, v_4, v_3\}, k = 3$。

（3）$i = 3$

转入第二步，因 $(v_3, v_2) \in A$，$v_2 \notin S_3$，$T(v_2) > P(v_3) + \omega_{32}$，把 $T(v_2)$ 修改为 $P(v_3) + \omega_{32} = 5$，$\lambda(v_2)$ 修改为 3。

转入第三步，在所有 T 标号中，$T(v_2)=5$ 最小，于是令 $P(v_2)=5, S_4=\{v_1,v_4,v_3,v_2\}, k=2$。

（4）$i=4$

转入第二步，把 $T(v_5)$ 修改为 $P(v_2)+\omega_{25}=6$，$\lambda(v_5)$ 修改为 2。

转入第三步，在所有 T 标号中，$T(v_5)=6$ 最小，于是令 $P(v_5)=6, S_5=\{v_1,v_4,v_3,v_2,v_5\}, k=5$。

（5）$i=5$

转入第二步，把 $T(v_6),T(v_7),T(v_8)$ 分别修改为 10，9，12，把 $\lambda(v_6),\lambda(v_7),\lambda(v_8)$ 修改为 5。

转入第三步，在所有 T 标号中，$T(v_7)=9$ 最小，于是令 $P(v_7)=9, S_6=\{v_1,v_4,v_3,v_2,v_5,v_7\}, k=7$。

（6）$i=6$

转入第二步，$(v_7,v_8)\in A$，$v_8\notin S_6$，但因 $T(v_8)<P(v_7)+\omega_{73}$，故 $T(v_8)$ 不变。

转入第三步，在所有 T 标号中，$T(v_6)=10$ 最小，令 $P(v_6)=10, S_7=\{v_1,v_4,v_3,v_2,v_5,v_7,v_6\}, k=6$。

（7）$i=7$

转入第二步，从 v_6 出发没有弧指向不属于 S_7 的点，故直接转入第三步。

转入第三步，在所有 T 标号中，$T(v_8)=12$ 最小，令 $P(v_8)=12, S_8=\{v_1,v_4,v_3,v_2,v_5,v_7,v_6,v_8\}, k=8$。

（8）$i=8$

转入第三步，这时仅有的 T 标号点为 v_9，$T(v_9)=+\infty$。故算法终止。

算法终止时，

$P(v_1)=0,P(v_4)=1,P(v_3)=3,P(v_2)=5,P(v_5)=6,P(v_7)=9,P(v_6)=10,P(v_8)=12,P(v_9)=+\infty$

$\lambda(v_1)=0,\lambda(v_4)=1,\lambda(v_3)=1,\lambda(v_2)=3,\lambda(v_5)=2,\lambda(v_7)=5,\lambda(v_6)=5,\lambda(v_8)=5,\lambda(v_9)=M$

这表示对 $i=1,2,\cdots,8, d(v_1,v_i)=P(v_i)$，而从 v_1 到 v_9 不存在路，根据 λ 值可以求出从 v_1 到 v_i 的最短路 $(i=1,2,\cdots,8)$。

例如为了求从 v_1 到 v_8 的最短路，考查 $\lambda(v_8)$，因 $\lambda(v_8)=5$，故最短路包含弧 (v_5,v_8)；再考查 $\lambda(v_5)$，因 $\lambda(v_5)=2$，故最短路包含弧 (v_2,v_5)；类推，$\lambda(v_2)=3$，$\lambda(v_3)=1$，于是最短路包含弧 (v_3,v_2)，及 (v_1,v_3)，这样从 v_1 到 v_8 的最短路是 (v_1,v_3,v_2,v_5,v_8)。

上面介绍了求一个赋权有向图中，从一个顶点 v_s 到各个顶点的最短路。对于赋权（无向）图 $G=(V,E)$，因为沿边 $[v_i,v_j]$ 既可以从 v_i 到达 v_j，也可以沿 v_j 到达 v_i，所以边 $[v_i,v_j]$ 可以看作是两条弧 (v_i,v_j) 及 (v_j,v_i)，它们具有相同的权 $\omega[v_i,v_j]$。这样，在一个赋权图中，如果所有的 $\omega_{ij}\geqslant 0$，只要把 Dijkstra 法中的“第二步：考查每个使 $(v_k,v_j)\in A$，且 $v_j\notin S_i$ 的点 v_j”改为“第二步：考查每个使 $[v_k,v_j]\in E$ 且 $v_j\notin S_i$ 的点 v_j”，同样可

以求出从 v_s 到各点的最短路（对于无向图，即为最短链）。

例 9-11 用 Dijkstra 方法求图 9-19 所示的赋权图中，从 v_1 到 v_8 的最短路。

解 这里只写出计算的最后结果，具体步骤留给读者去完成。

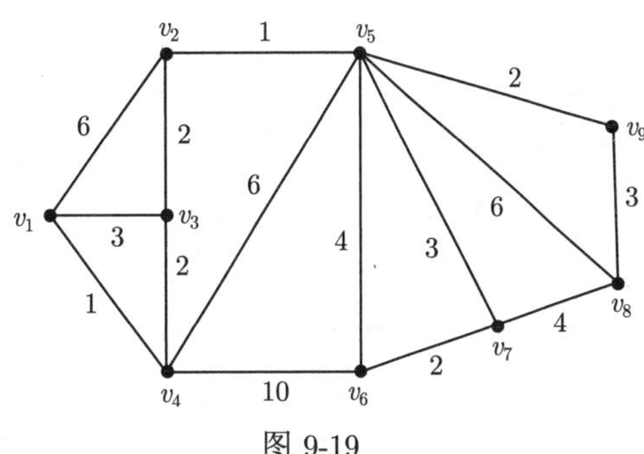

图 9-19

$P(v_1)=0, P(v_4)=1, P(v_3)=3, P(v_2)=5, P(v_5)=6, P(v_9)=8, P(v_7)=9, P(v_6)=10, P(v_8)=11$。

$\lambda(v_1)=0, \lambda(v_4)=1, \lambda(v_3)=1, \lambda(v_2)=3, \lambda(v_5)=2, \lambda(v_9)=5, \lambda(v_7)=5, \lambda(v_6)=5, \lambda(v_8)=9$。

这样从 v_1 到 v_8 的最短链为 $(v_1, v_3, v_2, v_5, v_9, v_8)$，总权为 11, 从而 $d(v_1, v_8)=11$。

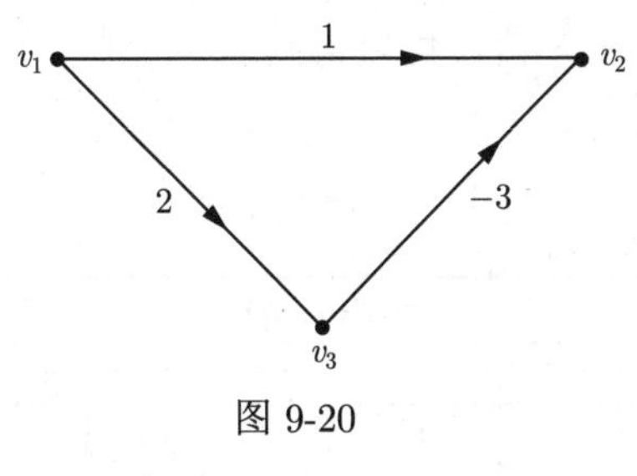

图 9-20

Dijkstra 算法只适用于所有 $\omega_{ij} \geqslant 0$ 的情形，当赋权有向图中存在负权时，则算法失效。例如在如图 9-20 所示的赋权有向图中，如果用 Dijkstra 方法，可得出从 v_1 到 v_2 的最短路的权是 1，但这显然是不对的，因为从 v_1 到 v_2 的最短路是（v_1, v_3, v_2），权是 -1。

现在介绍当赋权有向图 D 中，存在具有负权的弧时，求最短路的方法。

为方便起见，不妨设从任一点 v_i 到任一个点 v_j 都有一条弧（如果在 D 中，$(v_i, v_j) \notin A$，则添加弧（v_i, v_j）。令 $\omega_{ij}=+\infty$）。

显然，从 v_s 到 v_j 的最短路总是从 v_s 出发，沿着一条路到某个点 v_i，再沿（v_i, v_j）到 v_j 的（这里 v_i 可以是 v_s 本身），由本节开始时介绍的一个结论可知，从 v_s 到 v_i 的这条路必定是从 v_s 到 v_i 的最短路，所以 $d(v_s, v_j)$ 必满足如下方程：

$$d(v_s, v_j)=\min_i\{d(v_s, v_i)+\omega_{ij}\}$$

为了求得这个方程的解 $d(v_s, v_1), d(v_s, v_2), \cdots, d(v_s, v_p)$（这里 $p=p(D)$），可用如下递推公式：

开始时，令

$$d^{(1)}(v_s, v_j)=\omega_{sj} \quad (j=1,2,\cdots,p)$$

$$d^{(t)}(v_s, v_j)=\min_i\{d^{(t-1)}(v_s, v_i)+\omega_{ij}\}$$

$$j=1,2,\cdots,p$$

若进行到某一步，例如第 k 步时，对所有 $j=1,2,\cdots,p$，有

$$d^{(k)}(v_s, v_j)=d^{(k-1)}(v_s, v_j)$$

则 $\{d^{(k)}(v_s, v_j)\}_{j=1,2,\cdots,p}$ 即为 v_s 到各点的最短路的权。

例 9-12 求图 9-21 所示赋权有向图中从 v_1 到各点的最短路。

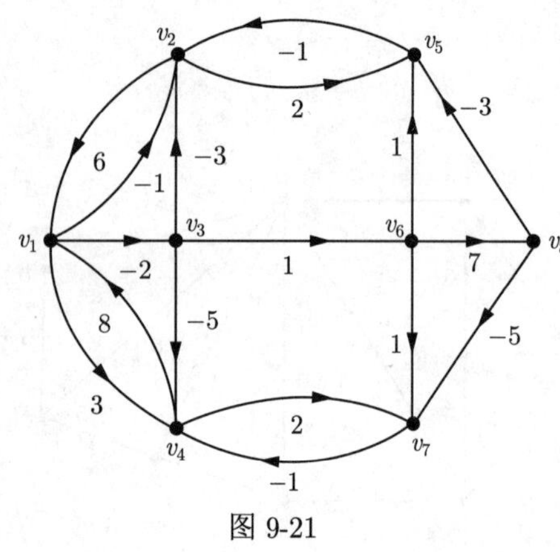

图 9-21

解 利用上述递推公式，求解结果如表 9-1 所示（表中未写数字的空格内是 $+\infty$）。

可以看到，当 $t=4$ 时，对所有 $j=1,2,\cdots,8$，有 $d^{(t-1)}(v_1,v_j)=d^{(t)}(v_1,v_j)$，于是表中最后一列 $0,-5,-2,-7,-3,-1,-5,6$ 就分别是从 v_1 到 v_1，$v_2,\cdots,v_8$ 的最短路的权。

为了进一步求得从 v_s 到各点的最短路，可以类似于 Dijkstra 方法中，给每一个点以 λ 值开始

$$\lambda(v_s)=0,\lambda(v_i)=s \quad (i\neq s)$$

在迭代过程中，如果

$$d^{(t)}(v_s,v_j)=\min\{d^{(t-1)}(v_s,v_i)+\omega_{ij}\}=d^{(t-1)}(v_s,v_{i_0})+\omega_{i_0j}$$

则把这时的 $\lambda(v_j)$ 修改为 i_0。迭代终止时，根据各点的 λ 值，可以得到从 v_s 到各点的最短路。

表 9-1

点	ω_{ij}								$d^{(t)}(v_1,v_j)$			
	v_1	v_2	v_3	v_4	v_5	v_6	v_7	v_8	$t=1$	$t=2$	$t=3$	$t=4$
v_1	0	-1	-2	3					0	0	0	0
v_2	6	0			2				-1	-5	-5	-5
v_3		-3	0	-5		1			-2	-2	-2	-2
v_4	8			0			2		3	-7	-7	-7
v_5		-1			0					1	-3	-3
v_6					1	0	1	7		-1	-1	-1
v_7				-1			0			5	-5	-5
v_8					-3		-5	0			6	6

寻求最短路的另一个办法是在求出最短路的权以后，采用“反向追踪”的方法。比如已知 $d(v_s,v_j)$，则寻求一个点 v_k，使 $d(v_s,v_k)+\omega_{kj}=d(v_s,v_j)$，记录下 (v_k,v_j)，再考查 $d(v_s,v_k)$，寻求一点 v_i，使 $d(v_s,v_i)+\omega_{ik}=d(v_s,v_k)$，如此等等，直至到达 v_s 为止，于是从 v_s 到 v_j 的最短路是（$v_s,\cdots,v_i,v_k,v_j$）。

由表 9-1 已知，$d(v_1,v_8)=6$，

因 $d(v_1,v_6)+\omega_{68}=(-1)+7=d(v_1,v_8)$，故记下 (v_6,v_8)。

因 $d(v_1,v_3)+\omega_{36}=d(v_1,v_6)$，故记下 (v_3,v_6)。

因 $d(v_1,v_1)+\omega_{13}=d(v_1,v_3)$，从而从 v_1 到 v_8 的最短路是（v_1,v_3,v_6,v_8）。

定义 9-5 设 D 是赋权有向图，C 是 D 中的一个回路，如果 C 的权 $\omega(C)$ 小于零，则称 C 是 D 中的一个**负回路**。

不难证明：

（1）如果 D 是不含负回路的赋权有向图，那么，从 v_s 到任一个点的最短路必可取为初等路，从而最多包含 $p-2$ 个中间点；

（2）上述递推公式中的 $d^{(t)}(v_s,v_j)$ 是在至多包含 $t-1$ 个中间点的限制条件下，从 v_s 到 v_j 的最短路的权。

由（1）、（2）可知：当 D 中不含负回路时，上述算法最多经过 $p-1$ 次迭代必定收敛，即对所有的 $j=1,2,\cdots,p$，均有 $d^{(k)}(v_s,v_j)=d^{(k-1)}(v_s,v_j)$，从而求出从 v_s 到各个顶点的最短路的权。

如果经过 $p-1$ 次迭代，存在某个 j，使 $d^{(p)}(v_s,v_j)\neq d^{(p-1)}(v_s,v_j)$，则说明 D 中含有负回路。显然，这时从 v_s 到 v_j 的路的权是没有下界的。

为了加快收敛速度，可以利用如下的递推公式。

$$d^{(1)}(v_s,v_j)=\omega_{sj},\quad j=1,2,\cdots,p$$

$$d^{(t)}(v_s,v_j)=\min\{\min_{i<j}\{d^{(t)}(v_s,v_i)+\omega_{ij}\},\min_{i\geqslant j}\{d^{(t-1)}(v_s,v_i)+\omega_{ij}\}\},$$
$$j=1,2,\cdots,p;t=2,3,\cdots$$

J.Y.Yen 提出一个改进的递推算法：

$$d^{(1)}(v_s,v_j)=\omega_{sj},\quad j=1,2,\cdots,p$$

对 $t=2,4,6,\cdots$，按 $j=1,2,\cdots,p$ 的顺序计算：

$$d^{(t)}(v_s,v_j)=\min\{d^{(t-1)}(v_s,v_j),\min_{i<j}\{d^{(t)}(v_s,v_i)+\omega_{ij}\}\}$$

对 $t=3,5,7,\cdots$，按 $j=p,p-1,\cdots,1$ 的顺序计算：

$$d^{(t)}(v_s,v_j)=\min\{d^{(t-1)}(v_s,v_j),\min_{i>j}\{d^{(t)}(v_s,v_i)+\omega_{ij}\}\}$$

同样地，当对所有的 $j=1,2,\cdots,p$

$$d^{(k)}(v_s,v_j)=d^{(k-1)}(v_s,v_j)$$

时，算法终止。

9.4 网络最大流问题

许多系统包含了流量问题。例如，公路系统中有车辆流，控制系统中有信息流，供水系统中有水流，金融系统中有现金流等。

图 9-22 是连接某产品产地 v_1 和销地 v_6 的交通网，每一弧 (v_i,v_j) 代表从 v_i 到 v_j 的运输线，产品经这条弧由 v_i 输送到 v_j，弧旁的数字表示这条运输线的最大通过能力。产品经过交通网从 v_1 输送到 v_6。现在要求制定一个运输方案使从 v_1 运到 v_6 的产品数量最多。

图 9-23 给出了一个运输方案，每条弧旁的数字表示在这个方案中，每条运输线上的运输数量。这个方案使 8 个单位的产品从 v_1 运到 v_6，在这个交通网上输送量是否还可以增多，或者说这个运输网络中，从 v_1 到 v_6 的最大输送量是多少呢？本节就是要研究类似这样的问题。

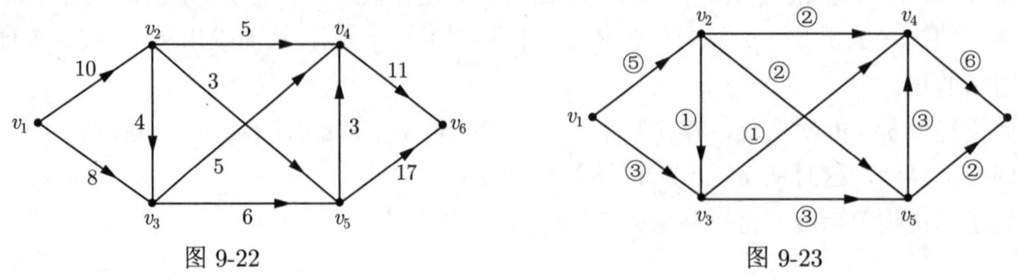

图 9-22　　　　图 9-23

9.4.1　基本概念与基本定理

1. 网络与流

定义 9-6　给一个有向图 $D=(V,A)$，在 V 中指定了一点称为**发点**（记为 v_s），而另一点称为**收点**（记为 v_t），其余的点叫**中间点**。对于每一个弧 $(v_i, v_j)\in A$，对应有一个 $c(v_i,v_j)\geqslant 0$（或简写为 c_{ij}），称为弧的**容量**。通常我们就把这样的 D 叫作一个**网络**。记作

$$D=(V,A,C)$$

所谓网络上的流，是指定义在弧集合 A 上的一个函数 $f=\{f(v_i,v_j)\}$，并称 $f(v_i,v_j)$ 为弧 (v_i,v_j) 上的**流量**（有时也简记作 f_{ij}）。

例如，图 9-22 就是一个网络，指定 v_1 是发点，v_6 是收点，其他的点是中间点。弧旁的数字为 c_{ij}。

图 9-23 所示的运输方案，就可看作是这个网络上的一个流，每个弧上的运输量就是该弧上的流量，即 $f_{12}=5, f_{24}=2, f_{13}=3, f_{34}=1$ 等。

2. 可行流与最大流

在运输网络的实际问题中可以看出，对于流有两个明显的要求：一是每个弧上的流量不能超过该弧的最大通过能力（即弧的容量）；二是中间点的流量为零。因为对于每个点，运出这点的产品总量与运进这点的产品总量之差，是这点的净输出量，简称为这一点的流量；由于中间点只起转运作用，所以中间点的流量必为零。易见发点的净流出量和收点的净流入量必相等，也是这个方案的总输送量。因此有：

定义 9-7　满足下述条件的流 f 称为**可行流**：

（1）容量限制条件：对每一弧 $(v_i,v_j)\in A$

$$0\leqslant f_{ij}\leqslant c_{ij}$$

（2）平衡条件

对于中间点：流出量等于流入量，即对每个 $i(i\neq s,t)$ 有

$$\sum_{(v_i,v_j)\in A} f_{ij} - \sum_{(v_j,v_i)\in A} f_{ji} = 0$$

对于发点 v_s，记

$$\sum_{(v_s,v_j)\in A} f_{sj} - \sum_{(v_j,v_s)\in A} f_{js} = v(f)$$

对于收点 v_t，记

$$\sum_{(v_t,v_j)\in A} f_{tj} - \sum_{(v_j,v_t)\in A} f_{jt} = -v(f)$$

式中，$v(f)$ 称为这个可行流的流量，即发点的净输出量（或收点的净输入量）。

可行流总是存在的。比如令所有弧的流量 $f_{ij}=0$，就得到一个可行流（称为**零流**）。其流量 $v(f)=0$。

最大流问题就是求一个流 $\{f_{ij}\}$ 使其流量 $v(f)$ 达到最大，并且满足

$$0 \leqslant f_{ij} \leqslant c_{ij} \quad (v_i,v_j)\in A$$

$$\sum f_{ij} - \sum f_{ji} = \begin{cases} v(f) & (i=s) \\ 0 & (i\neq s,t) \\ -v(f) & (i=t) \end{cases}$$

最大流问题是一个特殊的线性规划问题。即求一组 $\{f_{ij}\}$，在满足上述两个条件下使 $v(f)$ 达到极大。将会看到利用图的特点，解决这个问题的方法较之线性规划的一般方法要方便、直观得多。

3. 增广链

若给一个可行流 $f=\{f_{ij}\}$，我们把网络中使 $f_{ij}=c_{ij}$ 的弧称为**饱和弧**，使 $f_{ij}<c_{ij}$ 的弧称为**非饱和弧**。使 $f_{ij}=0$ 的弧称为**零流弧**，使 $f_{ij}>0$ 的弧称为**非零流弧**。

在图 9-23 中，(v_5,v_4) 是饱和弧，其他的弧为非饱和弧。所有弧都是非零流弧。

若 μ 是网络中连接发点 v_s 和收点 v_t 的一条链，我们定义链的方向是从 v_s 到 v_t，则链上的弧被分为两类：一类是弧的方向与链的方向一致，叫作**前向弧**。前向弧的全体记为 μ^+。另一类弧与链的方向相反，称为**后向弧**。后向弧的全体记为 μ^-。

图 9-22 中，在链 $\mu=(v_1,v_2,v_3,v_4,v_5,v_6)$ 上

$$\mu^+ = \{(v_1,v_2),(v_2,v_3),(v_3,v_4),(v_5,v_6)\},$$

$$\mu^- = \{(v_5,v_4)\}$$

定义 9-8 设 f 是一个可行流，μ 是从 v_s 到 v_t 的一条链，若 μ 满足下列条件，称之为（关于可行流 f 的）**增广链**。

在弧 $(v_i,v_j)\in\mu^+$ 上，$0\leqslant f_{ij}<c_{ij}$，即 μ^+ 中每一弧是非饱和弧。

在弧 $(v_i,v_j)\in\mu^-$ 上，$0<f_{ij}\leqslant c_{ij}$，即 μ^- 中每一弧是非零流弧。

图 9-23 中，链 $\mu=(v_1,v_2,v_3,v_4,v_5,v_6)$ 是一条增广链。因为 μ^+ 和 μ^- 中的弧满足增广链的条件。比如：

$$(v_1,v_2)\in\mu^+,\quad f_{12}=5<c_{12}=10$$
$$(v_5,v_4)\in\mu^-,\quad f_{54}=3>0$$

4. 截集与截量

设 $S,T\subset V$，$S\cap T=\varnothing$，我们把始点在 S 中，终点在 T 中的所有弧构成的集合，记为 (S,T)。

定义 9-9 给网络 $D=(V,A,C)$，若点集 V 被剖分为两个非空集合 V_1 和 $\overline{V}_1$，使 $v_s\in V_1,v_t\in\overline{V}_1$，则把弧集 $(V_1,\overline{V}_1)$ 称为（分离 v_s 和 v_t 的）**截集**。

显然，若把某一截集的弧从网络中丢去，则从 v_s 到 v_t 便不存在路。所以，直观上说，截集是从 v_s 到 v_t 的必经之道。

定义 9-10 给一截集 $(V_1,\overline{V}_1)$，把截集 $(V_1,\overline{V}_1)$ 中所有弧的容量之和称为这个截集的容量（简称为**截量**），记为 $c(V_1,\overline{V}_1)$，即

$$c(V_1,\overline{V}_1)=\sum_{(v_i,v_j)\in(V_1,\overline{V}_1)}c_{ij}$$

不难证明，任何一个可行流的流量 $v(f)$ 都不会超过任一截集的容量。即

$$v(f)\leqslant c(V_1,\overline{V}_1)$$

显然，若对于一个可行流 f^*，网络中有一个截集 $(V_1^*,\overline{V}_1^*)$，使 $v(f^*)=c(V_1^*,\overline{V}_1^*)$, 则 f^* 是最大流，而 $(V_1^*,\overline{V}_1^*)$ 必定是 D 的所有截集中容量最小的一个，即最小截集。

定理 9-8 可行流 f^* 是最大流，当且仅当不存在关于 f^* 的增广链。

证明 若 f^* 是最大流，设 D 中存在关于 f^* 的增广链 μ，令

$$\theta=\min\{\min_{\mu^+}(c_{ij}-f_{ij}^*),\min_{\mu^-}f_{ij}^*\}$$

由增广链的定义，可知 $\theta>0$，令

$$f_{ij}^{**}=\begin{cases}f_{ij}^*+\theta & (v_i,v_j)\in\mu^+\\ f_{ij}^*-\theta & (v_i,v_j)\in\mu^-\\ f_{ij}^* & (v_i,v_j)\notin\mu\end{cases}$$

不难验证 $\{f_{ij}^{**}\}$ 是一个可行流，且 $v(f^{**})=v(f^*)+\theta>v(f^*)$。这与 f^* 是最大流的假设矛盾。

现在设 D 中不存在关于 f^* 的增广链，证明 f^* 是最大流。我们利用下面的方法来定义 V_1^*：

令 $v_s\in V_1^*$

若 $v_i\in V_1^*$，且 $f_{ij}^*<c_{ij}$，则令 $v_j\in V_1^*$

若 $v_i \in V_1^*$，且 $f_{ji}^* > 0$，则令 $v_j \in V_1^*$
因为不存在关于 f^* 的增广链，故 $v_t \notin V_1^*$。

记 $\overline{V}_1^* = V \backslash V_1^*$，于是得到一个截集 $(V_1^*, \overline{V}_1^*)$。显然必有

$$f_{ij}^* = \begin{cases} c_{ij} & (v_i, v_j) \in (V_1^*, \overline{V}_1^*) \\ 0 & (v_i, v_j) \in (\overline{V}_1^*, V_1^*) \end{cases}$$

所以 $v(f^*) = c(V_1^*, \overline{V}_1^*)$。于是 f^* 必是最大流。定理得证。

由上述证明中可见，若 f^* 是最大流，则网络中必存在一个截集 $(V_1^*, \overline{V}_1^*)$，使

$$v(f^*) = c(V_1^*, \overline{V}_1^*)$$

于是有如下重要的结论：

最大流量最小截量定理：任一个网络 D 中，从 v_s 到 v_t 的最大流的流量等于分离 v_s，v_t 的最小截集的容量。

定理 9-8 为我们提供了寻求网络中最大流的一个方法。若给了一个可行流 f，只要判断 D 中有无关于 f 的增广链。如果有增广链，则可以按定理 9-8 前半部证明中的办法，改进 f，得到一个流量增大的新的可行流。如果没有增广链，则得到最大流。而利用定理 9-8 后半部证明中定义 V_1^* 的办法，可以根据 v_t 是否属于 V_1^* 来判断 D 中有无关于 f 的增广链。

实际计算时，用给顶点标号的方法来定义 V_1^*。在标号过程中，有标号的顶点表示是 V_1^* 中的点，没有标号的点表示不是 V_1^* 中的点。一旦 v_t 有了标号，就表明找到一条增广链；如果标号过程进行不下去，而 v_t 尚未标号，则说明不存在增广链，于是得到最大流。而且同时也得到一个最小截集。

9.4.2 寻求最大流的标号法

从一个可行流出发（若网络中没有给定 f，则可以设 f 是零流），经过标号过程与调整过程。

1. 标号过程

在这个过程中，网络中的点或者是标号点（又分为已检查和未检查两种），或者是未标号点。每个标号点的标号包含两部分：第一个标号表明它的标号是从哪一点得到的，以便找出增广链；第二个标号是为确定增广链的调整量 θ 用的。

标号过程开始，总先给 v_s 标上 $(0, +\infty)$，这时 v_s 是标号而未检查的点，其余都是未标号点。一般地，取一个标号而未检查的点 v_i，对一切未标号点 v_j:

（1）若在弧 (v_i, v_j) 上，$f_{ij} < c_{ij}$，则给 v_j 标号 $(v_i, l(v_j))$。这里 $l(v_j) = \min[l(v_i), c_{ij} - f_{ij}]$。这时点 v_j 成为标号而未检查的点。

（2）若在弧 (v_j, v_i) 上，$f_{ji} > 0$，则给 v_j 标号 $(-v_i, l(v_j))$。这里 $l(v_j) = \min[l(v_i), f_{ji}]$。这时点 v_j 成为标号而未检查的点。

于是 v_i 成为标号而已检查过的点。重复上述步骤，一旦 v_t 被标上号，表明得到一条从 v_s 到 v_t 的增广链 μ，转入调整过程。

若所有标号都是已检查过的，而标号过程进行不下去时，则算法结束，这时的可行流就是最大流。

2. 调整过程

首先按 v_t 及其他点的第一个标号，利用"反向追踪"的办法，找出增广链 μ。例如设 v_t 的第一个标号为 v_k（或 $-v_k$），则弧 (v_k, v_t) [或相应的 (v_t, v_k)] 是 μ 上的弧。接下来检查 v_k 的第一个标号，若为 v_i（或 $-v_i$），则找出 (v_i, v_k)（或相应地 (v_k, v_i)）。再检查 v_i 的第一个标号，依此下去，直到 v_s 为止。这时被找出的弧就构成了增广链 μ。令调整量 θ 是 $l(v_t)$，即 v_t 的第二个标号。令

$$f'_{ij} = \begin{cases} f_{ij} + \theta & (v_i, v_j) \in \mu^+ \\ f_{ij} - \theta & (v_i, v_j) \in \mu^- \\ f_{ij} & (v_i, v_j) \notin \mu \end{cases}$$

去掉所有的标号，对新的可行流 $f' = \{f'_{ij}\}$，重新进入标号过程。

例 9-13 用标号法求图 9-24 所示网络的最大流。弧旁的数是 (c_{ij}, f_{ij})。

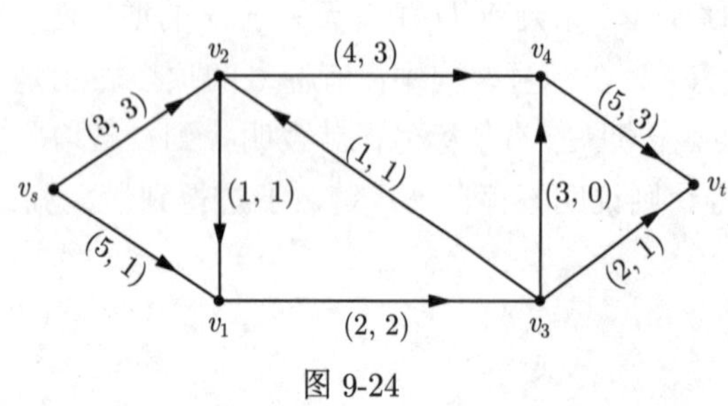

图 9-24

解 （1）标号过程

① 首先给 v_s 标上 $(0, +\infty)$。

② 检查 v_s，在弧 (v_s, v_2) 上，$f_{s2} = c_{s2} = 3$，不满足标号条件。弧 (v_s, v_1) 上，$f_{s1} = 1, c_{s1} = 5, f_{s1} < c_{s1}$，则 v_1 的标号为 $(v_s, l(v_1))$，其中

$$\begin{aligned} l(v_1) &= \min[l(v_s), (c_{s1} - f_{s1})] \\ &= \min[+\infty, 5 - 1] = 4 \end{aligned}$$

③ 检查 v_1，在弧 (v_1, v_3) 上，$f_{13} = 2, c_{13} = 2$，不满足标号条件。

在弧 (v_2, v_1) 上，$f_{21} = 1 > 0$，则给 v_2 记下标号为 $(-v_1, l(v_2))$，这里

$$l(v_2) = \min[l(v_1), f_{21}] = \min[4, 1] = 1$$

④ 检查 v_2，在弧 (v_2, v_4) 上，$f_{24} = 3, c_{24} = 4, f_{24} < c_{24}$，则给 v_4 记下标号为 $(v_2, l(v_4))$，这里

$$l(v_4) = \min[l(v_2), (c_{24} - f_{24})] = \min[1, 1] = 1$$

在弧 (v_3, v_2) 上，$f_{32} = 1 > 0$，给 v_3 标号：$(-v_2, l(v_3))$，这里

$$l(v_3) = \min[l(v_2), f_{32}] = \min[1, 1] = 1$$

⑤ 在 v_3, v_4 中任选一个进行检查。例如

在弧 (v_3, v_t) 上，$f_{3t} = 1, c_{3t} = 2, f_{3t} < c_{3t}$，给 v_t 标号为 $(v_3, l(v_t))$，这里

$$l(v_t) = \min[l(v_3), (c_{3t} - f_{3t})] = \min[1, 1] = 1$$

因 v_t 有了标号，故转入调整过程。

（2）调整过程

按点的第一个标号找到一条增广链，如图 9-25 中双箭头线表示。

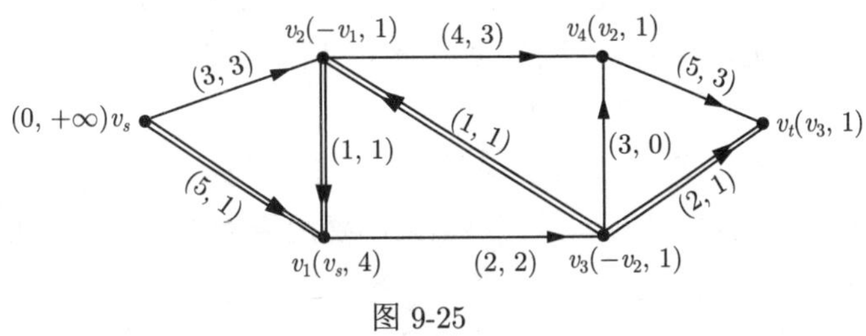

图 9-25

易见

$$\mu^+ = \{(v_s, v_1), (v_3, v_t)\}$$
$$\mu^- = \{(v_2, v_1), (v_3, v_2)\}$$

按 $\theta = 1$ 在 μ 上调整 f。

$$\mu^+ \text{ 上：} f_{s1} + \theta = 1 + 1 = 2，f_{3t} + \theta = 1 + 1 = 2$$
$$\mu^- \text{ 上：} f_{21} - \theta = 1 - 1 = 0，f_{32} - \theta = 1 - 1 = 0$$

其余的 f_{ij} 不变。

调整后得如图 9-26 所示的可行流，对这个可行流进入标号过程，寻找增广链。

开始给 v_s 标以 $(0, +\infty)$，于是检查 v_s，给 v_1 标以 $(v_s, 3)$，检查 v_1，弧 (v_1, v_3) 上，$f_{13} = c_{13}$，弧 (v_2, v_1) 上，$f_{21} = 0$，均不符合条件，标号过程无法继续下去，算法结束。

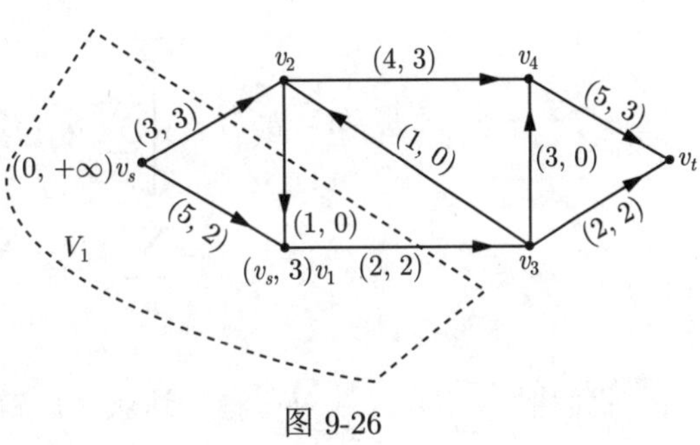

图 9-26

这时的可行流 (图 9-26) 即为所求最大流。最大流量为

$$v(f) = f_{s1} + f_{s2} = f_{4t} + f_{3t} = 5$$

与此同时可找到最小截集 $(V_1, \overline{V}_1)$，其中 V_1 为标号点集合，$\overline{V}_1$ 为未标号点集合。弧集合 $(V_1, \overline{V}_1)$ 即为最小截集。

上例中，$V_1 = \{v_s, v_1\}$，$\overline{V}_1 = (v_2, v_3, v_4, v_t)$，于是 $(V_1, \overline{V}_1) = \{(v_s, v_2), (v_1, v_3)\}$ 是最小截集，它的容量也是 5。

由上述可见，用标号法找增广链以求最大流的结果，同时得到一个最小截集。最小截集容量的大小影响总的输送量的提高。因此，为提高总的输送量，必须首先考虑改善最小截集中各弧的输送状况，提高它们的通过能力。另一方面，一旦最小截集中弧的通过能力被降低，就会使总的输送量减少。

9.5 最小费用最大流问题

上一节讨论了寻求网络中的最大流问题。在实际生活中，涉及“流”的问题时，人们考虑的还不只是流量，而且还有“费用”的因素，本节介绍的最小费用最大流问题就是这类问题之一。

给网络 $D=(V,A,C)$，每一弧 $(v_i,v_j)\in A$ 上，除了已给容量 c_{ij} 外，还给了一个单位流量的费用 $b(v_i,v_j)\geqslant 0$（简记为 b_{ij}）。所谓**最小费用最大流问题**就是要求一个最大流 f，使流的总输送费用

$$b(f)=\sum_{(v_i,v_j)\in A} b_{ij}f_{ij}$$

取极小值。

下面介绍解决这个问题的一种方法。

从上节可知，寻求最大流的方法是从某个可行流出发，找到关于这个流的一条增广链 μ。沿着 μ 调整 f，对新的可行流试图寻求关于它的增广链，如此反复直至最大流。现在要寻求最小费用的最大流，首先考查一下，当沿着一条关于可行流 f 的增广链 μ，以 $\theta=1$ 调整 f，得到新的可行流 f' 时（显然 $v(f')=v(f)+1$），$b(f')$ 比 $b(f)$ 增加多少？不难看出

$$\begin{aligned} b(f')-b(f) &= \left[\sum_{\mu^+} b_{ij}(f'_{ij}-f_{ij})-\sum_{\mu^-} b_{ij}(f'_{ij}-f_{ij})\right] \\ &= \sum_{\mu^+} b_{ij}-\sum_{\mu^-} b_{ij} \end{aligned}$$

我们把 $\sum\limits_{\mu^+} b_{ij}-\sum\limits_{\mu^-} b_{ij}$ 称为这条增广链 μ 的“费用”。

可以证明，若 f 是流量为 $v(f)$ 的所有可行流中费用最小者，而 μ 是关于 f 的所有增广链中费用最小的增广链，那么沿 μ 去调整 f，得到的可行流 f'，就是流量为 $v(f')$ 的所有可行流中的最小费用流。这样，当 f' 是最大流时，它也就是所要求的最小费用最大流了。

注意到，由于 $b_{ij}\geqslant 0$，所以 $f=0$ 必是流量为 0 的最小费用流。这样，总可以从 $f=0$ 开始。一般地，已知 f 是流量 $v(f)$ 的最小费用流，余下的问题就是如何去寻求关于 f 的最小费用增广链。为此，可构造一个赋权有向图 $W(f)$，它的顶点是原网络 D 的顶点，而把 D 中的每一条弧 (v_i,v_j) 变成两个相反方向的弧 (v_i,v_j) 和 (v_j,v_i)。定义 $W(f)$ 中弧的

权 ω_{ij} 为

$$\omega_{ij}=\begin{cases}b_{ij} & 若 f_{ij}<c_{ij}\\ +\infty & 若 f_{ij}=c_{ij}\end{cases}$$

$$\omega_{ji}=\begin{cases}-b_{ij} & 若 f_{ij}>0\\ +\infty & 若 f_{ij}=0\end{cases}$$

（长度为 $+\infty$ 的弧可以从 $W(f)$ 中略去）

于是在网络 D 中寻求关于 f 的最小费用增广链就等价于在赋权有向图 $W(f)$ 中，寻求从 v_s 到 v_t 的最短路。因此有如下算法。

开始取 $f^{(0)}=0$，一般情况下若在第 $k-1$ 步得到最小费用流 $f^{(k-1)}$，则构造赋权有向图 $W(f^{(k-1)})$，在 $W(f^{(k-1)})$ 中，寻求从 v_s 到 v_t 的最短路。若不存在最短路 (即最短路权是 $+\infty$)，则 $f^{(k-1)}$ 就是最小费用最大流；若存在最短路，则在原网络 D 中得到相应的增广链 μ，在增广链 μ 上对 $f^{(k-1)}$ 进行调整。调整量为

$$\theta=\min[\min_{\mu^+}(c_{ij}-f_{ij}^{(k-1)}),\min_{\mu^-}(f_{ij}^{(k-1)})]$$

令

$$f_{ij}^{(k)}=\begin{cases}f_{ij}^{(k-1)}+\theta & (v_i,v_j)\in\mu^+\\ f_{ij}^{(k-1)}-\theta & (v_i,v_j)\in\mu^-\\ f_{ij}^{(k-1)} & (v_i,v_j)\notin\mu\end{cases}$$

得到新的可行流 $f^{(k)}$，再对 $f^{(k)}$ 重复上述步骤。

例 9-14 以图 9-27 为例，求最小费用最大流。弧旁数字为 (b_{ij},c_{ij})。

（1）取 $f^{(0)}=0$ 为初始可行流。

（2）构造赋权有向图 $W(f^{(0)})$，并求出从 v_s 到 v_t 的最短路 (v_s,v_2,v_1,v_t)，如图 9-28(a)（双箭头即为最短路）。

（3）在原网络 D 中，与这条最短路相应的增广链为 $\mu=(v_s,v_2,v_1,v_t)$。

（4）在 μ 上进行调整，$\theta=5$，得 $f^{(1)}$ (图 9-28(b))。按照上述算法依次得 $f^{(1)},f^{(2)},f^{(3)}$,

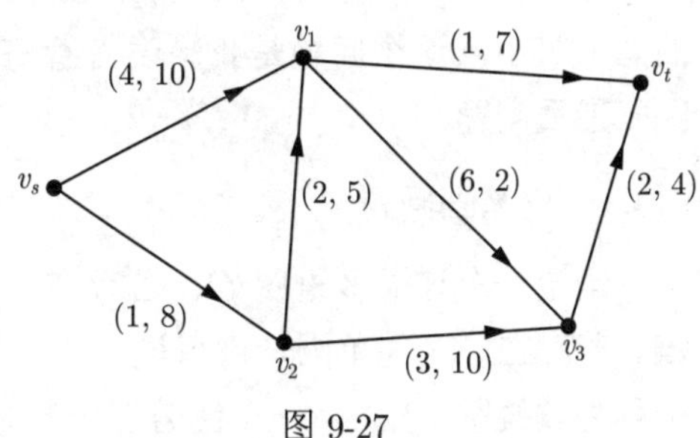

图 9-27

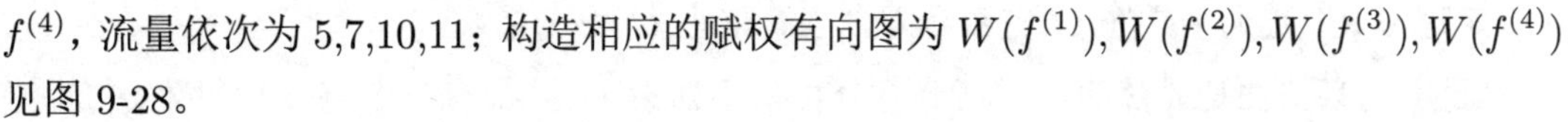
$f^{(4)}$，流量依次为 5,7,10,11；构造相应的赋权有向图为 $W(f^{(1)}),W(f^{(2)}),W(f^{(3)}),W(f^{(4)})$，见图 9-28。

注意到 $W(f^{(4)})$ 中已不存在从 v_s 到 v_t 的最短路，所以 $f^{(4)}$ 为最小费用最大流。

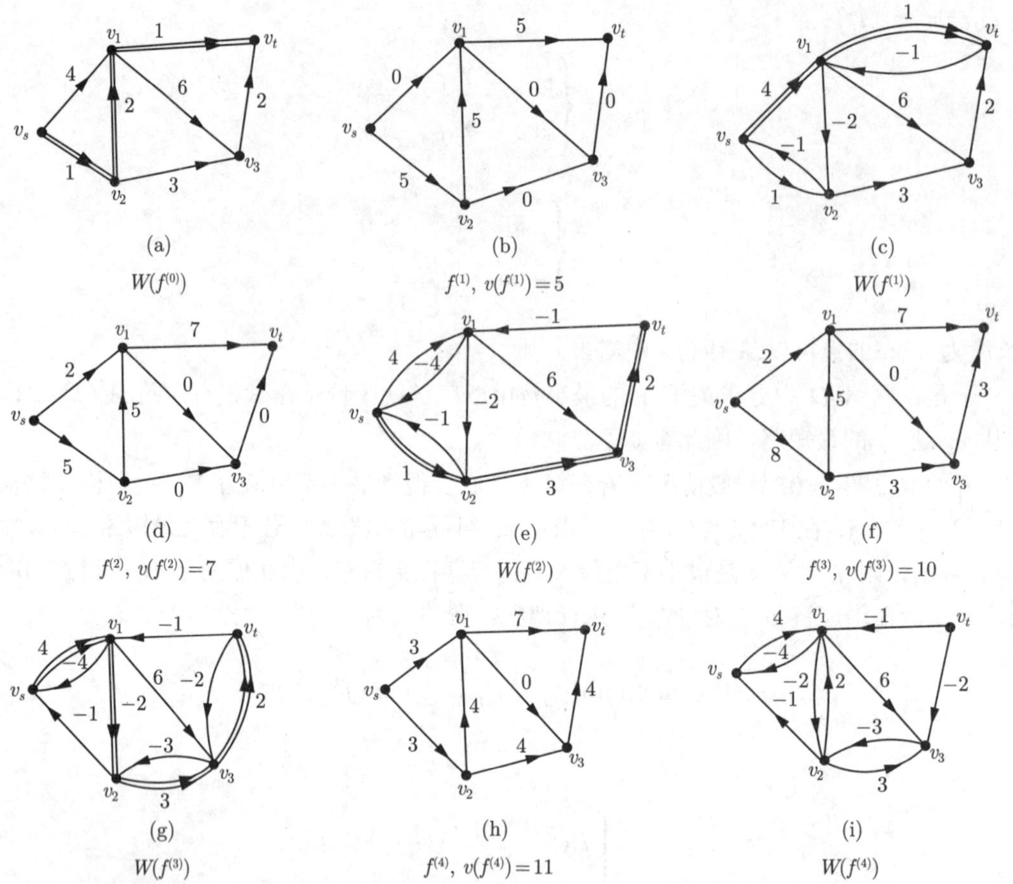

(a) $W(f^{(0)})$

(b) $f^{(1)}, v(f^{(1)})=5$

(c) $W(f^{(1)})$

(d) $f^{(2)}, v(f^{(2)})=7$

(e) $W(f^{(2)})$

(f) $f^{(3)}, v(f^{(3)})=10$

(g) $W(f^{(3)})$

(h) $f^{(4)}, v(f^{(4)})=11$

(i) $W(f^{(4)})$

图 9-28

9.6 中国邮递员问题

在本章开始提到的邮递员问题，若把它抽象为图的语言，就是给定一个连通图，在每边 e_i 上赋予一个非负的权 $\omega(e_i)$，要求一个圈（未必是简单的），过每边至少一次，并使圈的总权最小。这个问题是我国学者管梅谷在 1962 年首先提出的，因此在国际上通称为**中国邮递员问题**。

9.6.1 一笔画问题

给定一个连通多重图 G，若存在一条链，过每边一次，且仅一次，则称这条链为**欧拉链**。若存在一个简单圈，过每边一次，且仅一次，称这个圈为**欧拉圈**。一个图若有欧拉圈，则称为**欧拉图**。显然，一个图若能一笔画出，这个图必是欧拉图（出发点与终止点重合）或含有欧拉链（出发点与终止点不同）。

定理 9-9 连通多重图 G 有欧拉圈，当且仅当 G 中无奇点。

证明 必要性是显然的，只证明充分性。不妨设 G 至少有三个点，对边数 $q(G)$ 进行数学归纳，因 G 是连通图，不含奇点，故 $q(G) \geqslant 3$。首先 $q(G)=3$ 时，G 显然是欧

拉图。考查 $q(G)=n+1$ 的情况，因 G 是不含奇点的连通图，并且 $p(G)\geqslant 3$，故存在三个点 u,v,w，使 $[u,v],[w,v]\in E$。从 G 中丢去边 $[u,v],[w,v]$，增加新边 $[u,w]$，得到新的多重图 G'。G' 有 $q(G)-1$ 条边，并且仍不含奇点，G' 至多有两个分图。若 G' 是连通的，那么根据归纳假设，G' 有欧拉圈 C'。把 C' 中的 $[w,u]$ 这一条边换成 $[w,v],[v,u]$，即得 G 中的欧拉圈。现设 G' 有两个分图 G_1,G_2。设 v 在 G_1 中。根据归纳假设，G_1,G_2 分别有欧拉圈 C_1,C_2，则把 C_2 中的 $[u,w]$ 这条边换成 $[u,v]$，C_1 及 $[v,w]$，即得 G 的欧拉圈。

推论 9-10 连通多重图 G 有欧拉链，当且仅当 G 恰有两个奇点。

证明 必要性是显然的。现设连通多重图 G 恰有两个奇点 u,v。在 G 中增加一个新边 $[u,v]$ （如果在 G 中，u,v 之间就有边，那么这个新边是原有边上的重复边），得连通多重图 G'，易见 G' 中无奇点。由定理 9-3，G' 有欧拉圈 C'，从 C' 中丢去增加的那个新边 $[u,v]$，即得 G 中的一条连接 u,v 的欧拉链。

上述定理和推论为我们提供了识别一个图能否一笔画的简单办法。如前面提到的七桥问题，因为图 9-1(b) 中有 4 个奇点。所以不能一笔画出。也就是说，七桥问题的回答是否定的。如图 9-29。它有两个奇点 v_2 和 v_5，因此可以从点 v_2 开始，用一笔画到点 v_5 终止。

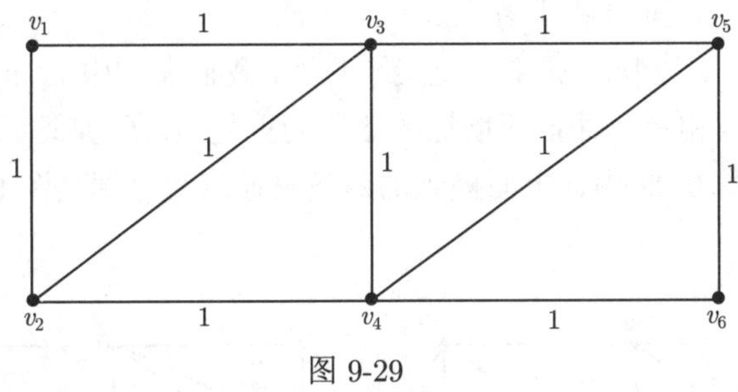

图 9-29

现在的问题是：如果我们已经知道图 G 是可以一笔画的，怎么样把它一笔画出来呢？也就是说，怎么找出它的欧拉圈（这时 G 无奇点）或欧拉链（这时 G 恰有两个奇点）呢？下面简单地介绍由弗罗莱（Fleury）提供的方法。

为此，首先介绍割边的概念。设 e 是连通图 G 的一个边，如果从 G 中丢去 e，图就不连通了，则称 e 是图 G 的**割边**。例如，图 9-10(b) 中，$[v_1,v_2]$ 是割边；树中的每一个边都是割边。

设 $G=(V,E)$ 是无奇点的连通图，以

$$\mu_k=(v_{i_0},e_{i_1},v_{i_1},e_{i_2},v_{i_2},\cdots,v_{i_{k-1}},e_{i_k},v_{i_k})$$

记在第 k 步得到的简单链。记 $E_k=(e_{i_1},e_{i_2},\cdots,e_{i_k})$，$\overline{E}_k=E\backslash E_k$，以及 $G_k=(V,\overline{E}_k)$(开始 $k=0$ 时，令 $\mu_0=(v_{i_0})$，这里 v_{i_0} 是图 G 的任意一点，$E_0=\varnothing$；$G_0=G$)。进行第 $(k+1)$ 步：在 G_k 中选 v_{i_k} 的一条关联边 $e_{i_{k+1}}=[v_{i_k},v_{i_{k+1}}]$，使 $e_{i_{k+1}}$ 不是 G_k 的割边 (除非 v_{i_k} 是 G_k 的悬挂点，这时 v_{i_k} 在 G_k 中的悬挂边选为 $e_{i_{k+1}}$)。令

$$\mu_{k+1}=(v_{i_0},e_{i_1},v_{i_1},e_{i_2},v_{i_2},\cdots,v_{i_{k-1}},e_{i_k},v_{i_k},e_{i_{k+1}},v_{i_{k+1}})$$

重复这个过程，直到选不到所要求的边为止。可以证明：这时的简单链必定终止于 v_{i_0}，并且就是我们要求的图 G 的欧拉圈。

如果 $G=(V,E)$ 是恰有两个奇点的连通图，只需要取 v_{i_0} 是图 G 的一个奇点就可以了。最终得到的简单链就是图中连接两个奇点的欧拉链。

9.6.2 奇偶点图上作业法

根据上面的讨论，如果在某邮递员所负责的范围内，街道图中没有奇点，那么他就可以从邮局出发，走过每条街道一次，且仅一次，最后回到邮局，这样他所走的路程也就是最短的路程。对于有奇点的街道图，就必须在某些街道上重复走一次或多次。

例如图 9-29 的街道图中，若 v_1 是邮局，邮递员可以按如下的路线投递信件：

$v_1\to v_2\to v_4\to v_3\to v_2\to v_4\to v_6\to v_5\to v_4\to v_6\to v_5\to v_3\to v_1$, 总权为 12。

也可按另一条路线走：

$v_1\to v_2\to v_3\to v_2\to v_4\to v_5\to v_6\to v_4\to v_3\to v_5\to v_3\to v_1$, 总权为 11。

可见，按第一条路线走，在边 $[v_2,v_4]$，$[v_4,v_6]$，$[v_6,v_5]$ 上各重复走了一次。而按第二条路线走，在边 $[v_3,v_2]$，$[v_3,v_5]$ 上各重复走了一次。

如果在某条路线中，边 $[v_i,v_j]$ 上重复走了几次，我们在图中 v_i,v_j 之间增加几条边，令每条边的权和原来的权相等，并把新增加的边称为重复边。于是这条路线就是相应的新图中的欧拉圈。例如在图 9-29 中，上面提到的两条投递路线分别是图 9-30(a) 和 (b) 中的欧拉圈。

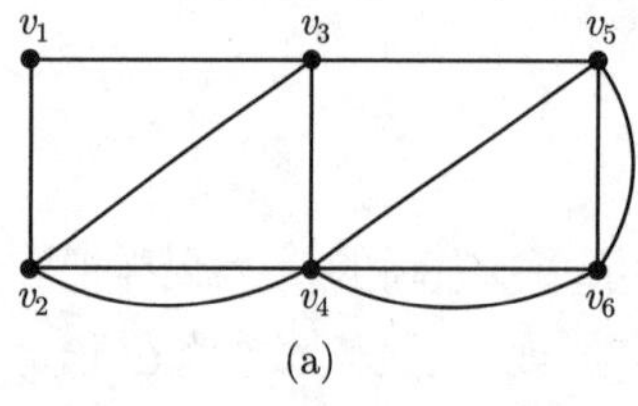

(a)

v_1 v_3 v_5 v_2 v_4 v_6

(b)

图 9-30

显然，两条邮递路线的总权的差必等于相应的重复边总权的差。因而，中国邮递员问题可以叙述为在一个有奇点的图中，要求增加一些重复边，使新图不含奇点，并且重复边的总权为最小。

我们把使新图不含奇点而增加的重复边，简称为可行 (重复边) 方案，使总权最小的可行方案称为最优方案。

现在的问题是第一个可行方案如何确定，在确定一个可行方案后，怎么判断这个方案是否为最优方案？若不是最优方案，如何调整这个方案？

1. 第一个可行方案的确定方法

在第 1 节中，我们已经证明，在任何一个图中，奇点个数必为偶数。所以如果图中有奇点，就可以把它们配成对。又因为图是连通的，故每一对奇点之间必有一条链，我们把这条链的所有边作为重复边加到图中去，可见新图中必无奇点，这就给出了第一个可行方案。

例 9-15 图 9-31 中的街道图，有四个奇点，v_2, v_4, v_6, v_8，将其分成两对，比如 v_2 与 v_4 为一对，v_6 与 v_8 为一对。

在图 9-31 中，连接 v_2 与 v_4 的链有好几条，任取一条，例如取链 $(v_2, v_1, v_8, v_7, v_6, v_5, v_4)$。把边 $[v_2, v_1]$，$[v_1, v_8]$，$[v_8, v_7]$，$[v_7, v_6]$，$[v_6, v_5]$，$[v_5, v_4]$ 作为重复边加到图中去，同样地取 v_6 与 v_8 之间的一条链 $(v_8, v_1, v_2, v_3, v_4, v_5, v_6)$，把边 $[v_8, v_1]$，$[v_1, v_2]$，$[v_2, v_3]$，$[v_3, v_4]$，$[v_4, v_5]$，$[v_5, v_6]$ 也作为重复边加到图中去，于是得图 9-32。

在图 9-32 中，没有奇点，对应于这个可行方案，重复边总权为

$$2w_{12} + w_{23} + w_{34} + 2w_{45} + 2w_{56} + w_{67} + w_{78} + 2w_{18} = 51$$

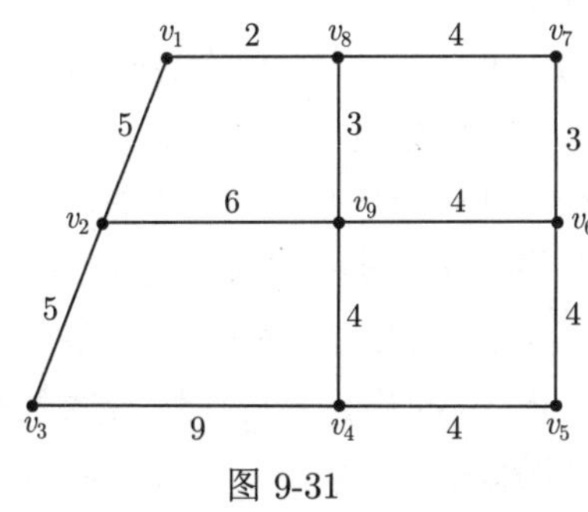

图 9-31

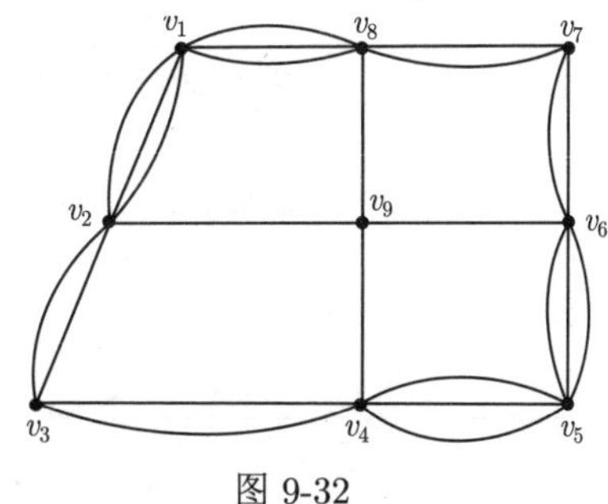

图 9-32

2. 调整可行方案，使重复边总权下降

首先，从图 9-32 中可以看出，在边 $[v_1, v_2]$ 上有两条重复边，如果把它们都从图中去掉，图仍然无奇点，即剩下的重复边还是一个可行方案，而总长度却有所下降。同样道理，$[v_1, v_8]$，$[v_4, v_5]$，$[v_5, v_6]$ 上的重复边也是如此。

一般情况下，若边 $[v_i, v_j]$ 上有两条或两条以上的重复边时，从中去掉偶数条，就能得到一个总权较小的可行方案。

因而有

（1）在最优方案中，图的每一边上最多有一条重复边。

依此，图 9-32 可以调整为图 9-33，重复边总权下降为 21。

其次，我们还可以看到，如果把图中某个圈上的重复边去掉，而给原来没有重复边的边加上重复边，图中仍没有奇点。因而如果在某个圈上重复边的总权大于这个圈的总权的一半，像上面所说的那样作一次调整，将会得到一个总权下降的可行方案。

（2）在最优方案中，图中每个圈上的重复边的总权不大于该圈总权的一半。

如在图 9-33 中，圈 $(v_2, v_3, v_4, v_9, v_2)$ 的总权为 24，但圈上重复边总权为 14，大于该圈总权的一半。因此可以作一次调整，以 $[v_2, v_9]$，$[v_9, v_4]$ 上的重复边代替 $[v_2, v_3]$，$[v_3, v_4]$ 上的重复边，使重复边总权下降为 17，如图 9-34。

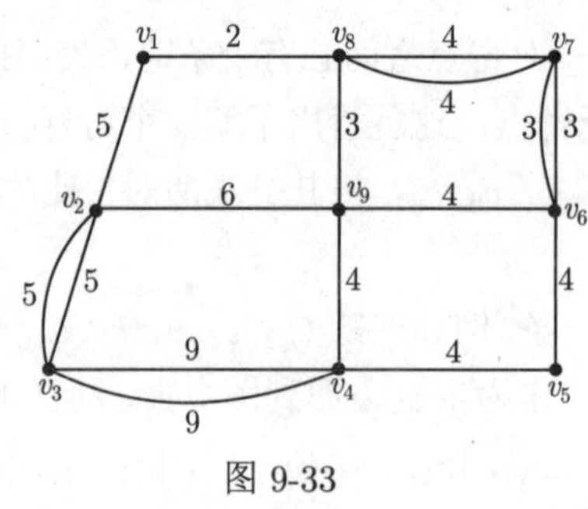

图 9-33

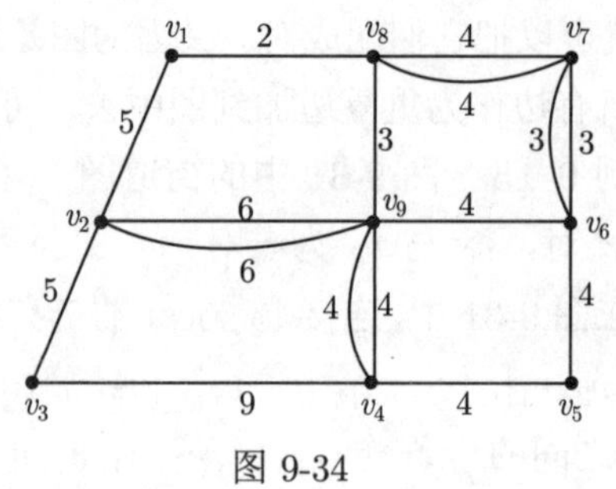

图 9-34

3. 判断最优方案的标准

从上面的分析中可知，一个最优方案一定是满足（1）和（2）的可行方案，反之，可以证明一个可行方案若满足（1）和（2)，则这个可行方案一定是最优方案。根据这样的判断标准，对给定的可行方案，检查它是否满足条件（1）和（2）。若满足，所得方案即为最优方案；若不满足，则对方案进行调整，直至条件（1）和（2）均得到满足时为止。

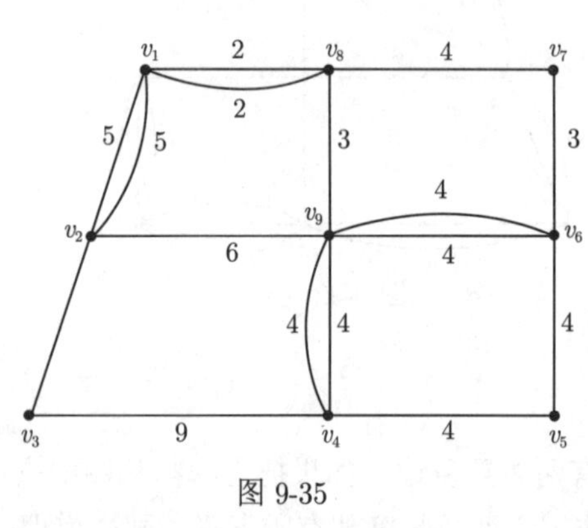

图 9-35

检查图 9-34 中的圈 $(v_1, v_2, v_9, v_6, v_7, v_8, v_1)$，它的重复边总权为 13，而圈的总权为 24，不满足条件（2)，经调整得图 9-35。重复边总权下降为 15。

检查图 9-35，条件（1）和（2）均满足。于是得最优方案，图 9-35 中的任一个欧拉圈就是邮递员的最优邮递路线。

以上所说的求最优邮递路线的方法，通常称为奇偶点图上作业法。值得注意的是，方法的主要困难在于检查条件（2)，它要求检查每一个圈。当图中点、边数较多时，圈的个数将会很多。如“日”字形图就有 3 个圈，而“田”字形的图就有 13 个圈。关于中国邮递员问题，已有比较好的算法，我们不去介绍它了。

9.7 用 Matlab 求解图论问题

本节将介绍如何利用计算机软件求解图论问题。以 9.3.2 节 Dijkstra 算法为例，下面给出了实现 Dijkstra 算法的 Matlab 程序。此程序按照书中给出的算法步骤进行书写，并对使用的符号等均进行了注释说明。

```
function [d,r]=Dijkstra(A,n,s)
%A 是有向图 D 的邻接矩阵，(aij) 指 i 到 j 的距离
%n 是矩阵的维数
%s 是起始点

%初始化
```

```
S=zeros(1,n);%表示顶点是否在 S 中, 第 i 个位置值为零表示顶点 vi 不在 S 中,反之表示在 S 中
S(1)=1;%将始点 v1 放入 S
P=zeros(1,n);T=zeros(1,n);%P,T 定义与 9.3.2 节中一致
r=zeros(1,n);%此处用 r 代替 lambda, 第 i 个位置的值表示在最短路径中该点的前一个顶点
d=zeros(1,n);% d 的第 i 个位置表示 v1 到 vi 的最短距离
for i=1:n %为 T,r 赋值
    if i~=s
        T(i)=inf;
        r(i)=100;%用 100 代替常数 M
    end
end
k=s;

%运行算法
for i=1:n-1 %由算法知至多经过 n-1 步可以结束算法
    if all(S)==1 % 判断 S 是否等于 V
        d=P;
        disp('从始点 v1 出发到其他各顶点的最短距离为: ');
        disp(d); %输出始点 v1 到其他各顶点的距离
        disp('从始点 v1 出发到其他各顶点的最短路路径为: ');
        disp(r); %输出始点 v1 到其他各顶点的最短路路径
        return;
    else
        m=inf; % m 用于表示最小值
        e=0;% 用于标记当前 T 值最小的顶点序号(只考虑不在 S 中的顶点)
        for j=1:n
            if A(k,j)<inf && S(j)==0 && T(j)>P(k)+A(k,j)
                T(j)=P(k)+A(k,j);
                r(j)=k;
            end
            if S(j)==0 && T(j)<m
                m=T(j);
                e=j;
            end
        end
        if m<inf
            P(e)=T(e);
            S(e)=1;
            k=e;
            i=i+1;
        else
            d=P;
```

```
            for j=1:n
                if S(j)==0
                    d(j)=T(j);
                end
            end
            disp('从始点 v1 出发到其他各顶点的最短距离为: ');
            disp(d); %输出始点 v1 到其他各顶点的距离
            disp('从始点 v1 出发到其他各顶点的最短路路径为: ');
            disp(r); %输出始点 v1 到其他各顶点的最短路路径
            return;
        end
    end
end
```

接下来，我们给出一个主程序，调用上面给出的函数，来求解例 9-10 中从 v_1 到各个顶点的最短路。

```
clc;clear all

%输入
s=1; %设置起始点
n=9; %设置矩阵维数
A=zeros(9); %定义 n 阶矩阵 A,A 是有向图 D 的邻接矩阵, (aij) 指 i 到 j 的距离
A(1,2)=6;A(1,3)=3;A(1,4)=1;A(2,5)=1;
A(3,2)=2;A(3,4)=2;A(4,6)=10;
A(5,4)=6;A(5,6)=4;A(5,7)=3;
A(5,8)=6;A(6,5)=10;A(6,7)=2;
A(7,8)=4;A(9,5)=2;A(9,8)=3;
A(A==0)=inf;

[d,r]=Dijkstra(A,n,s);
```

运行结果如下：

```
命令行窗口
从v1出发到其他点的最短距离为:
     0     5     3     1     6    10     9    12   Inf

从v1出发到其他点的最短路径为:
     0     3     1     1     2     5     5     5   100
```

由此，我们就得到了与 9.3.2 节中相同的结果。

事实上，在掌握基本的编写方法后，对于需要的命令均可使用工具书、网络等进行查询，对于命令的使用也可在命令行窗口输入 help 学习。因此，计算机软件求解更重要的是

对算法的学习与理解，这一点对于其他计算机软件，如 LINGO，Java 等均适用。

习　　题

9.1 证明如下序列不可能是某个简单图的次的序列：

（1）7，6，5，4，3，2

（2）6，6，5，4，3，2，1

（3）6，5，5，4，3，2，1

即测即练

9.2 已知九个人 $v_1, v_2, \cdots, v_9$ 中，v_1 和两人握过手，v_2, v_3 各和四个人握过手，v_4, v_5, v_6, v_7 各和五个人握过手，v_8, v_9 各和六个人握过手，证明这九个人中一定可以找出三个人互相握过手。

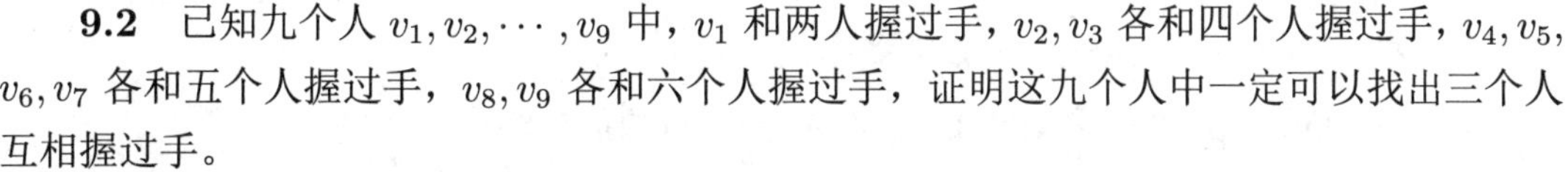

9.3 用破圈法和避圈法找出图 9-36 的一个支撑树。

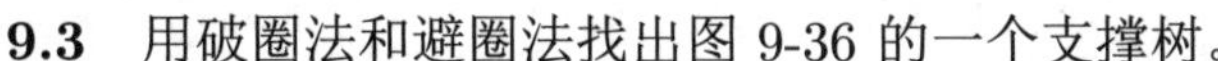

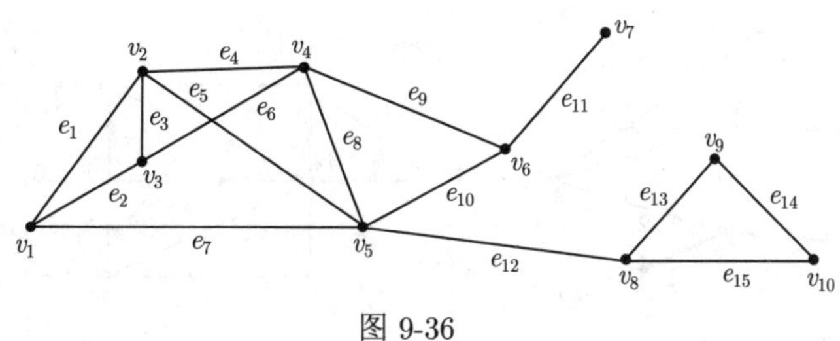

图 9-36

9.4 用破圈法和避圈法求图 9-37 中各图的最小树。

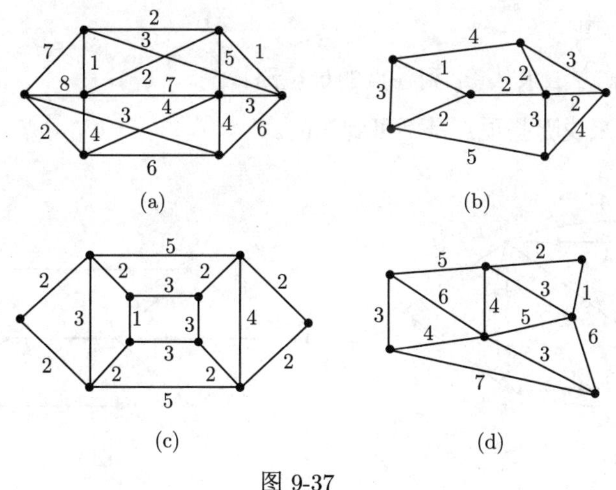

图 9-37

9.5 已知世界六大城市：$(Pe), (N), (Pa), (L), (T), (M)$。试在由表 9-2 所示交通网络的数据中确定最小树。

表 9-2

城市	Pe	T	Pa	M	N	L
Pe	×	13	51	77	68	50
T	13	×	60	70	67	59
Pa	51	60	×	57	36	2
M	77	70	57	×	20	55
N	68	67	36	20	×	34
L	50	59	2	55	34	×

9.6 有九个城市 $v_1, v_2, \cdots, v_9$，其公路网如图 9-38 所示。弧旁数字是该段公路的长度，有一批货物从 v_1 运到 v_9，问走哪条路最短？

9.7 用 Dijkstra 方法求图 9-39 中从 v_1 到各点的最短路。

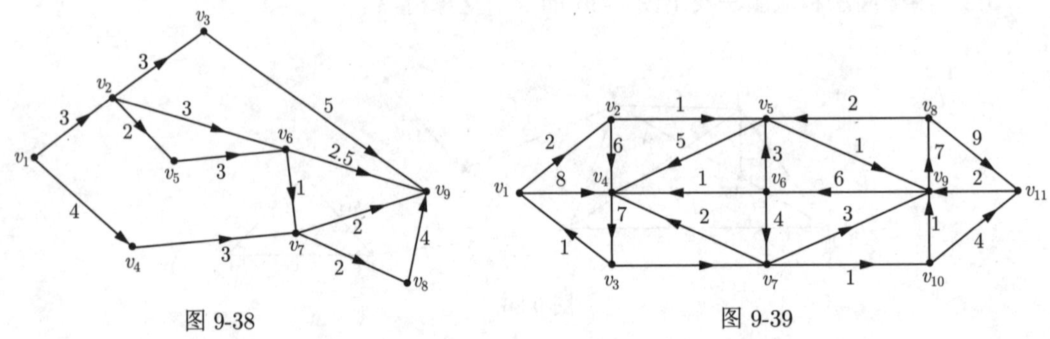

图 9-38

图 9-39

9.8 求图 9-40 中从 v_1 到各点的最短路。

9.9 在图 9-41 中

（1）用 Dijkstra 方法求从 v_1 到各点的最短路；

（2）指出对 v_1 来说哪些顶点是不可到达的。

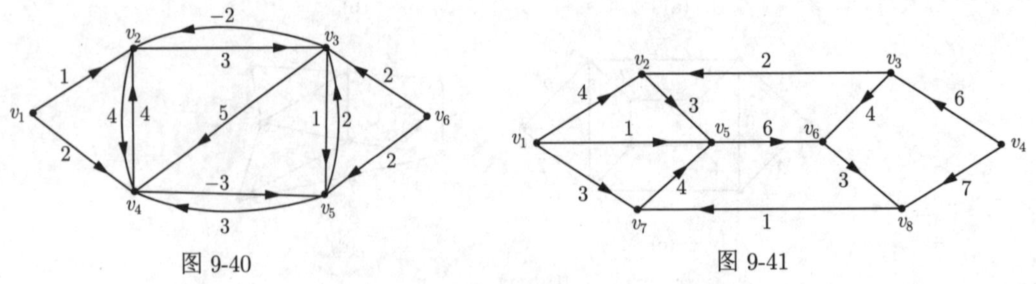

图 9-40

图 9-41

9.10 求图 9-42 中从任意一点到另外任意一点的最短路。

9.11 在如图 9-43 所示的网络中，弧旁的数字是 (c_{ij}, f_{ij})。

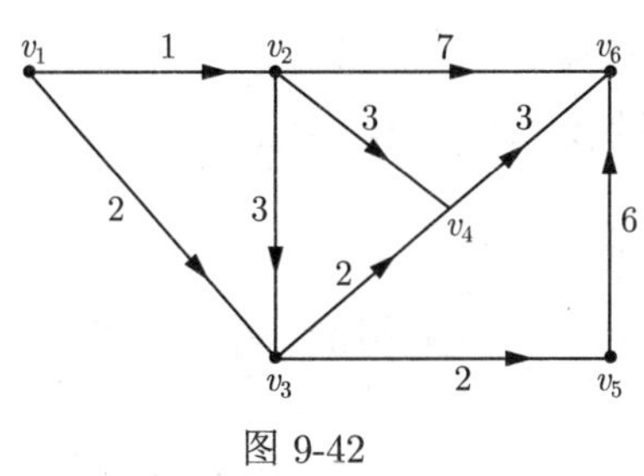

图 9-42

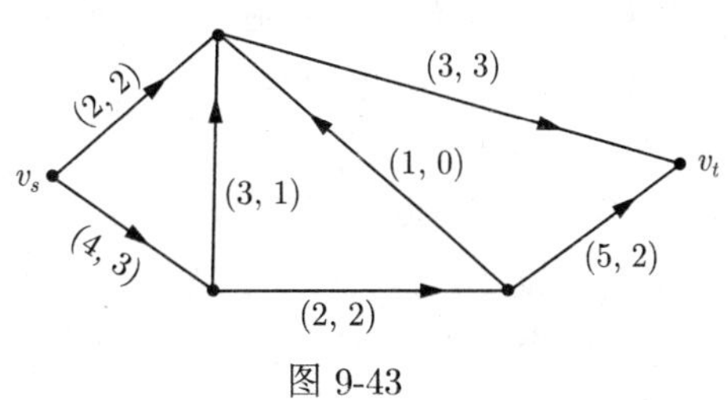

图 9-43

（1）确定所有的截集；

（2）求最小截集的容量；

（3）证明指出的流是最大流。

9.12 求如图 9-44 所示的网络的最大流，弧旁的数字是 (c_{ij}, f_{ij})。

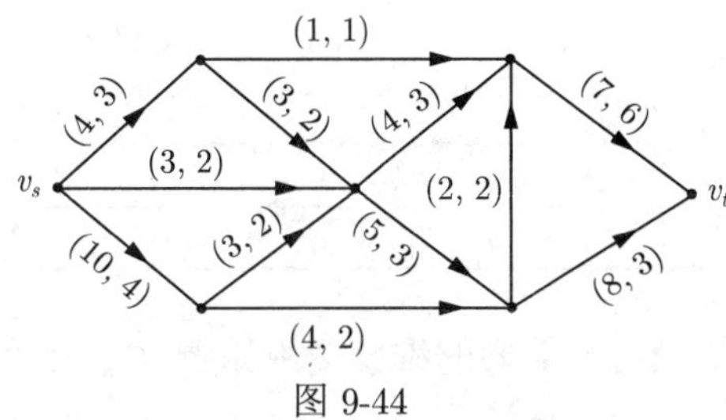

图 9-44

9.13 两家工厂 x_1 和 x_2 生产一种商品，商品通过如图 9-45 所示的网络运送到市场 y_1, y_2, y_3，试用标号法确定从工厂到市场所能运送的最大总量。

9.14 求如图 9-46 所示的网络的最小费用最大流，弧旁的数字是 (b_{ij}, c_{ij})。

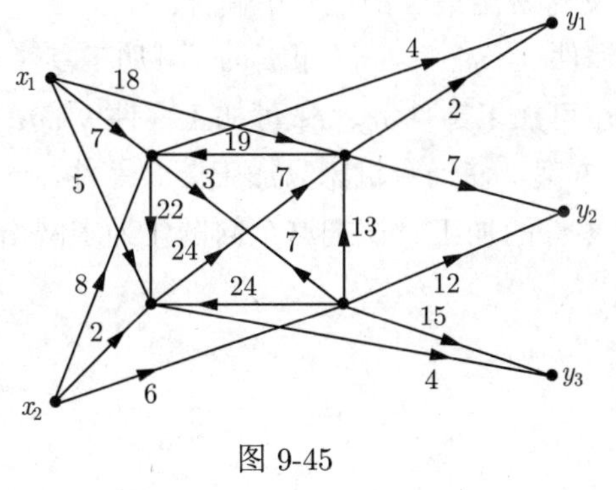

图 9-45

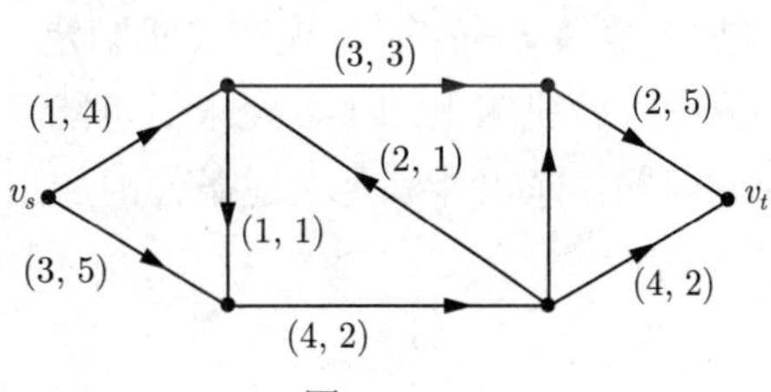

图 9-46

9.15 求解如图 9-47 所示的中国邮递员问题。

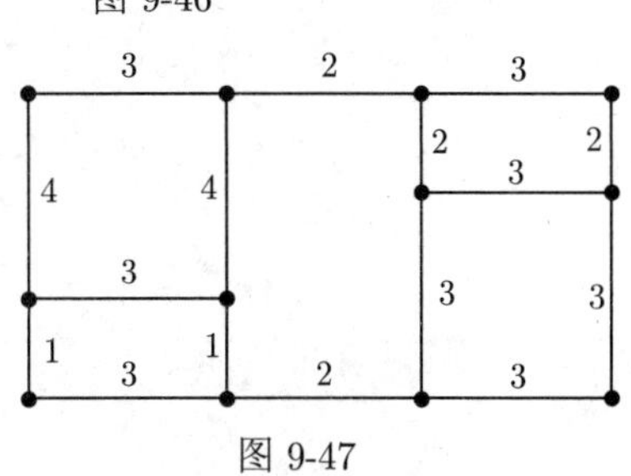

图 9-47

9.16 设 $G = (V, E)$ 是一个简单图，令 $\delta(G)$ 为 G 的最小次。证明：

（1）若 $\delta(G) \geqslant 2$，则 G 必有圈；

（2）若 $\delta(G) \geqslant 2$，则 G 必有包含至少 $\delta(G)+1$ 条边的圈。

9.17 设 G 是一个连通图，不含奇点。证明：G 中不含割边。

9.18 给一个连通赋权图 G，类似于求 G 的最小支撑树的 Kruskal 方法，给出一个求 G 的最大支撑树的方法。

9.19 下述论断正确与否：可行流 f 的流量为零，即 $v(f)=0$, 当且仅当 f 是零流。

9.20 设 $D=(V,A,C)$ 是一个网络。证明：如果 D 中所有弧的容量 c_{ij} 都是整数，那么必存在一个最大流 $f=\{f_{ij}\}$，使所有 f_{ij} 都是整数。

9.21 某企业使用一台设备，在每年年初，企业领导部门就要决定是购置新的，还是继续使用旧的。若购置新设备，就要支付一定的购置费用；若继续使用旧设备，则需支付一定的维修费用。现在的问题是如何制订一个几年之内的设备更新计划，使得总的支付费用最少。

以一个五年之内要更新某种设备的计划为例，已知该种设备在各年年初的价格如表 9-3 所示。

表 9-3

第 1 年	第 2 年	第 3 年	第 4 年	第 5 年
11	11	12	12	13

使用不同时间（年）的设备所需要的维修费用如表 9-4 所示。

表 9-4

使用年数	0 ~ 1	1 ~ 2	2 ~ 3	3 ~ 4	4 ~ 5
维修费用	5	6	8	11	18

试把这个问题转化为求最短路的问题，求出支付费用最少的设备更新计划。

9.22 已知有六台机床 $x_1,x_2,\cdots,x_6$，六个零件 $y_1,y_2,\cdots,y_6$。机床 x_1 可加工零件 y_1；x_2 可加工零件 y_1,y_2；x_3 可加工零件 y_1,y_2,y_3；x_4 可加工零件 y_2；x_5 可加工零件 y_2,y_3,y_4；x_6 可加工零件 y_2,y_5,y_6。现在要求制定一个加工方案，使一台机床只加工一个零件，一个零件只在一台机床上加工，要求尽可能多地安排零件的加工。试把这个问题化为求网络最大流的问题，求出能满足上述条件的加工方案。

CHAPTER 10 第10章

网 络 计 划

网络计划技术在现代管理中的应用已经得到很多国家的重视，并被公认为行之有效的管理方法之一。实践证明，应用网络计划技术组织与管理生产和项目，一般能缩短工期 20%左右，降低成本 10%左右。

美国是网络计划技术的发源地。美国政府于 1962 年规定，凡与政府签订合同的企业，都必须采用网络计划技术，以保证工程进度和质量。1974 年麻省理工学院的一份调查指出："绝大部分美国公司采用了网络计划编制施工计划。"目前，美国基本上实现了用计算机绘画、优化计算和资源平衡、项目进度控制，实现了计划工作的自动化。以后又出现了一些新的网络计划技术，如图示评审技术（graphical evaluation and review technique，GERT），风险评审技术（venture evaluation review technique，VERT）等。

我国应用网络计划技术是从 20 世纪 60 年代初期开始的。著名科学家钱学森将网络计划方法引入我国，并在航天系统应用。著名数学家华罗庚在综合研究各类网络方法的基础上，结合我国实际情况加以简化，于 1965 年发表了《统筹方法平话》，为推广应用网络计划方法奠定了基础。近几年，随着科技的发展和进步，网络计划技术的应用也日趋得到工程管理人员的重视，且已取得可观的经济效益。如上海宝钢炼铁厂 1 号高炉土建工程施工中，应用网络法，缩短工期 21%，降低成本 9.8%。广州白天鹅宾馆在建设中，运用网络计划技术，工期比外商签订的合同提前四个半月，仅投资利息就节约 1000 万港元。为在我国推广普及网络计划技术，我国建设部公布了《工程网络计划技术规程》，以便统一技术术语、符号、代号和计算规范。特别近几年来，计算机的普及和网络计划软件的不断更新换代为在国内大范围推广网络计划技术创造了条件。

10.1 网络计划图

网络计划图的基本思想是：首先应用网络计划图来表示工程项目中计划要完成的各项工作，完成各项工作必然存在先后顺序及其相互依赖的逻辑关系；这些关系用节点、箭线来构成网络图。网络图由左向右绘制，表示工作进程，并标注工作名称、代号和工作持续时间等必要信息。通过对网络计划图进行时间参数的计算，找出计划中的关键工作和关键线路；通过不断改进网络计划，寻求最优方案，以求在计划执行过程中对计划进行有效的控制与监督，保证合理地使用人力、物力和财力，以最小的消耗取得最大的经济效果。

10.1.1 基本术语

网络计划图是在网络图上标注时标和时间参数的进度计划图，实质上是有时序的有向赋权图。表述关键路线法（critical path method,CPM）和计划评审技术（program evaluation and review technique，PERT）的网络计划图没有本质的区别，它们的结构和术语是一样的。仅前者的时间参数是确定型的，而后者的时间参数是不确定型的。于是统一给出一套专用的术语和符号。

（1）节点、箭线是网络计划图的基本组成元素。箭线是一段带箭头的实射线或虚射线（用“→”,“-→”表示），节点是箭线之间的连接点（用“○”或“□”表示）。

（2）工作（也称工序、活动、作业）将整个项目按需要粗细程度分解成若干需要耗费时间或需要耗费其他资源的子项目或单元。它们是网络计划图的基本组成部分。

（3）描述工程项目网络计划图有两种表达的方式：双代号网络计划图和单代号网络计划图。双代号网络计划图在计算时间参数时又可分为：工作计算法和节点计算法。

（4）双代号网络计划图。在双代号网络计划图中，用箭线表示工作，箭尾的节点表示工作的开始点，箭头的节点表示工作的完成点。用（$i-j$）两个代号及箭线表示一项工作。在箭线上标记必需的信息，如图 10-1 所示。

箭线之间的连接顺序表示工作之间的先后开工的逻辑关系。

（5）单代号网络计划图。用节点表示工作，箭线表示工作之间的先后完成关系为逻辑关系。在节点中标记必需的信息，如图 10-2 所示。

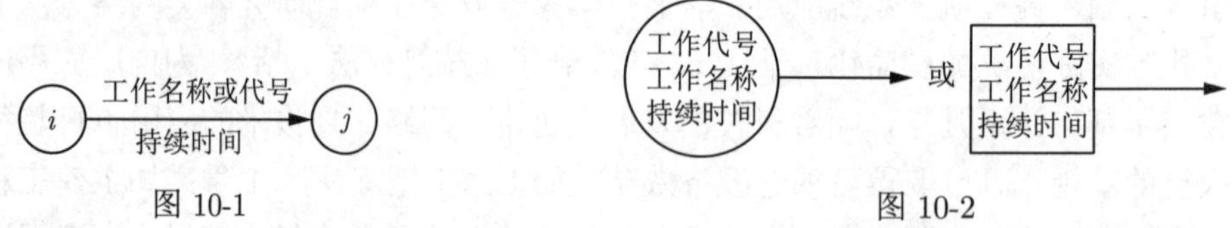

图 10-1　　图 10-2

10.1.2 双代号网络计划图

这里主要介绍双代号网络计划图的绘制和按工作计算时间参数的方法。以下通过例题来说明网络计划图的绘制和时间参数的计算。

例 10-1　开发一个新产品，需要完成的工作和先后关系，各项工作需要的时间汇总在逻辑关系表 10-1 中。要求绘制该项目的网络计划图并计算有关参数。根据表 10-1 中数据，绘制以下网络图 10-3。

为了正确表述工程项目中各个工作的相互连接关系和正确绘制网络计划图，应遵循以下规则和术语：

1. 网络计划图的方向、时序和节点编号

网络计划图是有向、有序的赋权图，按项目的工作流程自左向右地绘制。在时序上反映完成各项工作的先后顺序。节点编号必须按箭尾节点的编号小于箭头节点的编号来标记。

在网络图中只能有一个起始节点，表示工程项目的开始。一个终点节点，表示工程项目的完成。从起始节点开始沿箭线方向顺序自左往右，通过一系列箭线和节点，最后到达终点节点的通路，称为线路。

表 10-1

序号	工作名称	工作代号	工作持续时间（天）	紧前工作
1	产品设计和工艺设计	A	60	/
2	外购配套件	B	45	A
3	锻件准备	C	10	A
4	工装制造 1	D	20	A
5	铸件	E	40	A
6	机械加工 1	F	18	C
7	工装制造 2	G	30	D
8	机械加工 2	H	15	E
9	机械加工 3	K	25	G
10	装配与调试	L	35	B,F,H,K

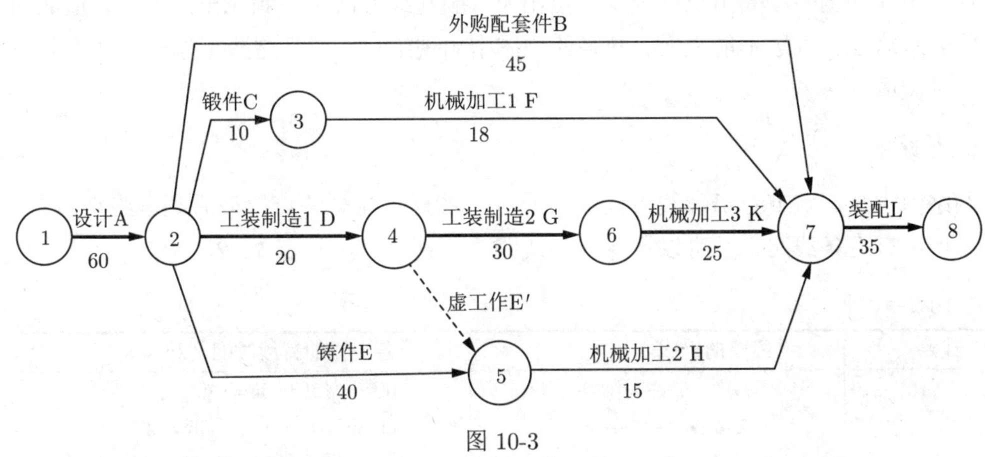

图 10-3

2. 紧前工作和紧后工作

紧前工作是指紧排在本工作之前的工作，且开始或完成后，才能开始本工作。紧后工作是指紧排在本工作之后的工作，且本工作开始或结束后，才能开始或结束的工作。如图 10-3 中，只有工作 A 完成后工作 B,C,D,E 才能开始，工作 A 是 B,C,D,E 的紧前工作；而工作 B,C,D,E 则是工作 A 的紧后工作。在复杂的工程项目中，它们之间有三种关系：结束后，才开始；开始后，才开始；结束后，才结束。本例只涉及结束后，才开始的关系。从起始节点至本工作之前在同一线路的所有工作，称为先行工作；自本工作到终点节点在同一线路的所有工作，称为后继工作。工作 G 的先行工作有工作 A,D; 工作 K,L 是工作 G 的后继工作。

3. 虚工作

虚工作在双代号网络计划图中，只表示相邻工作之间的逻辑关系，不占用时间和不消耗人力、资金等的虚设的工作。虚工作用虚箭线 --→ 表示。如在图 10-3 中，④ --→ ⑤ 只表示工作 D 完成后，工作 H 才能开始。

4. 相邻两节点之间只能有一条箭线连接，否则将造成逻辑上的混乱

如图 10-4 是错误画法，为了使两节点之间只有一条箭线，可增加一个节点②′，并增加一项虚工作②′ --→②。图 10-5 是正确的画法。

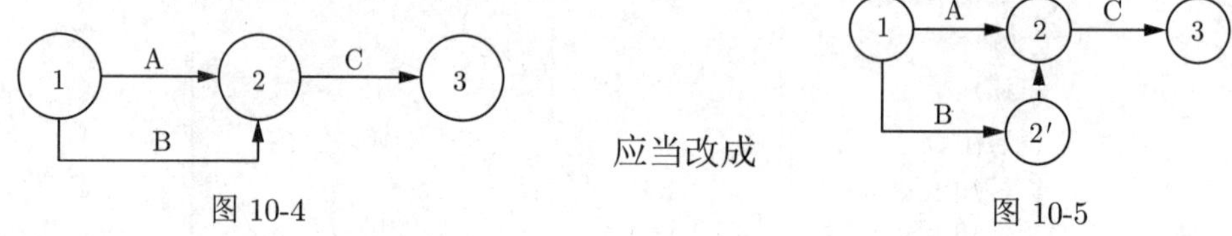

图 10-4　　图 10-5

5. 网络计划图中不能有缺口和回路

在网络计划图中严禁出现从一个节点出发，顺箭线方向又回到原出发节点，形成回路。回路将表示这工作永远不能完成。网络计划图中出现缺口，表示这些工作永远达不到终点。项目无法完成。

6. 线路

网络图中从起点节点沿箭线方向顺序通过一系列箭线与节点，最后到达终点节点的通路。本例中有五条线路。并可以计算出各线路的持续时间，见表 10-2。

表 10-2

线路	线路的组成	各工作的持续时间之和（天）
1	①→②→⑦→⑧	60 + 45 + 35=140
2	①→②→③→⑦→⑧	60 + 10 + 18 + 35=123
3	①→②→④→⑥→⑦→⑧	60 + 20 + 30 + 25 + 35=170
4	①→②→④→⑤→⑦→⑧	60 + 20 + 15 + 35=130
5	①→②→⑤→⑦→⑧	60 + 40 + 15 + 35=150

从网络图中可以计算出各线路的持续时间。其中有一条线路的持续时间最长，该线路是关键路线，或称为主要矛盾线。关键路线上的各工作为关键工作，因为它的持续时间决定了整个项目的工期。关键路线的特征以后再进一步阐述。

10.2 关键路线法

关键路线法（CPM）是由雷明顿–兰德公司（Remington-Rand）的克里（J.E.Kelly）和杜邦公司的沃尔克（M.R.Walker）在 1957 年提出的，当时是为了帮助一个化工厂制订停

机期间的维护计划而采用的。它是通过分析哪个工作序列（即哪条路线）进度安排的灵活性最少来预测项目历时的一种网络分析技术。

关键路线法从规定的开始日期用正推法计算各个最早日期，从规定的完成日期（通常是正推法计算后得到的项目最早完工日期）用逆推法计算各个最迟日期；通过最早最迟时间的差额可以分析每一项工作相对时间紧迫程度及工作的重要程度，这种最早和最迟时间的时间差称为浮动时间。浮动时间为零的工作通常称为关键工作。关键路线法的主要目的就是确定项目中的关键工作以保证实施过程中能重点关照，保证项目的按期完成。

网络计划的时间参数计算有几种类型：双代号网络计划有工作计算法和节点计算法；单代号网络计划有节点计算法。以下仅介绍工作计算法，其他的计算法可参考文献 [78]。

网络图中工作的时间参数分别为：工作持续时间（duration, D），工作最早开始时间（earliest start, ES），工作最早完成时间（earliest finish, EF），工作最迟开始时间（latest start, LS），工作最迟完成时间（latest finish, LF），工作总时差（total float, TF）和工作自由时差（free float, FF）。

10.2.1 工作持续时间 D

工作持续时间计算是一项基础工作，关系到网络计划是否能得到正确实施。

在估计出工作持续时间时，可对工作进行估计三个时间值，然后计算其平均值。这三个时间值是：

乐观时间——在一切都顺利时，完成工作需要的最少时间，记作 a。

最可能时间——在正常条件下，完成工作所需要时间。记作 m。

悲观时间——在不顺利条件下，完成工作需要的最多时间，记作 b。

显然上述三种时间发生都具有一定的概率，根据经验，这些时间的概率分布被认为是贝塔分布。一般情况下，通过专家估计法，给出三时估计的数据。可以认为：工作进行时出现最顺利和最不顺利的情况比较少，较多是出现正常的情况。按平均意义可用以下公式计算工作持续时间值 $D=\dfrac{a+4m+b}{6}$；方差 $\sigma^2=\left(\dfrac{b-a}{6}\right)^2$。

10.2.2 计算关系式

这些时间参数的关系可以用图 10-6 表示工作的关系状态。

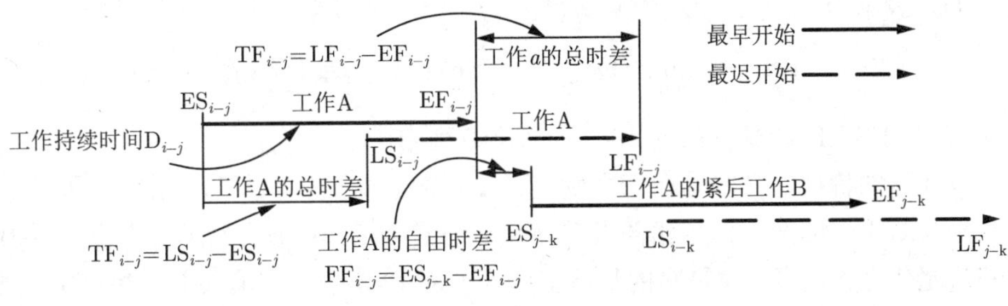

图 10-6

实际计算可在网络图上进行，关键路线法计算步骤为

（1）计算各路线的持续时间（见表 10-2）；

（2）按网络图的箭线的方向，从起始工作开始，计算各工作的 ES,EF；

（3）从网络图的终点节点开始，按逆箭线的方向，推算出各工作的 LS,LF；

（4）确定关键路线（critical path，CP）；

（5）计算时差（即浮动时间）TF 和 FF；

（6）平衡资源。

例 10-2 计算各工作的时间参数。并将计算结果记入网络计划图的相应工作的 □ 中，见图 10-7。

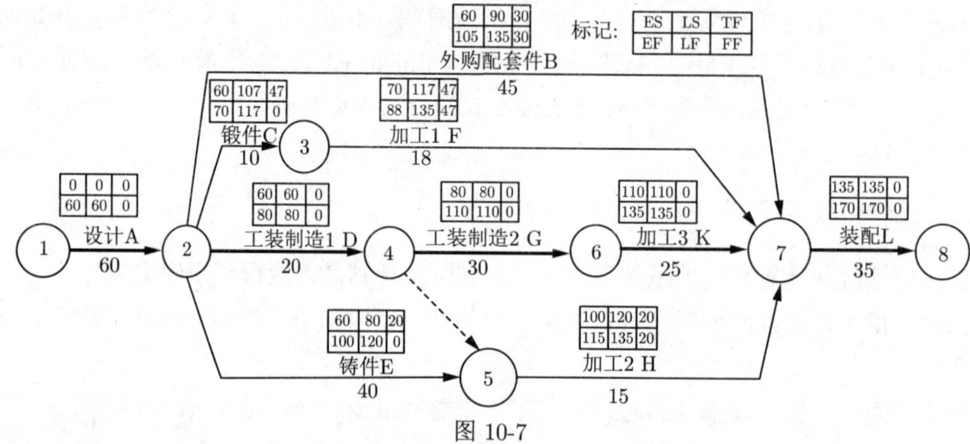

图 10-7

1. 工作最早开始时间 ES 和工作最早完成时间 EF 的计算

利用网络计划图，从网络计划图的起始点开始，沿箭线方向依次逐项计算。第一项工作的最早开始时间为 0，记作 $\mathrm{ES}_{1-j}=0$（起始点 $i=1$）。第一件工作的最早完成时间 $\mathrm{EF}_{1-j}=\mathrm{ES}_{1-j}+\mathrm{D}_{1-j}$。第一件工作完成后，其紧后工作才能开始。其工作最早完成时间 EF 就是其紧后工作最早开始时间 ES。本工作的持续时间 D。表示为

$$\mathrm{EF}_{i-j}=\mathrm{ES}_{i-j}+\mathrm{D}_{i-j}$$

计算工作的 ES 时，在有多项紧前工作的情况下，只能在这些紧前工作都完成后才能开始。因此本工作的最早开始时间是：ES = max（紧前工作的 EF），其中 EF=ES+ 工作持续时间 D，表示为

$$\mathrm{ES}_{i-j}=\max_{h}(\mathrm{EF}_{h-i})=\max_{h}(\mathrm{ES}_{h-i}+\mathrm{D}_{h-i}),$$

例 10-2 的 ES,EF 计算值在表 10-3 的③，④ 列中。

利用双代号的特征，很容易在表中确定某工作的紧前工作和紧后工作。凡是后续工作的箭尾代号与某工作的箭头代号相同者，便是它的紧后工作；凡是先行工作的箭头代号与某工作的箭尾代号相同者，便是它的紧前工作。在表 10-3 中首先填入 ①，② 两列数据，然后由上往下计算 ES 与 EF。若某工作 $(i-j)$ 的先行工作中存在几个 $(h-i)$，从中选择最

大的 EF_{h-i} 进行计算，$ES_{i-j}=\max_h[EF_{h-i}]$。接着，计算 EF_{i-j}，如计算 ES_{7-8} 时，可从表 10-3 的第 ④ 列已有的 EF_{6-7}，EF_{5-7}，EF_{3-7}，EF_{2-7} 中找到最大的 $EF_{6-7}=135$，将它填入表 10-3 的 ③ 列，对应的 L(7-8) 行即可。如此计算也很方便。

表 10-3

工作 i-j	持续时间 D_{i-j}	最早开始时间 ES_{i-j}	最早完成时间 EF_{i-j}
①	②	③	④=③+②
A(1-2)	60	$ES_{1-2}=0$	$EF_{1-2}=ES_{1-2}+D_{1-2}=0+60=60$
B(2-7)	45	$ES_{2-7}=EF_{1-2}=60$	$EF_{2-7}=ES_{2-7}+D_{2-7}=60+45=105$
C(2-3)	10	$ES_{2-3}=EF_{1-2}=60$	$EF_{2-3}=ES_{2-3}+D_{2-3}=60+10=70$
D(2-4)	20	$ES_{2-4}=EF_{1-2}=60$	$EF_{2-4}=ES_{2-4}+D_{2-4}=60+20=80$
E(2-5)	40	$ES_{2-5}=EF_{1-2}=60$	$EF_{2-5}=ES_{2-5}+D_{2-5}=60+40=100$
E′(4-5)	0(虚工作)	$ES_{4-5}=EF_{2-4}=80$	$EF_{4-5}=ES_{4-5}+D_{4-5}=80+0=80$
F(3-7)	18	$ES_{3-7}=EF_{2-3}=70$	$EF_{3-7}=ES_{3-7}+D_{3-7}=70+18=88$
G(4-6)	30	$ES_{4-6}=EF_{2-4}=80$	$EF_{4-6}=ES_{4-6}+D_{4-6}=80+30=110$
H(5-7)	15	$ES_{5-7}=\max(EF_{2-5}, EF_{4-5})$ $=EF_{2-5}=100$	$EF_{5-7}=ES_{5-7}+D_{5-7}=100+15=115$
K(6-7)	25	$ES_{6-7}=EF_{4-6}=110$	$EF_{6-7}=ES_{6-7}+D_{6-7}=110+25=135$
L(7-8)	35	$ES_{7-8}=\max(EF_{2-7},EF_{3-7},$ $EF_{6-7},EF_{5-7})$ $=EF_{6-7}=135$	$EF_{7-8}=ES_{7-8}+D_{7-8}=135+35=170$

2. 工作最迟开始时间 LS 与工作最迟完成时间 LF

应从网络图的终点节点开始，采用逆序法逐项计算。即按逆箭线方向，依次计算各工作的最迟完成时间 LF 和最迟开始时间 LS，直到第一项工作为止。网络图中最后一项工作 $(i-n)(j=n)$ 的最迟完成时间应由工程的计划工期确定。在未给定时，可令其等于最早完成时间，即 $LF_{i-n}=EF_{i-n}$。由表 10-3 中的计算结果，EF_{i-n} 是已知的，并且应当小于或等于计划工期规定的时间 T_r。

$$LF=\min(\text{紧后工作的 LS})，LS=LF-\text{工作持续时间 D}$$

其他工作的最迟开始时间 $LS_{i-j}=LF_{i-j}-D_{i-j}$；当有多个紧后工作时，最迟完成时间 LF=min(紧后工作的 LS)，或表示为 $LF_{i-j}=\min\limits_k(LF_{j-k}-D_{j-k})$。

计算可在表 10-4 中从下到上地进行，从工作 L(7-8) 开始，令表 10-4 的 ⑤ 列最后一行 $LF_{7-8}=EF_{7-8}=170$。

于是可计算出 $LS_{7-8}=LF_{7-8}-D_{7-8}=135$。工作 L(7-8) 的紧前工作的箭尾代号与工作 L(7-8) 的箭头代号是相同的，这里有 K(6-7), H(5-7), F(3-7), B(2-7)；它们只有唯一的紧后工作 L(7-8), 所以 LF_{6-7}, LF_{5-7}, LF_{3-7}, LF_{2-7} 都等于 $LS_{7-8}=135$。填入表 10-4 ⑤ 列的相应行即可。当具有多个紧后工作时，如要计算 LF_{1-2} 时，先查 A(1-2) 的紧后工作有几个，从代号可以看到是 B(2-7),C(2-3),D(2-4),E(2-5), 对应的有 $LS_{2-7}=90$,$LS_{2-3}=107$,$LS_{2-4}=60$,$LS_{2-5}=80$。其中最小的是 60。即 $LF_{1-2}=LS_{2-4}=60$。

表 10-4

工作 $i-j$	持续时间 D_{i-j}	最迟完成时间 $LF_{i-j}=\min(LS_{j-k})$	最迟开始时间 $LS_{i-j}=LF_{i-j}-D_{i-j}$	总时差 $TF_{i-j}=LS_{i-j}-ES_{i-j}$	自由时差 $FF_{i-j}=ES_{j-k}-EF_{i-j}$
①	②	⑤	⑥=⑤−②	⑦=⑥−③	⑧
A(1-2)	60	$LF_{1-2}=LS_{2-4}=60$	$LS_{1-2}=LF_{1-2}-60=60-60=0$	$0-0=0$	$FF_{1-2}=ES_{2-3}-EF_{1-2}=0$
B(2-7)	45	$LF_{2-7}=LS_{7-8}=135$	$LS_{2-7}=LF_{2-7}-45=135-45=90$	$90-60=30$	$FF_{2-7}=ES_{7-8}-EF_{2-7}=135-105=30$
C(2-3)	10	$LF_{2-3}=LS_{3-7}=117$	$LS_{2-3}=LF_{2-3}-10=117-10=107$	$107-60=47$	$FF_{2-3}=ES_{3-7}-EF_{2-3}=70-70=0$
D(2-4)	20	$LF_{2-4}=LS_{4-6}=80$	$LS_{2-4}=LF_{2-4}-20=80-20=60$	$60-60=0$	$FF_{2-4}=ES_{4-6}-EF_{2-4}=80-80=0$
E(2-5)	40	$LF_{2-5}=LS_{5-7}=120$	$LS_{2-5}=LF_{2-5}-40=120-40=80$	$80-60=20$	$FF_{2-5}=ES_{5-7}-EF_{2-5}=100-100=0$
F(3-7)	18	$LF_{3-7}=LS_{7-8}=135$	$LS_{3-7}=LF_{3-7}-18=135-18=117$	$117-70=47$	$FF_{3-7}=ES_{7-8}-EF_{3-7}=135-88=47$
G(4-6)	30	$LF_{4-6}=LS_{6-7}=110$	$LS_{4-6}=LF_{4-6}-30=110-30=80$	$80-80=0$	$FF_{4-6}=ES_{6-7}-EF_{4-6}=110-110=0$
H(5-7)	15	$LF_{5-7}=LS_{7-8}=135$	$LS_{5-7}=LF_{5-7}-15=135-15=120$	$120-100=20$	$FF_{5-7}=ES_{7-8}-EF_{5-7}=135-115=20$
K(6-7)	25	$LF_{6-7}=LS_{7-8}=135$	$LS_{6-7}=LF_{6-7}-25=135-25=110$	$110-110=0$	$FF_{6-7}=ES_{7-8}-EF_{6-7}=135-135=0$
L(7-8)	35	$LF_{7-8}=EF_{7-8}=170$	$LS_{7-8}=LF_{7-8}-35=170-35=135$	$135-135=0$	$FF_{7-8}=T-170=170-170=0$

3. 工作时差

工作时差是指工作有机动时间，常用有两种时差，即工作总时差和工作自由时差。

（1）工作总时差 TF_{i-j}

工作总时差是指：在不影响工期的前提下，工作所具有的机动时间。

$$TF_{i-j} = LF_{i-j} - ES_{i-j} - D_{i-j} = LS_{i-j} - ES_{i-j} \text{ 或 } TF_{i-j} = LF_{i-j} - EF_{i-j}$$

计算结果见表 10-4 中⑦ =⑥ –③ 的数据。

注 工作总时差往往为若干项工作共同拥有的机动时间，如工作 C（2-3）和工作 F（3-7），其工作总时差为 47，当工作 C（2-3）用去一部分机动时间后，工作 F（3-7）的机动时间将相应地减少。

（2）工作自由时差 FF

工作自由时差是指：在不影响其紧后工作最早开始的前提下，工作所具有机动时间。

$$FF_{i-j} = ES_{j-k} - ES_{i-j} - D_{i-j}; \quad \text{或} \quad FF_{i-j} = ES_{j-k} - EF_{i-j}$$

计算结果见表 10-4 ⑧ 列。工作自由时差是某项工作单独拥有的机动时间，其大小不受其他工作机动时间的影响。

4. 关键路线

关键路线为 A→D→G→K→L，该项目至少需要 170 天完工。

关键路线的特征：在线路上从起点到终点都由关键工作组成。在确定型网络计划中是指线路中工作总持续时间最长的线路。在关键线路上无机动时间，工作总时差为零。在非确定型网络计划中是指估计工期完成可能性最小的线路。

10.2.3 甘特图

甘特图（Gantt chart）又称“横道图”或“条形图”，是传统的进度计划编制方法最普遍的展示形式，按一个水平的时间尺度显示一批任务的计划进程和实际进展的过程。由于这是甘特在 19 世纪初第一次采用的计划和进度安排工具，因此称作甘特图。

甘特图包括活动清单、活动日期、进度期限和每天进展，以一条横向线条表示一项活动，通过横向线条在带有时间坐标的表格中的位置来表示各项活动的开始时间、结束时间和对应的先后顺序，从而使项目整个时间计划都由一系列的横道组成。

在网络计划图的上方或下方，添加表示工程进度时间的坐标轴。根据需要规定时间单位为：小时、天、周、月或季。在该图中箭线的长度就表示工作持续时间的长度。并且在图中可以用实粗箭线或实红色的箭线表示关键工作和关键线路。并且可用不同的线型表示出工作的总时差和自由时差。例 10-1 的甘特图如图 10-8 所示。

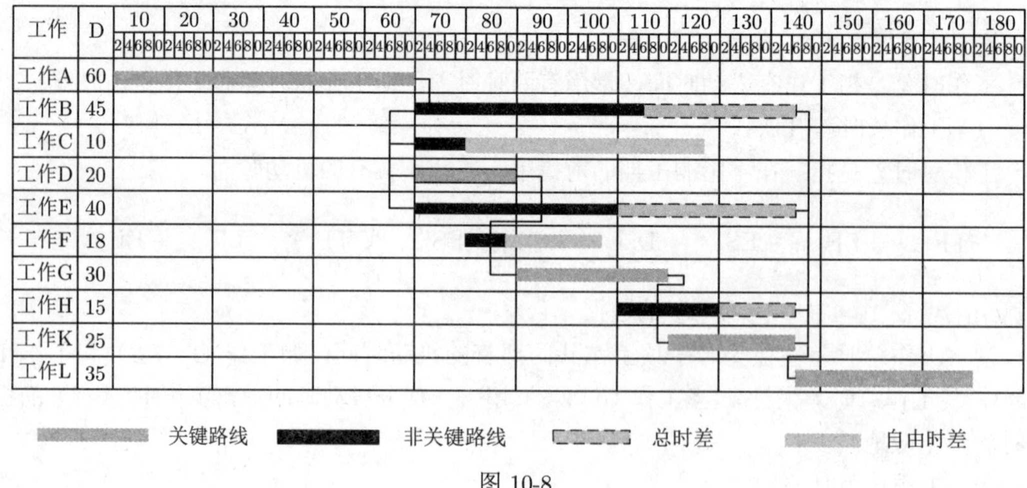

图 10-8

10.3 网络评估评审技术

网络评估评审技术（program evaluation and review technique，PERT）在 1958 年由美国海军特别办公室和博思艾伦（Booz Allen Hamilton）咨询公司联合开发，用于对北极星潜艇项目的 3300 个承包商进行进度安排和应对活动时间估计的不确定性。

网络评估评审技术（PERT）与关键路径法（CPM）比较相近，只是 PERT 在活动时间估计方面不是给定一个确定的时间，而是使用三个估计的时间：最乐观的时间估计值 a、最有可能的时间估计值 m 和最悲观的时间估计值 b（$a \leqslant m \leqslant b$），然后按照 β 分布，计算各项活动的期望时间 d，方差为 $\sigma^2 = \left(\dfrac{b-a}{6}\right)^2$。

网络评估评审技术步骤：

（1）列出活动；

（2）确定活动顺序，画出网络图；

（3）对每一活动所需的时间做三点时间估计，

计算每个活动的期望时间 d 和方差 σ^2，计算公式是：$d = \dfrac{a+4m+b}{6}$，$\sigma^2 = \left(\dfrac{b-a}{6}\right)^2$；

（4）根据期望时间 d，确定关键路线，设关键路线长为 T；

（5）计算关键路线（总工期）的方差 σ_{cp}^2，在每个活动独立的条件下，关键路线的方差等于关键路线上每个活动方差之和；

（6）由中心极限定理（在实际工作中，关键路线上的活动总是大于 30），总工期服从均值为 T，方差为 σ_{cp}^2 的正态分布，即工期 $D \sim N(T, \sigma_{cp}^2)$，计算 Z：

$$Z = \frac{D-T}{\sigma_{cp}}$$

根据正态分布测算在 D 时间内完工的概率。

例 10-3 例 10-1 中各活动的时间估计如表 10-5，求该项目在 160 天完工的概率。

由例 10-2 得到关键路线为 A→D→G→K→L，所以总工期的方差为

$$\sigma_{cp}^2 = \sigma_A^2 + \sigma_D^2 + \sigma_G^2 + \sigma_K^2 + \sigma_L^2 = 44\frac{4}{9} + 11\frac{1}{9} + 0 + 44\frac{4}{9} + 69\frac{4}{9} = 169\frac{4}{9}$$

所以工期服从均值为 170，方差为 $169\frac{4}{9}$ 的正态分布，即 $D \sim N\left(170，169\frac{4}{9}\right)$

若要求在 160 天完成项目的概率，$D = 160$

$$z = \frac{D - T}{\sigma_{cp}} = \frac{160 - 170}{\sqrt{169\frac{4}{9}}} = -0.77$$

查正态分布表或应用 Excel 函数 NORMSDIST 得出：项目在 160 天内完工的概率为 Prob $\{D \leqslant 160\} = \text{NORMSDIST}(-0.77, 1) = 22\%$。

表 10-5

序号	工作名称	工作代号	工作持续时间估计			期望时间	时间方差
			a	m	b	$d = \frac{a+4m+b}{6}$	$\sigma^2 = \left(\frac{b-a}{6}\right)$
1	产品设计和工艺设计	A	40	60	80	60	$44\frac{4}{9}$
2	外购配套件	B	40	40	70	45	25
3	锻件准备	C	8	8	20	10	4
4	工装制造 1	D	10	20	30	20	$11\frac{1}{9}$
5	铸件	E	35	40	45	40	$2\frac{7}{9}$
6	机械加工 1	F	12	19	20	18	$1\frac{7}{9}$
7	工装制造 2	G	30	30	30	30	0
8	机械加工 2	H	12	15	18	15	1
9	机械加工 3	K	5	25	45	25	$44\frac{4}{9}$
10	装配与调试	L	20	30	70	35	$69\frac{4}{9}$

10.4 网络计划的优化

绘制网络计划图，计算时间参数和确定关键线路，仅得到一个初始计划方案。然后根据上级要求和实际资源的配置，需要对初始方案进行调整和完善，即进行网络计划优化。目标是综合考虑进度，合理利用资源，降低费用等。

10.4.1 资源优化

在编制初始网络计划图后，需要进一步考虑尽量利用现有资源的问题。即在项目的工期不变的条件下，均衡地利用资源。实际工程项目包括工作繁多，需要投入资源种类很多，均衡地利用资源是很麻烦的事，要用计算机来完成。为了简化计算，具体操作如下：

（1）优先安排关键工作所需要的资源。

（2）利用非关键工作的总时差，错开各工作的开始时间，避开在同一时区内集中使用同一资源，以免出现高峰。

（3）在确实受到资源制约，或在考虑综合经济效益的条件下，在获得许可时，也可以适当地推迟工程的工期，实现错开高峰的目的。

下面通过例 10-1 的例子说明平衡人力资源的方法。假设在例 10-1 中，现有机械加工工人数 65 人，要完成工作 D, F, G, H, K。各工作需要工人人数列于表 10-6。

表 10-6

工作	持续时间（天）	需要工人人数	总时差
D	20	58	0
F	18	22	47
G	30	42	0
H	15	39	20
K	25	26	0

由于机械加工工人数的限制，若上述工作都按最早开始时间安排，在完成各关键工作的 75 天工期中，每天需要机械加工工人人数如图 10-9 所示。有 10 天需要 80 人，另外 10 天需要 81 人，超过了现有机械工人人数的约束，必须进行调整。以虚线表示的非关键路线上非关键工作 F,H 有机动时间，若将工作 F 延迟 10 天开工，就可以解决第 70 ~ 80 天的超负荷问题；将工作 H 推迟 10 天开工，可以解决第 100 ~ 110 天的超负荷问题。于是新的负荷图（见图 10-10）能满足机械工人的人数 65 人约束条件。以上人力资源平衡是利用非关键工作的总时差，可以错开资源负荷的高峰。

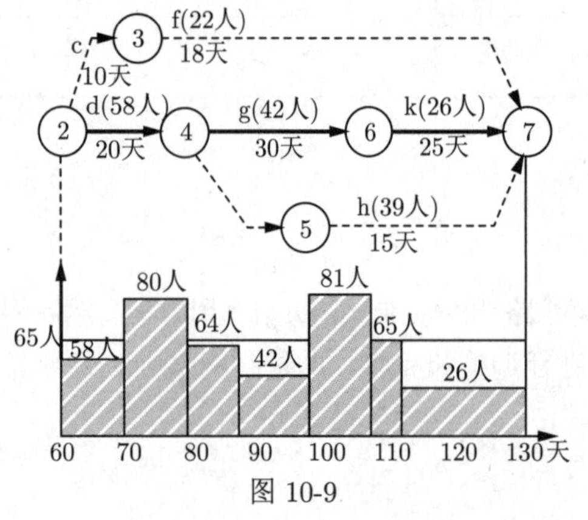

图 10-9

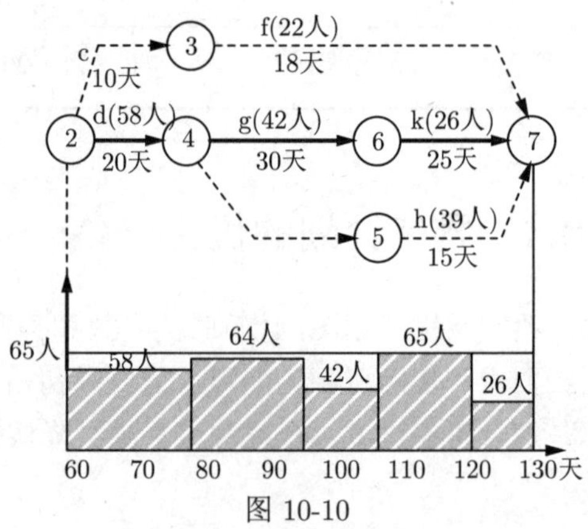

图 10-10

错开资源负荷高峰时，可以采用将非关键工作分段作业或采用技术措施减少所需要资源，也可以根据计划规定适当延长项目的工期。

10.4.2 时间—费用优化

编制网络计划时，要研究如何使完成项目的工期尽可能缩短，费用尽可能少；或在保证既定项目完成时间条件下，所需要的费用最少；或在费用限制的条件下，项目完工的时间最短。这就是时间—费用优化要解决的问题。完成一项目的费用可以分为两大类：

1. 直接费用

直接与项目的规模有关的费用。包括材料费用、直接生产工人工资等。为了缩短工作的持续时间和工期，就需要增加投入，即增加直接费用。

2. 间接费用

包括管理费等。一般按项目工期长度进行分摊。工期愈短，分摊的间接费用就愈少。一般项目的总费用与直接费用、间接费用、项目工期之间存在一定关系，可以用图 10-11 表示。

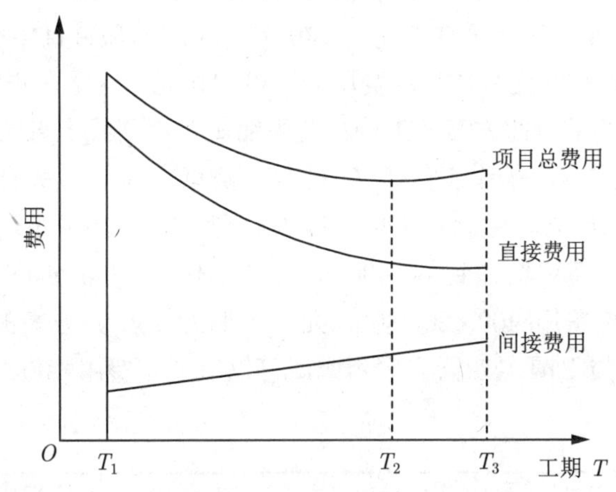

图 10-11 工期与总费用的关系曲线

T_1——最短工期，项目总费用最高；

T_2——最经济的工期；

T_3——正常的工期。

当总费用最少，工期短于要求工期时，就是最佳工期。

进行时间—费用优化时，首先要计算出不同工期下最低直接费用率，然后考虑相应的间接费用。费用优化的步骤如下：

（1）计算工作费用增加率（简称费用率）

费用增加率是指：缩短工作持续时间每一单位时间（如一天）所需要增加的费用。

按工作的正常持续时间计算各关键工作的费用率通常可表示为

$$\Delta C_{i-j}=\frac{\mathrm{CC}_{i-j}-\mathrm{CN}_{i-j}}{\mathrm{DN}_{i-j}-\mathrm{DC}_{i-j}};$$

ΔC_{i-j}——工作 $i-j$ 的费用率，即单位时间赶工费用；

CC_{i-j}——将工作 $i-j$ 持续时间缩短为最短持续时间后，完成该工作所需要的直接费用，即赶工费用（crash cost）；

CN_{i-j}——在正常条件下完成工作 $i-j$ 所需要的直接费用, 即正常费用（normal cost）；

DN_{i-j}——工作 $i-j$ 正常持续时间, 即正常工期（normal duration）；

DC_{i-j}——工作 $i-j$ 最短持续时间, 即赶工后最短工期（crash duration）。

（2）在网络计划图中找出费用率最低的一项关键工作或一组关键工作作为缩短持续时间的对象。其缩短后的值不能小于最短持续时间，否则会变为非关键工作。

（3）同时计算相应的增加的总费用。然后考虑由于工期的缩短间接费用的变化，在此基础上计算项目的总费用。

重复以上步骤，直到获得满意的方案为止。

以下通过例 10-1 说明。已知项目的每天间接费用为 400 元，利用表 10-7 中的已知资料，按图 10-7 安排进度，项目正常工期为 170 天，对应的项目直接费用为 68 900 元，间接费用为 170×400=68 000 元，项目总费用为 136 900 元。这是在正常条件下进行的方案，称为 170 天方案。若要缩短此方案的工期，首先缩短关键路线上直接费用率最小的工作的持续时间，在 170 天方案中关键工作 K,G 的直接费用率最低。从表中可见这两项工作的持续时间都只能缩短 10 天。由此总工期可以缩短到 170 − 10 − 10 = 150 天。按 150 天工期计算，这时总直接费用增加到 68 900 ＋（290×10 ＋ 350×10）=75 300 元。由于缩短工期，可以减少间接费用 400×20=8000 元，工期为 150 天方案的总费用为 75 300 ＋ 60 000=135 300 元。与工期 170 天方案相比，可以节省总费用 1600 元。

表 10-7

序号	工作代号	正常持续时间 DN（天）	工作直接费用 CN（元）	最短工作时间 DC（天）	工作直接费用 CC（元）	费用率 C（元/天）
1	A	60	10 000	60	10 000	/
2	B	45	4500	30	6300	120
3	C	10	2800	5	4300	300
4	D	20	7000	10	11 000	400
5	E	40	10 000	35	12 500	500
6	F	18	3600	10	5440	230
7	G	30	9000	20	12 500	350
8	H	15	3750	10	5750	400
9	K	25	6250	15	9150	290
10	L	35	12 000	35	12 000	/

但在 150 天方案中已有两条关键路线，即 ①→② → ④ → ⑥ → ⑦ → ⑧与 ① → ② → ⑤ → ⑦ → ⑧。如果再缩短工期，工作的直接费用将大幅度增加。例如在 150 天方案的基础上再缩短工期 10 天，成为 140 天方案。这时应选择工作 D，缩短 10 天；工作 H 缩短 5 天（只能缩短 5 天），工作 E 缩短 5 天。这时直接费用成为 75 300 ＋ 400×10 ＋ 400×5 ＋ 500×5=83 800 元。间接费用为 140×400=56 000 元，总费用为 139 800 元。显然 140 天方案的总费用比 150 天方案，170 天方案的总费用都高。综合考虑 150 天方案为最佳方案。计算结果如表 10-8 所示。

表 10-8

工期方案	170 天方案	150 天方案	140 天方案
缩短关键工作		K, G	D, H, ,E
缩短工作持续时间（天）		10，10	10，5，5
直接费用（元）	68 900	75 300	83 800
间接费用（元）	68 000	60 000	56 000
总费用（元）	139 600	135 300	139 800

10.5 应用举例及计算机解法

有关网络计划的计算机软件的开发和研究发展很快。现在已有 100 多家企业提供项目管理信息系统软件。查看项目管理协会网站 www.pmi.org 可以获得软件的最新信息，如 Time Line, Project Scheduler, Microsoft Project 等。两家领头企业是微软公司和 Primavera 公司，其旗下两个知名常用软件分别是 Microsoft Project 和 Primavera Project Planner。

Microsoft Project 程序有优秀的在线指导功能，在中等规模的项目管理中广受欢迎。与 Microsoft Office Suit 兼容，拥有微软的通信技术和互联网整合功能，包括进度管理、资源分配与平衡、成本管理等，还可以生成高质量的图表报告。

在管理大项目或拥有很多子项目的计划时，常常选择 Primavera Project Planner。

10.5.1 计算机求解前的准备工作（输入）

1. 项目的工作分解结构（work breakdown structure，WBS）

首先将一个项目按由粗到细的原则，分解为若干层次，一般是树状结构。分解的粗细程度取决于使用者的要求。然后确定工作的逻辑关系，列出工作逻辑关系表，如表 10-1 所示。当将整个项目的 WBS 输入计算机后，软件能自动地给 WBS 的每个组成部分指定识别编号。计算机根据工作的识别编号进行运算，并按软件具有的功能，自动完成各种图表的绘制和有关参数的计算。

2. 数据

收集和整理对应项目工作分解结构各层次工作的数据。包括与计算工作持续时间有关的数据，对应各工作所需的资源定额及其有关技术经济指标，计算与项目经济指标有关的各工作的费用数据，以便进行项目的时间—费用分析。

10.5.2 计算机软件的输出

计算机软件输出报表一般都具有：项目清单表、资源清单表、任务清单表、甘特图、网络图、项目分解结构树形图、资源分布图、日历、各种分析报告或报表。图与表之间的数据是动态连接的，保证数据输入或修改的一致性。当在任务清单表中输入项目的各工作与有关数据后，软件自动生成不同详细程度的网络计划图和有关报表。

10.5.3 应用举例

例 10-4 用 Microsoft Project 求解例 10-1 关键路线和网络图。

1. 输入任务名称、工期、前置任务；
2. 右端显示是甘特图；

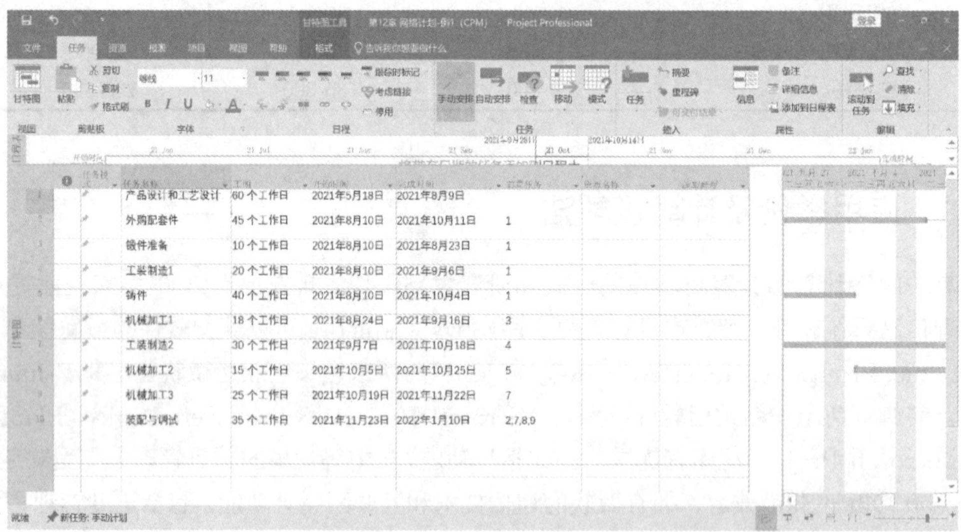

	任务名称	工期	开始时间	完成时间	前置任务
1	产品设计和工艺设计	60 个工作日	2021年5月18日	2021年8月9日	
2	外购配套件	45 个工作日	2021年8月10日	2021年10月11日	1
3	锻件准备	10 个工作日	2021年8月10日	2021年8月23日	1
4	工装制造1	20 个工作日	2021年8月10日	2021年9月6日	1
5	铸件	40 个工作日	2021年8月10日	2021年10月4日	1
6	机械加工1	18 个工作日	2021年8月24日	2021年9月16日	3
7	工装制造2	30 个工作日	2021年9月7日	2021年10月18日	4
8	机械加工2	15 个工作日	2021年10月5日	2021年10月25日	5
9	机械加工3	25 个工作日	2021年10月19日	2021年11月22日	7
10	装配与调试	35 个工作日	2021年11月23日	2022年1月10日	2,7,8,9

3. 单击“视图”——“网络图”得到网络图，其中浅灰色的为关键路线。

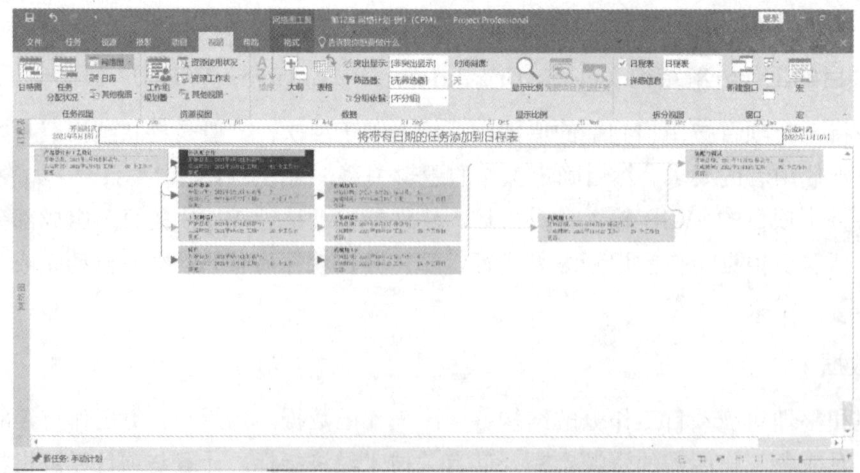

习　　题

10.1 已知下列资料

表 10-9

工作	紧前工作	工作时间	工作	紧前工作	工作时间	工作	紧前工作	工作时间
A	G,M	3	E	C	5	I	A,L	2
B	H	4	F	A,E	5	J	F,I	1
C	/	7	G	B,C	2	K	B,C	7
D	L	3	H	/	5	L	C	3

要求（1）绘制网络图；

（2）用图上计算法计算各项时间参数；

（3）确定关键路线。

10.2 已知下列资料

表 10-10

工作	紧前工作	工作时间	工作	紧前工作	工作时间	工作	紧前工作	工作时间
A	/	60	G	B, C	7	M	J, K	5
B	A	14	H	E, F	12	N	I, L	15
C	A	20	I	F	60	O	N	2
D	A	30	J	D, G	10	P	M	7
E	A	21	K	H	25	Q	O, P	5
F	A	10	L	J, K	10			

要求（1）绘制网络图；

（2）用图上计算法计算各项时间参数；

（3）确定关键路线。

10.3 已知下列资料

表 10-11

工作	工作时间	紧前工作	正常完成进度的直接费用（百元）	赶进度一天需要费用（百元）
A	4		20	5
B	8		30	4
C	6	B	15	3
D	3	A	5	2
E	5	A	18	4
F	7	A	40	7
G	4	B, D	10	3
H	3	E, F, G	15	6
合计			153	
工程的间接费用			5 (百元/天)	

求出这项工程的最低成本日程。

10.4 已知下列资料

（1）画出网络图;

（2）指出关键路线，项目的期望完成时间是多少天?

（3）项目在 16 天完成的概率是多少?

表 10-12

活动	紧前活动	工期（天）		
		a	m	b
A	/	1	3	5
B	/	1	2	3
C	A	1	2	3
D	A	2	3	4
E	B	3	4	11
F	C, D	3	4	5
G	D, E	2	4	6
H	F,G	3	4	5

CHAPTER 11 第11章

排队论

排队是在日常生活中经常遇到的现象，如顾客到商店购买物品、病人到医院看病等，常常要排队。如果要求服务的人数超过服务机构（服务台、服务员等）的容量，也就是说，到达的顾客不能立即得到服务，就会出现排队现象。排队现象不仅在个人日常生活中出现，电话局的占线问题，车站、码头等交通枢纽的车船堵塞和疏导，故障机器的停机待修，水库水量的存储调节等都是有形或无形的排队现象。以下将要求服务的对象统称为顾客。由于顾客到达和服务时间的随机性，可以说排队现象几乎是不可避免的。

如果增添服务设备，就要增加投资或发生空闲浪费；如果服务设备太少，排队现象就会严重，对顾客个人和对社会都会带来不利影响。因此，管理人员必须考虑如何在这两者之间取得平衡，经常检查目前的处理是否得当，研究未来的改进对策，以期提高服务质量，降低成本。

排队论（queueing theory）也称**随机服务系统理论**，就是为解决上述问题而发展起来的一门学科，它研究的内容有下列三部分。

（1）性态问题，即研究各种排队系统的概率规律性，主要是研究队长分布、等待时间分布和忙期分布等，包括了瞬态和稳态两种情形。

（2）最优化问题，又分静态最优和动态最优，前者指最优设计，后者指现有排队系统的最优运营。

（3）排队系统的统计推断，即判断一个给定的排队系统符合哪种模型，以便根据排队理论进行分析研究。

本章将介绍排队论的一些基本知识，分析几个常见的排队模型，最后介绍排队系统的最优化问题。

11.1 排队论的基本概念

11.1.1 排队过程的一般表示

图 11-1 就是排队过程的一般模型。各个顾客由顾客源（总体）出发，到达服务机构（服务台、服务员）前排队等候接受服务，服务完成后就离开。排队结构指队列的数目和排列

方式，排队规则和服务规则是说明顾客在排队系统中按怎样的规则、次序接受服务的。我们所说的排队系统就指图中虚线所包括的部分。

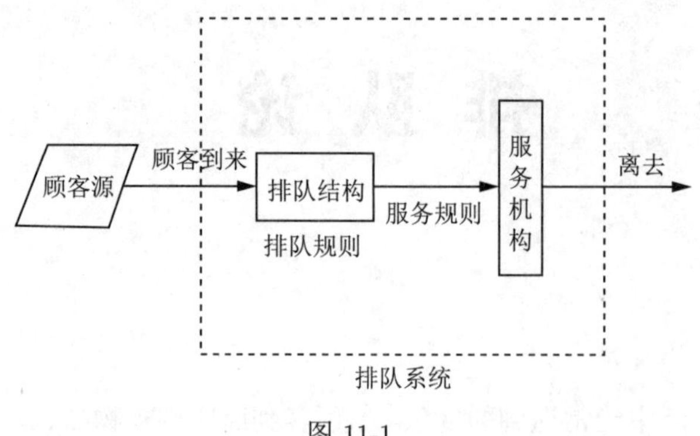

图 11-1

在现实中的排队现象是多种多样的，对上面所说的“顾客”和“服务员”，要作广泛的了解。它可以是人，也可以是非生物；队列可以是具体地排列，也可以是无形的（例如向电话交换台要求通话的呼唤）；顾客可以走向服务机构，也可以相反（如送货上门）。下面举一些例子说明现实中形形色色的排队系统（见表 11-1）。

表 11-1

到达的顾客	要求服务的内容	服务机构
不能运转的机器	修理	修理技工
修理技工	领取修配零件	发放修配零件的管理员
病人	诊断或动手术	医生（或包括手术台）
电话呼唤	通话	交换台
文件稿	打字	打字员
提货单	提取存货	仓库管理员
到达机场上空的飞机	降落	跑道
驶入港口的货船	装（卸）货	货码头（泊位）
上游河水进入水库	放水，调整水位	水闸管理员
进入我方阵地的敌机	我方高射炮进行射击	我方高射炮
下火车后的出租车乘客	乘坐出租车	火车站出租车管理员

11.1.2　排队系统的组成和特征

一般的排队系统都有三个基本组成部分：① 输入过程；② 排队规则；③ 服务机构。现在分别说明各部分的特征。

1. 输入过程

输入即指顾客到达排队系统，可能有下列各种不同情况，当然这些情况并不是彼此排斥的。

（1）顾客的总体（称为顾客源）的组成可能是有限的，也可能是无限的。例如上游河水流入水库可以认为总体是无限的，工厂内停机待修的机器显然是有限的总体。

（2）顾客到来的方式可能是一个一个的，也可能是成批的。例如到餐厅就餐就有单个到来的顾客和受邀请来参加宴会的成批顾客，我们将只研究单个到来的情形。

（3）顾客相继到达的间隔时间可以是确定型的，也可以是随机型的。如在自动装配线上装配的各部件就必须按确定的时间间隔到达装配点，定期运行的班车、班轮、班机的到达也都是确定型的。但一般到商店购物的顾客、到医院诊病的病人、通过路口的车辆等，它们的到达都是随机型的。对于随机型的情形，要知道单位时间内的顾客到达数或相继到达的间隔时间的概率分布（图 11-2）。

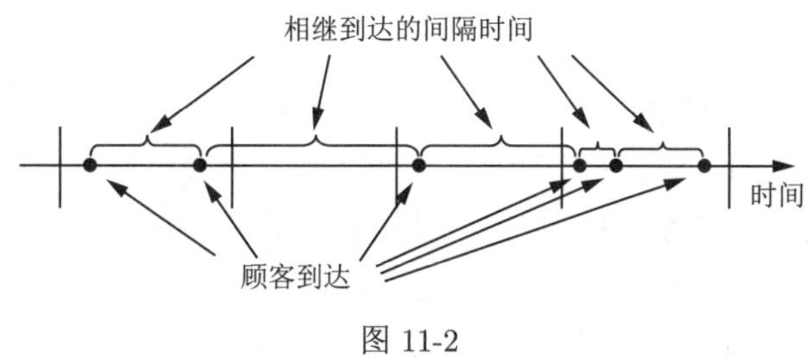

图 11-2

（4）顾客的到达可以是**相互独立的**，就是说，以前的到达情况对以后顾客的到来没有影响，否则就是有关联的。例如，工厂内的机器在一个短的时间区间内出现停机（顾客到达）的概率就受已经待修或被修理的机器数目的影响。我们主要讨论的是相互独立的情形。

（5）输入过程可以是**平稳**的，或称对时间是齐次的，是指描述相继到达的间隔时间分布和所含参数（如期望值、方差等）都是与时间无关的，否则称为非平稳的。非平稳情形的数学处理是很困难的。

2. 排队规则

（1）顾客到达时，如所有服务台都正被占用，在这种情形下顾客可以随即离去，也可以排队等候。随即离去的称为**即时制**或称**损失制**，因为这将失掉许多顾客；排队等候的称为**等待制**。普通市内电话的呼唤属于前者，而登记市外长途电话的呼唤属于后者。

对于等待制，为顾客进行服务的次序可以采用下列各种规则：先到先服务，后到先服务，随机服务，有优先权的服务等。

先到先服务，即按到达次序接受服务，这是最通常的情形。

后到先服务，如乘用电梯的顾客常是后入先出的。仓库中存放的厚钢板也是如此。在情报系统中，最后到达的信息往往是最有价值的，因而常采用后到先服务（指被采用）的规则。

随机服务，指服务员从等待的顾客中随机地选取其一进行服务，而不管到达的先后，如电话交换台接通呼唤的电话就是如此。

有优先权的服务，如医院对于病情严重的患者将给予优先治疗。

（2）从占有的空间来看，队列可以排在具体的处所（如售票处、候诊室等），也可以是抽象的（如向电话交换台要求通话的呼唤）。由于空间的限制或其他原因，有的系统要规定容量（即允许进入排队系统的顾客数）的最大限；有的没有这种限制（即认为容量可以是无限的）。

（3）从队列的数目看，可以是**单列**，也可以是**多列**。在多列的情形，各列间的顾客有的可以互相转移，有的不能（如用绳子或栏杆隔开）。有的排队顾客因等候时间过长而中途退出，有的不能退出（如高速公路上的汽车流），必须坚持到被服务为止。我们将只讨论各队列间不能互相转移，也不能中途退出的情形。

3. 服务机构

从机构形式和工作情况来看有以下几种情况。

（1）服务机构可以没有服务员，也可以有一个或多个服务员（服务台、通道、窗口等）。例如，在敞架售书的书店，顾客选书时就没有服务员，但交款时可能有多个服务员。

（2）在有多个服务台的情形中，它们可以是平行排列（并列）的，可以是前后排列（串列）的，也可以是混合的。图 11-3 说明了这些情形。

图 11-3 中 (a) 是单队—单服务台的情形；(b) 是多队—多服务台 (并列) 的情形；(c) 是单队—多服务台 (并列) 的情形；(d) 是多服务台 (串列) 的情形；(e) 是多服务台 (混合) 的情形。

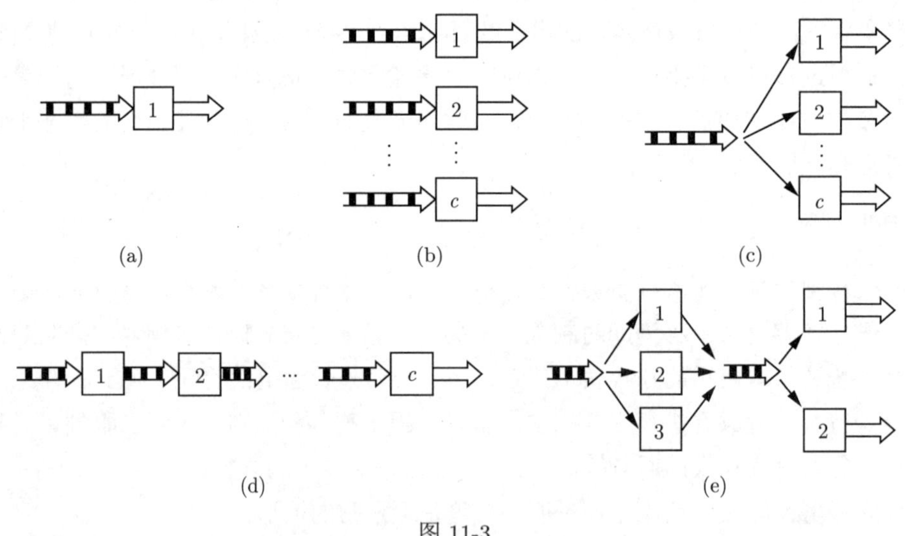

图 11-3

（3）服务方式可以对单个顾客进行，也可以对成批顾客进行，例如公共汽车对在站台等候的顾客就成批进行服务。我们将只研究对单个顾客的服务方式。

（4）和输入过程一样，服务时间也分确定型的和随机型的。自动冲洗汽车的装置对每辆汽车冲洗（服务）的时间就是确定型的，但大多数情形的服务时间是随机型的。对于随机型的服务时间，需要知道它的概率分布。

如果输入过程，即相继到达的间隔时间和服务时间二者都是确定型的，那么问题就此简化。因此，在排队论中所讨论的是二者至少有一个是随机型的情形。

（5）和输入过程一样，我们也假定服务时间的分布是平稳的，即分布的期望值、方差等参数都不受时间的影响。

11.1.3 排队模型的分类

D.G.Kendall 在 1953 年提出排队模型分类方法，对分类方法影响最大的特征有三个，即

（1）相继顾客到达间隔时间的分布；

（2）服务时间的分布；

（3）服务台的个数。

按照这三个特征分类，并用一定的符号表示，称为 Kendall 记号。这只针对并列的服务台（如果服务台是多于一个的话）的情形，他用的符号形式是

$$X/Y/Z$$

其中，X 处填写表示相继到达间隔时间的分布；

Y 处填写表示服务时间的分布；

Z 处填写并列的服务台的数目。

表示相继到达间隔时间和服务时间的各种分布的符号是：

M——负指数分布（M 是 Markov 的字头，因为负指数分布具有无记忆性，即 Markov 性）；

D——确定型（deterministic）；

E_k——k 阶爱尔朗（Erlang）分布；

GI—— 一般相互独立（general independent）的时间间隔的分布；

G—— 一般（general）服务时间的分布。

例如，$M/M/1$ 表示相继到达间隔时间为负指数分布、服务时间为负指数分布、单服务台的模型；$D/M/c$ 表示确定的到达间隔、服务时间为负指数分布、c 个平行服务台（但顾客是一队）的模型。

以后，在 1971 年的一次关于排队论符号标准化会议上决定，将 Kendall 符号扩充成为：$X/Y/Z/A/B/C$ 形式，其中前三项意义不变，而后三项意义分别是：

A 处填写系统容量限制 N；

B 处填写顾客源数目 m；

C 处填写服务规则，如先到先服务（FCFS），后到后服务（LCFS）等。

并约定，如略去后三项，即指 $X/Y/Z/\infty/\infty/\text{FCFS}$ 的情形。在本书中，因只讨论先到先服务 FCFS 的情形，所以略去第六项。

11.1.4 排队问题的求解

对一个实际问题作为排队问题求解时，首先要研究它属于哪个模型，其中只有**顾客到达的间隔时间分布**和**服务时间的分布**需要实测的数据来确定，其他因素都是在问题提出时给定的。

求解排队问题的目的，是研究排队系统运行的效率，估计服务质量，确定系统参数的最优值，以决定系统结构是否合理、研究设计改进措施等。所以必须确定用以判断系统运行优劣的基本数量指标，求解排队问题就是首先求出这些数量指标的概率分布或特征数。这些指标通常是:

（1）**队长**，指在系统中的顾客数，它的期望值记作 L_s；

排队长（队列长），指在系统中排队等待服务的顾客数，它的期望值记作 L_q；

$$\begin{bmatrix}\text{系统中}\\\text{顾客数}\end{bmatrix}=\begin{bmatrix}\text{在队列中等待}\\\text{服务的顾客数}\end{bmatrix}+\begin{bmatrix}\text{正被服务}\\\text{的顾客数}\end{bmatrix}$$

一般情形，L_s（或 L_q）越大，说明服务率越低，此时排队成龙，是顾客最厌烦的。

（2）**逗留时间**，指一个顾客在系统中的停留时间，它的期望值记作 W_s；

等待时间，指一个顾客在系统中排队等待的时间，它的期望值记作 W_q，

$$[\text{逗留时间}] = [\text{等待时间}] + [\text{服务时间}]$$

在机器故障问题中，无论是等待修理或正在修理都使工厂受到停工的损失，所以逗留时间（停工时间）是主要的。但一般购物、诊病等问题中，顾客们所关心的常是等待时间。

此外，还有**忙期**（busy period）指从顾客到达空闲服务机构起到服务机构再次为空闲止这段时间长度，即服务机构连续繁忙的时间长度，它关系到服务员的工作强度。忙期和一个忙期中平均完成服务顾客数都是衡量服务机构效率的指标。

在即时制或排队有限制的情形，还有由于顾客被拒绝而使企业受到损失的损失率以及以后经常遇到的**服务强度**等，这些都是很重要的指标。

计算这些指标的基础是表达系统状态的概率。所谓**系统的状态**即指系统中顾客数（其期望值即 L_s），如果系统中有 n 个顾客就说系统的状态是 n，它的可能值是:

（1）队长没有限制时，$n = 0, 1, 2, \cdots$

（2）队长有限制，最大数为 N 时，$n = 0, 1, 2, \cdots, N$

（3）即时制，服务台个数是 c 时，$n = 0, 1, 2, \cdots, c$

后者，状态 n 又表示正在工作（繁忙）的服务台数。

这些状态的概率一般是随时刻 t 而变化，所以在时刻 t、系统状态为 n 的概率用 $P_n(t)$ 表示。

求状态概率 $P_n(t)$ 的方法，首先要建立含 $P_n(t)$ 的关系式见图 11-4，因为 t 是连续变量，而 n 只取非负整数，所以建立的 $P_n(t)$ 的关系式一般是微分差分方程 (关于 t 的微分方程，关于 n 的差分方程)。方程的解称为**瞬态**（或称**过渡状态**）(transient state) 解。求

瞬态解是不容易的，一般地，即使求出也很难利用，因此我们常把它的极限（如果存在的话）

$$\lim_{t\to\infty} P_n(t) = P_n$$

称为稳态（steady state），或称**统计平衡状态**（statistical equilibrium state）的解。

稳态的物理含义是，当系统运行了无限长的时间之后，初始 $(t=0)$ 出发状态的概率分布 $(P_n(0)，n\geqslant 0)$ 的影响将消失，而且系统的状态概率分布不再随时间变化。当然，在实际应用中大多数问题系统会很快趋于稳态，而无须等到 $t\to\infty$ 以后。但永远达不到稳态的情形也确实存在。

求稳态概率 P_n 时，并不一定要求出 $t\to\infty$ 时 $P_n(t)$ 的极限，而只需令导数 $P_n'(t)=0$ 即可。以下着重研究稳态的情形。

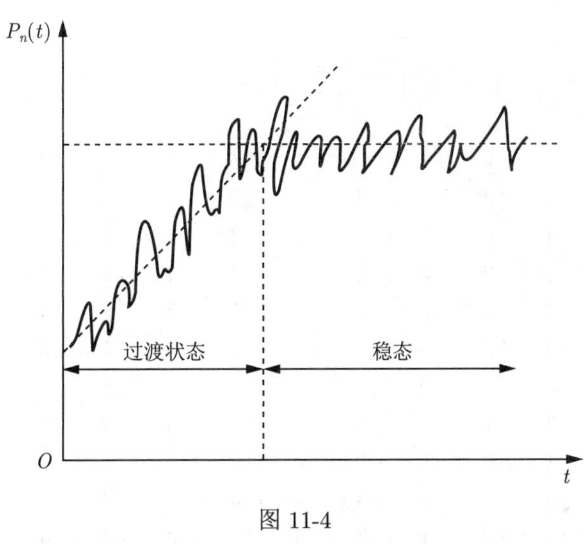

图 11-4

11.2 到达间隔的分布和服务时间的分布

解决排队问题首先要根据原始资料作出顾客到达间隔和服务时间的经验分布，然后按照统计学的方法(例如 χ^2 检验法)以确定符合哪种理论分布，并估计它的参数值。本节先举例说明经验分布，然后介绍常见的理论分布——泊松分布、负指数分布和爱尔朗（Erlang）分布。

11.2.1 经验分布

现在举例说明原始资料的整理。

例 11-1 大连某港区 2020 年载货 500 吨以上船舶到达（不包括定期到达的船舶）逐日记录见表 11-2。

将表 11-2 整理成船舶到达数的分布表（表 11-3）。

表 11-2

月份	1 日	2 日	3 日	4 日	5 日	6 日	7 日	8 日	9 日	10 日	11 日	12 日	13 日	14 日	15 日	16 日
1	8	10	4	1	0	1	4	4	7	0	3	2	4	0	2	2
2	2	5	5	2	7	3	6	2	3	2	2	2	2	3	4	6
3	3	3	5	2	4	7	4	3	3	4	3	2	4	5	3	2
4	6	2	1	5	4	3	4	3	7	5	5	1	1	3	7	4
5	7	4	1	2	2	3	4	3	5	3	2	7	5	4	3	7
6	1	4	2	6	5	2	7	4	3	3	1	3	4	5	5	3
7	4	1	1	3	3	4	8	4	4	4	3	5	3	0	7	4
8	4	3	4	4	3	1	2	5	5	3	5	4	3	6	1	3
9	3	4	4	1	7	7	0	7	2	3	0	6	6	2	2	3
10	5	2	1	1	6	6	4	6	2	3	6	7	3	5	3	2
11	5	4	3	5	2	3	4	4	3	1	3	3	3	4	5	0
12	6	5	5	2	1	5	4	2	2	2	3	1	7	5	1	4

月份	17 日	18 日	19 日	20 日	21 日	22 日	23 日	24 日	25 日	26 日	27 日	28 日	29 日	30 日	31 日
1	5	4	2	1	1	3	6	2	3	4	4	2	0	3	1
2	2	2	6	5	2	1	5	3	5	5	2	2			
3	1	2	3	8	2	3	3	2	5	4	7	2	4	1	3
4	5	4	4	4	6	5	1	4	4	1	4	3	6	4	
5	2	1	6	3	2	5	2	5	4	2	4	4	4	4	2
6	5	2	4	3	3	3	6	3	5	5	6	2	1	4	
7	1	3	4	4	2	3	5	5	1	2	4	3	4	6	3
8	2	0	6	3	4	6	4	4	5	1	2	8	4	5	1
9	4	4	5	3	1	4	6	1	2	3	5	0	2	4	
10	6	2	5	1	0	7	9	3	2	5	1	7	3	5	3
11	2	1	0	3	6	6	3	5	5	1	2	2	2	4	
12	6	7	3	1	2	1	3	4	1	3	9	3	3	1	4

表 11-3　船舶到达数分布表（大连某港区 2020 年）

船舶到达数 n	频数	频率/%
0	12	0.033
1	43	0.118
2	64	0.175
3	74	0.203
4	71	0.195
5	49	0.134
6	26	0.071
7	19	0.052
8	4	0.011
9	2	0.005
10 以上	1	0.003
合计	365	1.000

$$平均到达率 = \frac{到达总数}{总天数} = \frac{1271}{365} = 3.48\text{（艘/天）}$$

更原始的资料是记录各顾客到达的时刻和对各顾客的服务时间。以 τ_i 表示第 i 号顾客到达的时刻，以 s_i 表示对它的服务时间，这样可算出相继到达的间隔时间 $t_i(t_i = \tau_{i+1} - \tau_i)$ 和排队等待时间 w_i，它们的关系见图 11-5。

从图 11-5 中看出

间隔

$$t_i = \tau_{i+1} - \tau_i$$

等待时间

$$w_{i+1} = \begin{cases} w_i + s_i - t_i, & 当\ w_i + s_i - t_i > 0 \\ 0, & 当\ w_i + s_i - t_i < 0 \end{cases} \tag{11-1}$$

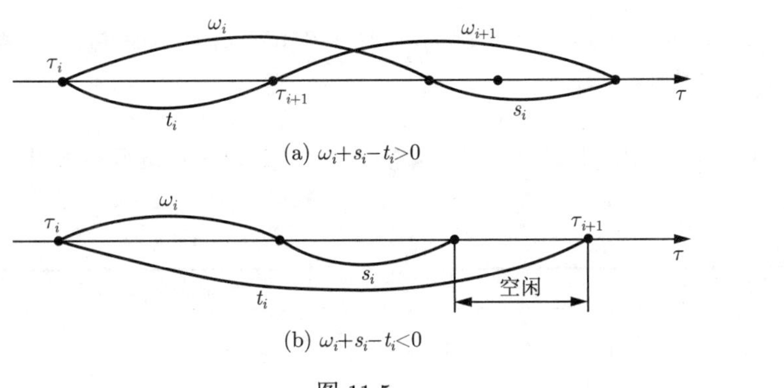

图 11-5

例 11-2 某服务机构是单服务台，先到先服务，对 41 个顾客记录到达时刻 τ 和服务时间 s（单位为分钟）如表 11-4，在表中以第 1 号顾客到达时刻为 0。全部服务时间为 127 分钟。

表 11-4

(1) i	(2) τ_i	(3) s_i	(4) t_i	(5) w_i	(1) i	(2) τ_i	(3) s_i	(4) t_i	(5) w_i
1	0	5	2	0	22	83	3	3	2
2	2	7	4	3	23	86	6	2	2
3	6	1	5	6	24	88	5	4	6
4	11	9	1	2	25	92	1	3	7
5	12	2	7	10	26	95	3	6	5
6	19	4	3	5	27	101	2	4	2
7	22	3	4	6	28	105	2	1	0
8	26	3	10	5	29	106	1	3	1
9	36	1	2	0	30	109	2	5	0
10	38	2	7	0	31	114	1	2	0
11	45	5	2	0	32	116	8	1	0

续表

(1) i	(2) τ_i	(3) s_i	(4) t_i	(5) w_i	(1) i	(2) τ_i	(3) s_i	(4) t_i	(5) w_i
12	47	4	2	3	33	117	4	4	7
13	49	1	3	5	34	121	2	6	7
14	52	2	9	3	35	127	1	2	3
15	61	1	1	0	36	129	6	1	2
16	62	2	3	0	37	130	3	3	7
17	65	1	5	0	38	133	5	2	7
18	70	3	2	0	39	135	2	4	10
19	72	4	8	1	40	139	4	3	8
20	80	3	1	0	41	142	1		9
21	81	2	2	2					

各栏意义：

(1) 顾客编号 i；(2) 到达时刻 τ_i；(3) 服务时间 s_i；以上三栏是原始记录；(4) 到达间隔 t_i；(5) 排队等待时间 w_i，这两栏是通过式 (11-1) 计算得到的。

现将上面的原始记录整理成到达间隔分布表（表 11-5）和服务时间分布表（表 11-6）。

表 11-5

到达间隔/分钟	次数
1	6
2	10
3	8
4	6
5	3
6	2
7	2
8	1
9	1
10 以上	1
合计	40

表 11-6

服务时间/分钟	次数
1	10
2	10
3	7
4	5
5	4
6	2
7	1
8	1
9 以上	1
合计	41

平均间隔时间 =142/40=3.55(分钟/人)

平均到达率 =41/142=0.28(人/分钟)

平均服务时间 =127/41=3.12(分钟/人)

平均服务率 =41/127=0.32(人/分钟)

下面介绍经常用的几个理论分布。

11.2.2 泊松分布

设 $N(t)$ 表示在时间区间 $[0,t)$ 内到达的顾客数 $(t>0)$。

令 $P_n(t_1,t_2)$ 表示在时间区间 $[t_1,t_2)\,(t_2>t_1)$ 内有 $(n\geqslant 0)$ 个顾客到达（这当然是随机事件）的概率，即

$$P_n(t_1,t_2)=P\left\{N(t_2)-N(t_1)=n\right\}\quad (t_2>t_1,n\geqslant 0)$$

当 $P_n(t_1,t_2)$ 满足下列三个条件时，我们认为顾客的到达形成**泊松流**。这三个**条件**是：

（1）在不相重叠的时间区间内顾客到达数是相互独立的，我们称这种性质为无后效性。

（2）对充分小的 Δt，在时间区间 $[t,t+\Delta t)$ 内有 1 个顾客到达的概率与 t 无关，而约与区间长 Δt 成正比，即

$$P_1(t,t+\Delta t)=\lambda\Delta t+o(\Delta t) \tag{11-2}$$

其中，$o(\Delta t)$，当 $\Delta t\to 0$ 时，是关于 Δt 的高阶无穷小。$\lambda>0$ 是常数，它表示单位时间有一个顾客到达的概率，称为概率强度。

（3）对于充分小的 Δt，在时间区间 $[t,t+\Delta t)$ 内有 2 个或 2 个以上顾客到达的概率极小，以至于可以忽略，即

$$\sum_{n=2}^{\infty}P_n(t,t+\Delta t)=o(\Delta t) \tag{11-3}$$

在上述条件下，我们研究顾客到达数 n 的概率分布。

由条件 (2)，我们总可以取时间由 0 开始，并简记 $P_n(0,t)=P_n(t)$，$P_n(t)$ 表示长为 t 的时间区间内到达 n 个顾客的概率。

由条件 (2) 和 (3)，容易推得在 $[t,t+\Delta t)$ 区间内没有顾客到达的概率为

$$P_0(t,t+\Delta t)=1-\lambda\Delta t+o(\Delta t) \tag{11-4}$$

在求 $P_n(t)$ 时，通常用建立未知函数的微分方程的方法，先求未知函数 $P_n(t)$ 由时刻 t 到 $t+\Delta t$ 的改变量，从而建立 t 时刻的概率分布与 $t+\Delta t$ 时刻概率分布的关系方程。

对于区间 $[0,t+\Delta t)$，可分成两个互不重叠的区间 $[0,t)$ 和 $[t,t+\Delta t)$。现在到达总数是 n，分别出现在这两区间上，不外下列三种情况。各种情况出现个数和概率见表 11-7。

表 11-7

情况	区间					
	$[0,t)$		$[t,t+\Delta t)$		$[0,t+\Delta t)$	
	个数	概率	个数	概率	个数	概率
(A)	n	$P_n(t)$	0	$1-\lambda\Delta t+o(\Delta t)$	n	$P_n(t)(1-\lambda\Delta t+o(\Delta t))$
(B)	$n-1$	$P_{n-1}(t)$	1	$\lambda\Delta t$	n	$P_{n-1}(t)\lambda\Delta t$
(C)	$n-2$	$P_{n-2}(t)$	2	$o(\lambda\Delta t)$	n	$o(\Delta t)$
	$n-3$	$P_{n-3}(t)$	3		n	
	$\vdots$	$\vdots$	$\vdots$		$\vdots$	
	0	$P_0(t)$	n		n	

在 $[0,t+\Delta t)$ 内到达 n 个顾客应是表中三种互不相容的情况之一，所以概率 $P_n(t+\Delta t)$ 应是表中三个概率之和（各 $o(\Delta t)$ 合为一项）

$$P_n(t+\Delta t)=P_n(t)(1-\lambda\Delta t)+P_{n-1}(t)\lambda\Delta t+o(\Delta t)$$

$$\frac{P_n(t+\Delta t)-P_n(t)}{\Delta t}=-\lambda P_n(t)+\lambda P_{n-1}(t)+\frac{o(\Delta t)}{\Delta t}$$

令 $\Delta t\to 0$，得下列方程，并注意到初始条件，则有

$$\begin{cases}\dfrac{\mathrm{d}P_n(t)}{\mathrm{d}t}=-\lambda P_n(t)+\lambda P_{n-1}(t),n\geqslant 1\\ P_n(o)=0\end{cases}\tag{11-5}$$

当 $n=0$ 时，没有 (B)，(C) 两种情况，所以得

$$\begin{cases}\dfrac{\mathrm{d}P_0(t)}{\mathrm{d}t}=-\lambda P_0(t)\\ P_0(o)=1\end{cases}\tag{11-6}$$

解式 (11-5) 和式 (11-6)，就得

$$\boxed{\begin{array}{l}P_n(t)=\dfrac{(\lambda t)^n}{n!}\mathrm{e}^{-\lambda t},\\ t>0\quad n=0,1,2,\cdots\end{array}}^{①}\tag{11-7}$$

式 (11-7) 满足概率论中的随机变量 $N(t)$ 服从泊松分布的定义, 一般取 $t=1$。$N(t)$ 的数学期望和方差分别是

$$E\left[N(t)\right]=\lambda t;\quad \mathrm{Var}\left[N(t)\right]=\lambda t\tag{11-8}$$

由于期望值和方差相等是泊松分布的一个重要特征，我们可以利用此特征对一个经验分布是否符合泊松分布进行初步的识别。

---

① 证明时先解式 (11-6) 得 $P_0(t)=\mathrm{e}^{-\lambda t}$，然后在方程 (11-5) 两边乘积分因子 $\mathrm{e}^{-\lambda t}$，并迁项

$$\mathrm{e}^{\lambda t}\frac{\mathrm{d}P_n(t)}{\mathrm{d}t}+\lambda P_n(t)\mathrm{e}^{\lambda t}=\lambda\mathrm{e}^{\lambda t}P_{n-1}(t)$$

$$\frac{\mathrm{d}}{\mathrm{d}t}[P_n(t)\mathrm{e}^{\lambda t}]=\lambda P_{n-1}(t)\mathrm{e}^{\lambda t}$$

积分得

$$P_n(t)\mathrm{e}^{\lambda t}=\lambda\int_u^t P_{n-1}(t_1)\mathrm{e}^{\lambda t_1}\mathrm{d}t_1$$

依次代入 $n=1,2,\cdots$

$$n=1,\quad P_1(t)\mathrm{e}^{\lambda t}=\lambda\int_0^t \mathrm{e}^{-\lambda t_1}\mathrm{e}^{\lambda t_1}\mathrm{d}t_1=\lambda t,\quad P_1(t)=\lambda t\mathrm{e}^{-\lambda t}$$

$$n=2,\quad P_2(t)\mathrm{e}^{\lambda t}=\lambda\int_0^t \lambda t_1\mathrm{e}^{-\lambda t_1}\mathrm{e}^{\lambda t_1}\mathrm{d}t_1=\frac{1}{2}\lambda^2t^2$$

所以

$$P_2(t)=\frac{\lambda^2t^2}{2!}\mathrm{e}^{-\lambda t}$$

递推，即可得式 (11-7)。　　证毕。

11.2.3 负指数分布

随机变量 T 的概率密度若满足

$$f_T(t)=\begin{cases}\lambda\mathrm{e}^{-\lambda t}, & t\geqslant 0\\ 0, & t<0\end{cases} \tag{11-9}$$

则称 T 服从负指数分布。它的分布函数是

$$F_T(t)=\begin{cases}1-\mathrm{e}^{-\lambda t}, & t\geqslant 0\\ 0, & t<0\end{cases} \tag{11-10}$$

数学期望 $E[T]=\dfrac{1}{\lambda}$；方差 $\mathrm{Var}[T]=\dfrac{1}{\lambda^2}$；标准差 $\sigma[T]=\dfrac{1}{\lambda}$。

负指数分布有下列性质：

（1）由条件概率公式容易证明

$$P\{T>t+s|T>s\}=P\{T>t\} \tag{11-11}$$

这个性质称为无记忆性或马尔可夫性。若 T 表示排队系统中顾客到达的间隔时间, 那么这个性质说明现在考虑一个顾客到来还需的时间 t 与之前已过去的时间 s 无关, 所以说这一情形下的顾客到达是纯随机的。

（2）当输入过程是泊松分布时，那么顾客相继到达的间隔时间 T 必须服从负指数分布。这是因为对于泊松分布，在 $[0,t)$ 区间内至少有 1 个顾客到达的概率是

$$1-P_0(t)=1-\mathrm{e}^{-\lambda t},t>0$$

而其概率又可表示为

$$P\{T\leqslant t\}=F_T(t)$$

结合式 (11-10)，性质得到证明。

因此，相继到达的间隔时间是独立且相同的负指数分布（密度函数为 $\lambda\mathrm{e}^{-\lambda t},t\geqslant 0$），与输入过程为泊松分布（参数为 λ）是等价的。所以在 Kendall 记号中就都用 M 表示。

对于泊松流，λ 表示单位时间到达的平均顾客数，所以 $1/\lambda$ 就表示相继顾客到达平均间隔时间，而这正和 $E[T]$ 的意义相符。

服务时间 v 的分布即对一位顾客的服务时间，也就是在忙期相继离开系统的两顾客的间隔时间，有时也服从负指数分布。这时设它的分布函数和密度分别是

$$F_v(t)=1-\mathrm{e}^{-\mu t},\quad f_v(t)=\mu\mathrm{e}^{-\mu t} \tag{11-12}$$

其中，μ 表示单位时间能被服务完成的顾客数，称为平均服务率，而 $\dfrac{1}{\mu}=E(v)$ 表示一个顾客的平均服务时间，这里平均就是期望值。

11.2.4 爱尔朗分布

设 $v_1, v_2, \cdots, v_k$ 是 k 个相互独立的随机变量，服从相同参数 $k\mu$ 的负指数分布，那么

$$T = v_1 + v_2 + \cdots + v_k$$

的概率密度是

$$b_k(t) = \frac{\mu k(\mu k t)^{k-1}}{(k-1)!} \mathrm{e}^{-\mu k t}, t > 0 \tag{11-13}$$

（证明略）我们说 T 服从 k 阶爱尔朗分布。

$$E[T] = \frac{1}{\mu}; \quad \mathrm{Var}[T] = \frac{1}{k\mu^2} \tag{11-14}$$

这是因为

$$E[v_i] = \frac{1}{k\mu}, i = 1, 2, \cdots, k$$

所以

$$E[T] = \sum_{i=1}^{k} E(v_i) = \frac{1}{\mu}$$

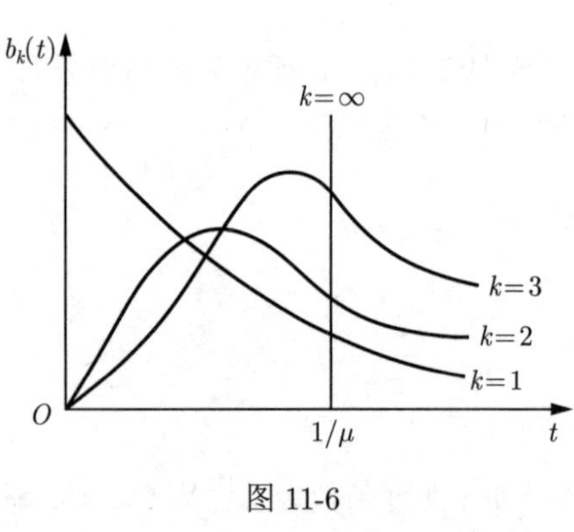

图 11-6

例如串列的 k 个服务台，每台服务时间相互独立，服从相同的负指数分布（参数 $k\mu$），那么一位顾客走完这 k 个服务台总共所需要服务时间就服从上述的 k 阶爱尔朗分布。

注意 爱尔朗分布族提供更为广泛的模型类，比指数分布有更大的适应性。事实上，当 $k = 1$ 时，爱尔朗分布化为负指数分布，这可看成是完全随机的；当 k 增大时，爱尔朗分布的图形逐渐变为对称的；当 $k \geqslant 30$ 时，爱尔朗分布近似于正态分布；当 $k \to \infty$ 时，由 (11-14) 看出 $\mathrm{Var}[T] \to 0$，因此这时爱尔朗分布化为确定型分布（见图 11-6），所以一般 k 阶爱尔朗分布可看成完全随机与完全确定的中间型，能对现实世界提供更为广泛的适应性。

11.3 单服务台负指数分布排队系统的分析

在本节中讨论单服务台的排队系统，它的输入过程服从泊松分布过程，服务时间服从负指数分布。按以下两种情形讨论。

（1）标准的 $M/M/1$ 模型，即 $(M/M/1/\infty/\infty)$；

（2）系统的容量有限制，即 $(M/M/1/N/\infty)$。

11.3.1 标准的 $M/M/1$ 模型 $(M/M/1/\infty/\infty)$

标准的 $M/M/1$ 模型是指适合下列条件的排队系统：

（1）输入过程——顾客源是无限的，顾客单个到来的情形相互独立，一定时间的到达数服从泊松分布，到达过程是平稳的。

（2）排队规则——单队，且对队长没有限制，先到先服务。

（3）服务机构——单服务台，各顾客的服务时间是相互独立的，服从相同的负指数分布。

此外，还假定到达间隔时间和服务时间是相互独立的。

在分析标准的 $M/M/1$ 模型时，首先要求出系统在任意时刻 t 的状态为 n（系统中有 n 个顾客）的概率 $P_n(t)$，它决定了系统运行的特征。

因已知到达规律服从参数为 λ 的泊松过程，服务时间服从参数为 μ 的负指数分布，所以在 $[t, t+\Delta t)$ 时间区间内可分为：

（1）有 1 个顾客到达的概率为 $\lambda\Delta t+o(\Delta t)$；没有顾客到达的概率就是 $1-\lambda\Delta t+o(\Delta t)$。

（2）当有顾客在接受服务时，1 个顾客被服务完了（离去）的概率是 $\mu\Delta t+o(\Delta t)$，没有离去的概率就是 $1-\mu\Delta t+o(\Delta t)$。

（3）多于一个顾客的到达或离去的概率是 $o(\Delta t)$，是可以忽略的。

在时刻 $t+\Delta t$，系统中有 n 个顾客 $(n>0)$ 存在表 11-8 的四种情况（到达或离去是 2 个以上的没列入）：

表 11-8

情况	在时刻 t 顾客数	在区间 $[t,\ t+\Delta t)$		在时刻 $t+\Delta t$ 顾客数
		到达	离去	
(A)	n	×	×	n
(B)	$n+1$	×	○	n
(C)	$n-1$	○	×	n
(D)	n	○	○	n

○ 表示发生 (1 个)；× 表示没有发生。

它们的概率分别是 (略去 $o(\Delta t)$)：

情况 (A) $P_n(t)(1-\lambda\Delta t)(1-\mu\Delta t)$

情况 (B) $P_{n+1}(t)(1-\lambda\Delta t)\mu\Delta t$

情况 (C) $P_{n-1}(t)\cdot\lambda\Delta t(1-\mu\Delta t)$

情况 (D) $P_n(t)\cdot\lambda\Delta t\cdot\mu\Delta t$

由于这四种情况是互不相容的，所以 $P_n(t+\Delta t)$ 应是这四项之和，即（将关于 Δt 的高阶无穷小合成一项）：

$$P_n(t+\Delta t)=P_n(t)(1-\lambda\Delta t-\mu\Delta t)+P_{n+1}(t)\mu\Delta t+P_{n-1}(t)\lambda\Delta t+o(\Delta t)$$

$$\frac{P_n(t+\Delta t)-P_n(t)}{\Delta t}=\lambda P_{n-1}(t)+\mu P_{n+1}(t)-(\lambda+\mu)P_n(t)+\frac{o(\Delta t)}{\Delta t}$$

令 $\Delta t \to 0$，得关于 $P_n(t)$ 的微分方程

$$\frac{\mathrm{d}P_n(t)}{\mathrm{d}t}=\lambda P_{n-1}(t)+\mu P_{n+1}(t)-(\lambda+\mu)P_n(t) \quad n=1,2,\cdots \tag{11-15}$$

当 $n=0$，则只有上表中 (A)，(B) 两种情况，即

$$P_0(t+\Delta t)=P_0(t)(1-\lambda\Delta t)+P_1(t)(1-\lambda\Delta t)\mu\Delta t$$

同理求得

$$\frac{\mathrm{d}P_0(t)}{\mathrm{d}t}=-\lambda P_0(t)+\mu P_1(t) \tag{11-16}$$

这样系统状态 (n) 随时间变化的过程称为**生灭过程**的一个特殊情形。

解方程式 (11-15) 和式 (11-16) 是很麻烦的，求得的解 (瞬态解) 中因为含有修正的贝塞耳函数，也不便于应用，我们只研究稳态的情况，这时 $P_n(t)$ 与 t 无关，可写成 P_n，它的导数为 0。由式 (11-15) 和式 (11-16) 可得

$$\begin{cases} -\lambda P_0+\mu P_1=0 & (11\text{-}17) \\ \lambda P_{n-1}+\mu P_{n+1}-(\lambda+\mu)P_n=0 \quad n\geqslant 1 & (11\text{-}18) \end{cases}$$

这是关于 P_n 的差分方程。它表明了各状态间的转移关系，用图 11-7 表示。

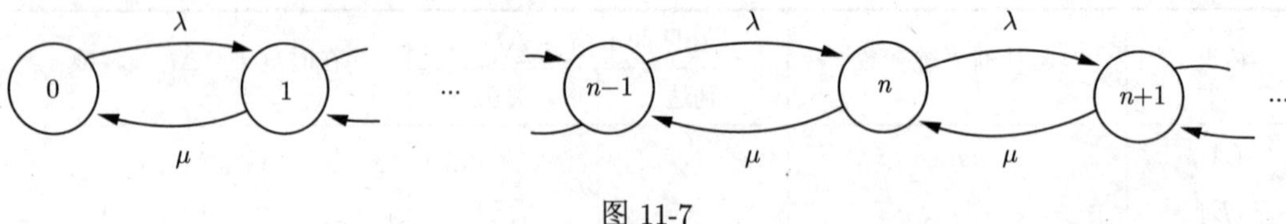

图 11-7

由图 11-7 可见，状态 0 转移到状态 1 的转移率为 λP_0，状态 1 转移到状态 0 的转移率为 μP_1。对状态 0 必须满足以下平衡方程

$$\lambda P_0=\mu P_1$$

同样对任何 $n\geqslant 1$ 的状态，可得到式 (11-18) 的平衡方程。求解式 (11-17) 得

$$P_1=(\lambda/\mu)P_0$$

将它代入式 (11-18)，令 $n=1$，

$$\mu P_2=(\lambda+\mu)(\lambda/\mu)P_0-\lambda P_0 \quad 所以 \quad P_2=(\lambda/\mu)^2P_0$$

同理依次推得

$$P_n=(\lambda/\mu)^nP_0$$

今设 $\rho = \dfrac{\lambda}{\mu} < 1$（否则队列将排至无限远），又由概率的性质知

$$\sum_{n=0}^{\infty} P_n = 1$$

将 P_n 的关系代入，

$$P_0 \sum_{n=0}^{\infty} \rho^n = P_0 \cdot \frac{1}{1-\rho} = 1$$

得

$$\boxed{\begin{array}{ll} P_0 = 1-\rho & \\ P_n = (1-\rho)\rho^n, \quad n \geqslant 1 & \rho < 1 \end{array}} \tag{11-19}$$

这就是系统状态为 n 的概率。

上式的 ρ 有其实际意义。根据表达式的不同，可以有不同的解释。当 $\rho = \lambda/\mu$ 时，它是平均到达率与平均服务率之比；即在相同时区内顾客到达的平均数与被服务的平均数之比。若表示为 $\rho = (1/\mu)/(1/\lambda)$，它表示一个顾客的服务时间与到达间隔时间之比；称 ρ 为服务强度（traffic intensity），或称 ρ 为话务强度。这是因为早期排队论是爱尔朗等人在研究电话理论时用的术语，一直沿用至今。由式 (11-19)，$\rho = 1 - P_0$，它刻画了服务机构的繁忙程度，所以又称服务机构的利用率。读者可考虑由于 ρ 的大小不同，将会产生顾客与服务员之间、服务员与管理员之间怎样不同的反应或矛盾。

以式 (11-19) 为基础，可以算出系统的运行指标。

（1）在系统中的平均顾客数（队长期望值）

$$\begin{aligned} L_s &= \sum_{n=0}^{\infty} nP_n = \sum_{n=1}^{\infty} n(1-\rho)\rho^n \\ &= (\rho + 2\rho^2 + 3\rho^3 + \cdots) - (\rho^2 + 2\rho^3 + 3\rho^4 + \cdots) \\ &= \rho + \rho^2 + \rho^3 + \cdots = \frac{\rho}{1-\rho}, \quad 0 < \rho < 1 \end{aligned}$$

或

$$L_s = \frac{\lambda}{\mu - \lambda}$$

（2）在队列中等待的平均顾客数（队列长期望值）

$$\begin{aligned} L_q &= \sum_{n=1}^{\infty} (n-1)P_n = \sum_{n=1}^{\infty} nP_n - \sum_{n=1}^{\infty} P_n \\ &= L_s - \rho = \frac{\rho^2}{1-\rho} = \frac{\rho\lambda}{\mu - \lambda} \end{aligned}$$

关于顾客在系统中逗留的时间 W（随机变量），在 $M/M/1$ 情形下，它服从参数为

$\mu-\lambda$ 的负指数分布①。

事实上，设一位顾客到达时，系统已有 n 个顾客，按先到先服务的规则，该顾客在系统中的逗留时间

$$W_n = T_1' + T_2 + \cdots + T_{n+1}$$

式中：T_1' 为正被服务的第 1 位顾客还需要的服务时间，T_i 为第 $i(i=2,\cdots,n)$ 位顾客的被服务时间，T_{n+1} 为该顾客的被服务时间。

由于 $T_i(i=2,\cdots,n+1)$ 独立且服从参数为 μ 的负指数分布，而 T_1' 由无记忆性也服从参数为 μ 的负指数分布，从而 W_n 服从 $n+1$ 阶爱尔朗分布，即

$$f_{W_n}(t) = \frac{\mu(\mu t)^n}{n!}\mathrm{e}^{-\mu t}$$

于是 W 的分布录数

$$\begin{aligned} F(t) = P(W \leqslant t) &= \sum_{n=0}^{\infty} P_n P(W \leqslant t \mid n) = \sum_{n=0}^{\infty} \rho^n (1-\rho) \int_0^t \frac{\mu(\mu t)^n}{n!}\mathrm{e}^{-\mu t}\mathrm{d}t \\ &= 1 - \mathrm{e}^{-(\mu-\lambda)t} \end{aligned} \tag{11-20}$$

即 W 服从参数为 $\mu-\lambda$ 的负指数分布，其概率密度

$$f(t) = (\mu-\lambda)\mathrm{e}^{-(\mu-\lambda)t}$$

于是得

（3）在系统中顾客逗留时间的期望值

$$W_s = E[W] = \frac{1}{\mu-\lambda}$$

（4）在队列中顾客等待时间的期望值

$$W_q = W_s - \frac{1}{\mu} = \frac{\rho}{\mu-\lambda}$$

---

① 设一顾客到达时，系统已有 n 个顾客，按先到先服务的规则，这个顾客的逗留时间 W_n 就是原有各顾客的服务时间 T_i 和这个顾客服务时间 T_{n+1} 之和

$$W_n = T_1' + T_2 + \cdots + T_n + T_{n+1}$$

其中第一个顾客正被服务，T_1' 是到服务完了的部分服务时间。

令 $f(w|n+1)$ 表示 W_n 的概率密度，这是在系统已有 n 个顾客条件下的条件概率密度，所以 W 的概率密度

$$f(w) = \sum_{n=0}^{\infty} P_n f(w|n+1)$$

现若 $T_i(i=2,\cdots,n+1)$ 都服从参数为 μ 的负指数分布，根据负指数分布的无记忆性。T_1' 也服从同分布的负指数分布。由式 (11-13) 得 W_n 服从爱尔朗分布

$$f(w|n+1) = \frac{\mu(\mu\omega)^n \mathrm{e}^{-\mu\omega}}{n!}$$

所以

$$\begin{aligned} f(w) &= \sum_{n=0}^{\infty} (1-\rho)\rho^n \cdot \frac{\mu(\mu\omega)^n}{n!}\mathrm{e}^{-\mu\omega} = (1-\rho)\mu\mathrm{e}^{-\mu\omega}\sum_{n=0}^{\infty}\frac{(\rho\mu\omega)\rho^n}{n!} \\ &= (\mu-\lambda)\mathrm{e}^{-(\mu-\lambda)\omega} \end{aligned}$$

证毕。

现将以上各式归纳如下：

$$\boxed{\begin{array}{ll}(1)\ L_s=\dfrac{\lambda}{\mu-\lambda} & (2)\ L_q=\dfrac{\rho\lambda}{\mu-\lambda}\\ (3)\ W_s=\dfrac{1}{\mu-\lambda} & (4)\ W_q=\dfrac{\rho}{\mu-\lambda}\end{array}} \tag{11-21}$$

它们相互的关系如下：

$$\boxed{\begin{array}{ll}(1)\ L_s=\lambda W_s & (2)\ L_q=\lambda W_q\\ (3)\ W_s=W_q+\dfrac{1}{\mu} & (4)\ L_s=L_q+\dfrac{\lambda}{\mu}\end{array}} \tag{11-22}$$

上式称为 Little 公式。

例 11-3 某医院手术室根据病人来诊和完成手术时间的记录，任意抽查 100 个工作小时，每小时来就诊的病人数 n 的出现次数如表 11-9 所示。又任意抽查了 100 个完成手术的病历，所用时间 v（小时）出现的次数如表 11-10 所示。

表 11-9

到达的病人数 n	出现次数 f_n
0	10
1	28
2	29
3	16
4	10
5	6
6 以上	1
合计	100

表 11-10

为病人完成手术时间 v/小时	出现次数 f_v
$0.0\sim0.2$	38
$0.2\sim0.4$	25
$0.4\sim0.6$	17
$0.6\sim0.8$	9
$0.8\sim1.0$	6
$1.0\sim1.2$	5
1.2 以上	0
合计	100

（1）算出每小时病人平均到达率 $=\dfrac{\sum nf_n}{100}=2.1$（人/小时）

$$\text{每次手术平均时间}=\frac{\sum vf_v}{100}=0.4\ \text{（小时/人）}$$

每小时完成手术人数（平均服务率）$=\dfrac{1}{0.4}=2.5$（人/小时）

（2）取 $\lambda=2.1$，$\mu=2.5$，可以通过统计检验的方法（例如 χ^2 检验法），认为病人到达数服从参数为 2.1 的泊松分布，手术时间服从参数为 2.5 的负指数分布。

（3）$\rho=\dfrac{\lambda}{\mu}=\dfrac{2.1}{2.5}=0.84$

它说明服务机构（手术室）有 84%的时间是繁忙（被利用），有 16%的时间是空闲的。

（4）依次代入式 (11-21)，算出各指标：

在病房中病人数（期望值）$L_s = \dfrac{2.1}{2.5-2.1} = 5.25$ （人）

排队等待病人数（期望值）$L_q = 0.84 \times 5.25 = 4.41$ （人）

病人在病房中逗留时间（期望值）$W_s = \dfrac{1}{2.5-2.1} = 2.5$ （小时）

病人排队等待时间（期望值）$W_q = \dfrac{0.84}{2.5-2.1} = 2.1$ （小时）

不同的服务规则（先到先服务、后到先服务、随机服务）的不同点主要反映在等待时间的分布函数的不同，而一些期望值是相同的。我们上面讨论的各种指标，因为都是期望值，所以这些指标的计算公式对三种服务规则都适用（但对有优先权的规则不适用）。

11.3.2 系统的容量有限制的情况 ($M/M/1/N/\infty$)

如果系统的最大容量为 N，对于单服务台的情形，排队等待的顾客最多为 $N-1$，在某时刻一顾客到达时，如系统中已有 N 个顾客，那么这个顾客就被拒绝进入系统（见图 11-8）。

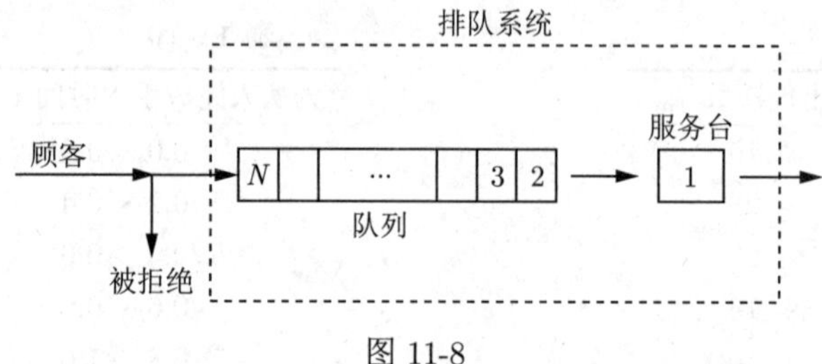

图 11-8

当 $N=1$ 时为即时制的情形；当 $N \to \infty$，为容量无限制的情形。

若只考虑稳态的情形，可作各状态间概率强度的转换关系图，见图 11-9。

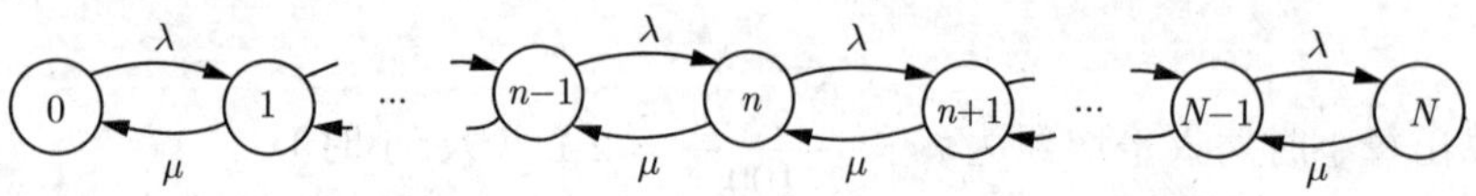

图 11-9

根据图 11-9，列出状态概率的稳态方程

$$\begin{cases} \mu P_1 = \lambda P_0 \\ \mu P_{n+1} + \lambda P_{n-1} = (\lambda+\mu)P_n, \quad n \leqslant N-1 \\ \mu P_N = \lambda P_{N-1} \end{cases} \tag{11-23}$$

解这个差分方程与解式 (11-17)，式 (11-18) 是很类似的，所不同的是

$$P_0 + P_1 + \cdots + P_N = 1$$

仍令 $\rho = \lambda/\mu$，因而得

$$P_0 = \frac{1-\rho}{1-\rho^{N+1}} \qquad \rho \neq 1$$
$$P_n = \frac{1-\rho}{1-\rho^{N+1}}\rho^n \quad n \leqslant N \tag{11-24}$$

这里略去 $\rho = 1$ 情形的讨论（参阅习题第 11.9 题）。

在对容量没有限制的情形，我们曾设 $\rho < 1$，这不仅是实际问题的需要，也是无穷级数收敛所必需的。在容量为有限数 N 的情形下，这个条件就没有必要了（为什么?)。不过当 $\rho > 1$ 时, 表示损失率的 P_N （或表示被拒绝排队的顾客平均数 λP_N）将是很大的。

根据式 (11-24) 我们可以导出系统的各种指标 (计算过程略):

（1）队长（期望值）

$$L_s = \sum_{n=0}^{N} nP_n = \frac{\rho}{1-\rho} - \frac{(N+1)\rho^{N+1}}{1-\rho^{N+1}} \quad \rho \neq 1$$

（2）队列长（期望值）

$$L_q = \sum_{n=1}^{N}(n-1)P_n = L_s - (1-P_0)$$

当研究顾客在系统平均逗留时间 W_s 和在队列中平均等待时间 W_q 时，虽然式 (11-22) 仍可利用，但要注意平均到达率 λ 是在系统中有空时的平均到达率，当系统已满 $(n=N)$ 时，则到达率为 0，因此需要求出**有效到达率** $\lambda_e = \lambda(1-P_N)$。可以验证：

$$1 - P_0 = \lambda_e/\mu$$

（3）顾客逗留时间（期望值）

$$W_s = \frac{L_s}{\mu(1-P_0)} = \frac{L_q}{\lambda(1-P_N)} + \frac{1}{\mu}$$

（4）顾客等待时间（期望值）

$$W_q = W_s - 1/\mu$$

现在把 $M/M/1/N/\infty$ 型的指标归纳如下（当 $\rho \neq 1$ 时）：

$$\left\{\begin{aligned}
&L_s = \frac{\rho}{1-\rho} - \frac{(N+1)\rho^{N+1}}{1-\rho^{N+1}} && ① \\
&L_q = L_s - (1-P_0) && ② \\
&W_s = \frac{L_s}{\mu(1-P_0)} && ③ \\
&W_q = W_s - 1/\mu && ④
\end{aligned}\right. \tag{11-25}$$

例 11-4 单人理发馆有 6 个椅子接待人们排队等待理发。当 6 个椅子都坐满时，后来的顾客不进店就离开。顾客平均到达率为 3 人/小时，理发需时平均 15 分钟。则

$N = 7$ 为系统中最大的顾客数，$\lambda = 3$ 人 / 小时，$\mu = 4$ 人 / 小时。

（1）求某顾客一到达就能理发的概率

这种情形相当于理发馆内没有顾客，所求概率

$$P_0 = \frac{1-3/4}{1-(3/4)^8} = 0.2778$$

（2）求需要等待的顾客数的期望值

$$L_s = \frac{3/4}{1-3/4} - \frac{8(3/4)^8}{1-(3/4)^8} = 2.11$$

$$L_q = L_s - (1-P_0) = 2.11 - (1-0.2778) = 1.39$$

（3）求有效到达率

$$\lambda_e = \mu(1-P_0) = 4(1-0.2778) = 2.89\ (\text{人/小时})$$

（4）求一顾客在理发馆内逗留的期望时间

$$W_s = L_s/\lambda_e = 2.11/2.89 = 0.73\text{（小时）} \quad = 43.8\text{（分钟）}$$

（5）在可能到来的顾客中不等待就离开的概率 ($P_{n\geqslant 7}$)

这就是求系统中有 7 个顾客的概率

$$P_7 = \left(\frac{\lambda}{\mu}\right)^7 \left(\frac{1-\lambda/\mu}{1-(\lambda/\mu)^8}\right) = \left(\frac{3}{4}\right)^7 \left(\frac{1-\dfrac{3}{4}}{1-\left(\dfrac{3}{4}\right)^8}\right) \approx 3.7\%$$

这也是理发馆的损失率。现以本例比较队长为有限和无限，两种结果如表 11-11 所示。

表 11-11

$\lambda=3$ 人/小时，$\mu=4$ 人/小时	L_s	L_q	W_s	W_q	P_0	P_7
有限队长 $N=7$	2.11	1.39	0.73	0.48	0.278	0.037
无限队长	3.0	2.25	1.0	0.75	0.25	0

11.4 多服务台负指数分布排队系统的分析

现在讨论单队、并列的多服务台（服务台数 c）的情形，分以下两种情形讨论。

（1）标准的 $M/M/c$ 模型 ($M/M/c/\infty/\infty$)；

（2）系统容量有限制 ($M/M/c/N/\infty$)。

11.4.1 标准的 $M/M/c$ 模型 ($M/M/c/\infty/\infty$)

关于标准的 $M/M/c$ 模型各种特征的规定与标准的 $M/M/1$ 模型的规定相同。另外规定各服务台工作是相互独立（不搞协作）的，且平均服务率相同 $\mu_1 = \mu_2 = \cdots = \mu_c = \mu$。

于是整个服务机构的平均服务率为 $c\mu$ (当 $n \geqslant c$)；为 $n\mu$ (当 $n < c$)。令 $\rho = \dfrac{\lambda}{c\mu}$，只有当 $\dfrac{\lambda}{c\mu} < 1$ 时才不会排成无限的队列，称它为这个系统的**服务强度**或**服务机构的平均利用率**（见图 11-10）。

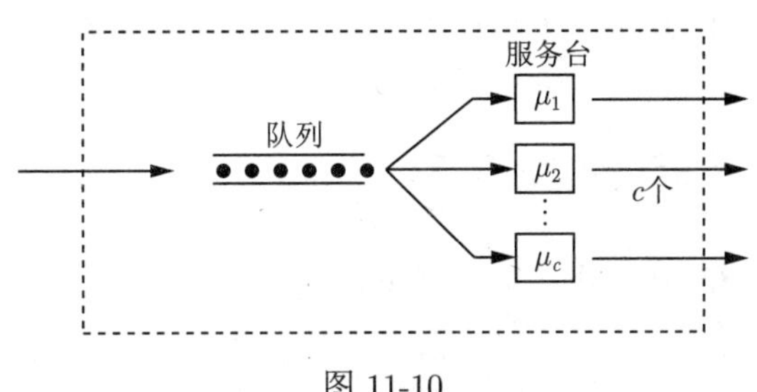

图 11-10

在分析这个排队系统时，仍从状态间的转移关系开始，见图 11-11。如状态 1 转移到状态 0，即系统中有一名顾客被服务完了（离去）的转移率为 μP_1。状态 2 转移到状态 1 时，就是在两个服务台上被服务的顾客中有一个被服务完成而离去。因为不限哪一个，那么这时状态的转移率便是 $2\mu P_2$。同理，再考虑状态 n 转移到 $n-1$ 的情况。当 $n \leqslant c$ 时，状态转移率为 $n\mu P_n$；当 $n > c$ 时，因为只有 c 个服务台，最多有 c 个顾客在被服务，$n-c$ 个顾客在等候，因此这时状态转移率应为 $c\mu P_n$。

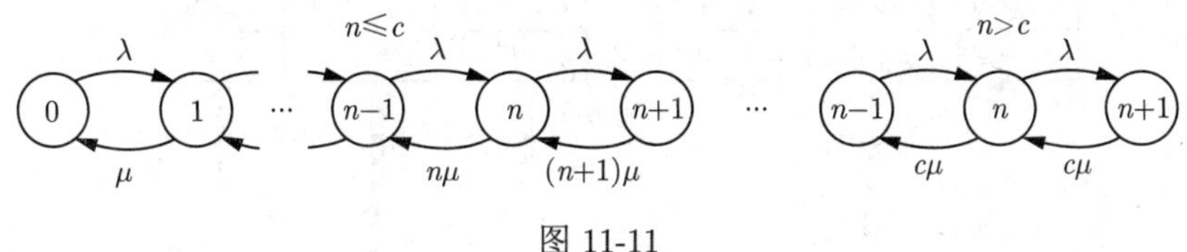

图 11-11

由图 11-11 可得

$$\begin{cases} \mu P_1 = \lambda P_0 \\ (n+1)\mu P_{n+1} + \lambda P_{n-1} = (\lambda + n\mu)P_n & (1 \leqslant n \leqslant c) \\ c\mu P_{n+1} + \lambda P_{n-1} = (\lambda + c\mu)P_n & (n > c) \end{cases}$$

这里 $\sum\limits_{i=0}^{\infty} P_i = 1$，且 $\rho \leqslant 1$。

用递推法解上述差分方程，可求得状态概率

$$\begin{cases} P_0 = \left[\sum\limits_{k=0}^{c-1} \dfrac{1}{k!}\left(\dfrac{\lambda}{\mu}\right)^k + \dfrac{1}{c!} \cdot \dfrac{1}{1-\rho} \cdot \left(\dfrac{\lambda}{\mu}\right)^c\right]^{-1} \\ P_n = \begin{cases} \dfrac{1}{n!}\left(\dfrac{\lambda}{\mu}\right)^n P_0 & (n \leqslant c) \\ \dfrac{1}{c!c^{n-c}}\left(\dfrac{\lambda}{\mu}\right)^n P_0 & (n > c) \end{cases} \end{cases} \tag{11-26}$$

系统的运行指标求得如下：

平均队长

$$\begin{cases} L_s = L_q + \dfrac{\lambda}{\mu} \\ L_q = \displaystyle\sum_{n=c+1}^{\infty}(n-c)P_n = \dfrac{(c\rho)^c\rho}{c!(1-\rho)^2}P_0 \end{cases} \tag{11-27}$$

$$\left(\text{因为} \sum_{n=c+1}^{\infty}(n-c)P_n = \sum_{n'=1}^{\infty}n'P_{n'+c} = \sum_{n'=1}^{\infty}\frac{n'}{c!c^{n'}}(c\rho)^{n'+c}P_0 = \text{右边}\right)$$

平均等待时间和逗留时间仍由 Little 公式求得

$$W_q = \frac{L_q}{\lambda},\quad W_s = \frac{L_s}{\lambda}$$

例 11-5 某售票处有三个窗口，顾客的到达服从泊松过程，平均到达率每分钟 $\lambda = 0.9$（人），服务（售票）时间服从负指数分布，平均服务率每分钟 $\mu = 0.4$ 人。现设顾客到达后排成一队，依次向空闲的窗口购票如图 11-12(a)，这就是一个 $M/M/c$ 型的系统，其中 $c = 3$，$\dfrac{\lambda}{\mu} = 2.25$，$\rho = \dfrac{\lambda}{c\mu} = \dfrac{2.25}{3}(< 1)$ 符合要求的条件，代入公式得

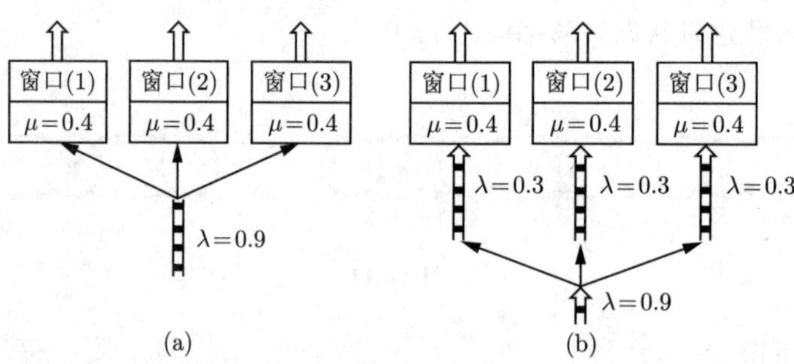

图 11-12

（1）整个售票处空闲概率

$$P_0 = \frac{1}{\dfrac{(2.25)^0}{0!} + \dfrac{(2.25)^1}{1!} + \dfrac{(2.25)^2}{2!} + \dfrac{(2.25)^3}{3!} \times \dfrac{1}{1 - 2.25/3}} = 0.0748$$

（2）平均队长

$$L_q = \frac{(2.25)^3 \times 3/4}{3! \times (1/4)^2} \times 0.0748 = 1.70$$

$$L_s = L_q + \lambda/\mu = 3.95$$

（3）平均等待时间和逗留时间

$$W_q = 1.70/0.9 = 1.89(\text{分钟})$$

$$W_s = 1.89 + 1/0.4 = 4.39(\text{分钟})$$

顾客到达后必须等待（即系统中顾客数已有 3 人即各服务台都没有空闲）的概率

$$P(n \geqslant 3) = \frac{(2.25)^3}{3! \times 1/4} \times 0.0748 = 0.57$$

11.4.2 $M/M/c$ 型系统和 c 个 $M/M/1$ 型系统的比较

现就上面的例子说明，如果原题除排队方式外其他条件不变，但顾客到达后在每个窗口前各排一队，且进入队列后坚持不换，这就形成 3 个队列，见图 11-12(b)，而每个队列平均到达率为

$$\lambda_1 = \lambda_2 = \lambda_3 = 0.9/3 = 0.3(\text{每分钟})$$

这样，原来的系统就变成 3 个 $M/M/1$ 型的子系统。

现按 $M/M/1$ 型解决这个问题，并与上面比较如表 11-12 所示。

表 11-12

指　　标	模　　型	
	(1) $M/M/3$ 型	(2) $M/M/1$ 型
服务台空闲的概率 P_0	0.0748	0.25(每个子系统)
顾客必须等待的概率	$P(n \geqslant 3) = 0.57$	0.75
平均队列长 L_q	1.70	2.25(每个子系统)
平均队长 L_s	3.95	9.00(整个系统)
平均逗留时间 W_s/分钟	4.39	10
平均等待时间 W_q/分钟	1.89	7.5

从表 11-12 中各指标的对比可以看出 (1)（单队）比 (2)（三队）有显著优越性，因此在安排排队方式时应该注意。

由于计算 P_0 和各项指标公式式 (11-26)、式 (11-27) 很复杂，现已有专门的数值表可供使用。在式 (11-26)、式 (11-27) 各式中 P_0 和 L_q 都是由 c 和 ρ 完全确定的，于是 $W_q\mu$ 也由 c 和 ρ 完全确定。表 11-13 给出了多服务台 $W_q\mu$ 的数值表。

在例 11-5 中，已知 $c = 3, \rho = \dfrac{\lambda}{c\mu} = 0.75$。查表 11-13，无此数。故用线性插值法求得

$$W_q\mu = 0.8129$$

因为 $\mu = 0.4$，所以 $W_q = 2.03$ 分钟。

$$W_s = 2.03 + \frac{1}{0.4} = 4.53(\text{分钟})$$

$$L_q = 2.03/0.9 = 2.2(\text{人})$$

$$L_s = 2.2 + 2.25 = 4.45(\text{人})$$

这一结果和前面计算的有差异，这是由插值引起的。

表 11-13

$\lambda/c\mu$	服务台数				
	c=1	c=2	c=3	c=4	c=5
0.1	0.1111	0.0101	0.0014	0.0002	0.0000*
0.2	0.2500	0.0417	0.0103	0.0030	0.0010
0.3	0.4286	0.0989	0.0333	0.0132	0.0058
0.4	0.6667	0.1905	0.0784	0.0378	0.0199
0.5	1.0000	0.3333	0.1579	0.0870	0.0521
0.6	1.5000	0.5625	0.2956	0.1794	0.1181
0.7	2.3333	0.9608	0.5470	0.3572	0.2519
0.8	4.0000	1.7778	1.0787	0.7455	0.5541
0.9	9.0000	4.2632	2.7235	1.9694	1.5250
0.95	19.0000	9.2564	6.0467	4.4571	3.5112

* 小于 0.00005

11.4.3 系统的容量有限制的情形 ($M/M/c/N/\infty$)

设系统的容量最大限制为 $N(\geqslant c)$，当系统中顾客数 n 已达到 N（即队列中顾客数已达 $N-c$）时，再来的顾客即被拒绝，其他条件与标准的 $M/M/c$ 型相同。

这时系统的状态概率和运行指标如下：

$$P_0 = \frac{1}{\displaystyle\sum_{k=0}^{c}\frac{(c\rho)^k}{k!}+\frac{c^c}{c!}\cdot\frac{\rho(\rho^c-\rho^N)}{1-\rho}} \quad (\rho\neq 1)$$

$$P_n = \begin{cases} \dfrac{(c\rho)^n}{n!}P_0 & (0\leqslant n\leqslant c) \\ \dfrac{c^c}{c!}\rho^n P_0 & (c\leqslant n\leqslant N) \end{cases} \tag{11-28}$$

其中 $\rho=\dfrac{\lambda}{c\mu}$，但现在已不必对 ρ 加以限制（关于 $\rho=1$ 的情形可参照 11.9 题进行讨论）。

$$\begin{cases} L_q = \dfrac{P_0\rho(c\rho)^c}{c!(1-\rho)^2}\left[1-\rho^{N-c}-(N-c)\rho^{N-c}(1-\rho)\right] \\ L_s = L_q + c\rho(1-P_N) \\ W_q = \dfrac{L_q}{\lambda(1-P_N)} \\ W_s = W_q + \dfrac{1}{\mu} \end{cases} \tag{11-29}$$

由于公式的复杂，现在已有一些专门图表可供使用。

特别当 $N=c$（即时制）的情形，例如在街头的停车场就不允许排队等待空位，这时

$$
\begin{cases}
P_0 = \dfrac{1}{\displaystyle\sum_{k=0}^{c} \dfrac{(c\rho)^k}{k!}} \\
P_n = \dfrac{(c\rho)^n}{n!} P_0, 1 \leqslant n \leqslant c
\end{cases}
\tag{11-30}
$$

其中，当 $n = c$ 即关于 P_c 的公式，被称为爱尔朗损失公式，是 A.K.Erlang 在 1917 年发现的，并广泛应用于电话系统的设计中。

这时的运行指标如下

$$
\begin{cases}
L_q = 0,\ W_q = 0,\ W_s = \dfrac{1}{\mu} \\
L_s = \displaystyle\sum_{n=1}^{c} nP_n = \dfrac{c\rho \displaystyle\sum_{n=0}^{c-1} \dfrac{(c\rho)^{n-1}}{n!}}{\displaystyle\sum_{n=0}^{c} \dfrac{(c\rho)^n}{n!}} = c\rho(1 - P_c)
\end{cases}
\tag{11-31}
$$

它又是使用的服务台数 (期望值)。

例 11-6 在某风景区准备建造旅馆，顾客到达为泊松流，每天平均到 (λ) 6 人，顾客平均逗留时间 ($1/\mu$) 为 2 天，试就该旅馆在具有 (c) 1，2，3，…，8 个房间的条件下，分别计算每天客房平均占用数 L_s 及满员概率 P_c。

这是即时式，因为在客房满员条件下，旅客显然不能排队等待。计算过程通过表 11-14 进行（$\lambda = 6, 1/\mu = 2, c\rho = \lambda/\mu = 12$）。

第 (4) 栏：(2)/(3)

第 (5) 栏：第 (4) 栏各数累加

第 (6) 栏：(4)/(5) 得满足概率 P_c，注意第 (5)(6) 两栏的 c 就是同行的 n，P_c 的具体意义是：

当 $c = 1$ 旅馆只有一个房间，满员（旅客被拒绝）概率 0.92

当 $c = 5$ 旅馆备有 5 个房间，满员（旅客被拒绝）概率 0.63

当 $c = 8$ 旅馆备有 8 个房间，满员（旅客被拒绝）概率 0.42

第 (7) 栏：为求 L_s 作准备，用第 (5) 栏同行去除上一行结果。

第 (8) 栏：(7)×12 得 L_s，为每天客房平均占用数，它的具体意义是：

当 $n = 1$ 旅馆只有一个房间，每天客房平均占用数 $L_s = 0.93$ (间)

$n = 5$ 旅馆备有五个房间，$L_s = 4.48$ (间)

$n = 8$ 旅馆备有八个房间，$L_s = 6.92$ (间)

就是说每天平均都有一间以上的房间是空闲的。

表 11-14

(1) n	(2) $(c\rho)^n = 12^n$	(3) $n!$	(4) $(c\rho)^n/n!$	(5) $\sum_{n=0}^{c}\frac{(c\rho)^n}{n!}$	(6) P_c (答)	(7) $\sum_{n=0}^{c-1}\Big/\sum_{n=0}^{c}$	(8) L_s (答)
0	1	1	1	1	1	—	—
1	1.2×10	1	12	13	0.92	0.08	0.92
2	1.44×10^2	2	72	85	0.85	0.15	1.83
3	1.73×10^3	6	288	373	0.77	0.23	2.74
4	2.07×10^4	24	864	1.24×10^3	0.70	0.30	3.62
5	2.49×10^5	120	2.07×10^3	3.31×10^3	0.63	0.37	4.48
6	2.99×10^6	720	4.15×10^3	7.46×10^3	0.56	0.44	5.33
7	3.58×10^7	5.04×10^3	7.11×10^3	1.45×10^4	0.49	0.51	6.14
8	4.30×10^8	4.03×10^4	1.07×10^4	2.52×10^5	0.42	0.58	6.93

11.5 一般服务时间 $M/G/1$ 模型

前面我们研究了泊松输入和负指数的服务时间的模型。下面将讨论服务时间是任意分布的情形，当然，对任何情形下面关系都是正确的。

$$E\,[\text{系统中顾客数}] = E\,[\text{队列中顾客数}] + E\,[\text{服务机构中顾客数}]$$

$$E\,[\text{在系统中逗留时间}] = E\,[\text{排队等候时间}] + E\,[\text{服务时间}]$$

其中 $E[\bullet]$ 表示求期望值，用符号表示：

$$\begin{cases} L_s = L_q + L_{se} \\ W_s = W_q + E[T] \end{cases} \tag{11-32}$$

其中 T 表示服务时间 (随机变量)，当 T 服从负指数分布时，$E[T] = 1/\mu$，是讨论过的。又式 (11-22) 中的关系式：

$$L_s = \lambda W_s,\quad L_q = \lambda W_q$$

也是常被利用的。所以上面的 7 个变量中只要知道 3 个就可求出其余变量，不过在有限源和队长有限制情况下，λ 要换成有效到达率 λ_e。

11.5.1 Pollaczek-Khintchine(P-K) 公式

对于 $M/G/1$ 模型，服务时间 T 是一般分布（但要求期望值 $E[T]$ 和方差 $\mathrm{Var}[T]$ 都存在)，其他条件和标准的 $M/M/1$ 型相同。为了达到稳态，$\rho < 1$ 这一条件还是必要的，其中 $\rho = \lambda E[T]$。

在上述条件下，则有

$$L_s = \rho + \frac{\rho^2 + \lambda^2 \mathrm{Var}[T]}{2(1-\rho)} \tag{11-33}$$

这就是 Pollaczek-Khintchine(P-K) 公式。只要知道 λ，$E[T]$ 和 $\mathrm{Var}[T]$，不管 T 是什么具体分布，就可求出 L_s，然后通过式 (11-32) 和式 (11-22) 可求出 L_q，W_q 和 W_s。

由式 (11-33) 还可注意到，因为有方差项的存在，在研究各期望值（各运行指标都是期望值）时，完全不考虑概率性质会得出错误结果，仅当 $\mathrm{Var}[T]=0$ 时，随机性的波动才不影响 Ls，所以要想改进各指标，除考虑期望值外，还可以从改变方差来考虑。

现在举例说明公式的应用。

例 11-7 有一售票口，已知顾客按平均为 2 分 30 秒的时间间隔的负指数分布到达。顾客在售票口前服务时间平均为 2 分钟。

（1）若服务时间也服从负指数分布，求顾客为购票所需的平均逗留时间和等待时间；

（2）若经过调查，顾客在售票口前至少要占用 1 分钟，且认为服务时间服从负指数分布是不恰当的，而应服从以下概率密度分布，再求顾客的逗留时间和等待时间。

$$f(y)=\begin{cases}\mathrm{e}^{-y+1} & y\geqslant 1\\ 0 & y<1\end{cases}$$

解 （1）$\lambda=1/2.5=0.4,\ \mu=1/2=0.5,\ \rho=\lambda/\mu=0.8$

$$W_s=\frac{1}{\mu-\lambda}=10\ (分钟)$$

$$W_q=\frac{\rho}{\mu-\lambda}=8\ (分钟)$$

（2）令 Y 为服务时间，那么 Y=1+X，X 服从均值为 1 的负指数分布。于是

$$E\left[Y\right]=2,\mathrm{Var}\left[Y\right]=\mathrm{Var}\left[1+x\right]=\mathrm{Var}\left[X\right]=1$$

$$\rho=\lambda E\left[Y\right]=0.8$$

代入 P-K 公式，得

$$L_s=0.8+\frac{0.8^2+0.42^2\times 1}{2\times(1-0.8)}=2.8$$

$$L_q=L_s-\rho=2$$

$$W_s=L_s/\lambda=7\ (分钟)$$

$$W_q=L_q/\lambda=5\ (分钟)$$

11.5.2 定长服务时间 $M/D/1$ 模型

服务时间是确定的常数，例如在一条装配线上完成一件工作的时间是常数。自动的汽车冲洗台，冲洗一辆汽车的时间也是常数，这时

$$T=1/\mu,\mathrm{Var}\left[T\right]=0,$$

$$L_s = \rho + \frac{\rho^2}{2(1-\rho)} \tag{11-34}$$

例 11-8 某实验室有一台自动检验机器性能的仪器，要求检验机器的顾客按泊松分布到达，每小时平均 4 个顾客，检验每台机器所需时间为 6 分钟。求：

（1）在检验室内机器台数 L_s（期望值，下同）；

（2）等候检验的机器台数 L_q；

（3）每台机器在室内消耗 (逗留) 时间 W_s；

（4）每台机器平均等待检验的时间 W_q。

解 $\lambda = 4,\quad E(T) = \frac{1}{10}$ (小时), $\quad \rho = \frac{4}{10}, \quad \mathrm{Var}[T] = 0$

（1）$L_s = 0.4 + \frac{(0.4)^2}{2(1-0.4)} = 0.533$ (台)

（2）$L_q = 0.533 - 0.4 = 0.133$ (台)

（3）$W_s = \frac{0.533}{4} = 0.133$ (小时) $= 8$ (分钟)

（4）$W_q = \frac{0.133}{4} = 0.033$ (小时) $= 2$ (分钟)

注意 可以证明，在一般服务时间分布的 L_q 和 W_q 中以定长服务时间的为最小，这符合我们通俗的理解——服务时间越有规律，等候的时间就越短。读者还可在热力学或信息论中熵的概念中找出类似的性质。

11.6 经济分析——系统的最优化

11.6.1 排队系统的最优化问题

排队系统的最优化问题分为两类：系统设计最优化和系统控制最优化。前者称为静态问题，排队论从一诞生就成为人们研究的内容，目的在于使设备达到最大效益，或者说，在一定的质量指标下要求机构最为经济。后者称为动态问题，是指一个给定的系统，如何运营可使某个目标函数得到最优，这是近 10 多年来排队论的研究重点之一。由于学习后一问题还需更多的数学知识，所以本节只讨论静态最优的问题。

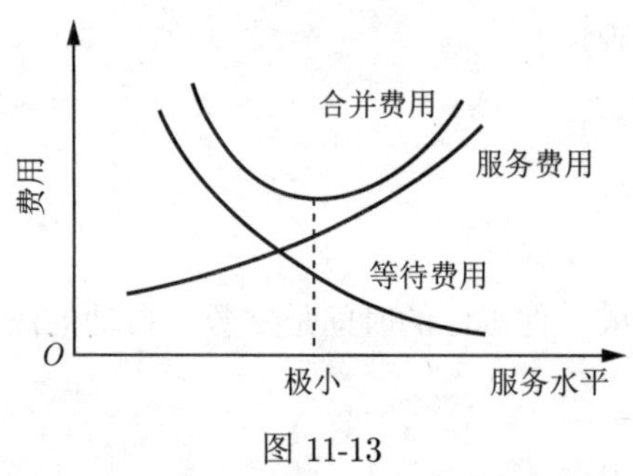

图 11-13

在一般情形下，提高服务水平（数量、质量）自然会降低顾客的等待费用（损失），但却增加了服务机构的成本，我们最优化的目标之一是使二者费用之和最小，决定达到这个目标的最优的服务水平。另一个常用的目标函数是使纯收入或使利润（服务收入与服务成本之差）最大 (见图 11-13)。

各种费用在稳态情形下，都是按单位时间来考虑的。一般情形，服务费用（成本）是可以确切计算或估计的。至于顾客的等待费用就有许多不同情况，像机械故障问题中等待费用（由于机器待修而使生产遭受的损失）是可以确切估计的，但像病人就诊的等待费用（由于拖延治疗使病情恶化所受的损失），或由于队列过长而失掉潜在顾客所造成的营业损失，就只能根据统计的经验资料来估计。

服务水平也可以由不同形式来表示，主要是平均服务率 μ（代表服务机构的服务能力和经验等），其次是服务设备，如服务台的个数 c，以及由队列所占空间大小所决定的队列最大限制数 N 等，服务水平也可以通过服务强度 ρ 来表示。

我们常用的求解方法，对于离散变量常用边际分析法，对于连续变量常用经典的微分法，对于复杂问题读者们当然可以用非线性规划或动态规划的方法。

11.6.2 $M/M/1$ 模型中最优服务率 μ

1. 标准的 $M/M/1$ 模型

取目标函数 z 为单位时间服务成本与顾客在系统逗留费用之和的期望值

$$z = c_s\mu + c_w L_s \tag{11-35}$$

其中 c_s 为当 $\mu = 1$ 时服务机构单位时间的费用；c_w 为每个顾客在系统停留单位时间的费用。

将式 (11-21) 中 L_s 之值代入，得

$$z = c_s\mu + c_w\frac{\lambda}{\mu-\lambda}$$

为了求极小值，先求 $\frac{\mathrm{d}z}{\mathrm{d}\mu}$，然后令它为 0，

$$\frac{\mathrm{d}z}{\mathrm{d}\mu} = c_s - c_w\lambda\frac{1}{(\mu-\lambda)^2}$$

$$c_s - c_w\lambda\frac{1}{(\mu-\lambda)^2} = 0$$

解出最优的

$$\mu^* = \lambda + \sqrt{\frac{c_w}{c_s}\lambda} \tag{11-36}$$

根号前取＋号，是因为保证 $\rho < 1, \mu > \lambda$ 的缘故。

2. 系统中顾客最大限制数为 N 的情形

在这情形下，系统中如已有 N 个顾客，则后来的顾客即被拒绝，于是：

P_N——被拒绝的概率（借用电话系统的术语，称为呼损率）；

$1 - P_N$——能接受服务的概率；

$\lambda(1 - P_N)$——单位时间实际进入服务机构顾客的平均数。在稳定状态下，它也等于单位时间内实际服务完成的平均顾客数。

设每服务 1 人能收入 G 元，于是单位时间收入的期望值是 $\lambda(1-P_N)G$ 元。

纯利润

$$\begin{aligned}z &= \lambda(1-P_N)G - c_s\mu \\ &= \lambda G\frac{1-\rho^N}{1-\rho^{N+1}} - c_s\mu \\ &= \lambda\mu G\frac{\mu^N-\lambda^N}{\mu^{N+1}-\lambda^{N+1}} - c_s\mu\end{aligned}$$

求 $\dfrac{\mathrm{d}z}{\mathrm{d}\mu}$，并令 $\dfrac{\mathrm{d}z}{\mathrm{d}\mu}=0$，得

$$\rho^{N+1}\frac{N-(N+1)\rho+\rho^{N+1}}{(1-\rho^{N+1})^2}=\frac{c_s}{G}$$

最优的解 μ^* 应符合上式。上式中 c_s、G、λ、N 都是给定的，但要由上式中解出 μ^* 是很困难的。通常是通过数值计算来求 μ^* 的，或将上式左方 (对一定的 N) 作为 ρ 的函数作出图形 (见图 11-14)，对于给定的 G/c_s，根据图形可求出 μ^*/λ。

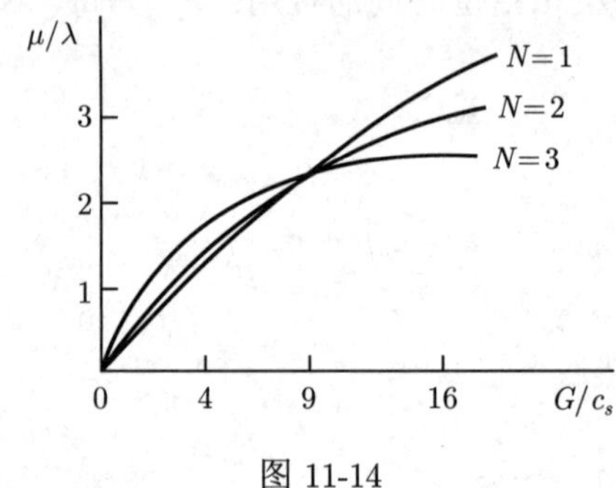

图 11-14

11.6.3 $M/M/c$ 模型中最优的服务台数 c

仅讨论在稳态情形下标准的 $M/M/c$ 模型，这时单位时间全部费用（服务成本与等待费用之和）的期望值

$$z = c_s'\cdot c + c_w\cdot L \tag{11-37}$$

其中 c 是服务台数；c_s' 是每服务台单位时间的成本；c_w 为每个顾客在系统停留单位时间的费用；L 是系统中顾客平均数 L_s 或队列中等待的顾客平均数 L_q (它们都随 c 值的不同而不同)。因为 c_s' 和 c_w 都是给定的，唯一可能变动的是服务台数 c，所以 z 是 c 的函数 $z(c)$，现在是求最优解 c^* 使 $z(c^*)$ 为最小。

因为 c 只取整数值，$z(c)$ 不是连续变量的函数，所以不能用经典的微分法。我们采用边际分析法 (Marginal Analysis)，根据 $z(c^*)$ 是最小的特点，我们有

$$\begin{cases}z(c^*)\leqslant z(c^*-1)\\ z(c^*)\leqslant z(c^*+1)\end{cases}$$

将式 (11-43) 中 z 代入，得

$$\begin{cases} c'_s c^* + c_w L(c^*) \leqslant c'_s(c^*-1) + c_w L(c^*-1) \\ c'_s c^* + c_w L(c^*) \leqslant c'_s(c^*+1) + c_w L(c^*+1) \end{cases}$$

上式化简后，得

$$L(c^*) - L(c^*+1) \leqslant c'_s/c_w \leqslant L(c^*-1) - L(c^*) \tag{11-38}$$

依次求 $c=1,2,3,\cdots$ 时 L 的值，并作两相邻的 L 值之差，因 c'_s/c_w 是已知数，根据这个数落在哪个不等式的区间里就可定出 c^*。

例 11-9 某检验中心为各工厂服务，要求作检验的工厂（顾客）的到来服从泊松流，平均到达率 λ 为每天 48 次，每次来检验由于停工等原因损失为 6 元。服务（作检验）时间服从负指数分布，平均服务率 μ 为每天 25 次，每设置 1 个检验员服务成本（工资及设备损耗）为每天 4 元。其他条件适合标准的 $M/M/c$ 模型，问应设几个检验员（及设备）才能使总费用的期望值为最小?

解 $c'_s = 4$ 元/检验员 $c_w = 6$ 元/次

$$\lambda = 48 \quad \mu = 25 \quad \lambda/\mu = 1.92$$

设检验员数为 c，令 c 依次为 1，2，3，4，5，根据表 11-13，求出 L_s。计算过程如表 11-15 所示。

表 11-15

c	1	2	3	4	5
$\lambda/c\mu$	1.92	0.96	0.64	0.48	0.38
查表 $W_q \cdot \mu$	—	10.2550	0.3961	0.0772	0.0170
$L_s = \dfrac{\lambda}{\mu}(W_q \cdot \mu + 1)$	—	21.610	2.680	2.068	1.952

将 L_s 值代入式 (11-38) 得表 11-16。

表 11-16

检验员数 c	来检验顾客数 $L_s(c)$	$L(c)-L(c+1) \sim L(c)-L(c-1)$	总费用 (每天)$z(c)$
1	∞		∞
2	21.610	18.930$\sim\infty$	154.94
3	2.680	0.612$\sim$18.930	27.87(*)
4	2.068	0.116$\sim$0.612	28.38
5	1.952		31.71

$\dfrac{c'_s}{c_w} = 0.666$，落在区间 $(0.612 \sim 18.930)$ 内，所以 $c^* = 3$。即设 3 个检验员可使总费用为最小，直接代入式 (11-37) 也可验证总费用为最小。

$$z(c^*) = z(3) = 27.87(\text{元})$$

11.7 分析排队系统的随机模拟法

当排队系统的到达间隔时间和服务时间的概率分布很复杂时，或不能用公式给出时，就不能用解析法求解。这就需用随机模拟法求解，现举例说明。

11.7.1 卸货问题

例 11-10 设某仓库前有一卸货场，货车一般是夜间到达，白天卸货。每天只能卸货 2 车，若一天内到达数超过 2 车，那么就推迟到次日卸货。求每天推迟卸货的平均车数。

1. 收集数据

根据表 11-17 所示的经验，货车到达数的概率分布（相对频率）平均为 1.5 车/天。

表 11-17

到达车数	0	1	2	3	4	5	$\geqslant 6$
概率	0.23	0.30	0.30	0.1	0.05	0.02	0.00

这是单服务台的排队系统，可验证到达车数不服从泊松分布，服务时间也不服从负指数分布（这是定长服务时间），因此不能用以前的方法求解。

2. 离散型概率分布的模拟

可以用 MS Excel 表中的 RAND( ) 函数产生随机数 x，在 $0 < x < 1$ 之间，若需要整数两位的随机数，可以用 ROUND(RAND( )*100，0) 产生随机数。再用复制、粘贴两个操作，完成需要的随机数的个数。

本例在求解时先按到达车数的概率，分别给它们分配随机数，见表 11-18。严格地说，这里利用了概率论中的一个定理。若 x 的分布函数是 $F(x)$，R 是 [0，1] 区间上均匀分布的随机变量，那么 $x = F^{-1}(R)$，其中 $F^{-1}(\cdot)$ 表示反函数。利用这定理可由分布函数求到 x 的抽样值。

表 11-18

到达车数	概率	累积概率	对应的随机数
0	0.23	0.23	00~22
1	0.30	0.53	23~52
2	0.30	0.83	53~82
3	0.10	0.93	83~92
4	0.05	0.98	93~97
5	0.02	1.00	98~99
	1.00		

11.7.2 运用电子表格模拟

以下开始模拟 (见表 11-19)。其中：

(1) 日期：前 3 天作为模拟的预备期，记为 x。然后依次从第 1 天、第 2 天，……，第 50 天。

(2) 随机数为 ROUND(RAND( )*100，0)。

(3) 到达数，是由 (2) 随机数根据表 11-18 得出，例如若第 1 天得到随机数 66，从表 11-18 中可见，第 1 天到达车数为 2，将它记入表 11-19。第 2 天，得到随机数 96，它在表 11-18 中，对应到达 4 车 …… 如此一直到第 50 天。

(4) 需要卸货车数：当天到车数 (3)+ 前一天推迟车数 (6)= 当天需要卸货车数 (4)。

$$(5)\ 卸货车数\ (5) = \begin{cases} 需要卸货车数\ (4), & 当天需要卸货车数 \leqslant 2 \\ 2 & 当天需要卸货车数 > 2 \end{cases}$$

(6) 推迟卸货车数 (6)= 需要卸货车数 (4)− 卸货车数 (5)。

分析结果时，不考虑前三天卸 x 的预备阶段的数据。这是为了使模拟在一个稳态过程中任意点开始，否则，若认为开始时没有积压，就会失去随机性。表 11-19 中表明了模拟 50 天的运行情况，这相当于一个随机样本。由此可见多数情况下很少发生推迟卸车而造成积压。只是在第 36 天比较严重，平均到达车数为 1.58，比期望值略高。又知平均每天有 0.9 车推迟卸货，当然模拟时间越长结果越准确。这一方法适用于对不同方案可能产生的结果进行比较，用计算机进行模拟更为方便。但模拟方法只能得到数字结果，不能得出解析式。

表 11-19 排队过程的模拟表

(1) 日期	(2) 随机数	(3) 到达数	(4) 需要卸货车数	(5) 卸货车数	(6) 推迟卸货车数
x	97	4	4	2	2
x	02	0	2	2	0
x	80	2	2	2	0
1	66	2	2	2	0
2	96	4	4	2	2
3	55	2	4	2	2
4	50	1	3	2	1
5	29	1	2	2	0
6	58	2	2	2	0
7	51	1	1	1	0
8	04	0	0	0	0
9	86	3	3	2	1
10	24	1	2	2	0
11	39	1	1	1	0
12	47	1	1	1	0
13	60	2	2	2	0
14	65	2	2	2	0
15	44	1	1	1	0

续表

(1) 日期	(2) 随机数	(3) 到达数	(4) 需要卸货车数	(5) 卸货车数	(6) 推迟卸货车数
16	93	4	4	2	2
17	20	0	2	2	0
18	86	3	3	2	1
19	12	0	1	1	0
20	42	1	1	1	0
21	29	1	1	1	0
22	36	1	1	1	0
23	01	0	0	0	0
24	41	1	1	1	0
25	54	2	2	2	0
26	68	2	2	2	0
27	21	0	0	0	0
28	53	2	2	2	0
29	91	3	3	2	1
30	48	1	2	2	0
31	36	1	1	1	0
32	55	2	2	2	0
33	70	2	2	2	0
34	38	1	1	1	0
35	36	1	1	1	0
36	98	5	5	2	3
37	50	1	4	2	2
38	95	4	6	2	4
39	92	3	7	2	5
40	67	2	7	2	5
41	24	1	6	2	4
42	76	2	6	2	4
43	64	2	6	2	4
44	02	0	4	2	2
45	53	2	4	2	2
46	16	0	2	2	0
47	16	0	0	0	0
48	55	2	2	2	0
49	54	2	2	2	0
50	23	1	1	1	0
总计		79			45
平均		1.58			0.90

11.7.3 模拟软件

模拟模型可以分为连续性概率分布和离散型概率分布的模拟，模拟软件可以分为通用软件和专用软件两类。通用软件允许程序员设计自己的模型。专用软件是专门模拟某种特定的应用。例如，在用于制造业的专用模拟中，会考虑到指定的加工中心数量、特性、开工率、加工时间、生产批量、在制品数量、人力和加工顺序的可用资源等因素。另外，程序还可以让使用者观察到动画，以及模拟运行时观察各个数量指标。例如 ExtendSim 软件 (www.extendim.com)。

Crystal Ball 是一个强大的模拟工具，被很方便地加载到 Excel 软件中。简单易操作，选择“定义假设”(define assumption) 命令定义随机概率分布，输入该概率分布的参数，选择“定义预测”(define forecast) 命令，在选择模拟次数之后，单击“运行”(run) 就可以运行模拟程序，并形成专业的结果报告。Crystal Ball 还可以求解随机规划问题。

用 Excel 电子表格进行模拟，使用起来简单快捷。@ Risk 是微软 Excel 一起使用的一个加载宏。这个程序给电子表格增加了许多模拟有关的功能。使用 @ Risk 可以自动地从确定的分布函数中提取随机数值，然后自动代入新随机数的电子表格，并得到输出值和统计值。@ Risk 简化了建立和运行电子表格模拟的过程。

习 题

11.1 某工地为了研究发放工具应设置几个窗口，对于请领和发放工具分别作了调查记录：

(1) 以 10 分钟为一段，记录了 100 段时间内每段到来请领工具的工人数，见表 11-20；

(2) 记录了 1000 次发放工具 (服务) 所用时间 (秒) 见表 11-21，试求：

① 平均到达率和平均服务率。

② 利用统计学的方法证明：若假设到来的数是服从参数 $\lambda = 1.6$ 的泊松分布，服务时间服从参数 $\mu = 0.9$ 的负指数分布，这是可以接受的。

(3) 这时只设一个服务员是不行的，为什么? 试分别就服务员数 $c = 2, 3, 4$ 各情况计算等待时间 W_q，注意用表 11-13。

(4) 设请领工具的工人等待的费用损失为每小时 6 元，发放工具的服务员空闲费用损失为每小时 3 元，每天按 8 小时计算，问设几个服务员使总费用损失为最小?

11.2 某修理店只有一个修理工人，来修理的顾客到达次数服从泊松分布，平均每小时 4 人，修理时间服从负指数分布，平均需 6 分钟。求：

(1) 修理店空闲时间概率；

(2) 店内有 3 个顾客的概率；

(3) 店内至少有 1 个顾客的概率；

(4) 在店内顾客平均数；

(5) 在店内平均逗留时间;

(6) 等待服务的顾客平均数;

(7) 平均等待修理 (服务) 时间;

(8) 必须在店内消耗 15 分钟以上的概率。

表 11-20

每 10 分钟内领工具人数	次数
5	1
6	0
7	1
8	1
9	1
10	2
11	4
12	6
13	9
14	11
15	12
16	13
17	10
18	9
19	7
20	4
21	3
22	3
23	1
24	1
25	1
合计	100

表 11-21

发放时间/秒	次数
15	200
30	175
45	140
60	104
75	78
90	69
105	51
120	47
135	38
150	30
165	16
180	12
195	10
210	7
225	9
240	9
255	3
270	1
285	1
合计	1000

11.3 在某单人理发店顾客到达为泊松流，平均到达间隔为 20 分钟，理发时间服从负指数分布，平均时间为 15 分钟。求:

(1) 顾客来理发不必等待的概率;

(2) 理发店内顾客平均数;

(3) 顾客在理发店内平均逗留时间;

(4) 若顾客在店内平均逗留时间超过 1.25 小时，则店主将考虑增加设备及理发员，问平均到达率提高多少时店主才作这样考虑呢?

11.4 在例 11.3 中

(1) 试求系统中 (包括手术室和候诊室) 有 0，1，2，3，4，5 个病人的概率。

(2) 设 λ 不变而 μ 是可控制的，证明：若医院管理人员认为使病人在医院平均耗费时间超过 2 小时是不允许的，那么必须平均服务率 μ 要达到 2.6（人/小时）以上。

11.5 称顾客为等待所费时间与服务时间之比为顾客损失率，用 R 表示。

(1) 试证：对于 $M/M/1$ 模型 $R=\dfrac{\lambda}{\mu-\lambda}$；

(2) 在例 11.3 中仍设 λ 不变，μ 是可控制的，试定 μ 使顾客损失率小于 4。

11.6 设 n_s 表示系统中顾客数，n_q 表示队列中等候的顾客数，在单服务台系统中有

$$n_s=n_q+1(n_s,n_q>0)$$

试说明它们的期望值

$$L_s\neq L_q+1$$

$$L_s=L_q+\rho$$

根据这个关系式给 ρ 以直观解释。

11.7 某工厂为职工设立了昼夜 24 小时都能看病的医疗室（按单服务台处理）。病人到达的平均间隔时间为 15 分钟，平均看病时间为 12 分钟，且服从负指数分布，因工人看病每小时给工厂造成损失为 30 元。

(1) 试求工厂每天损失的期望值。

(2) 问平均服务率提高多少，方可使上述损失减少一半?

11.8 对于 $M/M/1/\infty/\infty$ 模型，在先到先服务情况下，试证：顾客排队等待时间分布概率密度是

$$f(\omega_q)=\lambda(1-\rho)\mathrm{e}^{-(\mu-\lambda)\omega_q},\quad \omega_q>0$$

并根据上式求等待时间的期望值 W_q。

11.9 在 $M/M/1/N/\infty$ 模型中，如 $\rho=1$ (即 $\lambda=\mu$)，试证：式 (11-24) 应为

$$P_0=P_1=\cdots=\frac{1}{N+1}$$

于是

$$L_s=N/2$$

11.10 对于 $M/M/1/N/\infty$ 模型，试证：

$$\lambda(1-P_n)=\mu(1-P_0)$$

并对上式给予直观的解释。

11.11 某新工厂正在决定分配给一个特别的工作中心多少存贮空间。工作以平均每小时三个泊松分布被送到工作中心，工作中心每次只能执行一个工作，完成该工作所需要的时间遵从每小时 0.25 个的指数分布。若工作到达时工作中心内已满，则工作需转放到一个不方便的地方。如果每个工作在工作中心存放时需要一平方米的空间，工厂希望工作中

心内的空间能够保证 90%的时间里容纳下全部到达的工作，需要分配多少空间工作中心？$\left(\text{提示：几何数列的和} \sum_{n=0}^{N} x^n = \frac{1-x^{N+1}}{1-x}\right)$

11.12 在 11.2 题中，如店内已有 3 个顾客，那么后来的顾客即不再排队，其他条件不变。试求：

(1) 店内空闲的概率；

(2) 各运行指标 L_s，L_q，W_s，W_q。

11.13 在 11.2 题中，若顾客平均到达率增加到每小时 12 人，仍为泊松流，服务时间不变，这时增加了一个工人。

(1) 根据 λ/μ 的值说明增加工人的原因。

(2) 增加工人后求店内空闲概率；店内有 2 个或更多顾客 (即工人繁忙) 的概率。

(3) 求 L_s，L_q，W_s，W_q。

11.14 有 $M/M/1/5/\infty$ 模型，平均服务率 $\mu=10$，就两种到达率：$\lambda=6$，$\lambda=15$，已计算出相应的概率 P_n 如表 11-22 所示。试就这两种情况计算：

表 11-22

系统中顾客数 n	$(\lambda=6)P_n$	$(\lambda=15)P_n$
0	0.42	0.05
1	0.25	0.07
2	0.15	0.11
3	0.09	0.16
4	0.05	0.24
5	0.04	0.37

(1) 有效到达率和服务台的服务强度；

(2) 系统中平均顾客数；

(3) 系统的满员率；

(4) 服务台应从哪些方面改进工作？理由是什么？

11.15 对于 $M/M/c/\infty/\infty$ 模型，μ 是每个服务台的平均服务率，试证：

(1) $L_s - L_q = \lambda/\mu$;

(2) $\lambda = \mu\left[c - \sum_{n=0}^{c}(c-n)P_n\right]$。

并给予直观解释。

注意 在单服务台情况，(1) 式是很容易解释的。但是 c 个服务台时，其结果仍相同，且与 c 无关，这是值得思考的。

11.16 机场有两条跑道，一条专供起飞用，一条专供降落用。已知要求起飞和降落的飞机都分别按平均每小时 25 架次的泊松流到达，每架飞机起飞或降落占用跑道的时间都服从平均 2 分钟的负指数分布。此外，假设起飞和降落是彼此无关的。

(1) 试求一架飞机起飞或降落为等待使用跑道所需的平均时间。

(2) 若机场拟调整使用跑道办法, 每条跑道都可做起飞或降落用。但为了安全，每架飞机占用跑道时间延长为平均 2.16 分钟的负指数分布，这时要求起飞和要求降落的飞机将混合成一个参数为 50 架次/小时的泊松到达流。试计算这种情形下的平均等待时间。

(3) 以上两种办法哪个更好些呢?

11.17 在例 11.7 中,如售票处使用自动售票机,顾客在窗口前的服务时间将减少 20%。这时认为服务时间分布的概率密度是

$$f(z)=\begin{cases}1.25e^{-1.25z+1} & z\geqslant 0.8\\ 0 & z<0.8\end{cases}$$

(这里的服务时间 z 与例 11.7 中（2）的 y 关系很相似，$z=0.8y$)，再求顾客的逗留时间和等待时间。

11.18 在 11.2 题中，假设服务时间服从正态分布，数学期望值仍是 6 分钟，方差 $\sigma^2=1/8$，求店内顾客数的期望值。

CHAPTER 12 第12章

存储论

人们在生产和日常生活活动中往往要将所需物资、用品和食物暂时地储存起来，以备将来使用或消费。这种储存物品的现象是为了解决供应（生产）与需求（消费）之间的不协调问题，这种不协调性一般表现为供应量与需求量和供应时期与需求时期的不一致性（供不应求或供过于求）。在供应与需求之间加入储存这一环节，能够起到缓解供应与需求之间不协调的作用。存储论就是以此为研究对象，利用运筹学的方法去最合理、最经济地解决储存问题。

12.1 库存管理的基本概念

工厂为了生产，必须储存一些原料，这些储存物称为“库存”。生产会消耗一定数量的库存，生产不断进行，库存随之减少，到一定时刻必须对库存给以补充，否则库存消耗完毕，生产则无法进行。

商店必须储存一些商品（即库存），商店营业会售出一部分商品而使库存减少，到一定时刻商店必须进货，否则库存售空商店则无法继续营业。

一般而言，库存量因需求而减少，因补充而增加。

1. 需求

生产生活的需求会消耗一定数量的库存，使库存量减少，此即为库存的输出。有的需求是间断式的，有的需求是连续均匀的。

图 12-1 和图 12-2 分别表示 t 时间内输出量皆为 $S-W$，但输出方式不同的两种情形。图 12-1 表示间断式输出，而图 12-2 表示连续式输出。

有的需求是确定性的，如钢厂每月按合同向电机厂出售 10 吨矽钢片。有的需求是随机性的，如书店每日售出的书可能是 1000 本，也可能是 800 本。但是经过大量的统计以后，可能会发现每日售书数量的统计规律，称之为服从一定随机分布的需求。

2. 补货（订货或生产）

库存因需求而不断减少，必须加以补充，否则最终将无法满足需求。补货是库存的输入。补货方式可能是从其他工厂购买，从订货到货物进入“仓库”往往需要一段时间，将这段时间称为备货时间。从另一个角度看，为了在某一时刻能够及时对库存进行补充，必须提前订货，那么这段时间也可称为**提前期**（lead time）。

备货时间可能很长，也可能很短，可能是随机性的，也可以是确定性的。

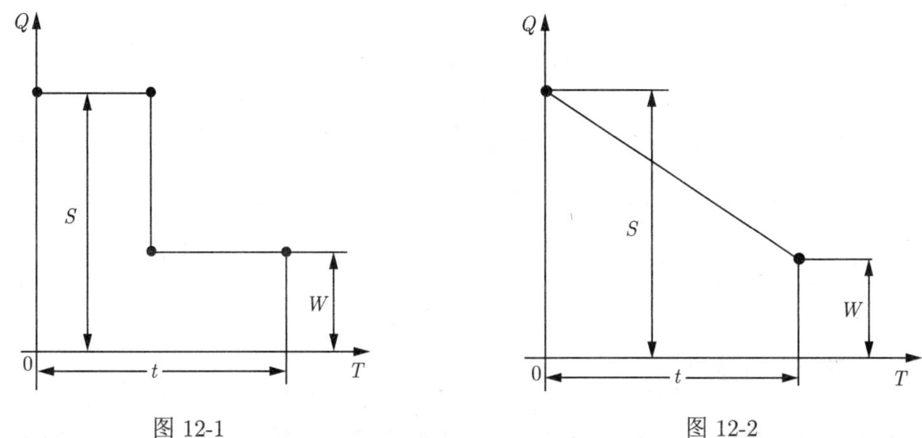

图 12-1　　图 12-2

存储论要解决的问题是：间隔多少时间对库存进行一次补充，每次补充多少数量的库存。决定多少时间补充一次以及每次补充数量的策略称为**库存策略**。

库存策略的优劣如何衡量呢？最直接的衡量标准是计算该策略所耗用的平均费用。为此，有必要对库存成本进行详细分析。

3. 库存成本

库存成本主要包括下列费用：

（1）库存费 C_1：包括货物占用资金应付的利息以及使用仓库、保管货物、货物损坏变质等所需支出的费用。

（2）订货费：包括两项费用，一项是订购费用 C_3（固定费用），如手续费、电信往来、派人员外出采购等费用。订购费与订货次数有关而与订货数量无关；另一项是可变费用，它与订货数量有关，如货物本身的价格、运费等。如货物单价为 K 元，订购费用为 C_3 元，订货数量为 Q，则订货费用为 C_3+KQ。

（3）生产费：补充库存时，如果不需向外厂订货，由本厂自行生产，这时还需支出两项生产费用。一项是装配费用（或称准备、结束费用，是固定费用），如更换模、夹具需要工时，或添置某些专用设备等属于该项费用，也用 C_3 表示。另一项是与生产产品数量有关的费用，如材料费、加工费等（可变费用）。

（4）缺货费 C_2：当库存供不应求时所引起的损失。如失去销售机会的损失、停工待料的损失，以及不能履行合同而需缴纳罚款等。

在不允许缺货的情况下，一般在费用方面的处理方式是缺货费设为无穷大。

4. 库存策略

如前所述决定何时补货，补充多少数量库存的方法称为库存策略。确定库存策略时，首先需要将实际问题抽象为数学模型。在构建模型过程中，应对一些复杂条件尽量加以简化，模型只需能够反映问题本质即可。然后对模型用数学的方法加以研究，得出数量的结论。所得结论是否正确，还需在实践中加以检验。如结论与实际不符，则应对模型加以研究和修改。库存问题经过长期研究已得出一些行之有效的模型。从库存模型来看大体上可分为两类：一类为确定型模型，即模型中的数据皆为确定性数值；另一类为随机型模型，即模型中含有随机变量，而不都为确定性数值。

由于具体条件有差别，制定库存策略时又不能忽视这些差别，因而库存模型也有多种类型。本章将按确定性库存模型和随机性库存模型，分别介绍一些常用的库存模型，并从中得出相应的库存策略。

12.2 确定型库存模型

12.2.1 经济订货批量模型

在研究、建立模型时，需要作一些假设，目的是使模型简单、易于理解、便于计算。为此作如下假设：

（1）缺货费用无穷大；

（2）当库存量降至零时，库存可以立即得到补充（即备货时间或提前期很短，可以近似地看作零）；

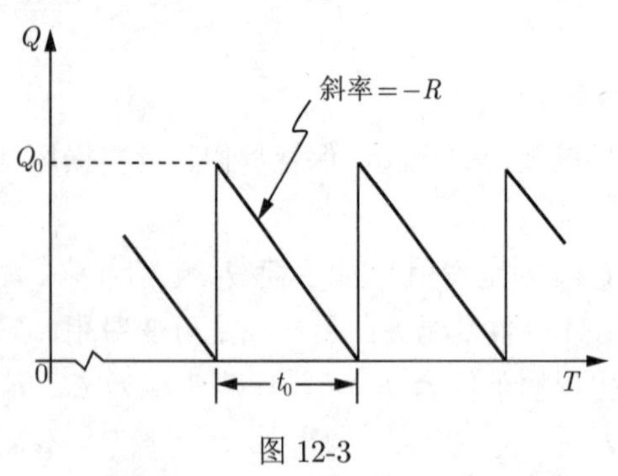

图 12-3

（3）需求是连续的、均匀的，设需求速度 R（单位时间的需求量）为常数，则 t 时间内的需求量为 Rt；

（4）每次订货量保持不变，订购费也保持不变（每次备货数量不变，装配费不变）；

（5）单位库存费不变。

库存量变化情况如图 12-3 所示。

因库存可以立即得到补充，所以不会出现缺货情况，在研究这种模型时不再考虑缺货费用。在这些假设条件下如何确定库存策略呢？正如 12.1 中所提示的，可用总平均费用来衡量库存策略的优劣。为了寻找耗费最低的策略，首先考虑在确定性需求的情况下，每次订货数量多，则可以减少订货次数，订购费随之减少。但是每次订货数量多，会增加库存费用。为研究费用的变化情况需要构造出费用函数。

假定每隔时间 t 对库存进行一次补充，那么订货量必须满足 t 时间内的需求 Rt，记订货量为 Q，则有 $Q=Rt$，订购费为 C_3，货物单价为 K，则订货费为 C_3+KRt；t 时间内的平均订货费为 $C_3/t+KR$，t 时间内的平均库存量为

$$\frac{1}{t}\int_0^t RT\mathrm{d}T=\frac{1}{2}Rt$$

(利用几何知识可由图 12-3 易得此结果，平均库存量为三角形高的 1/2) 单位时间内单位物品的库存费用为 C_1，t 时间内所需平均库存费用为 $1/2(RtC_1)$。

t 时间内的总平均费用为 $C(t)$，即

$$C(t)=\frac{C_3}{t}+KR+\frac{1}{2}C_1Rt \tag{12-1}$$

t 取何值时 $C(t)$ 最小? 只需利用微积分方法对式 (12-1) 求最小值便可求出 t 值。

令

$$\frac{\mathrm{d}C(t)}{\mathrm{d}t}=-\frac{C_3}{t^2}+\frac{1}{2}C_1R=0$$

可得

$$t_0=\sqrt{\frac{2C_3}{C_1R}} \tag{12-2}$$

因 $\dfrac{\mathrm{d}^2C(t)}{\mathrm{d}t^2}>0$，即每隔 t_0 时间进行一次订货可最小化 $C(t)$。

订货批量为

$$Q_0=Rt_0=\sqrt{\frac{2C_3R}{C_1}} \tag{12-3}$$

式 (12-3) 即库存论中著名的经济订购批量（economic ordering quantity, EOQ）公式。由于 Q_0、t_0 皆与 K 无关，因此在费用函数中略去 KR 这项费用，如无特殊需要不再考虑此项费用。这样，可将式 (12-1) 改写为

$$C(t)=\frac{C_3}{t}+\frac{1}{2}C_1Rt \tag{12-4}$$

将 t_0 代入式 (12-4) 即可得到最佳费用

$$\begin{aligned}C_0=C\left(t_0\right)&=C_3\sqrt{\frac{C_1R}{2C_3}}+\frac{1}{2}C_1R\sqrt{\frac{2C_3}{C_1R}}\\&=\sqrt{2C_1C_3R}\end{aligned} \tag{12-5}$$

即 $C_0=\min C(t)$

由费用曲线（见图 12-4）也可以求解出 t_0，Q_0，C_0。

库存费用曲线为

$$\frac{1}{2}C_1Rt$$

订购费用曲线为

$$\frac{C_3}{t}$$

总费用曲线为

$$C\left(t\right)=\frac{C_3}{t}+\frac{1}{2}C_1Rt \tag{12-1$'$}$$

$C(t)$ 曲线的最低点（$\min C(t)$）的横坐标 t_0 与库存费用曲线、订购费用曲线交点的横坐标相同。即

$$\frac{C_3}{t_0} = \frac{1}{2}C_1Rt_0$$

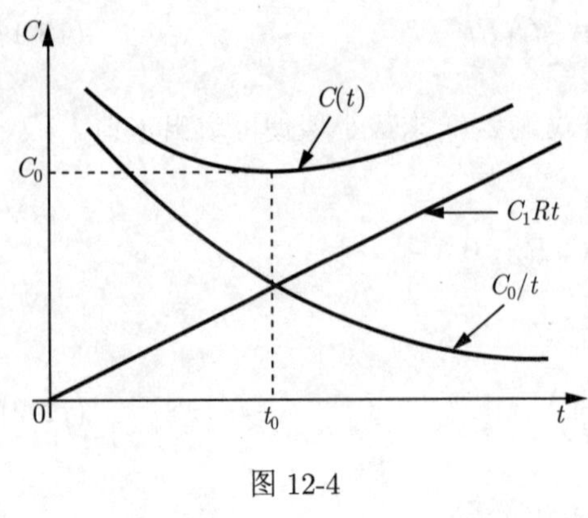

图 12-4

由此，可以求解出

$$t_0 = \sqrt{\frac{2C_3}{C_1R}} \tag{12-2'}$$

$$Q_0 = Rt_0 = \sqrt{\frac{2C_3R}{C_1}} \tag{12-3'}$$

$$C_0 = \frac{C_3}{t_0} + \frac{1}{2}C_1Rt_0 = \sqrt{2C_1C_3R} \tag{12-4'}$$

式 (12-2′)，式 (12-3′)，式 (12-4′) 与式 (12-2)，式 (12-3)，式 (12-5) 一致。

式 (12-2) 是由以 t 作为库存策略变量而推导出来的。如果以订货批量 Q 为库存策略变量也可推导出上述公式。

例 12-1 某厂按合同每年需提供 D 单位产品，不允许缺货。假设每一周期工厂需装配费 C_3 元，每单位产品的库存费为 C_1 元/年，问全年应分几批次供货才能使装配费、库存费二者之和最少。

解 设全年分 n 批供货，每批生产量为 $Q = D/n$，周期为 $1/n$ 年（即每隔 $1/n$ 年进行一次供货）。

每个周期内平均库存量为 $\frac{1}{2}Q$

每个周期内的平均库存费用为 $C_1\frac{1}{2}Q\frac{1}{n}(\text{年}) = \frac{C_1Q}{2n}$

全年所需库存费用为 $\frac{C_1Q}{2n}n = \frac{C_1Q}{2}$

全年所需装配费用为 $C_3n = C_3\frac{D}{Q}$

全年总费用（以年为单位的平均费用）为 $C(Q) = C_1\frac{Q}{2} + C_3\frac{D}{Q}$

为求解出 $C(Q)$ 的最小值，将 Q 看作连续变量，则有

$$\frac{\mathrm{d}C(Q)}{\mathrm{d}Q} = \frac{C_1}{2} - C_3\frac{D}{Q^2} = 0$$

由此得到 $Q_0 = \sqrt{\frac{2C_3D}{C_1}}$

即 $\min C(Q) = C(Q_0)$，Q_0 为经济订购批量。

最佳批次为 $n_0 = \frac{D}{Q_0} = \sqrt{\frac{C_1D}{2C_3}}$（取近似的整数）

最佳周期为 $t_0=\sqrt{\dfrac{2C_3}{C_1D}}$

答 全年应分 n_0 次供货可使费用最少。

将例 12-1 中的 t_0、Q_0 值与式 (12-2)，式 (12-3) 进行比较，可知它们相等。此处 D 相当于 R；式 (12-1) 和式 (12-1$'$) 均为研究此类库存问题的数学模型。尽管它们在形式上有所差别，但都反映了这类库存问题各量之间的本质联系。

由例 12-1 可知，t_0(或 Q_0，n_0) 不一定为整数，因而上述公式在实际应用时可能会存在一些问题。假设 $t_0=16.235$（天），则小数点后面的数字对实际中的订货间隔时间是没有意义的，这时可以选取近似的整数。即取 $t_0\approx 16$ 或 $t_0\approx 17$ 均可。为了精确起见，可以通过比较 $C(16)$ 和 $C(17)$ 的大小来决定选取 $t_0=16$ 或 $t_0=17$。此外，由图 12-4 可以看到 $C(t)$ 在 t_0 附近变化平稳，t 的变化对 $C(t)$ 的变化具有较小的影响。利用数学分析方法可以证明当 t 在 t_0 点有增量 Δt 时，总费用的增量为 $\Delta C\left(t_0\right)\approx\dfrac{C_3}{t_0^3}(\Delta t)^2$。即当 $\Delta t\to 0$ 时，ΔC 是 Δt 的高阶无穷小量。(相关证明方法可参考微积分中泰勒公式部分)

12.2.2 带有提前期的经济订货批量模型

本模型中除生产需要一定时间外，其余假设条件皆与模型一相同。

设生产批量为 Q，所需生产时间为 T，则生产速度为 $P=Q/T$。

已知需求速度为 $R(R<P)$。生产的产品一部分用于满足需求，剩余部分作为库存，这时库存变化如图 12-5 所示。

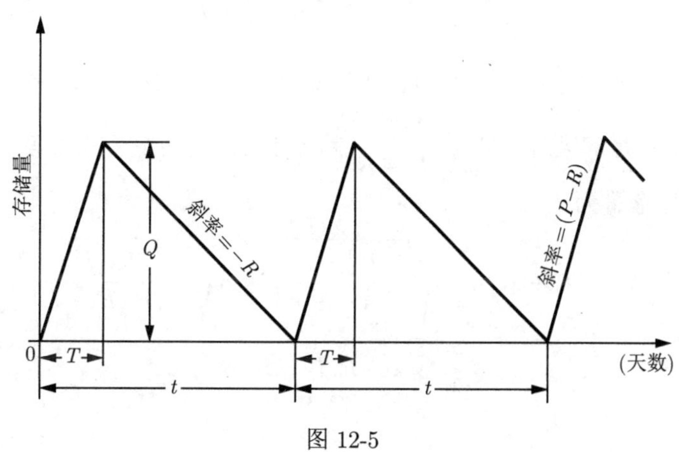

图 12-5

在 $[0,T]$ 区间内，库存以 $(P-R)$ 速度增加，而在 $[T,t]$ 区间内库存以速度 R 减少，T 与 t 皆为待定数。由图 12-5 易知 $(P-R)T=R(t-T)$，即 $PT=Rt$（等式表示以速度 P 生产 T 时间的产品等于 t 时间内的需求)，并求出 $T=\dfrac{Rt}{P}$。

t 时间内的平均库存量为 $\dfrac{1}{2}(P-R)T$

t 时间内所需库存费为 $\dfrac{1}{2}C_1(P-R)T$

t 时间内所需装配费为 C_3

单位时间内总费用（平均费用）为

$$C(t)=\frac{1}{t}\left[\frac{1}{2}C_1(P-R)Tt+C_3\right]$$
$$=\frac{1}{t}\left[\frac{1}{2}C_1(P-R)\frac{Rt^2}{P}+C_3\right]$$

设 $\min C(t)=C(t_0)$，则利用微积分法可以得到

$$t_0=\sqrt{\frac{2C_3P}{C_1R(P-R)}} \tag{12-6}$$

图 12-5 中 t 表示周期，所求解出的 t_0 为最佳周期。相应的生产批量为

$$Q_0=\text{EOQ}=\sqrt{\frac{2C_3RP}{C_1(P-R)}} \tag{12-7}$$

$$\min C(t)=C(t_0)=\sqrt{2C_1C_3R\frac{P-R}{P}} \tag{12-8}$$

利用 t_0 可求解出最佳生产时间为

$$T_{\circ}=\frac{Rt_0}{P}=\sqrt{\frac{2C_3R}{C_1P(P-R)}}$$

将前面求解 t_0，Q_0 的公式与式 (12-6)，式 (12-7) 进行比较，即知它们只相差一个因子 $\sqrt{\frac{P}{P-R}}$。当 P 足够大时，即 $\sqrt{\frac{P}{P-R}}$ 趋近于 1，则两组公式相等。

因而，最大库存量为

$$S_0=Q_0-RT_0=\sqrt{\frac{2C_3PR}{C_1(P-R)}}-R\sqrt{\frac{2C_3R}{C_1P(P-R)}}$$
$$=\sqrt{\frac{2C_3R(P-R)}{C_1P}} \tag{12-9}$$

例 12-2 某商店经售甲商品，成本单价为 500 元，年库存费用为成本的 20%，年需求量为 365 件，需求速度为常数。甲商品的订购费为 20 元，提前期为 10 天，求 EOQ 及最低费用。

解 此例题从表面来看，似乎应按模型二处理。因为提前预计时间似乎与生产需一定时间意义相似。其实不然，现将本题库存变化情况用图表示之（见图 12-6），并将其与模型一、模型二进行比较，可知它与模型一完全相同。因而，本题只需在库存降至零的前 10 天订货即可保证需求。

利用模型一中 EOQ 公式进行计算，可得

$$Q_0=\sqrt{\frac{2C_3R}{C_1}}=\sqrt{\frac{2\times20\times365}{500\times20\%}}\approx12(\text{单位})$$

最低费用为

$$\min C(Q)=C(Q_0)=\sqrt{2C_1C_3R}\approx1208(\text{元})$$

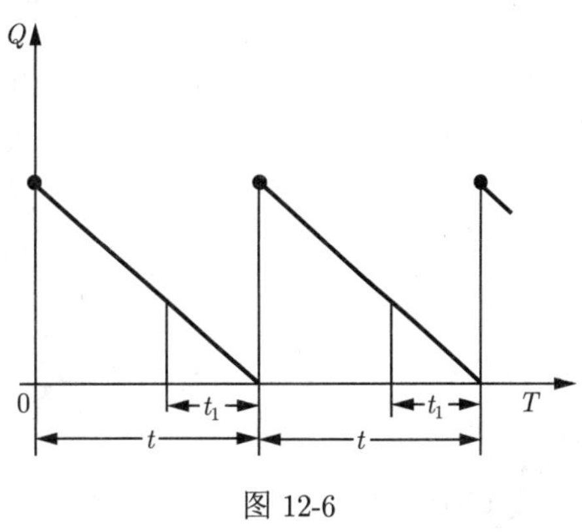

图 12-6

由于提前期为 $t_1=0$ 天，10 天内的需求为 10 单位甲商品，因此只需在库存降至 10 单位时进行订货即可。一般设 t_1 为提前期，R 为需求速度，当库存降至 $L=Rt_1$ 时即需订货。L 称为“订购点”（或称订货点）。

从本例题来看，确定多少时间进行一次订货，虽可以用 EOQ 除以 R 来求解 t_0（$t_0=Q_0/R$），但求解的过程中并没有求解 t_0，只需得到订货点 L 即可。这时，库存策略为：不考虑 t_0，只需在库存降至 L 时进行订货即可，订货量为 Q_0。此库存策略为**定点订货**。相对地，每隔 t_0 时间进行一次订货称为**定时订货**，而每次订货量不变则称为**定量订货**。

12.2.3 存在数量折扣的库存模型

以上模型所讨论的货物单价为常量，因而得到的库存策略均与货物单价无关。现在介绍货物单价随订购（或生产）数量变化的库存策略。通常，一种商品有零售价、批发价和出厂价，购买不同数量的同一种商品，商品单价也会不同。一般情况下，购买数量越多，商品单价越低。在少数情况下，若某种商品限额供应，则超过限额的商品，其单价会提高。

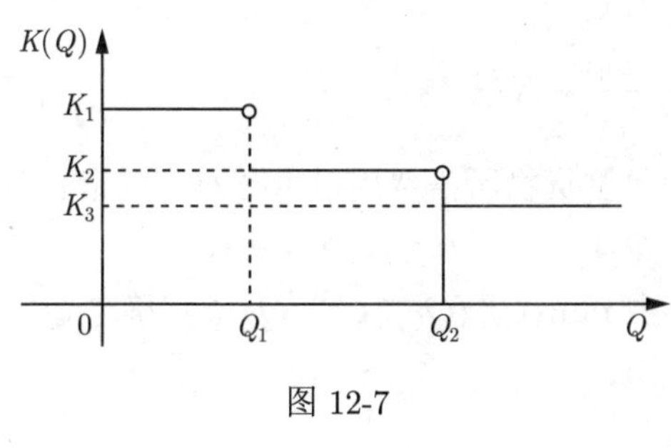

图 12-7

除去货物单价随订购数量而变化外，其余条件皆与模型一的假设相同时，应如何制定相应的库存策略？

记货物单价为 $K(Q)$，设 $K(Q)$ 按三个数量等级变化（见图 12-7）。

$$K(Q)=\begin{cases}K_1 & 0<Q\leqslant Q_1\\ K_2 & Q_1<Q\leqslant Q_2\\ K_3 & Q_2<Q\end{cases}$$

当订购量为 Q 时，一个周期内所需费用为

$$\frac{1}{2}C_1Q\frac{Q}{R}+C_3+K(Q)Q$$

$$Q\in(0,Q_1],\ \text{有}\ \frac{1}{2}C_1Q\frac{Q}{R}+C_3+K_1Q$$

$$Q\in(Q_1,Q_2],\ \text{有}\ \frac{1}{2}C_1Q\frac{Q}{R}+C_3+K_2Q$$

$$Q > Q_2,\ 有\ \frac{1}{2}C_1Q\frac{Q}{R}+C_3+K_3Q$$

平均每单位货物所需费用 $C(Q)$ 如图 12-8 所示。

$$C^{\mathrm{I}}(Q)=\frac{1}{2}C_1\frac{Q}{R}+\frac{C_3}{Q}+K_1 \quad Q\in(0,Q_1)$$

$$C^{\mathrm{II}}(Q)=\frac{1}{2}C_1\frac{Q}{R}+\frac{C_3}{Q}+K_2 \quad Q\in[Q_1,Q_2)$$

$$C^{\mathrm{III}}(Q)=\frac{1}{2}C_1\frac{Q}{R}+\frac{C_3}{Q}+K_3 \quad Q\geqslant Q_2$$

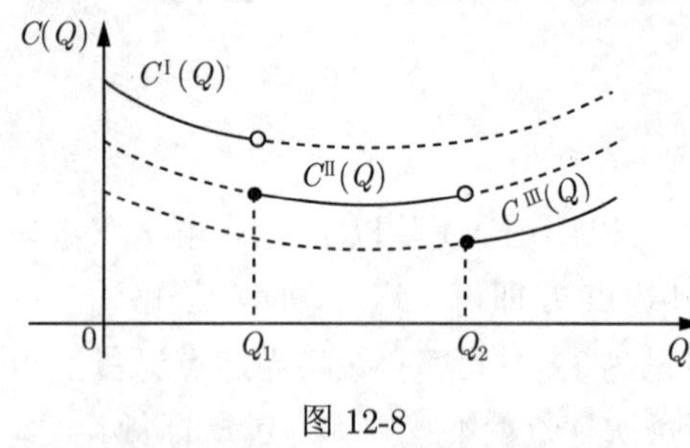

图 12-8

如果不考虑 $C^{\mathrm{I}}(Q)$、$C^{\mathrm{II}}(Q)$ 和 $C^{\mathrm{III}}(Q)$ 的定义域，它们之间仅相差一个常数项，因此它们的导函数相同。为求极小值，令导数为零，可得 Q_0。Q_0 在哪一个区间，事先难以预计。假设 $Q_1<Q_0<Q_2$，也不能保证 $C^{\mathrm{II}}(Q_0)$ 为最小值。图 12-8 启发我们进行如下考虑：是否 $C^{\mathrm{III}}(Q_2)$ 的费用更小？设最佳订购批量为 Q^*，在存在价格折扣的情况下，求解步骤如下：

（1）对 $C^{\mathrm{I}}(Q)$（不考虑定义域）求得极值点为 Q_0。

（2）若 $Q_0<Q_1$，计算

$$C^{\mathrm{I}}(Q_0)=\frac{1}{2}C_1\frac{Q_0}{R}+\frac{C_3}{Q_0}+K_1$$

$$C^{\mathrm{II}}(Q_1)=\frac{1}{2}C_1\frac{Q_1}{R}+\frac{C_3}{Q_1}+K_2$$

$$C^{\mathrm{III}}(Q_2)=\frac{1}{2}C_1\frac{Q_2}{R}+\frac{C_3}{Q_2}+K_3$$

由 $\min\{C^{\mathrm{I}}(Q_0),C^{\mathrm{II}}(Q_1),C^{\mathrm{III}}(Q_2)\}$ 可以得到单位货物所需费用最少时对应的最佳订购批量 Q^*。例如，若 $\min\{C^{\mathrm{I}}(Q_0),C^{\mathrm{II}}(Q_1),C^{\mathrm{III}}(Q_2)\}=C^{\mathrm{II}}(Q_1)$，则 $Q^*=Q_1$。

（3）若 $Q_1\leqslant Q_0<Q_2$，计算 $C^{\mathrm{II}}(Q_0)$、$C^{\mathrm{III}}(Q_2)$。由 $\min\{C^{\mathrm{II}}(Q_0),C^{\mathrm{III}}(Q_2)\}$ 可确定 Q^*。

（4）若 $Q_2<Q_0$，则 $Q^*=Q_0$。

以上步骤易于推广到单价折扣分 m 个等级的情况。

比如, 订购量为 Q，其单价 $K(Q)$ 为

$$K(Q)=\begin{cases}K_1 & 0<Q\leqslant Q_1\\ K_2 & Q_1<Q\leqslant Q_2\\ \vdots & \\ K_j & Q_{j-1}<Q\leqslant Q_j\\ \vdots & \\ K_m & Q_{m-1}<Q\end{cases}$$

对应的单位货物所需平均费用为

$$C^j(Q)=\frac{1}{2}C_1\frac{Q}{R}+\frac{C_3}{Q}+K_j, j=1,2,\cdots,m$$

对 $C^j(Q)$ 求得极值点为 Q_0，若 $Q_{j-1}<Q_0\leqslant Q_j$，求 $\min\{C^j(Q_0),C^{j+1}(Q_i),\cdots,C^m(Q_{m-1})\}$，设由此式得到的最小值为 $C^I(Q_{l-1})$，则 $Q^*=Q_{l-1}$。

例 12-3 某厂每年需某种元件 30000 个，每次订购费为 $C_3=1000$ 元，每单位元件需保管费为 $C_1=100$ 元/年，不允许缺货。元件单价 K 随采购数量而变化。

$$K(Q)=\begin{cases}200(\text{元}) & Q<1500\\ 198(\text{元}) & Q\geqslant 1500\end{cases}$$

解 利用 EOQ 公式计算

$$Q_0=\sqrt{\frac{2C_3R}{C_1}}=\sqrt{\frac{2\times 1000\times 30\,000}{100}}\approx 775(\text{个})$$

分别计算每次订购 775 个和 1500 个元件时单位元件所需平均费用

$$C(775)=\frac{1}{2}\times 100\times\frac{775}{30\,000}+\frac{1000}{775}+200\approx 202.582(\text{元})$$

$$C(1500)=\frac{1}{2}\times 100\times\frac{1500}{30\,000}+\frac{1000}{1500}+198\approx 201.167(\text{元})$$

由 $C(1500)<C(775)$ 可知，最佳订购量为 $Q=1500$（个）。

答 该厂每次应订购 1500 个元件。

在本节中，由于订购批量不同，订货周期长短也不同，因而利用单位货物所需平均费用比较策略优劣。当然也可以利用不同批量，计算其全年所需费用来比较策略优劣。

若折扣条件为

$$K(Q)=\begin{cases}K_1 & \text{当}Q<Q_1\text{时}\\ K_2 & \text{当}Q\geqslant Q_1\text{时}\end{cases}$$

则超过 Q_1 部分（$Q-Q_1$）需按 K_2 计算货物单价。如果 $K_2<K_1$，显然会鼓励大量购买货物。在特殊情况下会出现 $K_2>K_1$，这时利用价格变化会限制购货数量，将本节所提供的方法稍加变化后即可解决这类问题。

12.3 随机型库存模型

随机型库存模型的重要特点是需求为随机的，其概率或分布为已知。在这种情况下，前面所介绍的库存模型不再适用。例如商店对某种商品进货 500 件，这 500 件商品可能在一个月内售完，也有可能在两个月之后还有剩余。商店如果想既不因缺货而失去销售机会，又不因滞销而过多积压资金，则必须采用新的库存策略。可供选择的策略主要有三种：

（1）定期订货，但订货数量需要根据上一个周期末剩下货物的数量决定订货量。剩余库存量少，可以多订货。若剩余数量多，则可以少订或不订货。这种策略可称为定期订货法。

（2）定点订货，库存降到某一确定数量时即订货，不再考虑间隔时间。这一数量值称为订货点，每次订货的数量保持不变，这种策略可称为定点订货法。

（3）把定期订货与定点订货进行结合，即间隔一定时间检查一次库存，如果库存量高于 s，则不订货；而当库存量小于 s 时则订货以补充库存，订货量要使库存量达到 S，这种策略可以简称为 (s,S) 库存策略。

此外与确定型模型不同，随机型模型不允许缺货的条件只能从概率方面进行理解，如不缺货的概率为 0.9 等。通常以盈利的期望值作为衡量库存策略优劣的标准。

12.3.1 随机离散需求报童模型

报童问题：报童每日售报数量是一个随机变量。报童每售出一份报纸赚 k 元。如报纸未能售出，每份赔 h 元。每日售出报纸份数 r 的概率为 $P(r)$。根据以往经验，设 $P(r)$ 是已知的，问报童每日应准备多少份报纸?

该问题是报童每日报纸的订货量 Q 为何值时，利润的期望值最大? 反言之，如何适当地选择 Q 值，使因不能售出报纸的损失及因缺货失去销售机会的损失，二者期望值之和最小。现在，利用计算损失期望值最小的办法求解该问题。

解 设售出报纸数量为 r，其概率 $P(r)$ 为已知，$\sum\limits_{r=0}^{\infty}P(r)=1$。

设报童订购报纸数量为 Q。

① 当供过于求时（$r\leqslant Q$），报纸因不能售出而承担损失的期望值为

$$\sum_{r=0}^{Q}h(Q-r)P(r)$$

② 当供不应求时（$r>Q$），因缺货而少赚钱的损失的期望值为

$$\sum_{r=Q+1}^{\infty}k(r-Q)P(r)$$

综合 ①，② 两种情况，当订货量为 Q 时，损失的期望值为

$$C(Q)=h\sum_{r=0}^{Q}(Q-r)P(r)+k\sum_{r=Q+1}^{\infty}(r-Q)P(r)$$

由上式即可决定 Q 以使 $C(Q)$ 最小化。

由于报童订购报纸的份数必须为整数，则 r 是离散变量，因而不能使用导数方法求解极值。为此，设报童每日订购报纸份数最佳量为 Q，其损失期望值应有

① $C(Q)\leqslant C(Q+1)$

② $C(Q)\leqslant C(Q-1)$

由①出发进行推导，得到

$$h\sum_{r=0}^{Q}(Q-r)P(r)+k\sum_{r=Q+1}^{\infty}(r-Q)P(r)$$
$$\leqslant h\sum_{r=0}^{Q+1}(Q+1-r)P(r)+k\sum_{r=Q+2}^{\infty}(r-Q-1)P(r)$$

经化简后得

$$(k+h)\sum_{r=0}^{Q}P(r)-k\geqslant 0$$

即

$$\sum_{r=0}^{Q}P(r)\geqslant\frac{k}{k+h}$$

由②出发进行推导，则有

$$h\sum_{r=0}^{Q}(Q-r)P(r)+k\sum_{r=Q+1}^{\infty}(r-Q)P(r)\leqslant h\sum_{r=0}^{Q-1}(Q-1-r)P(r)+k\sum_{r=Q}^{\infty}(r-Q+1)P(r)$$

经化简后得

$$(k+h)\sum_{r=0}^{Q-1}P(r)-k\leqslant 0$$

即

$$\sum_{r=0}^{Q-1}P(r)\leqslant\frac{k}{k+h}$$

报童应准备的报纸最佳数量 Q 应按下列不等式确定

$$\sum_{r=0}^{Q-1}P(r)<\frac{k}{k+h}\leqslant\sum_{r=0}^{Q}P(r) \tag{12-10}$$

下面从盈利最大来考虑报童应准备的报纸数量。设报童订购报纸数量为 Q，获利的期望值为 $C(Q)$，其余符号与前述相同。

当需求 $r\leqslant Q$ 时，报童售出 r 份报纸，每份报纸盈利 k（元），共盈利 kr（元）。未售出的报纸，每份会损失 h（元），则滞销损失为 $h(Q-r)$（元）。

此时盈利的期望值为

$$\sum_{r=0}^{Q}[kr-h(Q-r)]P(r)$$

当需求 $r>Q$ 时，报童因只有 Q 份报纸可供销售，其盈利的期望值为 $\sum\limits_{r=Q+1}^{\infty}kQP(r)$，此时无滞销损失。由以上分析可知盈利的期望值为

$$C(Q)=\sum_{r=0}^{Q}krP(r)-\sum_{r=0}^{Q}h(Q-r)P(r)+\sum_{r=Q+1}^{\infty}kQP(r)$$

为使订购量为 Q 时的盈利期望值达到最大，应满足下列关系式

$$① \ C(Q+1)\leqslant C(Q)$$
$$② \ C(Q-1)\leqslant C(Q)$$

由式①进行推导，可得

$$k\sum_{r=0}^{Q+1}rP(r)-h\sum_{r=0}^{Q+1}(Q+1-r)P(r)+k\sum_{r=Q+2}^{\infty}(Q+1)P(r)\leqslant$$
$$k\sum_{r=0}^{Q}rP(r)-h\sum_{r=0}^{Q}(Q-r)P(r)+k\sum_{r=Q+1}^{\infty}QP(r)$$

经化简后得

$$kP(Q+1)-h\sum_{r=0}^{Q}P(r)+h\sum_{r=Q+2}^{\infty}P(r)\leqslant 0$$

进一步化简后可得

$$k\left[1-\sum_{r=0}^{Q}P(r)\right]-h\sum_{r=0}^{Q}P(r)\leqslant 0$$

$$\sum_{r=0}^{Q}P(r)\geqslant\frac{k}{k+h}$$

同理，由式②进行推导，可得

$$\sum_{r=0}^{Q-1}P(r)\leqslant\frac{k}{k+h}$$

利用以下不等式即可确定 Q，这一公式与式 (12-10) 完全相同。

$$\sum_{r=0}^{Q-1}P(r)<\frac{k}{k+h}\leqslant\sum_{r=0}^{Q}P(r)$$

尽管报童问题中损失最小化的期望值与盈利最大时所应对的期望值是不同的，但其确定 Q 值的条件相同。无论从哪一个方面来考虑，报童的最佳订购份数是一个确定性数值。在下面的模型中将进一步说明这个问题。

例 12-4 某店拟出售甲商品，每单位甲商品成本为 200 元，售价为 280 元。如不能售出必须减价为 160 元，假定减价后一定可以将商品售出。已知售货量 r 的概率服从泊松分布

$$P(r)=\frac{\mathrm{e}^{-\lambda}\lambda^{r}}{r!},\text{其中 }\lambda\text{ 为平均售出数}$$

根据以往经验，平均售出数为 6 单位（$\lambda=6$）。问该店订购量应为多少单位？

解 该店的缺货损失，每单位商品为 $280-200=80$。滞销损失，每单位商品为 $200-160=40$（元），利用式 (12-10)，其中 $k=80$，$h=40$。

$$\frac{k}{k+h}=\frac{80}{80+40}\doteq 0.667$$

$$P(r)=\frac{\mathrm{e}^{-6}6^r}{r!},\ \sum_{r=0}^{Q}P(r)\text{ 记作 }F(Q)\text{，可查统计表}$$

$$F(6)=\sum_{r=0}^{6}\frac{\mathrm{e}^{-6}6^r}{r!}=0.6063,\quad F(7)=\sum_{r=0}^{7}\frac{\mathrm{e}^{-6}6^r}{r!}=0.7440$$

因 $F(6)<\dfrac{k}{k+h}<F(7)$，故订货量应为 7 单位，此时损失期望值达到最小。

答 该店订货量应为 7 单位甲商品。

上述随机离散需求报童模型只解决一次订货问题，实际上对每日订货策略问题也应认为解决了。但模型中有一个严格的约定，即两次订货之间没有联系，均看作独立的一次订货。这种库存策略也称为定期定量订货。

12.3.2 随机连续需求报童模型

设 货物单位成本为 K，货物单位售价为 P，单位库存费为 C_1，需求 r 为连续随机变量，密度函数为 $\phi(r)$，$\phi(r)\mathrm{d}r$ 表示随机变量在 r 与 $r+\mathrm{d}r$ 之间的概率，其分布函数 $F(a)=\int_0^a\phi(r)\mathrm{d}r$，（$a>0$），生产或订购的数量为 Q，问如何确定 Q 的数值，才能够使盈利的期望值最大？

解 首先考虑当订购数量为 Q 时，实际销售量应该是 $\min[r,Q]$。即当需求 r 小于 Q 时，实际销售量为 r；但当 $r\geqslant Q$ 时，实际销售量为 Q。

需支付的库存费用为

$$C_1(Q)=\begin{cases}C_1(Q-r) & r\leqslant Q\\ 0 & r>0\end{cases}$$

货物的成本为 KQ，本阶段订购量为 Q 时的盈利为 $W(Q)$，盈利的期望值记作 $E[W(Q)]$。

本阶段的盈利为

$$W(Q)=P\cdot\min[r,Q]\ -KQ-C_1(Q)$$

$$\text{盈利}=\text{实际销售货物的收入}-\text{货物成本}-\text{库存费用}$$

盈利的期望值为

$$\begin{aligned}&E[W(Q)]\\&=\int_0^Q Pr\phi(r)\mathrm{d}r+\int_Q^\infty PQ\phi(r)\mathrm{d}r-KQ-\int_0^Q C_1(Q-r)\phi(r)\mathrm{d}r\end{aligned}$$

$$
\begin{aligned}
&=\int_0^{\infty}\Pr\phi(r)\mathrm{d}r-\int_Q^{\infty}\Pr\phi(r)\mathrm{d}r+\int_Q^{\infty}PQ\phi(r)\mathrm{d}r-KQ-\int_0^{Q}C_1(Q-r)\phi(r)\mathrm{d}r\\
&=PE(r)-\left\{P\int_Q^{\infty}(r-Q)\phi(r)\mathrm{d}r+\int_0^{Q}C_1(Q-r)\phi(r)\mathrm{d}r+KQ\right\}
\end{aligned}
$$

记

$$E[C(Q)]=P\int_Q^{\infty}(r-Q)\phi(r)\mathrm{d}r+C_1\int_0^{Q}(Q-r)\phi(r)\mathrm{d}r+KQ$$

为使盈利期望值极大化，则有下列等式

$$\max E\left[W\left(Q\right)\right]=PE\left(r\right)-\min E[C(Q)] \tag{12-11}$$

$$\max E\left[W\left(Q\right)\right]+\min E[C(Q)]=PE\left(r\right) \tag{12-12}$$

式 (12-11) 表明盈利最大与损失最小所得到的 Q 值相同。式 (12-12) 表明最大盈利期望值与最小损失期望值之和为常数。

根据上述分析，可将求最大盈利转化为求最小 $E[C(Q)]$（损失期望值）。当 Q 为连续变量时，$E[C(Q)]$ 是 Q 的连续函数，可利用微分法求解其最小值。

$$
\begin{aligned}
&\frac{\mathrm{d}}{\mathrm{d}Q}E[C(Q)]\\
&=\frac{\mathrm{d}}{\mathrm{d}Q}\left[P\int_Q^{\infty}(r-Q)\phi(r)\mathrm{d}r+C_1\int_0^{Q}(Q-r)\phi(r)\mathrm{d}r+KQ\right]\\
&=-P\int_Q^{\infty}\phi(r)\mathrm{d}r+C_1\int_0^{Q}\phi(r)\mathrm{d}r+K
\end{aligned}
$$

令

$$\frac{\mathrm{d}E[C(Q)]}{\mathrm{d}Q}=0,\text{记}F\left(Q\right)=\int_0^{Q}\phi(r)\mathrm{d}r$$

即

$$C_1F\left(Q\right)-P\left[1-F\left(Q\right)\right]+K=0$$

$$F\left(Q\right)=\frac{P-K}{C_1+P}$$

由此式可求解出 Q，记为 Q^*，Q^* 为 $E[C(Q)]$ 的驻点。又因

$$\frac{\mathrm{d}^2E[C(Q)]}{\mathrm{d}Q^2}=C_1\phi(Q)+P\phi(Q)>0$$

可知 Q^* 即为 $E[C(Q)]$ 的极小值点，在本模型中其也是最小值点。

若 $P-K\leqslant 0$，显然由于 $F(Q)\geqslant 0$，等式不成立，此时 Q^* 为零。即当售价低于成本时，不应该订货（或生产）。式中只考虑了失去销售机会的损失，如果缺货时需付出的费用 $C_2>P$，则应有

$$E[C(Q)]=C_2\int_Q^{\infty}(r-Q)\phi(r)\mathrm{d}r+C_1\int_0^Q(Q-r)\phi(r)\mathrm{d}r+KQ$$

类似地，通过推导可得

$$F(Q)=\int_0^Q\phi(r)\mathrm{d}r=\frac{C_2-K}{C_1+C_2}$$

上述随机离散需求报童模型和随机连续需求报童模型均只解决一个阶段的问题。从一般情况来考虑，上一个阶段未售出的货物可以在第二阶段继续出售。这时应该如何制定库存策略呢?

假设上一阶段未能售出的货物数量为 I，作为本阶段的初始库存，有

$$\begin{aligned}\min E[C(Q)]&=K(Q-I)+C_2\int_Q^{\infty}(r-Q)\phi(r)\mathrm{d}r+C_1\int_0^Q(Q-r)\phi(r)\mathrm{d}r\\&=-KI+\min\left\{C_2\int_Q^{\infty}(r-Q)\phi(r)\mathrm{d}r+C_1\int_0^Q(Q-r)\phi(r)\mathrm{d}r+KQ\right\}\end{aligned}$$

利用 $F(Q)=\displaystyle\int_0^Q\phi(r)\mathrm{d}r=\frac{C_2-K}{C_1+C_2}$，可以得到 Q^*，相应的库存策略为：当 $I\geqslant Q^*$ 时，本阶段不进行订货。而当 $I<Q^*$ 时，本阶段应订货，订货量为 $Q=Q^*-I$，使本阶段的库存达到 Q^*，这时能够获得最大的盈利期望值。

12.3.3 (s,S) 型库存策略

1. 需求为连续随机变量时

设 货物的单位成本为 K，单位库存费用为 C_1，单位缺货费为 C_2，每次订购费为 C_3，需求 r 为连续随机变量，密度函数为 $\phi(r)$，$\displaystyle\int_0^{\infty}\phi(r)\mathrm{d}r=1$，分布函数 $F(a)=\displaystyle\int_0^a\phi(r)\mathrm{d}r$，($a>0$)，期初库存为 I，订货量为 Q，此时期初库存达到 $S=I+Q$。问应如何确定 Q，以使损失期望值达到最小（盈利期望值达到最大)?

解 期初库存 I 在本阶段中为常量，订货量为 Q，则期初库存达到 $S=I+Q$。本阶段需订货费为 C_3+KQ，本阶段需支付库存费用的期望值为

$$\int_0^{I+Q=S}C_1(S-r)\phi(r)\mathrm{d}r$$

需支付缺货费用的期望值为

$$\int_{S=I+Q}^{\infty}C_2(r-S)\phi(r)\mathrm{d}r$$

本阶段所需订货费及库存费、缺货费期望值之和为

$$
\begin{aligned}
C(I+Q) &= C(S) \\
&= C_3 + KQ + \int_0^S C_1(S-r)\phi(r)\mathrm{d}r + \int_S^\infty C_2(r-S)\phi(r)\mathrm{d}r \\
&= C_3 + K(S-I) + \int_0^S C_1(S-r)\phi(r)\mathrm{d}r + \int_S^\infty C_2(r-S)\phi(r)\mathrm{d}r
\end{aligned}
$$

因 Q 可以连续取值，$C(S)$ 为 S 的连续函数。

$$\frac{\mathrm{d}C(S)}{\mathrm{d}S} = K + C_1\int_0^S \phi(r)\mathrm{d}r - C_2\int_S^\infty \phi(r)\mathrm{d}r$$

令 $\dfrac{\mathrm{d}C(S)}{\mathrm{d}S} = 0$，则有

$$F(S) = \int_0^S \phi(r)\mathrm{d}r = \frac{C_2 - K}{C_1 + C_2} \tag{12-13}$$

$\dfrac{C_2 - K}{C_1 + C_2}$ 严格小于 1，称其为临界值，以 N 表示：$\dfrac{C_2 - K}{C_1 + C_2} = N$。

为得到本阶段的库存策略：

由 $\displaystyle\int_0^S \phi(r)\mathrm{d}r = N$，可确定 S 的值，相应的订货量为 $Q = S - I$。

本模型中存在订购费 C_3，如果本阶段不进行订货则可以节省此订购费，因此设想是否存在一个数值 $s(s \leqslant S)$ 使以下不等式成立。

$$
\begin{aligned}
& Ks + C_1\int_0^s (s-r)\phi(r)\mathrm{d}r + C_2\int_s^\infty (r-s)\phi(r)\mathrm{d}r \\
& \leqslant C_3 + KS + C_1\int_0^S (S-r)\phi(r)\mathrm{d}r + C_2\int_S^\infty (r-S)\phi(r)\mathrm{d}r
\end{aligned}
$$

当 $s = S$ 时，不等式显然成立。

当 $s < S$ 时，不等式右端库存费用期望值大于左端库存费用期望值，右端缺货费用期望值小于左端缺货费用期望值；此时不等式仍然可能成立。如存在不止一个 s 值使下列不等式成立，则应选择其中最小者作为本模型 (s,S) 库存策略的 s 值。

$$
\begin{aligned}
& C_3 + K(S-s) + C_1\left[\int_0^S (S-r)\phi(r)\mathrm{d}r - \int_0^s (s-r)\phi(r)\mathrm{d}r\right] + \\
& C_2\left[\int_S^\infty (r-S)\phi(r)\mathrm{d}r - \int_s^\infty (r-s)\phi(r)\mathrm{d}r\right] \geqslant 0
\end{aligned}
$$

相应的库存策略是：每阶段初期检查库存，当库存 $I < s$ 时，需进行订货，订货数量为 Q，$Q = S - I$。而当库存 $I \geqslant s$ 时，本阶段不进行订货。这种库存策略是：定期订货但

订货量不确定。订货数量的多少视期末库存 I 而定。对于不易清点数量的库存，人们常将库存分两堆存放，一堆数量为 s，其余的另放一堆。平时从另放的一堆中取用，当动用了数量为 s 的一堆库存时，期末应进行订货。如果未动用 s 的库存时，期末即可不进行订货，俗称两堆法。

2. 需求为离散随机变量时

设 需求 r 取值为 $r_0, r_1, \cdots, r_m$（$r_i < r_{i+1}$），其概率为 $P(r_0), P(r_1), \cdots, P(r_m)$，$\sum_{i=0}^{m} P(r_i) = 1$，原有库存量为 I（在本阶段内为常量）

当本阶段开始时订货量为 Q，库存量达到 $I+Q$，本阶段所需的各种费用：

订货费：$C_3 + KQ$。

库存费：当需求 $r < I+Q$ 时，未能售出的库存需支付库存费；而当需求 $r \geqslant I+Q$ 时，不需要支付库存费。

所需库存费的期望值为

$\sum_{r \leqslant I+Q} C_1(I+Q-r)P(r)$（当 $r = I+Q$ 时，不支付库存费及缺货费）

缺货费：当需求 $r > I+Q$ 时，（$r-I-Q$）部分需支付缺货费。

缺货费用的期望值为

$$\sum_{r > I+Q} C_2(r-I-Q)P(r)$$

因而，本阶段所需订货费、库存费以及缺货费期望之和为

$$C(I+Q) = C_3 + KQ + \sum_{r \leqslant I+Q} C_1(I+Q-r)P(r) + \sum_{r > I+Q} C_2(r-I-Q)P(r)$$

其中 $I+Q$ 表示库存所达到的水平，记 $S = I+Q$ 。这样，上式可写为

$$C(S) = C_3 + K(S-1) + \sum_{r \leqslant S} C_1(S-r)P(r) + \sum_{r > S} C_2(r-S)P(r)$$

求解 S 值以使 $C(S)$ 最小化的方法为

（1）将需求 r 的随机值按大小顺序进行排列

$$r_0, r_1, \cdots, r_m, r_i < r_{i+1}, r_{i+1} - r_i = \Delta r_i \neq 0, \quad (i = 0, 1, \cdots, m-1)$$

（2）S 只从 $r_0, r_1, \cdots, r_m$ 中进行取值。当 S 取值为 r_i 时，记为 S_i, 则

$$\Delta S_i = S_{i+1} - S_i = r_{i+1} - r_i = \Delta r_i \neq 0, \quad (i = 0, 1, \cdots, m-1)$$

（3）求 S 值使 $C(S)$ 最小化。因

$$C(S_{i+1}) = C_3 + K(S_{i+1} - 1) + \sum_{r \leqslant S_{i+1}} C_1(S_{i+1} - r)P(r) + \sum_{r > S_{i+1}} C_2(r - S_{i+1})P(r)$$

$$C(S_i) = C_3 + K(S_i - 1) + \sum_{r \leqslant S_i} C_1 (S_i - r) P(r) + \sum_{r > S_i} C_2 (r - S_i) P(r)$$

$$C(S_{i-1}) = C_3 + K(S_{i-1} - 1) + \sum_{r \leqslant S_{i-1}} C_1 (S_{i-1} - r) P(r) + \sum_{r > S_{i-1}} C_2 (r - S_{i-1}) P(r)$$

为选出使 $C(S_i)$ 达到最小的 S 值，S_i 应满足下列不等式

（1）$C(S_{i+1}) - C(S_i) \geqslant 0$

（2）$C(S_i) - C(S_{i-1}) \leqslant 0$

定义 $\Delta C(S_i) = C(S_{i+1}) - C(S_i), \Delta C(S_{i-1}) = C(S_i) - C(S_{i-1})$

由式①可推导出

$$\begin{aligned} \Delta C(S_i) &= K\Delta S_i + C_1 \Delta S_i \sum_{r \leqslant S_i} P(r) - C_2 \Delta S_i \sum_{r > S_i} P(r) \\ &= K\Delta S_i + C_1 \Delta S_i \sum_{r \leqslant S_i} P(r) - C_2 \Delta S_i \left[1 - \sum_{r \leqslant S_i} P(r)\right] \\ &= K\Delta S_i + (C_1 + C_2) \Delta S_i \sum_{r \leqslant S_i} P(r) - C_2 \Delta S_i \\ &\geqslant 0 \end{aligned}$$

因 $\Delta S_i \neq 0$, 即

$$K + (C_1 + C_2) \sum_{r \leqslant S_i} P(r) - C_2 \geqslant 0$$

进一步地，可得

$$\sum_{r \leqslant S_i} P(r) \geqslant \frac{C_2 - K}{C_1 + C_2} = N$$

由②同理可推导出

$$\sum_{r \leqslant S_{i-1}} P(r) \leqslant \frac{C_2 - K}{C_1 + C_2} = N$$

综合以上两式，得到能够确定 S_i 的不等式如下

$$\sum_{r \leqslant S_{i-1}} P(r) < \frac{C_2 - K}{C_1 + C_2} = N \leqslant \sum_{r \leqslant S_i} P(r) \tag{12-14}$$

满足式 (12-14) 的 S_i 即为所要求解的 S，本阶段订货量为 $Q = S - I$。

例 12-5 设某公司利用塑料作原料制成产品出售，已知每箱塑料购价为 1600 元，订购费 $C_3 = 300$ 元，库存费为 $C_1 = 80$ 元/箱，缺货费为 $C_2 = 2100$ 元/箱，原有库存量 $I = 20$ 箱。已知原料需求的概率为

$p(r = 60$ 箱$)=0.20$，$p(r = 80$ 箱$)=0.20$

$p(r = 100$ 箱$)=0.40$，$p(r = 120$ 箱$)=0.20$

求该公司订购原料的最佳订购量。

解 ① 计算临界值 $N=\dfrac{2100-1600}{2100+80}\doteq 0.229$

② 选取使不等式 $\sum\limits_{r\leqslant S_i}P(r)\geqslant N$ 成立的 S_i 最小值作为 S。

$$P(60){=}0.20{\ngeqslant}0.229$$
$$P(60){+}P(80){=}0.20{+}0.20{=}0.40>0.229$$
$$S_i=80，\text{作为 } S$$

③ 原库存 $I=20$，订货量 $Q=S-I=80-20=60$。

答 该公司应订购塑料 60 箱。

下面对上述答案进行验证，分别计算当 S 为 60，80，100 时所需订货费、库存费期望值以及缺货费期望值三者之和。对它们进行对比，以查验是否当 S 为 80 时所支付总费用最小（见表 12-1）。

表 12-1

S	I	$Q=S-I$	订货费 C_3+KQ	库存费期望值 $C_1\sum\limits_{r\leqslant S}(S-r)P(r)$	缺货费期望值 $C_2\sum\limits_{r>S}(S-r)P(r)$	总计
60	20	40	64 300	0	67 200	131 500
80	20	60	96 300	320	33 600	130 220*
100	20	80	128 300	960	8400	137 660

* 为最优

通过对比可知，$S=80$ 所需总费用最少，对应的订购量 $Q=60$。

本模型还涉及另一方面的问题，原库存量 I 达到什么水平可以不需订货？假设这一水平为 s，那么当 $I>s$ 时可以不需要订货，而当 $I\leqslant s$ 时应进行订货，使库存达到 S，订货量为 $Q=S-I$。

s 的计算方法：考查不等式

$$Ks+\sum_{r\leqslant s}C_1(s-r)P(r)+\sum_{r>s}C_2(r-s)P(r)$$
$$\leqslant C_3+KS+\sum_{r\leqslant S}C_1(S-r)P(r)+\sum_{r>S}C_2(r-S)P(r) \tag{12-15}$$

因 S 只从 $r_0,r_1,\cdots,r_m$ 中进行取值，将使得式 (12-15) 成立的 r_i（$r_i\leqslant S$）的值中最小者定为 s。当 $s<S$ 时，式 (12-15) 左端缺货费用的期望值虽然会增加，但订货费和库存费用期望值均减少，因而不等式仍可能成立。在最不利的情况下，$s=S$ 时不等式也是成立的（因 $0<C_3$）。因此一定能找到 s 值。当然计算 s 要比计算 S 更加复杂，但就具体问题计算 s 也不是十分困难的。如在本例中，由于已得到 $S=80$，因而只有 60 或 80 是可以作为 s 的 r 值。

将 60 作为 s 值代入式 (12-15) 左端得

$$1600 \times 60 + 2100 \times [(80-60) \times 0.2 + (100-60) \times 0.4 + (120-60) \times 0.2] = 163\ 200$$

将 80 代入式 (12-15) 右端得

$$300+1600\times80+80\times[(80-60)\times0.2]+2100\times[(100-80)\times0.4+(120-80)\times0.2]=162\ 220$$

即式 (12-15) 左端数值为 163 200，右端数值为 162 220。显然，不等式成立，即 60 是 r 的最小值，故 $s=60$。

例 12-5 的库存策略为每个阶段开始时检查库存量 I，当 $I>60$ 箱时不必补充库存。而当 $I\leqslant 60$ 箱时应补充库存量使其达到 80 箱。

习　题

12.1　设某工厂每年需用某种原料 1800 吨，不需每日供应，但不得缺货。设每吨原料的保管费为 60 元/月，每次订购费为 200 元，试求最佳订购量。

12.2　某公司采用无安全存量的库存策略。每年使用某种零件 100 000 件，每件零件的保管费用为 30 元/年，每次订购费为 600 元，试求：

（1）经济订购批量。

（2）订购次数。

12.3　设某工厂生产某种零件，每年需求量为 18 000 个，该厂每月可生产 3000 个，每次生产的装配费为 5000 元，每个零件的库存费为 1.5 元，求每次生产的最佳批量。

12.4　某产品每月用量为 4 件，装配费为 50 元，每件产品的库存费为 8 元/月，求产品每次生产的最佳生产量及最小费用。若生产速度为 10 件/月，求每次生产的最佳生产量及最小费用。

12.5　每月需要某种机构零件 2000 件，每件成本为 150 元，每年的库存费用为成本的 16%，每次订购费为 100 元，求 EOQ 及最小费用。

12.6　在题 12.5 中如允许缺货，求库存量 s 及最大缺货量，设缺货费为 $C_2=200$ 元。

12.7　某制造厂每周购进某种机构零件 50 件，订购费为 40 元，每周保管费为 3.6 元，

（1）求 EOQ。

（2）该厂为了少占用流动资金，希望库存量达到最低限度，决定可使总费用超过最低费用的 4%作为库存策略，问这时订购批量为多少？

12.8　某公司采用无安全存量的库存策略，每年需电感 5000 个，每次订购费为 500 元，保管费用为每个 10 元/年，不允许缺货。若采购少量电感单价为 30 元，若一次采购 1500 个以上则单价为 18 元，问该公司每次应采购多少个？（提示：本题属于存在数量折扣的库存问题。即订货费为 C_3+KQ，K 为阶梯函数）

12.9　某厂需用配件数量 r 是一个随机变量，其概率服从泊松分布。t 时间内需求概率为

$$\varphi_t(r)=\frac{\mathrm{e}^{-\rho t}(\rho t)^r}{r!}\text{ 平均每日需求为 1（}\rho=1\text{）}$$

备货时间为 x 天的概率服从正态分布

$$P(x)=\frac{1}{\sqrt{2\pi}\sigma}\mathrm{e}^{-(x-\mu)^2/2\sigma^2}$$

平均拖后时间为 $\mu=14$ 天，方差为 $\sigma^2=1$，在生产循环周期内库存费为 $C_1=1.25$ 元，缺货费为 $C_2=10$ 元，装配费为 $C_3=3$ 元。问两年内应分多少批订货？每次批量及缓冲库存量各为何值才能使总费用最小？

CHAPTER 13

第13章

对 策 论

对策论（game theory）亦称竞赛论或博弈论，是研究具有对抗或竞争性质现象的数学理论和方法。它既是现代数学的一个新分支，也是运筹学的一个重要学科。对策论发展的历史并不长，但由于它所研究的现象与政治、经济、军事活动乃至一般的日常生活等有着密切联系，并且处理问题的方法具有明显特色，所以日益引起广泛的重视。特别是从 20 世纪 50 年代纳什（Nash）建立了非合作对策的“纳什均衡”理论后，标志着对策论发展的一个新时期的开始。对策论在这一新时期发展的一个突出特点是，对策的理论和方法被广泛应用于经济学的各个学科，成功地解释了具有不同利益的市场主体，在不完备信息条件下，如何实现竞争并达到均衡。正是由于纳什在对策论研究和将对策论应用于经济学研究方面的突出贡献，使得他在 1994 年获得了诺贝尔经济学奖。他提出的著名的纳什均衡概念在非合作对策理论中起着核心作用，为对策论广泛应用于经济学、管理学、社会学、政治学、军事科学等领域奠定了坚实的理论基础。

13.1 对策论的基本概念

13.1.1 对策行为和对策论

在日常生活中经常可以看到一些具有对抗或竞争性质的现象，如下棋、打牌、体育比赛等。在战争中的双方，都力图选取对自己最有利的策略，千方百计去战胜对手；在政治方面，国际间的谈判，各种政治力量间的较量，各国际集团间的角逐等；在经济活动中，各国之间的贸易摩擦、企业之间的竞争等无不具有对抗的性质。

具有竞争或对抗性质的行为称为对策行为。在这类现象中，参加竞争或对抗的各方各自具有不同的利益和目标。为了达到各自的利益和目标，各方必须考虑对手的各种可能的行动方案，并力图选取对自己最有利或最合理的方案。对策论就是研究对策现象中各方是否存在最合理行动方案，以及如何找到最合理的行动方案的数学理论和方法。

在我国古代，“齐王赛马”就是一个典型的对策论研究的例子①。

---

① 《史记》65 卷《孙子吴起列传》中说：“忌数与齐诸公子驰逐重射，孙子见其马足不甚相远，马有上中下辈。······ 于是孙子谓田忌曰：今以君之下驷与彼上驷，取君上驷与彼中驷，取君中驷与彼下驷。既驰三辈毕，而田忌一不胜而再胜，卒得王千金。”

战国时期，有一天齐王提出要与田忌赛马，双方约定：从各自的上、中、下三个等级的马中各选一匹参赛；每匹马均只能参赛一次；每一次比赛双方各出一匹马，负者要付给胜者千金。已经知道的是，在同等级的马中，田忌的马不如齐王的马，而如果田忌的马比齐王的马高一等级，则田忌的马可取胜。当时，田忌手下的一个谋士给他出了个主意：每次比赛时先让齐王牵出他要参赛的马，然后来用下马对齐王的上马，用中马对齐王的下马，用上马对齐王的中马。比赛结果，田忌二胜一负，夺得千金。由此看来，两个人各采取什么样的出马次序对胜负是至关重要的。

13.1.2 对策现象的三要素

为对对策问题进行数学分析，需要建立对策问题的数学模型，称为对策模型。根据所研究问题的不同性质，可以建立不同的对策模型。但不论对策模型在形式上有何不同，都必须包括以下三个基本要素。

1. 局中人（players）

一个对策中有权决定自己行动方案的对策参加者称为局中人，通常用 I 表示局中人的集合。如果有 n 个局中人，则 $I=[1,2,\cdots,n]$。一般要求一个对策中至少要有两个局中人。如在“齐王赛马”的例子中，局中人是齐王和田忌。

2. 策略集（strategies）

对策中，可供局中人选择的一个实际可行的完整的行动方案称为一个策略。参加对策的每一局中人 $i, i\in I$ 都有自己的策略集 S_i。一般，每一局中人的策略集中至少应包括两个策略。

在“齐王赛马”的例子中，如果用（上，中，下）表示以上马、中马、下马依次参赛，就是一个完整的行动方案，即为一个策略。可见，局中人齐王和田忌各自都有 6 个策略：（上，中，下）、（上，下，中）、（中，上，下）、（中，下，上）、（下，中，上）、（下，上，中）。

3. 赢得函数（支付函数）（payoff function）

一个对策中，每一局中人所出策略形成的策略组称为一个局势，即若 s_i 是第 i 个局中人的一个策略，则 n 个局中人的策略形成的策略组 $s=(s_1,s_2,\cdots,s_n)$ 就是一个局势。若记 S 为全部局势的集合，则当一个局势 s 出现后，应该为每个局中人 i 规定一个赢得值（或所失值）$H_i(s)$。显然，$H_i(s)$ 是定义在 S 上的函数，称为局中人 i 的赢得函数。在“齐王赛马”中，局中人集合为 $I=\{1,2\}$，齐王和田忌的策略集可分别用 $S_1=\{a_1,a_2,a_3,a_4,a_5,a_6\}$ 和 $S_2=\{\beta_1,\beta_2,\beta_3,\beta_4,\beta_5,\beta_6\}$ 表示。这样，齐王的任一策略 a_i 和田忌的任一策略 β_j 就构成了一个局势 s_{ij}。如果 $a_1=$（上，中，下），$\beta_1=$（上，中，下），则在局势 s_{11} 下齐王的赢得值为 $H_1(s_{11})=3$，田忌的赢得值为 $H_2(s_{11})=-3$，如此等等。

一般地，当局中人、策略集和赢得函数这三个要素确定后，一个对策模型也就给定了。

13.1.3 对策问题举例及对策的分类

对策论在经济管理的众多领域中有着十分广泛的应用，下面列举几个可以用对策论思想和模型进行分析的例子。

例 13-1（市场购买力争夺问题） 据预测，某乡镇下一年的饮食品购买力将有 4000 万元。乡镇企业和中心城市企业饮食品的生产情况是：乡镇企业有特色饮食品和低档饮食品两类，中心城市企业有高档饮食品和低档饮食品两类产品。它们争夺这一部分购买力的结局见表 13-1。问题是，乡镇企业和中心城市企业应如何选择对自己最有利的产品策略。

表 13-1 万元

乡镇企业策略	中心城市企业的策略	
	出售高档饮食品	出售低档饮食品
出售特色饮食品	2000	3000
出售一般饮食品	1000	3000

例 13-2（销售竞争问题） 假定企业 I、Ⅱ 均能向市场出售某一产品，不妨假定它们可于时间区间 $[0,1]$ 内任一时点出售。设企业 I 在时刻 x 出售，企业 Ⅱ 在时刻 y 出售，则企业 I 的收益 (赢得) 函数为

$$H(x,y)=\begin{cases} c(y-x) & 若 x<y \\ \dfrac{1}{2}c(1-x) & 若 x=y \\ c(1-x) & 右 x>y \end{cases} \tag{13-1}$$

问这两个企业各选择什么时机出售对自己最有利? 在这个例子中，企业 I、Ⅱ 可选择的策略均有无穷多个。

例 13-3（费用分摊问题） 假设沿某一河流有相邻的 3 个城市 A、B、C，各城市可单独建设水厂，也可以合作兴建一个大水厂。经估算，合建一个大水厂，加上铺设管道的费用，要比单独建 3 个小水厂的总费用少。但合建大厂的方案能否实施，要看总的建设费用能否在 3 个城市之间进行合理的分摊。如果某个城市分摊到的费用比它自己单独建设水厂的费用还要多的话，它显然不会接受合作的方案。因此，需要研究的问题是：如何合理地分摊总的建设费用，使合作兴建大水厂的方案得以实现？

例 13-4（拍卖问题） 最常见的一种拍卖形式是，先由拍卖商将拍卖品描述一番，然后提出第一个报价（起拍价）。接下来由买者报价，每一次报价都必须比前一次报价高。最后，谁的报价最高，拍卖品即归谁。假设有 n 个买主给出的报价分别为 $p_1,\cdots,p_n$，且不妨设 $p_n>p_{n-1}>\cdots>p_1$，则买主 n 的报价只要略高于 p_{n-1} 就能得到拍卖品。即拍卖品实际上是在次高价格上成交的。现在的问题是，各买主之间可能知道他人愿意出的最高报价，也可能不知道，那么每个人应如何报价对自己能以较低的价格得到拍卖品最为有利？最后的结果又会怎样？

例 13-5（囚犯难题） 有两个嫌疑犯因涉嫌作案被警官拘留，警官将分别对两人进行审问。根据法律，如果两个人都承认此案是他们干的，则每人将获刑 7 年；如果两个人都不承认，则由于证据不足，两人将各获刑 1 年；如果只有一人承认并揭发同伙，则承认者予以宽大释放，而不承认者将获刑 9 年。因此，对这两个囚犯来说，面临着一个在“承认”还是“不承认”这两个策略间进行选择的难题。

上面几个例子都可以看成是一个对策问题，所不同的是有些是二人对策，有些是多人对策；有些是有限对策，有些是无限对策；有些是零和对策，有些是非零和对策；有些是合作对策，有些是非合作对策；等等。为了便于对不同对策问题进行研究，可以根据不同方式对对策问题进行分类，通常的分类方式有：

（1）根据局中人的个数，分为二人对策和多人对策；

（2）根据各局中人的赢得函数的代数和是否为零，分为零和对策和非零和对策；

（3）根据各局中人之间是否允许合作，分为合作对策和非合作对策；

（4）根据局中人策略集中策略的个数，分为有限对策和无限对策。

此外，还有许多其他分类方式。例如，根据策略的选择是否与时间有关，可分为静态对策和动态对策；根据对策模型的数学特征，可分为矩阵对策、连续对策、微分对策、阵地对策、凸对策、随机对策等。

在众多对策模型中，占有重要地位的是二人有限零和对策，又称为矩阵对策，这类对策是到目前为止在理论研究和求解方法方面都比较完善的一类对策。尽管矩阵对策是一类最简单的对策模型，但其研究思想和方法十分具有代表性，足以体现对策论的一般思想和分析方法，且矩阵对策的基本理论和方法也是研究其他对策模型的基础。基于上述原因，本章将着重介绍矩阵对策的基本内容，而只对其他对策模型作简要介绍。

13.2 矩阵对策的基本理论

13.2.1 矩阵对策的数学模型

矩阵对策即为二人有限零和对策。“二人”是指参加对策的局中人只有两个；“有限”是指每个局中人的策略集均为有限集；“零和”是指在任一局势下，两个局中人的赢得之和总是等于零，即一个局中人的所得恰好等于另一局中人的所失，双方的利益是完全对抗的。“齐王赛马”就是一个矩阵对策的例子，齐王和田忌各有 6 个策略，一局对策后，齐王的所得必为田忌的所失。

一般地，在二人有限零和对策中，用 I 和 Ⅱ 分别表示两个局中人，并设局中人 I 有 m 个纯策略[①](pure strategies) $\alpha_1,\alpha_2,\cdots,\alpha_m$；局中人 Ⅱ 有 n 个纯策略 $\beta_1,\beta_2,\cdots,\beta_n$。局中人 I 和 Ⅱ 的策略集分别记为 $S_1=\{\alpha_1,\alpha_2,\cdots,\alpha_m\}$ 和 $S_2=\{\beta_1,\beta_2,\cdots,\beta_n\}$。

当局中人 I 选定纯策略 α_i 和局中人 Ⅱ 选定纯策略 β_j 后，就形成了一个纯局势 (α_i,β_j)，可见这样的纯局势共有 $m\times n$ 个。对任一纯局势 (α_i,β_j)，记局中人 I 的赢得值为 a_{ij}，并

① 这里先用“纯策略”一词，以区别于后面的混合策略。

称

$$\boldsymbol{A}=\begin{bmatrix} a_{11} & a_{12} & \cdots & a_{1n} \\ a_{21} & a_{22} & \cdots & a_{2n} \\ \vdots & \vdots & \ddots & \vdots \\ a_{m1} & a_{m2} & \cdots & a_{mn} \end{bmatrix} \tag{13-2}$$

为局中人 I 的赢得矩阵 (或为局中人 II 的支付矩阵)。由于对策为零和的，故局中人 II 的赢得矩阵就是 $-\boldsymbol{A}$。

当局中人 I、II 和策略集 S_1、S_2 及局中人 I 的赢得矩阵 $\boldsymbol{A}$ 确定后，一个矩阵对策也就给定了，记为 $G=\{S_1,S_2;\boldsymbol{A}\}$。

在“齐王赛马”的例子中，齐王的赢得表可用表 13-2 表示①：

齐王的赢得矩阵为

$$\boldsymbol{A}=\begin{bmatrix} 3 & 1 & 1 & 1 & 1 & -1 \\ 1 & 3 & 1 & 1 & -1 & 1 \\ 1 & -1 & 3 & 1 & 1 & 1 \\ -1 & 1 & 1 & 3 & 1 & 1 \\ 1 & 1 & -1 & 1 & 3 & 1 \\ 1 & 1 & 1 & -1 & 1 & 3 \end{bmatrix} \tag{13-3}$$

表 13-2

齐王的赢得 \ 田忌的策略 / 齐王的策略	β_1（上、中、下）	β_2（上、下、中）	β_3（中、上、下）	β_4（中、下、上）	β_5（下、中、上）	β_6（下、上、中）
α_1（上、中、下）	3	1	1	1	1	−1
α_2（上、下、中）	1	3	1	1	−1	1
α_3（中、上、下）	1	−1	3	1	1	1
α_4（中、下、上）	−1	1	1	3	1	1
α_4（下、中、上）	1	1	−1	1	3	1
α_5（下、上、中）	1	1	1	−1	1	3

当矩阵对策模型给定后，各局中人面临的问题便是：如何选择对自己最有利的纯策略，以谋取最大的赢得 (或最少损失)？下面通过一个具体例子来分析各局中人应如何选择最有利策略。

例 13-6 设有一矩阵对策 $G=\{S_1,S_2;\boldsymbol{A}\}$，其中

① 中国学者张盛开教授首先用矩阵对策模型来研究“齐王赛马”的问题，给出了齐王的赢得矩阵（见《矩阵对策初版》上海教育出版社 1980 年版）。

$$\boldsymbol{A}=\begin{bmatrix} -6 & 1 & -8 \\ 3 & 2 & 4 \\ 9 & -1 & -10 \\ -3 & 0 & 6 \end{bmatrix} \tag{13-4}$$

由 $\boldsymbol{A}$ 可看出，局中人 I 的最大赢得是 9，要想得到这个赢得，他就得选择纯策略 α_3。由于假定局中人 Ⅱ 也是理智的竞争者，他考虑到局中人 I 打算出 α_3 的心理，便准备以 β_3 对付之，使局中人 I 不但得不到 9，反而失掉 10。局中人 I 当然也会猜到局中人 Ⅱ 的这种心理，故转而出 α_4 来对付，使局中人 Ⅱ 得不到 10，反而失掉 6⋯⋯ 所以，如果双方都不想冒险，都不存在侥幸心理，而是考虑到对方必然会设法使自己所得最少这一点，就应该从各自可能出现的最不利的情形中选择一个最有利的情形作为决策的依据，这就是所谓“理智行为”，也是对策双方实际上可以接受并采取的一种稳妥的方法。

在本例中，局中人 I 在各纯策略下可能得到的最少赢得分别为：$-8,2,-10,-3$，其中最好的结果是 2。因此，无论局中人 Ⅱ 选择什么样的纯策略，局中人 I 只要以 α_2 参加对策，就能保证他的收入不会少于 2，而出其他任何纯策略，都有可能使局中人 I 的收入少于 2，甚至输给对方。同理，对局中人 Ⅱ 来说，各纯策略可能带来的最不利的结果是：9，2，6，其中最好的也是 2，即局中人 Ⅱ 只要选择纯策略 β_2，无论对方采取什么纯策略，他的所失值都不会超过 2，而选择任何其他的纯策略都有可能使自己的所失超过 2。上述分析表明，局中人 I 和 Ⅱ 的“理智行为”分别是选择纯策略 α_2 和 β_2，这时，局中人 I 的赢得值和局中人 Ⅱ 的所失值的绝对值相等，局中人 I 得到了其预期的最少赢得 2，而局中人 Ⅱ 也不会给局中人 I 带来比 2 更多的所得，相互的竞争使对策出现了一个平衡局势 (α_2,β_2)，这个局势就是双方均可接受的，且对双方来说都是一个最稳妥的结果。因此，α_2 和 β_2 应分别是局中人 I 和 Ⅱ 的最优纯策略。对一般矩阵对策，有如下定义。

定义 13-1 设 $G=\{S_1,S_2;\boldsymbol{A}\}$ 为一矩阵对策，其中 $S_1=\{\alpha_1,\alpha_2,\cdots,\alpha_m\},S_2=\{\beta_1,\beta_2,\cdots,\beta_n\}$, $\boldsymbol{A}=(a_{ij})_{m\times n}$。若

$$\max_i \min_j a_{ij}=\min_j \max_i a_{ij}=a_{i^*j^*} \tag{13-5}$$

成立，记其值为 V_G, 则称 V_G 为对策 G 的值，称使式 (13-5) 成立的纯局势 $(\alpha_{i^*},\beta_{j^*})$ 为 G 在纯策略下的解（或平衡局势），α_{i^*} 与 β_{j^*} 分别称为局中人 I、Ⅱ 的最优纯策略。

从例 13-6 还可以看出，该矩阵对策的平衡局势 (α_2,β_2) 对应的矩阵 A 中的元素 a_{22} 既是其所在行的最小元素，又是其所在列的最大元素，即

$$a_{i2}\leqslant a_{22}\leqslant a_{2j}\quad i=1,2,3,4;\quad j=1,2,3 \tag{13-6}$$

将这一事实推广到一般矩阵对策，可得如下定理。

定理 13-1 矩阵对策 $G=\{S_1,S_2;\boldsymbol{A}\}$ 在纯策略意义下有解的充分必要条件是：存在纯局势 $(\alpha_{i^*},\beta_{j^*})$，使得对任意 $i=1,\cdots,m,j=1,\cdots,n$, 有

$$a_{ij^*}\leqslant a_{i^*j^*}\leqslant a_{i^*j} \tag{13-7}$$

证明 先证充分性，由式 (13-7)，有

$$\max_i a_{ij^*} \leqslant a_{i^*j^*} \leqslant \min_j a_{i^*j}$$

而

$$\min_j \max_i a_{ij} \leqslant \max_i a_{ij^*}$$

$$\min_j a_{i^*j} \leqslant \max_i \min_j a_{ij}$$

所以

$$\min_j \max_i a_{ij} \leqslant a_{i^*j^*} \leqslant \max_i \min_j a_{ij} \tag{13-8}$$

另一方面，对任意 i，j，由

$$\min_j a_{ij} \leqslant a_{ij} \leqslant \max_i a_{ij}$$

所以

$$\max_i \min_j a_{ij} \leqslant \min_j \max_i a_{ij} \tag{13-9}$$

由式 (13-8) 和式 (13-9)，有

$$\max_i \min_j a_{ij} = \min_j \max_i a_{ij} = a_{i^*j^*}$$

且

$$V_G = a_{i^*j^*}$$

现证必要性。设有 i^*, j^*，使得

$$\min_j a_{i^*j} = \max_i \min_j a_{ij}$$

$$\max_i a_{ij^*} = \min_j \max_i a_{ij}$$

则由

$$\max_i \min_j a_{ij} = \min_j \max_i a_{ij}$$

有

$$\max_i a_{ij^*} = \min_j a_{i^*j} \leqslant a_{i^*j^*} \leqslant \max_i a_{ij^*} = \min_j a_{i^*j} \tag{13-10}$$

证毕。

对任意矩阵 $\boldsymbol{A}$，称使式 (13-7) 成立的元素 $a_{i^*j^*}$ 为矩阵 $\boldsymbol{A}$ 的鞍点。在矩阵对策中，矩阵 $\boldsymbol{A}$ 的鞍点也称为对策的鞍点。

定理 13-1 中式 (13-7) 的对策意义是：一个平衡局势 (a_{i^*}, β_{j^*}) 应具有这样的性质，当局中人 I 选取了纯策略 α_{i^*} 后，局中人 II 为了使其所失最少，只有选择纯策略 β_{j^*}，否则就可能失得更多；反之，当局中人 II 选取了纯策略 β_{j^*} 后，局中人 I 为了得到最大的赢得

也只能选取纯策略 α_{i^*}，否则就会赢得更少。双方的竞争在局势 $(\alpha_{i^*}, \beta_{j^*})$ 下达到了一个平衡状态。

例 13-7 设有矩阵对策 $G = \{S_1, S_2; \boldsymbol{A}\}$，其中

$$\boldsymbol{A} = \begin{bmatrix} 6 & 5 & 6 & 5 \\ 1 & 4 & 2 & -1 \\ 8 & 5 & 7 & 5 \\ 0 & 2 & 6 & 2 \end{bmatrix}$$

直接在 $\boldsymbol{A}$ 提供的赢得表上计算，有

$$\max_i \min_j a_{ij} = \min_j \max_i a_{ij} = a_{i^*j^*} = 5$$

其中

$$i^* = 1, 3; \quad j^* = 2, 4$$

故 $(\alpha_1, \beta_2), (\alpha_1, \beta_4), (\alpha_3, \beta_2), (\alpha_3, \beta_4)$ 都是对策的解，且 $V_G = 5$。

由例 13-7 可知，一般对策的解可以是不唯一的。当解不唯一时，解之间的关系具有下面两条性质：

性质 13-1（无差别性） 若 $(\alpha_{i_1}, \beta_{j_1})$ 和 $(\alpha_{i_2}, \beta_{j_2})$ 是对策 G 的两个解，则

$$a_{i_1j_1} = a_{i_2j_2}$$

性质 13-2（可交换性） 若 $(\alpha_{i_1}, \beta_{j_1})$ 和 $(\alpha_{i_2}, \beta_{j_2})$ 是对策 G 的两个解，则 $(\alpha_{i_1}, \beta_{j_2})$ 和 $(\alpha_{i_2}, \beta_{j_1})$ 也是对策 G 的解。

上面两条性质的证明留给读者作为练习。这两条性质表明：矩阵对策的值是唯一的，即当一个局中人选择了最优纯策略后，他的赢得值不依赖于对方的纯策略。

例 13-8 某单位采购员在秋天要决定冬季取暖用煤的储量问题。已知在正常的冬季气温条件下要消耗 15 吨煤，在较暖与较冷的气温条件下要消耗 10 吨和 20 吨。假定冬季时的煤价随天气寒冷程度而有所变化，在较暖、正常、较冷的气候条件下每吨煤价分别为 100 元、150 元和 200 元，又设秋季时煤价为每吨 100 元。在没有关于当年冬季准确的气象预报的条件下，秋季储煤多少吨能使单位的支出最少？

这一储量问题可以看成是一个对策问题，把采购员当作局中人 I，他有三个策略：在秋天时买 10 吨、15 吨与 20 吨，分别记为 $\alpha_1, \alpha_2, \alpha_3$。

把大自然看作局中人 Ⅱ（可以当作理智的局中人来处理），大自然（冬季气温）有三种策略：出现较暖的、正常的与较冷的冬季，分别记为 $\beta_1, \beta_2, \beta_3$。

现在把该单位冬季取暖用煤实际费用（即秋季购煤时的用费与冬季不够时再补购的费用总和）作为局中人 I 的赢得，得矩阵如下：

$$\boldsymbol{A} = \begin{matrix} \\ \alpha_1(10\text{吨}) \\ \alpha_2(15\text{吨}) \\ \alpha_3(20\text{吨}) \end{matrix} \begin{matrix} \begin{matrix} \beta_1(\text{较暖}) & \beta_2(\text{正常}) & \beta_3(\text{较冷}) \end{matrix} \\ \begin{bmatrix} -1000 & -1750 & -3000 \\ -1500 & -1500 & -2500 \\ -2000 & -2000 & -2000 \end{bmatrix} \end{matrix}$$

$$\max_i \min_j a_{ij} = \min_j \max_i a_{ij} = a_{33} = -2000$$

故对策的解为 (α_3, β_3)，即秋季储煤 20 吨最为合理。

13.2.2 矩阵对策的混合策略

由上面的讨论可知，在一个矩阵对策 $G = \{S_1, S_2; \boldsymbol{A}\}$ 中，局中人 I 有保证的至少赢得是

$$v_1 = \max_i \min_j a_{ij}$$

局中人 Ⅱ 能保证的至多损失是

$$v_2 = \min_j \max_i a_{ij}$$

一般，局中人 I 的赢得值不会多于局中人 Ⅱ 的所失值，即总有

$$v_1 \leqslant v_2$$

当 $v_1 = v_2$ 时，矩阵对策 G 在纯策略意义有解，且 $V_G = v_1 = v_2$。然而，一般情形不总是如此，实际中出现的更多情形是 $v_1 < v_2$。这时，根据定义 9-1，对策不存在纯策略意义下的解。例如对于赢得矩阵为

$$\boldsymbol{A} = \begin{bmatrix} 3 & 6 \\ 5 & 4 \end{bmatrix}$$

的对策来说

$$v_1 = \max_i \min_j a_{ij} = 4, \quad i^* = 2$$
$$v_2 = \min_j \max_i a_{ij} = 5, \quad j^* = 1$$
$$v_2 = a_{21} = 5 > 4 = v_1$$

于是，在上述对策中，当双方各根据从最不利情形中选取最有利结果的原则选择纯策略时，应分别选取 α_2 和 β_1，此时局中人 I 将赢得 5，比其预期赢得 $v_1 = 4$ 还多，原因就在于局中人 Ⅱ 选择了 β_1，使他的对手多得了原来不该得的赢得。故 β_1 对局中人 Ⅱ 来说并不是最优的，因而他会考虑出 β_2。局中人 I 亦会采取相应的办法，改出 α_1 以使赢得为 6，而局中人 Ⅱ 又可能仍取策略 β_1 来对付局中人 I 的策略 α_1。这样，局中人 I 出 α_1 或 α_2 的可能性以及局中人 Ⅱ 出 β_1 或 β_2 的可能性都不能排除。对两个局中人来说，不存在一个双方均可接受的平衡局势，或者说当 $v_1 < v_2$ 时，矩阵对策 G 不存在纯策略意义下的解。

在这种情况下，一个比较自然且合乎实际的想法是：既然各局中人没有最优纯策略可出，是否可以给出一个选取不同策略的概率分布。如在上例中，局中人 I 可以制定如下一种策略：分别以概率 1/4 和 3/4 选取纯策略 α_1 和 α_2，这种策略是局中人 I 的策略集 $\{\alpha_1, \alpha_2\}$ 上的一个概率分布，称之为混合策略。同样，局中人 Ⅱ 也可制定这样一种混合策略：分别以概率 1/2、1/2 选取纯策略 β_1、β_2。下面给出矩阵对策混合策略的定义。

定义 13-2 设有矩阵对策 $G = \{S_1, S_2; \boldsymbol{A}\}$，其中

$$S_1 = \{\alpha_1, \alpha_2, \cdots, \alpha_m\}, \quad S_2 = \{\beta_1, \beta_2, \cdots, \beta_n\}, \quad \boldsymbol{A} = (a_{ij})_{m \times n}$$

记

$$S_1^* = \left\{ x \in E^m \mid x_i \geqslant 0,\ i = 1, \cdots, m,\ \sum_{i=1}^{m} x_i = 1 \right\}$$

$$S_2^* = \left\{ y \in E^n \mid y_j \geqslant 0,\ j = 1, \cdots, n,\ \sum_{j=1}^{n} y_j = 1 \right\}$$

则分别称 S_1^* 和 S_2^* 为局中人 I 和 II 的混合策略集 (或策略集)；$x \in S_1^*$ 和 $y \in S_2^*$，称 x 和 y 为混合策略 (或策略)，(x, y) 为混合局势 (或局势)。局中人 I 的赢得函数记成

$$E(x, y) = x^{\mathrm{T}} \boldsymbol{A} y = \sum_i \sum_j a_{ij} x_i y_j$$

这样得到的一个新的对策记成 $G^* = \{S_1^*, S_2^*; E\}$，称 G^* 为对策 G 的混合扩充。

不难看出，纯策略是混合策略的特例。一个混合策略 $x = (x_1, \cdots, x_m)^{\mathrm{T}}$ 可理解为如果进行多局对策 G 的话，局中人 I 分别采取纯策略 $a_1, \cdots, a_m$ 的频率；若只进行一次对策，则反映了局中人 I 对各纯策略的偏爱程度。

下面，讨论矩阵对策在混合策略意义下解的定义。设两个局中人仍如前所述那样进行理智的对策。当局中人 I 采取混合策略 x 时，他的预期所得 (最不利的情形) 是 $\min\limits_{y \in S_2^*} E(x, y)$。因此，局中人 I 应选取 $x \in S_1^*$，使得

$$v_1 = \max_{x \in S_1^*} \min_{y \in S_2^*} E(x, y) \tag{13-11}$$

同理，局中人 II 可保证的所失的期望值至多是

$$v_2 = \min_{y \in S_2^*} \max_{x \in S_1^*} E(x, y) \tag{13-12}$$

显然，有

$$v_1 \leqslant v_2$$

定义 13-3 设 $G^* = \{S_1^*, S_2^*; \boldsymbol{E}\}$ 是矩阵对策 $G = \{S_1, S_2; \boldsymbol{A}\}$ 的混合扩充，如果

$$\max_{x \in S_1^*} \min_{y \in S_2^*} E(x, y) = \min_{y \in S_2^*} \max_{x \in S_1^*} E(x, y) \tag{13-13}$$

记其值为 V_G, 则称 V_G 为对策 G^* 的值，称使式 (13-13) 成立的混合局势 (x^*, y^*) 为 G 在混合策略意义下的解 (或简称解)，x^* 和 y^* 分别称为局中人 I 和 II 的最优混合策略 (或简称最优策略)。

现约定，以下对 $G = \{S_1, S_2; \boldsymbol{A}\}$ 及其混合扩充 $G^* = \{S_1^*, S_2^*; \boldsymbol{E}\}$ 一般不加区别，都用 $G = \{S_1, S_2; \boldsymbol{A}\}$ 来表示。当 G 在纯策略意义下解不存在时，自动认为讨论的是在混合策略意义下的解。

和定理 13-1 类似，可给出矩阵对策 G 在混合策略意义下解存在的鞍点型充要条件。

定理 13-2 矩阵对策 $G = \{S_1, S_2; A\}$ 在混合策略意义下有解的充要条件是：存在 $x^* \in S_1^*$, $y^* \in S_2^*$, 使得对任意 $x^* \in S_1^*$ 和 $y^* \in S_2^*$, 有

$$E\left(x, y^{*}\right) \leqslant E\left(x^{*}, y^{*}\right) \leqslant E\left(x^{*}, y\right) \tag{13-14}$$

例 13-9 考虑矩阵对策 $G=\{S, S_2; \boldsymbol{A}\}$, 其中

$$\boldsymbol{A}=\left[\begin{array}{ll}3 & 6 \\ 5 & 4\end{array}\right]$$

由前面的讨论已知 G 在纯策略意义下的解不存在，故设 $x=(x_1, x_2)$ 为局中人 I 的混合策略，$y=(y_1, y_2)$ 为局中人 Ⅱ 的混合策略，则

$$\begin{aligned}& S_1^{*}=\{x_1, x_2 \mid x_1, x_2 \geqslant 0, x_1+x_2=1\} \\ & S_2^{*}=\{y_1, y_2 \mid y_1, y_2 \geqslant 0, y_1+y_2=1\}\end{aligned}$$

局中人 I 的赢得期望值是

$$\begin{aligned} E(x, y) & =3 x_1 y_1+6 x_1 y_2+5 x_2 y_1+4 x_2 y_2 \\ & =3 x_1 y_1+6 x_1\left(1-y_1\right)+5 y_1\left(1-x_1\right)+4\left(1-x_1\right)\left(1-y_1\right) \\ & =-4\left(x_1-\frac{1}{4}\right)\left(y_1-\frac{1}{2}\right)+\frac{9}{2}\end{aligned}$$

取 $x^{*}=\left(\frac{1}{4}, \frac{3}{4}\right), y^{*}=\left(\frac{1}{2}, \frac{1}{2}\right)$, 则 $E\left(x^{*}, y^{*}\right)=\frac{9}{2}, E\left(x^{*}, y\right)=E\left(x, y^{*}\right)=\frac{9}{2}$, 即有

$$E\left(x, y^{*}\right) \leqslant E\left(x^{*}, y^{*}\right) \leqslant E\left(x^{*}, y\right)$$

故 $x^{*}=\left(\frac{1}{4}, \frac{3}{4}\right)$ 和 $y^{*}=\left(\frac{1}{2}, \frac{1}{2}\right)$ 分别为局中人 I 和 Ⅱ 的最优策略，对策的值 (局中人 I 的赢得期望值) $V_G=\frac{9}{2}$。

13.2.3 矩阵对策的基本定理

本节将讨论矩阵对策解的存在性及其性质。如前所述，一般矩阵对策在纯策略意义下的解往往是不存在的。但本节将证明，一般矩阵对策在混合策略意义下的解却总是存在的，并且通过一个构造性证明，引出求解矩阵对策的基本方法——线性规划方法。

先给出如下两个记号:

当局中人 I 取纯策略 a_i 时，记其相应的赢得函数为 $E(i, y)$, 于是

$$E(i, y)=\sum_j a_{ij} y_j \tag{13-15}$$

当局中人 Ⅱ 取纯策略 β_j 时，记其赢得函数为 $E(i, y)$，于是

$$E(x, j)=\sum_i a_{ij} x_i \tag{13-16}$$

由式 (13-15) 和式 (13-16)，有

$$E(x,y)=\sum_i\sum_j a_{ij}x_iy_j=\sum_i\left(\sum_j a_{ij}y_j\right)x_i=\sum_i E(i,y)x_i \tag{13-17}$$

和

$$E(x,y)=\sum_i\sum_j a_{ij}x_iy_j=\sum_j\left(\sum_i a_{ij}x_i\right)y_j=\sum_j E(x,j)y_j \tag{13-18}$$

根据上面的记号，可给出定理 13-2 的另一种等价表示。

定理 13-3　设 $x^*\in S_1^*, y^*\in S_2^*$，则 (x^*,y^*) 是 G 的解的充要条件是：对任意 $i=1,\cdots,m$ 和 $j=1,\cdots,n$，有

$$E\left(i,y^*\right)\leqslant E\left(x^*,y^*\right)\leqslant E\left(x^*,j\right) \tag{13-19}$$

证明　设 (x^*,y^*) 是 G 的解，则由定理 13-2，式 (13-14) 成立。由于纯策略是混合策略的特例，故式 (13-19) 成立。反之，设式 (13-19) 成立，由

$$E\left(x,y^*\right)=\sum_i E\left(i,y^*\right)x_i\leqslant E\left(x^*,y^*\right)\sum_i x_i=E\left(x^*,y^*\right)$$
$$E\left(x^*,y\right)=\sum_j E\left(x^*,j\right)y_j\geqslant E\left(x^*,y^*\right)\sum_j y_j=E\left(x^*,y^*\right)$$

即得式 (13-14)。证毕。

定理 13-3 说明，当验证 (x^*,y^*) 是否为对策 G 的解时，只需要对由式 (13-19) 给出的有限个（$m\times n$ 个）不等式进行验证，使对解的验证大为简化。定理 13-3 的一个等价形式是定理 13-4。

定理 13-4　设 $x^*\in S_1^*, y^*\in S_2^*$，则 (x^*,y^*) 为 G 的解的充要条件是：存在数 v，使得 x^* 和 y^* 分别是不等式组式 (13-20) 和式 (13-21) 的解，且 $v=V_G$。

$$\begin{cases}\sum_i a_{ij}x_i\geqslant v, & j=1,\cdots,n\\ \sum_i x_i=1 & \\ x_i\geqslant 0, & i=1,\cdots,m\end{cases} \tag{13-20}$$

$$\begin{cases}\sum_j a_{ij}y_j\leqslant v, & i=1,\cdots,m\\ \sum_j y_j=1 & \\ y_j\geqslant 0, & j=1,\cdots,n\end{cases} \tag{13-21}$$

证明留给读者作为练习。

下面给出矩阵对策的基本定理，也是本节的主要结果。

定理 13-5　对任一矩阵对策 $G=\{S_1,S_2;\boldsymbol{A}\}$，一定存在混合策略意义下的解。

证明 由定理 13-3, 只要证明存在 $x^* \in S_1^*, y^* \in S_2^*$, 使得式 (13-19) 成立。为此，考虑如下两个线性规划问题：

$$\max w$$
$$(\mathrm{P})\begin{cases}\sum_i a_{ij}x_i \geqslant w, & j=1,\cdots,n\\ \sum_i x_i = 1 & \\ x_i \geqslant 0, & i=1,\cdots,m\end{cases}$$

和

$$\min v$$
$$(\mathrm{D})\begin{cases}\sum_j a_{ij}y_j \leqslant v, & i=1,\cdots,m\\ \sum_j y_j = 1 & \\ y_j \geqslant 0, & j=1,\cdots,n\end{cases}$$

易验证，问题 (P) 和 (D) 是互为对偶的线性规划问题，而且

$$x=(1,0,\cdots,0)^{\mathrm{T}} \in E^m, \quad w=\min_j a_{1j}$$

是问题 (P) 的一个可行解。

$$y=(1,0,\cdots,0)^{\mathrm{T}} \in E^n, \quad v=\max_i a_{i1}$$

是问题 (D) 的一个可行解。由线性规划的对偶理论可知，问题 (P) 和 (D) 分别存在最优解 (x^*,w^*) 和 (y^*,v^*), 且 $v^*=w^*$。即存在 $x^* \in S_1^*, y^* \in S_2^*$ 和数 v^*, 使得对任意 $i=1,\cdots,m$ 和 $j=1,\cdots,n$, 有

$$\sum_j a_{ij}y_j^* \leqslant v^* \leqslant \sum_i a_{ij}x_i^* \tag{13-22}$$

或

$$E(i,y^*) \leqslant v^* \leqslant E(x^*,j) \tag{13-23}$$

又由

$$E(x^*,y^*)=\sum_i E(i,y^*)x_i^* \leqslant v^*\sum x_i^* = v^*$$
$$E(x^*,y^*)=\sum_j E(x^*,j)y_j^* \geqslant v^*\sum_j y_j^* = v^*$$

得到 $v^*=E(x^*,y^*)$, 故由式 (13-23) 知式 (13-19) 成立。证毕。

定理 13-5 的证明是构造性的，不仅证明了矩阵对策解的存在性，同时给出了利用线性规划方法求解矩阵对策的方法。

下面的定理 13-6 至定理 13-9 讨论了矩阵对策解的若干重要性质，它们在矩阵对策的求解时将起到重要作用。

定理 13-6 设 (x^*, y^*) 是矩阵对策 G 的解，$v = V_G$, 则

（1）若 $x_{i^*} > 0$，则 $\sum\limits_j a_{ij} y_{j^*} = v$。

（2）若 $y_{j^*} > 0$，则 $\sum\limits_i a_{ij} x_{i^*} = v$。

（3）若 $\sum\limits_j a_{ij} y_{j^*} < v$，则 $x_{i^*} = 0$。

（4）若 $\sum\limits_i a_{ij} x_{i^*} > v$，则 $y_{j^*} = 0$。

证明 由

$$v = \max_{x \in S_1^*} E(x, y^*)$$

有

$$v - \sum_j a_{ij} y_j^* = \max_{x \in S_1^*} E(x, y^*) - E(i, y^*) \geqslant 0$$

又因

$$\sum_i x_i^* \left(v - \sum_j a_{ij} y_j^* \right) = v - \sum_i \sum_j a_{ij} x_i^* y_j^* = 0 \quad x_i^* \geqslant 0, \quad i = 1, \cdots, m$$

所以，当 $x_i^* > 0$ 时，必有 $\sum\limits_j a_{ij} y_j^* = v$；当 $\sum\limits_j a_{ij} y_j^* < v$ 时，必有 $x_i^* = 0$，（1）、（3）得证。同理可证（2）、（4）。证毕。

以下，记矩阵对策 G 的解集为 $T(G)$, 下面 3 个定理是关于矩阵对策解的性质的主要结果。

定理 13-7 设有两个矩阵对策 $G_1 = \{S_1, S_2; \boldsymbol{A}_1\}, G_2 = \{S_1, S_2; \boldsymbol{A}_2\}$, 其中 $\boldsymbol{A}_1 = (a_{ij})$,
$\boldsymbol{A}_2 = (a_{ij} + L)$，$L$ 为任一常数，则有

（1）$V_{G_2} = V_{G_1} + L$

（2）$T(G_1) = T(G_2)$

定理 13-8 设有两个矩阵对策 $G_1 = \{S_1, S_2; \boldsymbol{A}\}, G_2 = \{S_1, S_2; a\boldsymbol{A}\}$, 其中 $a > 0$ 为任一常数，则

（1）$V_{G_2} = \alpha V_{G_1}$

（2）$T(G_1) = T(G_2)$

定理 13-9 设 $G = \{S_1, S_2; \boldsymbol{A}\}$ 为一矩阵对策，且 $\boldsymbol{A} = -\boldsymbol{A}^{\mathrm{T}}$ 为斜对称矩阵 (亦称这种对策为对称对策)，则

（1）$V_G = 0$

（2）$T_1(G) = T_2(G)$

其中 $T_1(G)$ 和 $T_2(G)$ 分别为局中人 I 和 II 的最优策略集。

13.3 矩阵对策的解法

13.3.1 图解法

本节将介绍矩阵对策的图解法。图解法不仅为赢得矩阵为 $2\times n$ 或 $m\times 2$ 阶的对策问题提供了一个简单直观的解法，而且可以使我们从几何上加深对对策论思想的理解。下面，通过一些例子来说明图解法。

例 13-10 用图解法求解矩阵对策 $G=\{S_1,S_2;\boldsymbol{A}\}$, 其中

$$\boldsymbol{A}=\begin{bmatrix} 2 & 3 & 11 \\ 7 & 5 & 2 \end{bmatrix}$$

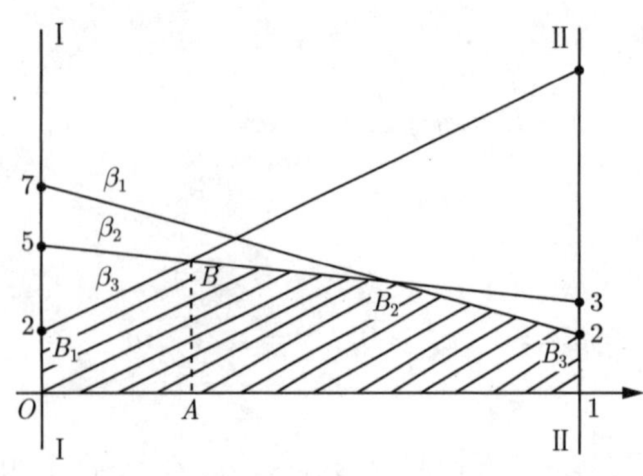

图 13-1 $2\times n$ 对策的图解法

解 设局中人 I 的混合策略为 $(x,1-x)^{\mathrm{T}}$, $x\in[0,1]$。过数轴上坐标为 O 和 $(1,0)$ 的两点分别做两条垂线 I-I 和 Ⅱ-Ⅱ, 垂线上点的纵坐标值分别表示局中人 I 采取纯策略 α_1 和 α_2 时，局中人 Ⅱ 采取各纯策略时的赢得值。如图 13-1 所示。当局中人 I 选择每一策略 $(x,1-x)^{\mathrm{T}}$ 时，他的最少可能的收入为由局中人 Ⅱ 选择 β_1,β_2,β_3 时所确定的三条直线在 x 处的纵坐标中之最小者，即如折线 $B_1BB_2B_3$ 所示。所以对局中人 I 来说，他的最优选择就是确定 x 使他的收入尽可能地多，从图 13-1 可知，按最小最大原则应选择 $x=OA$，而 AB 即为对策值。为求出点 x 和对策值 V_G，可联立过 B 点的两条线段 β_2 和 β_3 所确定的方程：

$$\begin{cases} 3x+5(1-x)=V_G \\ 11x+2(1-x)=V_G \end{cases}$$

解得 $x=\dfrac{3}{11}, V_G=\dfrac{49}{11}$。所以，局中人的最优策略为 $x^*=\left(\dfrac{3}{11},\dfrac{8}{11}\right)^{\mathrm{T}}$。从图上还可以看出，局中人 Ⅱ 的最优混合策略只由 β_2 和 β_3 组成。事实上，若记 $y^*=(y_1^*,y_2^*,y_3^*)^{\mathrm{T}}$ 为局中人 Ⅱ 的最优混合策略，则由 $E(x^*,1)=2\times\dfrac{3}{11}+7\times\dfrac{8}{11}=\dfrac{62}{11}>\dfrac{49}{11}=V_G$, 根据定理 13-6, 必有 $y_1^*=0$ 。又因 $x_1^*=\dfrac{3}{11}>0, x_2^*=\dfrac{8}{11}>0$，再根据定理 6，可由

$$\begin{cases} 3y_2+11y_3=49/11 \\ 5y_2+\ \ 2y_3=49/11 \\ \ \ y_2+\ \ \ \ y_3=1 \end{cases}$$

求得 $y_2^*=\dfrac{9}{11}, y_3^*=\dfrac{2}{11}$。所以，局中人 Ⅱ 的最优混合策略为 $y^*=\left(0,\dfrac{9}{11},\dfrac{2}{11}\right)^{\mathrm{T}}$。

例 13-11 用图解法求解矩阵对策 $G=\{S_1,S_2;\boldsymbol{A}\}$, 其中

$$\boldsymbol{A}=\begin{bmatrix}2 & 7\\ 6 & 6\\ 11 & 2\end{bmatrix}$$

解 设局中人 Ⅱ 的混合策略为 $(y,1-y)^{\mathrm{T}}$，由图 13-2 可知, 对任一 $y\in[0,1]$，直线 α_1、α_2、α_3 的纵坐标是局中人 Ⅱ 采取混合策略 $(y,1-y)^{\mathrm{T}}$ 时的支付。根据从最不利当中选取最有利的原则，局中人 Ⅱ 的最优策略就是如何确定 y，使得三个纵坐标值中的最大值尽可能地小。从图上看，就是要选择 y，使得 $A_1\leqslant y\leqslant A_2$，这时，对策的值为 6。由方程组

$$\begin{cases}2y+7(1-y)=6\\ 11y+2(1-y)=6\end{cases}$$

解得 $A_1=\dfrac{1}{5},A_2=\dfrac{4}{9}$。故局中人 Ⅱ 的最优混合策略是 $(y^*,1-y)^{\mathrm{T}}$，其中 $\dfrac{1}{5}\leqslant y\leqslant\dfrac{4}{9}$, 而局中人 I 的最优策略显然只能是 $(0,1,0)^{\mathrm{T}}$，即取纯策略 α_2。

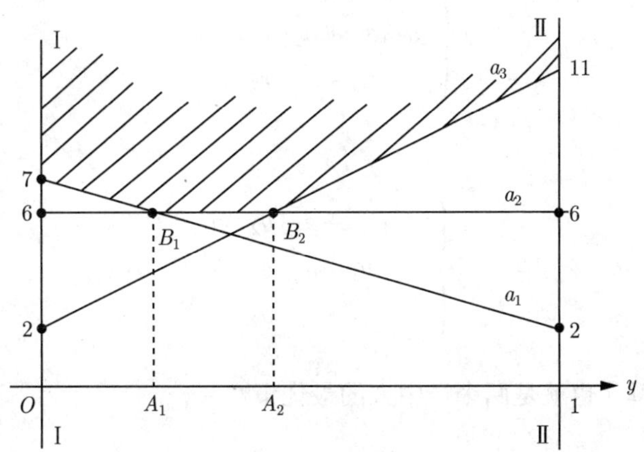

图 13-2 $m\times 2$ 对策的图解法

13.3.2 方程组方法

由定理 13-4 可知，求解矩阵对策解 (x^*,y^*) 的问题等价于求解不等式组式 (13-20) 和式 (13-21)。又由定理 13-5 和定理 13-6 可知，如果假设最优策略中的 x_i^* 和 y_j^* 均不为零，即可将上述两个不等式组的求解问题转化成求解下面两个方程组的问题：

$$\begin{cases}\sum\limits_i a_{ij}x_i=v, \quad j=1,\cdots,n\\ \sum\limits_i x_i=1\end{cases}\tag{13-24}$$

和

$$
\begin{cases}
\sum_j a_{ij} y_j = v, \quad i = 1, \cdots, m \\
\sum_j y_j = 1
\end{cases}
\tag{13-25}
$$

如果方程组式 (13-24) 和式 (13-25) 存在非负解 x^* 和 y^*，便得到了对策的一个解。如果这两个方程组不存在非负解，则可视具体情况，将式 (13-24) 和式 (13-25) 中的某些等式改成不等式，继续试求解，直至求得对策的解。这种方法由于事先假定 x_i^* 和 y_j^* 均不为零，故当最优策略的某些分量实际为零时，式 (13-24) 和式 (13-25) 可能无解。因此，这种方法在实际应用中具有一定的局限性。但对于 2×2 对策，当局中人 I 的赢得矩阵

$$
\boldsymbol{A} = \begin{bmatrix} a_{11} & a_{12} \\ a_{21} & a_{22} \end{bmatrix}
$$

不存在鞍点时，容易证明: 各局中人的最优混合策略中的每个分量均严格大于零。于是，由定理 13-6，方程组

$$
\begin{cases}
a_{11} x_1 + a_{21} x_2 = v \\
a_{12} x_1 + a_{22} x_2 = v \\
x_1 + x_2 = 1
\end{cases}
$$

和

$$
\begin{cases}
a_{11} y_1 + a_{12} y_2 = v \\
a_{21} y_1 + a_{22} y_2 = v \\
y_1 + y_2 = 1
\end{cases}
$$

一定有严格的非负解（也就是两个局中人的最优策略):

$$
x_1^* = \frac{a_{22} - a_{21}}{(a_{11} + a_{22}) - (a_{12} + a_{21})} \tag{13-26}
$$

$$
x_2^* = \frac{a_{11} - a_{12}}{(a_{11} + a_{22}) - (a_{12} + a_{21})} \tag{13-27}
$$

$$
y_1^* = \frac{a_{22} - a_{12}}{(a_{11} + a_{22}) - (a_{12} + a_{21})} \tag{13-28}
$$

$$
y_2^* = \frac{a_{11} - a_{21}}{(a_{11} + a_{22}) - (a_{12} + a_{21})} \tag{13-29}
$$

$$
V_G = \frac{a_{11} a_{22} - a_{12} a_{21}}{(a_{11} + a_{22}) - (a_{12} + a_{21})} \tag{13-30}
$$

求解 2×2 对策的方程组法也称为公式法。

例 13-12 求解矩阵对策 $G = \{S_1, S_2; \boldsymbol{A}\}$，其中

$$\boldsymbol{A}=\begin{array}{c} \\ \alpha_1 \\ \alpha_2 \\ \alpha_3 \\ \alpha_4 \\ \alpha_5 \end{array}\begin{array}{c} \begin{array}{ccccc} \beta_1 & \beta_2 & \beta_3 & \beta_4 & \beta_5 \end{array} \\ \begin{bmatrix} 3 & 4 & 0 & 3 & 0 \\ 5 & 0 & 2 & 5 & 9 \\ 7 & 3 & 9 & 5 & 9 \\ 4 & 6 & 8 & 7 & 6 \\ 6 & 0 & 8 & 8 & 3 \end{bmatrix} \end{array}$$

解 首先可以利用矩阵对策的优超原则对矩阵 $\boldsymbol{A}$ 进行化简。为此，先说明优超原则的应用。由于矩阵的第 4 行上的元素均大于或等于第 1 行对应的元素，故对局中人 I 来说，策略 α_4 优超于策略 α_1，也就是说局中人 I 实际上不会出策略 α_1，因此可以从矩阵 $\boldsymbol{A}$ 中将第 1 行划掉；同理，还可将第 2 行划掉，得到一个新的赢得矩阵 $\boldsymbol{A}_1$

$$\boldsymbol{A}_1=\begin{array}{c} \\ \alpha_3 \\ \alpha_4 \\ \alpha_5 \end{array}\begin{array}{c} \begin{array}{ccccc} \beta_1 & \beta_2 & \beta_3 & \beta_4 & \beta_5 \end{array} \\ \begin{bmatrix} 7 & 3 & 9 & 5 & 9 \\ 4 & 6 & 8 & 7 & 6 \\ 6 & 0 & 8 & 8 & 3 \end{bmatrix} \end{array}$$

对于 $\boldsymbol{A}_1$，第 1 列优超于第 3 列，第 2 列优超于第 4 列，故可从 $\boldsymbol{A}_1$ 中去掉第 3 列、第 4 列和第 5 列，得到

$$\boldsymbol{A}_2=\begin{array}{c} \\ \alpha_3 \\ \alpha_4 \\ \alpha_5 \end{array}\begin{array}{c} \begin{array}{cc} \beta_1 & \beta_2 \end{array} \\ \begin{bmatrix} 7 & 3 \\ 4 & 6 \\ 6 & 0 \end{bmatrix} \end{array}$$

又由于 $\boldsymbol{A}_2$ 的第 1 行优超于第 3 行，故从 $\boldsymbol{A}_2$ 中划去第 3 行，得到

$$\boldsymbol{A}_3=\begin{array}{c} \\ \alpha_3 \\ \alpha_4 \end{array}\begin{array}{c} \begin{array}{cc} \beta_1 & \beta_2 \end{array} \\ \begin{bmatrix} 7 & 3 \\ 4 & 6 \end{bmatrix} \end{array}$$

易知 $\boldsymbol{A}_3$ 没有鞍点，由定理 13-6，可以求解方程组

$$\begin{cases} 7x_3+4x_4=v \\ 3x_3+6x_4=v \\ x_3+\ x_4=1 \end{cases} \quad 和 \quad \begin{cases} 7y_1+3y_2=v \\ 4y_1+6y_2=v \\ y_1+\ y_2=1 \end{cases}$$

的非负解。求得解为

$$x_3^*=\frac{1}{3},\quad x_4^*=\frac{2}{3}$$

$$y_1^*=\frac{1}{2},\quad y_2^*=\frac{1}{2}$$

$$v=5$$

于是，以矩阵 $\boldsymbol{A}$ 为赢得矩阵的对策的一个解就是

$$x^* = \left(0, 0, \frac{1}{3}, \frac{2}{3}, 0\right)^{\mathrm{T}}$$

$$y^* = \left(\frac{1}{2}, \frac{1}{2}, 0, 0, 0\right)^{\mathrm{T}}$$

$$V_G = 5$$

例 13-13 求解矩阵对策——"齐王赛马"。

解 已知齐王的赢得矩阵 $\boldsymbol{A}$ 没有鞍点，即对齐王和田忌来说都不存在最优纯策略。设齐王和田忌的最优混合策略为 $x^* = (x_1^*, x_2^*, x_3^*, x_4^*, x_5, x_6^*)^{\mathrm{T}}$ 和 $y^* = (y_1^*, y_2^*, y_3^*, y_4^*, y_5^*, y_6^*)^{\mathrm{T}}$。从矩阵 $\boldsymbol{A}$ 的元素来看，每个局中人选择其策略集中的任一策略的可能性都是存在的，故可事先假定 $x_i^* > 0$ 和 $y_j^* > 0, i = 1, \cdots, 6; j = 1, \cdots, 6$，于是求解线性方程组

$$\begin{cases} 3x_1 + x_2 + x_3 - x_4 + x_5 + x_6 = v \\ x_1 + 3x_2 - x_3 + x_4 + x_5 + x_6 = v \\ x_1 + x_2 + 3x_3 + x_4 - x_5 + x_6 = v \\ x_1 + x_2 + x_3 + 3x_4 + x_5 - x_6 = v \\ x_1 - x_2 + x_3 + x_4 + 3x_5 + x_6 = v \\ -x_1 + x_2 + x_3 + x_4 + x_5 + 3x_6 = v \\ x_1 + x_2 + x_3 + x_4 + x_5 + x_6 = 1 \end{cases}$$

和

$$\begin{cases} 3y_1 + y_2 + y_3 + y_4 + y_5 - y_6 = v \\ y_1 + 3y_2 + y_3 + y_4 - y_5 + y_6 = v \\ y_1 - y_2 + 3y_3 + y_4 + y_5 + y_6 = v \\ -y_1 + y_2 + y_3 + 3y_4 + y_5 + y_6 = v \\ y_1 + y_2 - y_3 + y_4 + 3y_5 + y_6 = v \\ y_1 + y_2 + y_3 - y_4 + y_5 + 3y_6 = v \\ y_1 + y_2 + y_3 + y_4 + y_5 + y_6 = 1 \end{cases}$$

得到

$$x_i = \frac{1}{6}, \quad i = 1, \cdots, 6$$

$$y_j = \frac{1}{6}, \quad j = 1, \cdots, 6$$

$$v = 1$$

即双方都以 $\frac{1}{6}$ 的概率选取每个纯策略，或者说在 6 个纯策略中随机地选取一个即为最优策略。总的结局应该是：齐王赢的机会为 $\frac{5}{6}$，赢得的期望值是 1 千金。但是，如果齐王在

每出一匹马前将自己的选择告诉了对方，这实际上等于公开了自己的策略，如齐王选取出马次序为（上，中，下），则田忌根据谋士的建议便以（下，上，中）对之，结果田忌反而可得千金。因此，当矩阵对策不存在鞍点时，竞争的双方均应对每局对抗中自己将选取的策略加以保密，否则，策略被公开的一方是要吃亏的。

13.3.3 线性规划方法

本节给出一个具有一般性的求解矩阵对策的方法——线性规划方法。这种方法可以求解任何一个矩阵对策。由定理 13-5 可知，求解矩阵对策可等价地转化为求解互为对偶的线性规划问题 (P) 和 (D)。故在问题 (P) 中，令 (根据定理 13-7，不妨设 $w > 0$)：

$$x_i^* = \frac{x_i}{w} \quad i = 1, \cdots, m \tag{13-31}$$

则问题 (P) 的约束条件变为

$$\begin{cases} \sum\limits_i a_{ij} x_i^* \geqslant 1, & j = 1, \cdots, n \\ \sum\limits_i x_i^* = \dfrac{1}{w} \\ x_i^* \geqslant 0, & i = 1, \cdots, m \end{cases}$$

故问题 (P) 等价于线性规划问题 (P′)：

$$(\mathrm{P})' \begin{cases} \min \sum\limits_i x_i' \\ \sum\limits_i a_{ij} x_i' \geqslant 1, & j = 1, \cdots, n \\ x_i' \geqslant 0 \end{cases}$$

同理，令

$$y_j' = \frac{y_j}{v} \quad j = 1, \cdots, n \tag{13-32}$$

可知问题 (D) 等价于线性规划问题 (D′)：

$$(\mathrm{D}') \begin{cases} \max \sum\limits_j y_j' \\ \sum\limits_j a_{ij} y_j' \leqslant 1, & i = 1, \cdots, m \\ y_j' \geqslant 0, & j = 1, \cdots, n \end{cases}$$

显然，问题 (P′) 和 (D′) 是互为对偶的线性规划，故可利用单纯形或对偶单纯形方法求解。求解后，再利用变换式 (13-31) 和式 (13-32)，即可求出原对策问题的解和对策的值。

例 13-14 利用线性规划方法求解下述矩阵对策，其赢得矩阵为

$$\boldsymbol{A} = \begin{bmatrix} 7 & 2 & 9 \\ 2 & 9 & 0 \\ 9 & 0 & 11 \end{bmatrix}$$

解 求解问题可化成两个互为对偶的线性规划问题:

$$\min\,(x_1+x_2+x_3)$$

$$(\mathrm{P})\begin{cases}7x_1+2x_2+9x_3\geqslant 1\\2x_1+9x_2\geqslant 1\\9x_1+11x_3\geqslant 1\\x_1,x_2,x_3\geqslant 0\end{cases}$$

$$\max\,(y_1+y_2+y_3)$$

$$(\mathrm{D})\begin{cases}7y_1+2y_2+9y_3\leqslant 1\\2y_1+9y_2\leqslant 1\\9y_1+11y_3\leqslant 1\\y_1,y_2,y_3\geqslant 0\end{cases}$$

上述线性规划问题的解为

$$x=\left(\frac{1}{20},\frac{1}{10},\frac{1}{20}\right)^{\mathrm{T}}\quad w=\frac{1}{5}$$

$$y=\left(\frac{1}{20},\frac{1}{10},\frac{1}{20}\right)^{\mathrm{T}}\quad v=\frac{1}{5}$$

故对策问题的解为

$$V_G=\frac{1}{w}=\frac{1}{v}=5$$

$$x^*=V_Gx=5\left(\frac{1}{20},\frac{1}{10},\frac{1}{20}\right)^{\mathrm{T}}=\left(\frac{1}{4},\frac{1}{2},\frac{1}{4}\right)^{\mathrm{T}}$$

$$y^*=V_Gy=5\left(\frac{1}{20},\frac{1}{10},\frac{1}{20}\right)^{\mathrm{T}}=\left(\frac{1}{4},\frac{1}{2},\frac{1}{4}\right)^{\mathrm{T}}$$

13.3.4 用电子表格软件 Excel 求解矩阵对策

电子表格软件 Excel 中有一个“规划求解”的功能，可用来求解矩阵对策。读者如果学习了前面的线性规划的内容，并了解了矩阵对策的解恰为一对互为对偶的线性规划问题的解的话，利用 Excel 软件求解矩阵对策的问题应该是相对简单并熟悉的了。下面以例 13-14 为例，说明如何利用电子表格软件求解矩阵对策。

1. 在电子表格中输入相关数据和公式

首先，将求解矩阵对策所需要的数据、相关线性优化问题的目标函数、约束条件等输入电子表格，如图 13-3 所示。在本例中，我们将求解原问题和对偶问题所需要的数据、公式等输入到同一个表格中，可以更清晰地表示矩阵对策中两个局中人的最优策略。

在该工作表中，求解矩阵对策原线性优化问题的决策变量单元为 B9、C9、D9，目标函数单元 F9，局中人 I 的最优策略单位为 B11、C11、D11，约束条件左端项为 E4、E5、E6，对策值为 F11；求解矩阵对策的对偶线性优化问题的决策变量单元为 B10、C10、D10，目标函数单元 F10，局中人 Ⅱ 的最优策略单位为 B12、C12、D12，约束条件左端项为 F4、F5、F6。例如，在原问题的约束条件左端项单位 E4 中，输入的内容为“=B4*B9+C4*C9+D4*D9”，在原问题的目标函数单元中输入的内容为“=B9+C9+D9”，如此等等。

	A	B	C	D	E	F	G
1	矩阵对策线性规划求解						
2							
3	支付矩阵	策略1	策略2	策略3	原问题约束	对偶问题约束	右端项
4	策略1	7	2	9	0	0.45	1
5	策略2	2	9	0	0	0	1
6	策略3	9	0	11	0	0.55	1
7							
8	目标函数系数	1	1	1			
9	原问题最优解	0	0	0	原问题目标函数	0	
10	对偶问题最优解			0	对偶问题目标函数	0.05	
11	局中人I最优策略	#####	#####	#####	对策值	#DIV/0!	
12	局中人II最优策略	#####	#####	#####			

图 13-3 利用电子表格求解矩阵对策（例 13-14）的数据和公式输入表

2. 利用电子表格中的“规划求解”功能求解

在电子表格软件顶部的功能区中选择“数据”，接下来选择“规划求解”，就会见到如图 13-4 所示的“规划求解参数”窗口[①]，该图给出的是求解原问题的窗口。在该窗口中输入目

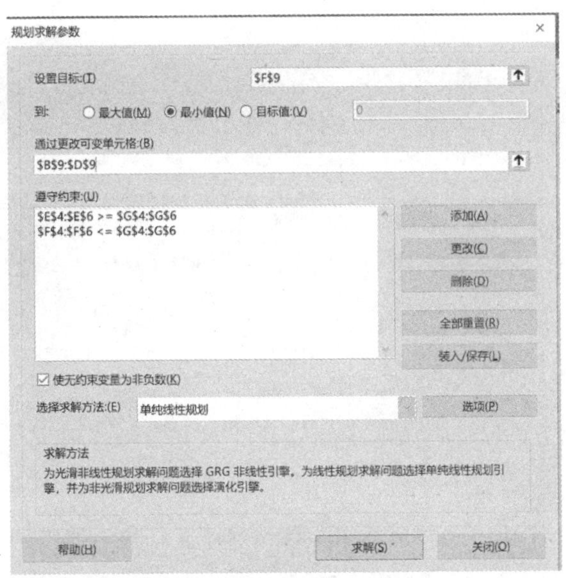

图 13-4 求解例 13-14 的原问题的“规划求解参数”窗口

① 如果没有发现“规划求解”按钮，需要通过“加载项”激活“规划求解”。

标函数单元、设定最小化目标函数值、决策变量单元（注意一定不要输入错了）、约束条件（对偶问题的约束条件也同时输入，但在求解原问题时不会发生作用），然后选择“求解”。

在得到原问题的最优解及局中人 I 的最优策略后，再次进入“规划求解参数”窗口，根据求解对偶问题的要求进行修改（如图 13-5 所示）后，再次选择“求解”，最终得到如图 13-6 所示的矩阵对策的解。

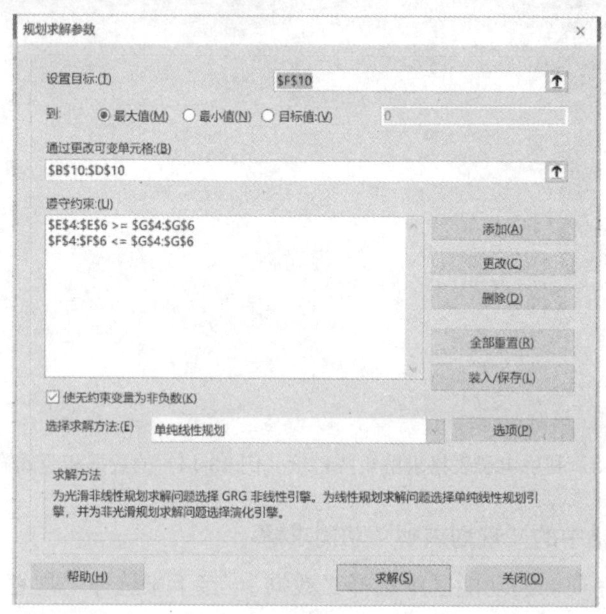

图 13-5　求解例 13-14 的对偶问题的“规划求解参数”窗口

对策论数值例子 - Excel

A1　矩阵对策线性规划求解

	A	B	C	D	E	F	G
1	矩阵对策线性规划求解						
2							
3	支付矩阵	策略1	策略2	策略3	原问题约束	对偶问题约束	右端项
4	策略1	7	2	9	1	1	1
5	策略2	2	9	0	1	1	1
6	策略3	9	0	11	1	1	1
7							
8	目标函数系数	1	1	1			
9	原问题最优解	0.05	0.1	0.05	原问题目标函数	0.2	
10	对偶问题最优解	0.05	0.1	0.05	对偶问题目标函数	0.2	
11	局中人I最优策略	0.25	0.5	0.25	对策值	5	
12	局中人II最优策略	0.25	0.5	0.25			

Sheet1　就绪　100%

图 13-6　求解矩阵对策（例 13-14）的最终结果表

习 题

即测即练

13.1 甲、乙两个儿童玩游戏，双方可分别出拳头（代表石头）、手掌（代表布）、两个手指（代表剪刀），规则是：剪刀赢布，布赢石头，石头赢剪刀，赢者得一分。若双方所出相同算和局，均不得分。试列出儿童甲的赢得矩阵。

13.2 “二指莫拉问题”。甲、乙二人游戏，每人出一个或两个手指，同时又把猜测对方所出的指数叫出来。如果只有一个人猜测正确，则他所赢得的数目为二人所出指数之和，否则重新开始，写出该对策中各局中人的策略集合及甲的赢得矩阵，并回答局中人是否存在某种出法比其他出法更为有利。

13.3 求解下列矩阵对策，其中赢得矩阵 $\boldsymbol{A}$ 分别为

$$\text{(a)}\begin{bmatrix} -2 & 12 & -4 \\ 1 & 4 & 8 \\ -5 & 2 & 3 \end{bmatrix} \qquad \text{(b)}\begin{bmatrix} 2 & 7 & 3 & 1 \\ 2 & 2 & 2 & 4 \\ 3 & 5 & 4 & 4 \\ 2 & 3 & 1 & 6 \end{bmatrix}$$

13.4 甲、乙两个企业生产同一种电子产品，两个企业都想通过改革管理获取更多的市场销售份额。甲企业的策略措施有：(1) 降低产品价格；(2) 提高产品质量，延长保修年限；(3) 推出新产品。乙企业考虑的措施有：(1) 增加广告费用；(2) 增设维修网点，扩大维修服务；(3) 改进产品性能。假定市场份额一定，由于各自采取的策略措施不同，通过预测可知，今后两个企业的市场占有份额变动情况如表 13-3 所示（正值为甲企业增加的市场占有份额，负值为减少的市场占有份额）。试通过对策分析，确定两个企业各自的最优策略。

表 13-3

甲企业策略	乙企业策略		
	1	2	3
1	10	−1	3
2	12	10	−5
3	6	8	5

13.5 证明本章的定理 13-2。

13.6 证明本章的定理 13-4。

13.7 证明本章的定理 13-7、定理 13-8、定理 13-9。

13.8 用图解法求解下列矩阵对策，其中 $\boldsymbol{A}$ 分别为

$$\text{(a)}\begin{bmatrix} 2 & 4 \\ 2 & 3 \\ 3 & 2 \\ -2 & 6 \end{bmatrix} \qquad \text{(b)}\begin{bmatrix} 1 & 3 & 11 \\ 8 & 5 & 2 \end{bmatrix}$$

13.9 用方程组法求解矩阵对策，其中赢得矩阵 $\boldsymbol{A}$ 为

$$\boldsymbol{A}=\begin{bmatrix}1&3\\4&2\end{bmatrix}$$

13.10 设 $m\times m$ 对策的矩阵为

$$\boldsymbol{A}=\begin{bmatrix}a_{11}&a_{12}&\cdots&a_{1m}\\a_{21}&a_{22}&\cdots&a_{2m}\\\vdots&\vdots&\ddots&\vdots\\a_{m1}&a_{m2}&\cdots&a_{mm}\end{bmatrix}$$

其中当 $i\neq j$ 时，$a_{ij}=1$，当 $i=j$ 时，$a_{ii}=-1$，证明此对策的最优策略为

$$x^*=y^*=(1/m,1/m,\cdots,1/m)^{\mathrm{T}}$$

$$V_G=\frac{m-2}{m}$$

13.11 已知矩阵对策

$$\boldsymbol{A}=\begin{bmatrix}4&0&0\\0&0&8\\0&6&0\end{bmatrix}$$

的解为 $x^*=(6/13,3/13,4/13)^{\mathrm{T}},y^*=(6/13,4/13,3/13)^{\mathrm{T}}$，对策值为 24/13。求下列矩阵对策的解，其赢得矩阵 $\boldsymbol{A}$ 分别为

$$(1)\begin{bmatrix}6&2&2\\2&2&10\\2&8&2\end{bmatrix}\quad(2)\begin{bmatrix}-2&-2&2\\6&-2&-2\\-2&4&-2\end{bmatrix}\quad(3)\begin{bmatrix}32&20&20\\20&20&44\\20&38&20\end{bmatrix}$$

13.12 用线性规划方法求解下列矩阵对策，其中 $\boldsymbol{A}$ 分别为

$$(a)\begin{bmatrix}8&2&4\\2&6&6\\6&4&4\end{bmatrix}\qquad(b)\begin{bmatrix}2&0&2\\0&3&1\\1&2&1\end{bmatrix}$$

CHAPTER 14 第14章

决策分析

14.1 决策分析的基本问题

14.1.1 决策分析概述

决策是指决策者为达到预期的目的，从所有可供选择的方案中选择出最为满意的方案的行为。从政治、经济、技术到日常生活领域，决策行为发生在生产和生活活动的方方面面。

朴素的决策思想自古就有，在中外历史上不乏有名的决策案例。但在落后的生产方式下，决策主要凭借个人的知识、智慧和经验。随着生产和科学技术的发展，决策者要在瞬息多变的条件下，对复杂的问题迅速作出决策，这就要求对不同类型的决策问题，有一套科学的决策原则、程序和相应的机制、方法。

1. 决策的分类

（1）按内容和层次，可分为战略决策和战术决策。战略决策涉及全局和长远方针性问题，而战术决策是战略决策的延伸，着眼于方针执行中的中短期的具体问题。

（2）按重复程度，可分为程序性决策和非程序性决策。程序性决策指常规的、反复发生的决策，通常已形成一套固定的程序规则；非程序性决策不经常重复发生，通常包含很多不确定的偶然因素。

（3）按问题性质和条件，可分为确定型、不确定型和风险型决策。确定型决策是指作出一项抉择时，只有一种肯定的结局；不确定型决策指一个抉择可能导致若干个结局，并且每个结局出现的可能性是未知的；风险型决策指一个抉择可能有若干个结局，但可以有根据地确定每个结局出现的概率。

此外，按时间长短可分为长期决策、中期决策和短期决策；按要达到的目标，可分为单目标决策和多目标决策；按决策的阶段可分为单阶段决策和多阶段决策，等等。

2. 决策的原则

现代决策问题具有系统化、综合化、定量化等特点，决策过程必须遵循科学原则，并严格按程序进行。

（1）信息原则。指决策中要尽可能调查、收集、整理一切有关信息，这是决策的基础。

(2) 预测原则。即通过预测，为决策提供有关发展方向和趋势的信息。

(3) 可行性原则。任何决策方案在政策、资源、技术、经济方面都要合理可行。

(4) 系统原则。决策时要考虑与问题有关的各子系统，要符合全局利益。

(5) 反馈原则。将实际情况的变化和决策付诸行动后的效果，及时反馈给决策者，以便对方案及时调整。

3. 决策的程序

决策的过程和程序大致分为以下 4 个步骤：

(1) 形成决策问题，包括提出各种方案、确定目标及各方案结果的度量等。

(2) 对各方案出现不同结果的可能性进行判断，这种可能性一般是用概率来描述的。

(3) 利用各方案结果的度量值（如效益值、效用值、损失值等）给出对各方案的偏好。

(4) 综合前面得到的信息，选择最为偏好的方案，必要时可作一些灵敏度分析。

4. 决策系统

包括信息机构、研究智囊机构、决策机构与执行机构，特别是智囊机构在现代决策中的作用日趋重要。

14.1.2 决策分析研究的特征

决策分析将有助于对一般决策问题中可能出现的下面一些典型特征进行分析。

1. 不确定性

许多复杂的决策问题都具有一定程度的不确定性。从范围来看，包括决策方案结果的不确定性，即一个方案可能出现多种结果；约束条件的不确定性；技术参数的不确定性；等等。从性质上看，包括概率意义下的不确定性和区间意义下的不确定性。概率意义下的不确定性又包括主观概率意义下的不确定性（亦称可能性）和客观概率意义下的不确定性（亦称随机性)。它们的区别在于前者是指人们对可能发生事件的概率分布的一个主观估计，被估计的对象具有不能重复出现的偶然性；后者是指人们利用已有的历史数据对未来可能发生事件概率分布的一个客观估计，被估计的对象一般具有可重复出现的偶然性。可能性和随机性在决策分析中统称为风险性，区间意义下的不确定性一般是指人们不能给出可能发生事件的概率分布，只能对有关量取值的区间给出一个估计。

2. 动态性

很多问题由于其本身具有的阶段性，往往需要进行多次决策，且后面的决策依赖于前面决策的结果。

3. 多目标性

对许多复杂问题来说，往往有多个具有不同度量单位的决策目标，且这些目标通常具有冲突性，即一个目标值的改进会导致其他目标值的劣化。因此，决策者必须考虑如何在这些目标间进行折中，从而达到一个满意解（注意不是最优解）。

4. 模糊性

模糊性是指人们对客观事物概念描述上的不确定性，这种不确定性一般是由于事物无法（或无必要）进行精确定义和度量而造成的，如“社会效益”“满意程度”等概念在不同具体问题中均具有一定的模糊性。

5. 群体性

群体性包括两方面的含义：

（1）一个决策方案的选择可能会对其他群体的决策行为产生影响，特别像政府决策，会对各层次的行为主体产生影响；企业一级的决策也会对其他企业产生影响。因此，决策者若能预计到自身决策对其他群体的影响将有益于自身的决策。

（2）决策是由一个集体共同制定的，这一集体中的每一成员都是一个决策者，他们的利益、观点、偏好有所不同，这就产生了如何建立有效的群体决策体制和实施方法的问题。

14.1.3 决策分析的定义

决策分析是为了合理分析具有不确定性或风险性决策问题而提出的一套概念和系统分析方法，其目的在于改进决策过程，从而辅助决策，但不是代替决策者进行决策。实践证明，当决策问题较为复杂时，决策者在保持与自身判断及偏好一致的条件下处理大量信息的能力将减弱，在这种情形下，决策分析方法可为决策者提供强有力的工具。

14.2 风险型决策方法

如前所述，决策问题中所具有的不确定性是决策分析方法针对的主要情形，而决策问题的不确定性可以根据不确定性程度进一步分为概率意义下的不确定和区间意义下的不确定。概率意义下的不确定是指：不能确定一个决策的结果，但可以知道可能结果的概率分布；而区间意义下的不确定是指：不仅不能确定决策的结果，而且不能确定可能结果的分布，只知道可能的结果在某一区间里。概率意义下的不确定型决策又称为风险型决策（decision making under risk），而区间意义下的不确定型决策通常称为不确定型决策（decision making under uncertainty）。本节我们先介绍风险型决策的基本分析方法，下一节介绍不确定型决策的分析方法。

14.2.1 风险型决策的期望值法

例 14-1 某石油公司拥有一块可能有油的土地，根据可能出油的多少，该块土地具有 4 种状态：可产油 50 万桶、20 万桶、5 万桶、无油。公司目前有 3 个方案可供选择：自行钻井；无条件地将该块土地出租给其他生产者；有条件地租给其他生产者。若自行钻井，打出一口有油井的费用是 10 万元，打出一口无油井的费用是 7.5 万元，每一桶油的利润是 1.5 元。若无条件出租，不管出油多少，公司收取固定租金 4.5 万元；若有条件出租，公司不收取租金，但当产量为 20 万桶至 50 万桶时，每桶公司收取 0.5 元。由上计算得到该公司可能的利润收入见表 14-1。按过去的经验，该块土地具有上面 4 种状态的可能性分别为 10%、15%、25%和 50%。问题是：该公司应选择哪种方案，可获得最大利润?

表 14-1 石油公司的可能利润收入表 元

项目	50 万桶 (S_1)	20 万桶 (S_2)	5 万桶 (S_3)	无油 (S_4)
自行钻井 (A_1)	650 000	200 000	−25 000	−75 000
无条件出租 (A_2)	45 000	45 000	45 000	45 000
有条件出租 (A_3)	250 000	100 000	0	0

例 14-1 是一个典型的风险型决策的例子。一般风险型决策问题可描述如下：设 $A_1, \cdots, A_m$ 为所有可能选择的方案，$S_1, \cdots, S_n$ 为所有可能出现的状态 (称为自然状态)，各状态出现的概率 (可以是客观的，也可以是主观的) 分别为 $P_1, \cdots, P_n$。记 $a_{ij} = u(A_i, S_j)$ 为方案 A_i 当状态 S_j 出现时的益损值 (或效用值)，则一般风险型决策问题可由表 14-2 表示。

处理风险型决策问题时常用的方法是根据期望收益最大原则进行分析，即根据每个方案的期望收益（或损失）来对方案进行比较，从中选择期望收益最大（或期望损失最小）的方案，这种方法称为期望值法，它蕴含两层意思：

表 14-2 风险型决策表

方案	状态			
	S_1	S_2	$\cdots$	S_n
	P_1	P_2	$\cdots$	P_n
A_1	a_{11}	a_{12}	$\cdots$	a_{1n}
A_2	a_{21}	a_{22}	$\cdots$	a_{2n}
$\vdots$	$\vdots$	$\vdots$	$\vdots$	$\vdots$
A_m	a_{m1}	a_{m2}	$\cdots$	a_{mn}

（1）无差异性，即决策者认为在一个确定性收益和一个与之等值的期望收益之间不存在差异；

（2）趋利性，即决策者总是希望期望收益值越大越好。

期望收益最大原则是风险型决策分析的一个基本假设，根据这一假设，可由决策表 14-2 计算每一方案 A_i 的期望收益

$$E(A_i) = \sum_{j=1}^{n} P_j a_{ij} \quad (i = 1, \cdots, m) \tag{14-1}$$

然后选取 A_i^*, 使得

$$E(A_i^*) = \max_{1<i\in m} E(A_i) \tag{14-2}$$

对于例 14-1，分别记“自行钻井”“无条件出租”和“有条件出租”这 3 个方案为 A_1, A_2 和 A_3，有

$$E(A_1) = 0.10 \times 650\ 000 + 0.15 \times 200\ 000 + 0.25 \times (-25\ 000) + 0.50 \times (-75\ 000)$$
$$= 51\ 250(\text{元})$$
$$E(A_2) = 0.10 \times 45\ 000 + 0.15 \times 45\ 000 + 0.25 \times 45\ 000 + 0.50 \times 45\ 000$$
$$= 45000(\text{元})$$
$$E(A_3) = 0.10 \times 250\ 000 + 0.15 \times 100\ 000 + 0.25 \times 0 + 0.5 \times 0 = 40\ 000(\text{元})$$

根据期望收益最大原则，应选择方案 A_1, 即自行钻井。

上例中若 4 种状态的可能性分别变为 8%、15%、25%和 52%，则采用不同方案时的收益分别为：$E(A_1) = 39\ 350$(元), $E(A_2) = 45\ 000$(元)，$E(A_3) = 30\ 000$(元)，因而改为选择方案 A_2。这说明状态概率的变化会导致决策的变化。设 α 为出现状态 S_1 的概率，S_2 和 S_3 的概率不变，状态 S_4 的出现概率变为 $(0.6 - \alpha)$, 由表 14-1 可计算得

$$E(A_1) = 65\ 000_\alpha + 30\ 000 - 6\ 500 - 70\ 000(0.6 - \alpha)$$
$$E(A_z) = 45\ 000$$

为观察 α 的变化如何影响到决策方案的变化，令 $E(A_1) = E(A_2)$，则可解得 $\alpha^* = 0.087\ 84$, 称 α^* 为转折概率。当 $\alpha^* > 0.087\ 84$ 时，选择方案 A_1，否则选择方案 A_2。

在实际工作中，可把状态概率、益损值等在可能的范围内做几次变动，分析一下这些变动会给期望益损值和决策结果带来的影响。如果参数稍加变动而最优方案不变，则这个最优方案是比较稳定的；反之，如果参数稍加变动就会使最优方案改变，则原最优方案是不稳定的，需进行进一步的分析。

14.2.2 利用后验概率的方法及信息价值

在处理风险型决策问题的期望值方法中，需要知道各种状态出现的概率 $P(S_1), \cdots, P(S_n)$，这些概率通常称为先验概率。因为不确定性经常是由于信息的不完备造成的，决策的过程实际上是一个不断收集信息的过程，当信息足够完备时，决策者便不难作出最后决策。因此，当收集到一些有关决策的进一步信息 B 后，对原有各种状态出现概率的估计可能会发生变化。变化后的概率记为 $P(S_j|B)$，这是一个条件概率，表示在得到追加信息 B 后对原概率 $P(S_j)$ 的修正，故称为后验概率。由先验概率得到后验概率的过程称为概率修正，决策者事实上经常是根据后验概率进行决策的。

追加信息的获取一般应有助于改进对不确定性决策问题的分析。为此，需要解决两方面的问题：

（1）如何根据追加信息对先验概率进行修正，并根据后验概率进行决策；

（2）由于获取信息通常要支付一定的费用，这就产生了一个需要将有追加信息情况下可能的收益增加值同为获取信息所支付的费用进行比较，当追加信息可能带来的收益的增加值大于获得追加信息的费用时，才有必要去获取新的信息。因此，通常把信息能带来的新的收益称为信息价值。

例 14-2 同例 14-1，但假设该石油公司在决策前希望进行一次地震实验，以进一步弄清该地区的地质构造。已知地震实验的费用是 12 000 元，地震实验可能的结果是：构造很好 (I_1)、构造较好 (I_2)、构造一般 (I_3) 和构造较差 (I_4)。根据过去的经验，可知地质构造与油井出油量的关系见表 14-3。问题是：（1）是否需要做地震实验？（2）如何根据地震实验的结果进行决策？

表 14-3

$P(I_i\|S_j)$	构造很好 (I_1)	构造较好 (I_2)	构造一般 (I_3)	构造较差 (I_4)
50 万桶 (S_1)	0.58	0.33	0.09	0.0
20 万桶 (S_2)	0.56	0.19	0.125	0.125
5 万桶 (S_3)	0.46	0.25	0.125	0.165
无油 (S_4)	0.19	0.27	0.31	0.23

解 先计算各种地震实验结果出现的概率。

$$P(I_1) = P(S_1)P(I_1 \mid S_1) + P(S_2)P(I_1 \mid S_2) + P(S_3)P(I_1 \mid S_3) + P(S_4)P(I_1 \mid S_4)$$
$$= 0.10 \times 0.58 + 0.15 \times 0.56 + 0.25 \times 0.46 + 0.50 \times 0.19 = 0.352 \tag{14-3}$$

$$P(I_2) = P(S_1)P(I_2 \mid S_1) + P(S_2)P(I_2 \mid S_2) + P(S_3)P(I_2 \mid S_3) + P(S_4)P(I_2 \mid S_4)$$
$$= 0.10 \times 0.33 + 0.15 \times 0.19 + 0.25 \times 0.25 + 0.50 \times 0.27 = 0.259 \tag{14-4}$$

$$P(I_3) = P(S_1)P(I_3 \mid S_1) + P(S_2)P(I_3 \mid S_2) + P(S_3)P(I_3 \mid S_3) + P(S_4)P(I_3 \mid S_4)$$
$$= 0.10 \times 0.09 + 0.15 \times 0.125 + 0.25 \times 0.125 + 0.50 \times 0.31 = 0.214 \tag{14-5}$$

$$P(I_4) = P(S_1)P(I_4 \mid S_1) + P(S_2)P(I_4 \mid S_2) + P(S_3)P(I_4 \mid S_3) + P(S_4)P(I_4 \mid S_4)$$
$$= 0.10 \times 0.0 + 0.15 \times 0.125 + 0.25 \times 0.165 + 0.50 \times 0.23 = 0.175 \tag{14-6}$$

由条件概率公式

$$P(S_j \mid I_i) = \frac{P(S_j)P(I_i \mid S_j)}{P(I_i)} \quad (i = 1, \cdots, 4; j = 1, \cdots, 4) \tag{14-7}$$

可得到后验概率 $P(S_j|I_i)$，见表 14-4。

表 14-4 地震试验后的后验概率表

$P(S_j\|I_i)$	构造很好 (I_1)	构造较好 (I_2)	构造一般 (I_3)	构造较差 (I_4)
50 万桶 (S_1)	0.165	0.127	0.042	0.000
20 万桶 (S_2)	0.240	0.110	0.088	0.107
5 万桶 (S_3)	0.325	0.241	0.147	0.236
无油 (S_4)	0.270	0.522	0.723	0.657

下面用后验概率进行分析。如果地震实验得到的结果为“构造很好”，各方案的期望收益为

$$E(A_1)=0.165\times 650\ 000+0.24\times 200\ 000+0.325\times(-25\ 000)+0.270\times(-75\ 000)$$
$$=126\ 825(\text{元})$$
$$E(A_2)=0.165\times 45\ 000+0.24\times 45\ 000+0.325\times 45\ 000+0.27\times 45\ 000$$
$$=45\ 000(\text{元})$$
$$E(A_3)=0.165\times 250\ 000+0.24\times 100\ 000+0.327\times 0+0.27\times 0=65\ 250(\text{元})$$

应选择方案 A_1。

如果地震实验得到的结果为“构造较好”，各方案的期望收益为

$$E(A_1)=0.127\times 650\ 000+0.11\times 200\ 000+0.241\times(-25\ 000)+0.522\times(-75\ 000)$$
$$=59\ 450(\text{元})$$
$$E(A_2)=0.127\times 45\ 000+0.11\times 45\ 000+0.241\times 45\ 000+0.522\times 45\ 000$$
$$=45\ 000(\text{元})$$
$$E(A_3)=0.127\times 250\ 000+0.11\times 100\ 000+0.241\times 0+0.522\times 0=42\ 750(\text{元})$$

应选择方案 A_1。

如果地震实验得到的结果为“构造一般”，各方案的期望收益为

$$E(A_1)=0.042\times 650\ 000+0.088\times 200\ 000+0.147\times(-25\ 000)+0.723\times(-75\ 000)$$
$$=-13\ 375(\text{元})$$
$$E(A_2)=0.042\times 45\ 000+0.088\times 45\ 000+0.147\times 45\ 000+0.723\times 45\ 000$$
$$=45\ 000(\text{元})$$
$$E(A_3)=0.042\times 250\ 000+0.088\times 100\ 000+0.147\times 0+0.723\times 0=19\ 300(\text{元})$$

应选择方案 A_2。

如果地震实验得到的结果为“构造较差”，各方案的期望收益为

$$E(A_1)=0.0\times 650\ 000+0.107\times 200\ 000+0.236\times(-25\ 000)+0.657\times(-75\ 000)$$
$$=-33\ 775(\text{元})$$
$$E(A_2)=0.0\times 45\ 000+0.107\times 45\ 000+0.236\times 45\ 000+0.657\times 45\ 000$$
$$=45\ 000(\text{元})$$
$$E(A_3)=0.0\times 250\ 000+0.107\times 100\ 000+0.236\times 0+0.657\times 0=10\ 700(\text{元})$$

应选择方案 A_2。

根据后验概率（即根据地震实验的结果）进行决策的期望收益为

$$0.352\times 126\ 825+0.259\times 59\ 450+0.213\times 45\ 000+0.175\times 45\ 000=77\ 500(\text{元})$$

由例 14-1 可知，不做地震实验时的期望收益为 51 250 元，实验后可增加期望收益，也就是地震实验的信息价值为 77 500 − 51 250 = 26 250(元)，大于地震实验的费用 12 000 元，因而进行地震实验是合算的。

上面的计算表明，如果进行地震实验可以使期望收益增加，从而得到了地震实验的信息价值。有时我们需要知道：如果能得到“完全信息”的话，其价值应该是多少？所谓“完全信息”就是依靠获得的信息可以对未来实际发生的状态进行准确的“预测”，例如可以获得这样质量的地震实验结果：如果实际地质构造是“很好”，地震实验的结果也会显示“很好”；如果实际地质构造是“较好”，地震实验的结果也会显示“较好”；依次类推。因此，如果能根据这样一个可以在决策前获得的完全信息（perfect information）来决策的话，期望收益可以达到

$$\text{EPPL} = 0.1 \times 650\ 000 + 0.15 \times 200\ 000 + 0.25 \times 45\ 000 + 0.5 \times 45\ 000 = 128\ 750(\text{元})$$

于是可以得到本问题的完全信息价值为

$$\text{EVPI} = \text{EPPL} - \text{EMV}^{*} = 128\ 750 - 77\ 500 = 51\ 250(\text{元})$$

也就是说，只要在决定如何开采前为获取相关地质构造信息（如进行地震实验等）的费用不超过 51250 元，选择进行事前的信息收集在经济上就可能是合算的。

14.2.3 决策树方法

上文讨论的风险型决策问题是一步决策问题，实际当中很多决策往往是多步决策问题，每走一步选择一个决策方案，下一步的决策取决于上一步的决策及其结果，因而是个多阶段决策问题。这类决策问题一般不便用决策表来表示，常用的方法是决策树法。

例 14-3 某开发公司拟为一企业承包新产品的研制与开发任务，但为得到合同必须参加投标。已知投标的准备费用为 40 000 元，中标的可能性是 40%。如果不中标，准备费用得不到补偿。如果中标，可采用两种方法进行研制开发：方法 1 成功的可能性为 80%，费用为 260 000 元；方法 2 成功的可能性为 50%，费用为 160 000 元。如果研制开发成功，该开发公司可得到 600 000 元；如果合同中标，但未研制开发成功，则开发公司需赔偿 100 000 元。问题是要决策：（1）是否参加投标；（2）若中标了，采用哪种方法研制开发。

下面用决策树方法来分析这个问题。所谓决策树就是将有关的方案、状态、结果、益损值和概率等用由一些节点和边组成的类似于“树”的图形表示出来，它的基本组成部分包括：

（1）决策点，一般用方形节点表示，从这类节点引出的边表示不同的决策方案，边下数字为进行该项决策时的费用支出。

（2）状态点，一般用圆形节点表示，从这类节点引出的边表示不同的状态，边下的数字表示对应状态出现的概率。

（3）结果点，一般用有圆心的圆形节点表示，位于树的末梢处，并在这类节点旁注明各种结果的益损值。

图 14-1 给出了例 14-3 的决策树，从该图可看出，利用决策树对多阶段决策问题进行描述是十分方便的。

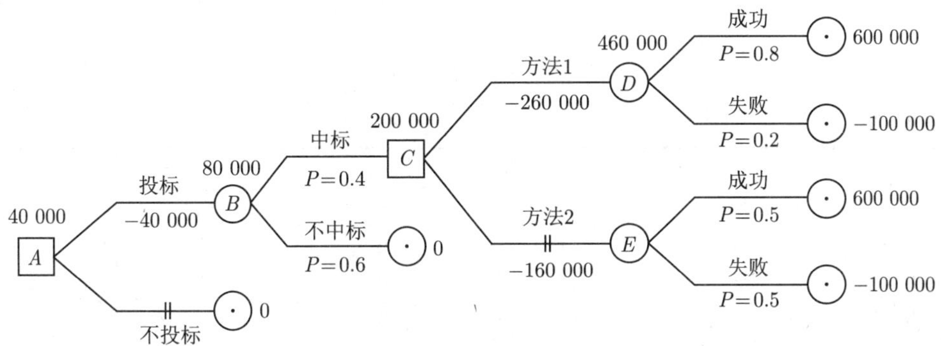

图 14-1 例 14-3 的决策树

利用决策树对多阶段风险型决策问题进行分析通常也依据期望值准则，具体做法是：先从树的末梢开始，计算出每个状态点上的期望收益，然后将其中的最大值标在相应的决策点旁。决策时，根据期望收益最大的原则从后向前进行“剪枝”，直到最开始的决策点，从而得到一个由多阶段决策构成的完整的决策方案。对例 14-3 的分析见图 14-1。图中：

$$D\text{点处的值为：}0.8\times 600\ 000+0.2\times(-100\ 000)=460\ 000$$

$$E\text{点处的值为：}0.5\times 600\ 000+0.5\times(-100\ 000)=250\ 000$$

由于 $460\ 000-260\ 000>250\ 000-160\ 000$，故在 C 点处的决策为选择方法 1，划去方法 2 的边，并将费用值 200 000 注在 C 点上边。

$$B\text{ 点处的值为：}0.4\times 200\ 000+0.6\times 0=80\ 000$$

又因 $80\ 000-40\ 000=40\ 000$，故在 A 点处的决策为选择投标，划去代表不投标的边，并将费用值 40 000 注在 A 点上边。

计算结果表明该开发公司首先应参加投标，在中标的条件下应采用方法 1 进行开发研制，总期望收益为 400 000 元。

14.3 不确定型决策方法

不确定型决策的基本特征是无法确切知道哪种状态将出现，而且对各种状态出现的概率（主观的或客观的）也不清楚，这种情况下的决策主要取决于决策者的素质和要求。下面介绍几种常用的处理不确定型决策问题的方法，实际上是几种常用的原则。以下均假设决策矩阵中的元素 a_{ij} 为收益值。

1. 悲观准则（max-min 准则）

这种方法的基本思想是假定决策者从每一个决策方案可能出现的最差结果出发，且最佳选择是从最不利的结果中选择最有利的结果。记

$$u(A_i)=\min_{1\leqslant j\leqslant n} a_{ij}\quad (i=1,\cdots,m) \tag{14-8}$$

则最优方案 A_i^* 应满足

$$u(A_i^*) = \max_{1 \leqslant i \leqslant m} u(A_i) = \max_{1 \leqslant i \leqslant m} \min_{1 \leqslant j \leqslant n} a_{ij} \tag{14-9}$$

例 14-4 设某决策问题的决策收益如表 14-5 所示。

表 14-5

方 案	状 态				$\min a_{ij}$
	S_1	S_2	S_3	S_4	
A_1	4	5	6	7	4
A_2	2	4	6	9	2
A_3	5	7	3	5	3
A_4	3	5	6	8	3
A_5	3	5	5	5	3

由式 (14-8) 可得

$$u(A_1) = \min\{4,5,6,7\} = 4$$

$$u(A_2) = \min\{2,4,6,9\} = 2$$

$$u(A_3) = \min\{5,7,3,5\} = 3$$

$$u(A_4) = \min\{3,5,6,8\} = 3$$

$$u(A_5) = \min\{3,5,5,5\} = 3$$

由式 (14-9) 得，A_1 为最优方案

$$u(A_1) = \max_{1 \leqslant i \leqslant 5} u(A_i) = 4 \tag{14-10}$$

2. 乐观准则（max-max 准则）

这种准则的出发点是假定决策者对未来的结果持乐观的态度，总是假设出现对自己最有利的状态。记

$$u(A_i) = \max_{1 \leqslant j \leqslant n} a_{ij} \quad (i = 1, \cdots, m) \tag{14-11}$$

则最优方案 A_i^* 应满足

$$u(A_i^*) = \max_{1 \leqslant i \leqslant m} u(A_i) = \max_{1 \leqslant i \leqslant m} \max_{1 \leqslant j \leqslant n} a_{ij} \tag{14-12}$$

仍以例 14-4 为例，有

$$u(A_1) = \max\{4,5,6,7\} = 7$$

$$u(A_2) = \max\{2,4,6,9\} = 9$$

$$u(A_3) = \max\{5,7,3,5\} = 7$$

$$u(A_4) = \max\{3,5,6,8\} = 8$$

$$u(A_5) = \max\{3,5,5,5\} = 5$$

由

$$u(A_2) = \max_{1 \leqslant i \leqslant 5} u(A_i) = 9 \tag{14-13}$$

得到最优方案为 A_2。

3. 折中准则

折中准则是介于悲观准则和乐观准则之间的一个准则，其特点是对客观状态的估计既不完全乐观，也不完全悲观，而是采用一个乐观系数 α 来反映决策者对状态估计的乐观程度。具体计算方法是：取 $\alpha \in [0,1]$，令

$$u(A_i) = \alpha \max_{1 \leqslant j \leqslant n} a_{ij} + (1-\alpha) \min_{1 \leqslant j \leqslant n} a_{ij} \quad (i = 1, \cdots, m) \tag{14-14}$$

然后，从 $u(A_i)$ 中选择最大者为最优方案，即

$$u(A_i^*) = \max_{1 \leqslant i \leqslant m} \left[\alpha \max_{1 \leqslant j \leqslant n} a_{ij} + (1-\alpha) \min_{1 \leqslant j \leqslant n} a_{ij} \right] \tag{14-15}$$

显然，当 $\alpha = 1$ 时，即为乐观准则的结果；当 $\alpha = 0$ 时，即为悲观准则的结果。

现取 $\alpha = 0.8$, 则 $1 - \alpha = 0.2$，由式 (14-14)，有

$$u(A_1) = 0.8 \times 7 + 0.2 \times 4 = 6.4$$

$$u(A_2) = 0.8 \times 9 + 0.2 \times 2 = 7.6$$

$$u(A_3) = 0.8 \times 7 + 0.2 \times 3 = 6.2$$

$$u(A_4) = 0.8 \times 8 + 0.2 \times 3 = 7.0$$

$$u(A_5) = 0.8 \times 5 + 0.2 \times 3 = 4.6$$

可知，最优方案为 A_2。

当 $\alpha = 0.6$ 时，代入式 (14-14) 和式 (14-15) 知最优方案仍为 A_2；而当 $\alpha = 0.5$ 时，最优方案可以是 A_1, A_2 或 A_4；当 $\alpha = 0.4$ 时，最优方案为 A_1。α 取不同值时反映决策者对客观状态估计的乐观程度不同，因而决策的结果也就不同。一般地，当条件比较乐观时，α 取得大些；反之，α 应取得小些。

4. 等可能准则（Laplace 准则）

这种准则的思想在于对各种可能出现的状态“一视同仁”，即认为它们出现的可能性都是相等的，均为 $\dfrac{1}{n}$(有 n 个状态)。然后，再按照期望收益最大的原则选择最优方案，仍以

例 14-4 来说明如下：根据等可能准则，有

$$u(A_1) = \frac{1}{4}(4+5+6+7) = 5.50$$

$$u(A_2) = \frac{1}{4}(2+4+6+9) = 5.25$$

$$u(A_3) = \frac{1}{4}(5+7+3+5) = 5.00$$

$$u(A_4) = \frac{1}{4}(3+5+6+8) = 5.50$$

$$u(A_5) = \frac{1}{4}(3+5+5+5) = 4.50$$

又由

$$u(A_1) = u(A_4) = \max_{1\leqslant i\leqslant 5} u(A_i) = 5.50$$

可知最优方案为 A_1 或 A_4。

5. 遗憾准则（min-max 准则）

在决策过程中，当某一种状态可能出现时，决策者必然要选择使收益最大的方案。但如果决策者由于决策失误而没有选择使收益最大的方案，则会感到遗憾或后悔。遗憾准则的基本思想就在于尽量减少决策后的遗憾，使决策者不后悔或少后悔。具体计算时，首先要根据收益矩阵算出决策者的“后悔矩阵”，该矩阵的元素（称为后悔值）b_{ij} 的计算公式为

$$b_{ij} = \max_{1\leqslant i\leqslant m} a_{ij} - a_{ij} \quad (i=1,\cdots,m \quad j=1,\cdots,n) \tag{14-16}$$

然后，记

$$r(A_i) = \max_{1\leqslant j\leqslant n} b_{ij} \quad (j=1,\cdots,n) \tag{14-17}$$

所选的最优方案应使

$$r(A_i^*) = \min_{1\leqslant i\leqslant m} r(A_i) = \min_{1\leqslant i\leqslant m}\max_{1\leqslant j\leqslant n} b_{ij} \tag{14-18}$$

仍以例 14-4 为例，计算出的后悔矩阵如表 14-6 所示，最优方案为 A_1 或 A_4。

表 14-6

方 案	状 态				$\max b_{ij}$
	S_1	S_2	S_3	S_4	
A_1	1	2	0	2	2
A_2	3	3	0	0	3
A_3	0	0	3	4	4
A_4	2	2	0	1	2
A_5	2	2	1	4	4

综上所述，根据不同决策准则得到的结果并不完全一致，处理实际问题时可同时采用几个准则来进行分析和比较。到底采用哪个方案，需视具体情况和决策者对各个状态所持的态度而定。表 14-7 给出了例 14-4 利用不同准则进行决策分析的结果，一般来说，被选中多的方案应予以优先考虑。

表 14-7

准　　则	决策方案				
	A_1	A_2	A_3	A_4	A_5
max-min 准则	√				
max-max 准则		√			
折中准则 ($\alpha = 0.8$)		√			
Laplace 准则	√			√	
min-max 准则	√			√	

14.4 效用函数方法

14.4.1 效用的概念

本章前面介绍风险型决策方法时，提到了可根据期望收益最大（或期望损失最小）原则选择最优方案，但这样做有时并不一定合理，下面来看几个例子。

例 14-5 设有决策问题：方案 A_1：稳获 100 元；方案 B_1：获 250 元和 0 元的机会各为 41%和 59% 。

从直观上看，大多数人可能会选择方案 A_1。但我们不妨计算一下方案 B_1 的期望收益：

$$E(B_1) = 0.41 \times 250 + 0.59 \times 0 = 102.5 > 100 = E(A_1)$$

于是，根据期望收益最大原则，一个理性的决策者应该选择方案 B_1，这一结果恐怕令实际中的决策者很难接受。这说明，完全根据期望收益作为评价方案的准则往往是不尽合理的。

例 14-6 有甲、乙二人，甲提出请乙掷硬币，并约定：如果出现正面，乙可获得 40 元；如果出现反面，乙要向甲支付 10 元。现在，乙有两个选择，接受甲的建议（掷硬币，记为方案 A）或不接受甲的建议（不掷硬币，记为方案 B）。如果乙不接受甲的建议，其期望收益为 $E(B) = 0$；如果接受甲的建议，其期望收益为 $E(A) = 0.5 \times 40 - 0.5 \times 10 = 15$。根据期望收益最大化原则，乙应该接受甲的建议。现在假设乙是个穷人，10 元钱是他一家三天的口粮钱，而且假定乙手头现在仅有 10 元钱。这时，乙对甲的建议的态度很可能会发生变化，很可能宁愿用这 10 元钱来买全家三天的口粮，不致挨饿，也不会去冒投机的风险。这个例子说明即使是同一个决策者，当其所处的地位、环境不同时，对风险的态度一般也是不同的。

上述两个例子说明：同一笔货币量在不同场合下给决策者带来的主观上的满足程度是不一样的，或者说，决策者在更多的场合下是根据不同结果或方案对其需求欲望的满足程度来进行决策的，而不仅仅是依据期望收益最大进行决策。为了衡量或比较不同的商品、劳务满足人的主观愿望的程度，经济学家和社会学家们提出了效用这个概念，并在此基础上建立了效用理论。

一般来说，效用是一个属于主观范畴的概念，这也正是其能较好地解释现实中某些决策行为的原因所在。另外，效用是因人、因时、因地而变化的，同样的商品或劳务对不同人，在不同时间或不同地点具有不同的效用。同时还应注意，同种商品或劳务对不同人来说，一般是无法进行比较的。一瓶酒对爱喝酒和不爱喝酒的人来说，其效用是无法进行比较的。

上面的例子及分析表明：

（1）同一货币量，在不同风险情况下，对同一决策者来说具有不同的效用值；

（2）在同等风险程度下，不同决策者对风险的态度是不一样的，即相同的货币量在不同人看来具有不同的效用。

14.4.2 效用曲线的确定及分类

如前所述，可以用效用来量化决策者对风险的态度。对每一个决策者来说，都可以测定反映他对风险态度的效用曲线。通常假定效用值是一个相对值，如假定决策者最偏好、最倾向、最愿意事物（方案）的效用值为 1；而最不喜欢、最不倾向、最不愿意的事物的效用值为 0（当然也可假定效用值在 0~100 之间，等等）。确定效用曲线的方法主要是对比提问法。

设决策者面临两个可选择的方案 A_1 和 A_2，其中 A_1 表示他可无风险地得到一笔收益 x, A_2 表示他可以概率 P 得到收益 y，以概率 $1-P$ 得到收益 z, 其中 $z>x>y$ 或 $y \leqslant x \leqslant z$。设 $U(x)$ 表示收益 x 的效用值，则当决策者认为方案 A_1 和 A_2 等价时，应有

$$PU(y)+(1-P)U(z)=U(x) \tag{14-19}$$

式 (14-19) 意味着决策者认为 x 的效用值等价于 y 和 z 的效用的期望值。由于式 (14-19) 中共有 x, y, z, P 4 个变量，若其中任意 3 个确定后，即可通过向决策者提问得到第 4 个变量值。提问的方式大体有 3 种：

（1）每次固定 x, y, z 的值，改变 P 的值, 并向决策者提问：“P 取何值时，您认为 A_1 和 A_2 等价?”

（2）每次固定 P, y, z 的值，改变 x 的值，并向决策者提问：“x 取何值时，您认为 A_1 和 A_2 等价?”

（3）每次固定 P, x, y(或 z) 的值，改变 z (或 y) 的值，并向决策者提问：“z(或 y) 取何值时，您认为 A_1 和 A_2 等价?”

实际计算中，经常取 $P=0.5$，固定 y, z 的值，利用式 (14-20) 求得 x 的值。

$$0.5U(y)+0.5U(z)=U(x) \tag{14-20}$$

将 y, z 的值改变 3 次，分别提问 3 次得到相应的 x 值，即可得到效用曲线上的 3 个点，再加上当收益最差时效用为 0 和收益最好时效用为 1 这两个点，实际上已得到效用曲线上的 5 个点，根据这 5 个点可画出效用曲线的大致图形。

以下分别记 x^* 和 x^0 为所有可能结果中决策者认为最有利和最不利的结果，即有

$$U\left(x^*\right)=1,\quad U\left(x^0\right)=0$$

例 14-7 构造一个效用函数，已知所有可能收益的区间为 [−100 元，200 元]，即 $x^*=200, x^0=-100$，故 $U(200)=1, U(-100)=0$。现用“五点法”确定效用曲线上其他 3 个点。

（1）请决策者在“A_1：稳获 x 元”和“A_2：以 50%的机会得到 200 元，50%的机会损失 100 元”这两个方案间进行比较。假设先取 $x=25$, 若决策者的回答是偏好于 A_1, 则适量减少 x 的值，例如取 $x=10$；若决策者的回答还是偏好于 A_1，则可将 x 的值再适量减少，例如取 $x=-10$。这时，假设决策者的回答是偏好于方案 A_2, 则应适量增加 x 的值，例如取 $x=0$。假设当 $x=0$ 时决策者认为方案 A_1 和 A_2 等价，则有

$$\begin{aligned} U(0) &= 0.5\times U(200)+0.5\times U(-100) \\ &= 0.5\times 1+0.5\times 0=0.5 \end{aligned} \tag{14-21}$$

（2）请决策者在“A_1：稳获 x 元”和“A_2：以 50%的机会得到 0 元，50%的机会损失 100 元”这两个方案间进行比较。假设当 $x=-60$ 时决策者认为方案 A_1 和 A_2 等价，则有

$$\begin{aligned} U(-60) &= 0.5\times U(0)+0.5\times U(-100) \\ &= 0.5\times 0.5+0.5\times 0=0.25 \end{aligned} \tag{14-22}$$

（3）请决策者在“A_1：稳获 x 元”和“A_2：以 50%的机会得到 0 元，50%的机会得到 200 元”这两个方案间进行比较。假设当 $x=80$ 时决策者认为方案 A_1 和 A_2 等价，则有

$$\begin{aligned} U(80) &= 0.5\times U(0)+0.5\times U(200) \\ &= 0.5\times 0.5+0.5\times 1=0.75 \end{aligned} \tag{14-23}$$

这样便确定了当收益为 −100 元、−60 元、0 元、80 元和 200 元时的效用值分别为 0, 0.25, 0.5, 0.75 和 1，据此可画出该效用曲线的大致图形，见图 14-2。

从以上向决策者的提问及其回答的情况来看，不同的决策者的选择是不同的，这样可得到不同形状的效用曲线，表示决策者对风险的态度不同。效用曲线的形状大体可分为保守型、中间型、冒险型 3 种，见图 14-3。具有中间型效用曲线的决策者认为他的实际收入和效用值的增长成等比关系；具有保守型效用曲线的决策者对实际收入的增加的反应比较迟钝，即认为实际收入的增加比例小于效用值的增加比例；具有冒险型效用曲线的决策者则对实际收入的增加的反应比较敏感，认为实际收入的增加比例大于效用值增加的比例。以上是 3 类具有代表性的曲线类型。实际中的决策者效用曲线可能是 3 种类型兼而有之，反映出当收入变化时，决策者对风险的态度也在发生变化。

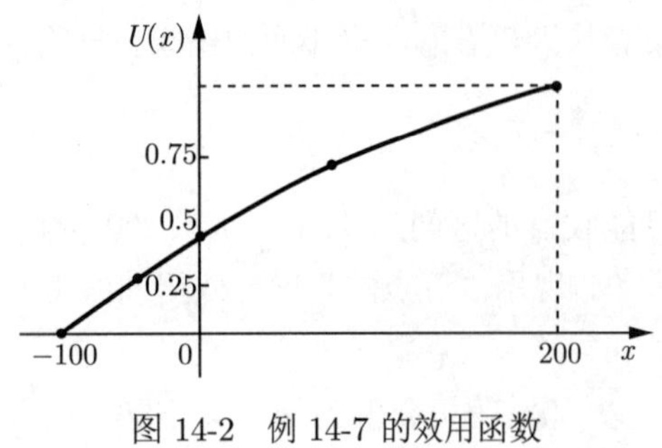

图 14-2 例 14-7 的效用函数

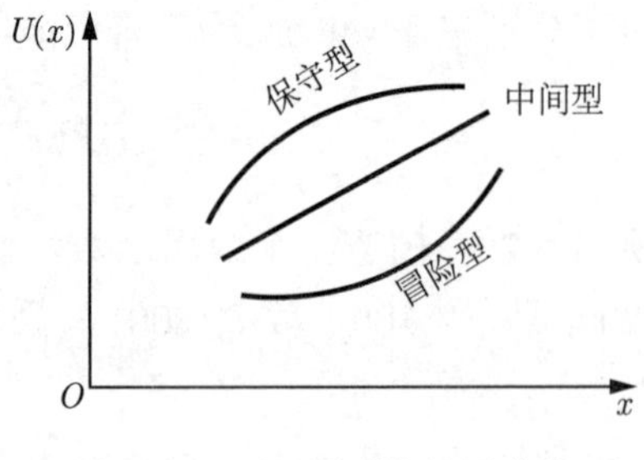

图 14-3 不同类型的效用曲线

14.5 层次分析法

层次分析法（analytic hierachy process, AHP）是 20 世纪 70 年代末提出的一种新的系统分析方法。这种方法适用于结构较为复杂、决策准则较多而且不易量化的决策问题。由于其思路简单明了，尤其是紧密地和决策者的主观判断和推理联系起来，对决策者的推理过程进行量化的描述，可以避免决策者在结构复杂和方案较多时逻辑推理上的失误，使得这种方法近年来得到了广泛的应用。

14.5.1 层次分析法的基本步骤

第 1 步：根据决策问题的要求明确总的决策目标，比如可能是“从所有候选人当中选出最适当的人担任领导工作”“选择自己最满意的工作”，等等。

第 2 步：将决策问题按层次进行分解，建立整个决策问题的分层结构模型。比如为了评价某候选人是否适合担任领导工作，可能需要从“健康状况、业务知识、工作能力、口才、政策水平、个人作风”等几个方面去评估；对一个工作岗位是否满意可能需要从“工资收入、工作地点、工作兴趣、发展前景”等几个方面去评估。接下来，还可能根据分析的需要进一步往下进行分解。例如，评价候选人的“业务知识”可以从“学历”“从事相关专业工作的年数”“专业成果”等方面进行评估。这样层层分解下去，直到最底层即为方案层，从而构成了决策问题的层次结构模型。图 14-4 所表示的就是这样一个决策问题的分层结构模型：有一个待开采的煤矿，需要决定按多大比例以露天方式开采，以多大比例按标准统配煤矿要求采取挖掘式开采。

第 3 步：求同一层次上的权系数（一般由高层到低层）。假设当前层次上的因素为 $A_1, A_2, \cdots, A_n$，相对上一层的因素为 C（可以不止一个），则可针对因素 C，对所有因素 $A_1, A_2, \cdots, A_n$ 进行两两比较，得到数值 a_{ij}，其定义和解释见表 14-8。记 $\boldsymbol{A} = (a_{ij})_{n\times n}$，则 $\boldsymbol{A}$ 为因素 $A_1, A_2, \cdots, A_n$ 相应于上一层因素 C 的判断矩阵。记 $\boldsymbol{A}$ 的最大特征根为 $\lambda_{\max}$，属于 $\lambda_{\max}$ 的标准化的特征向量为 $\boldsymbol{w} = (w_1, w_2, \cdots, w_n)$，则 $w_1, w_2, \cdots, w_n$ 就给出了因素 $A_1, A_2, \cdots, A_n$ 相应于因素 C 的按重要性（或偏好）程度的一个排序。

第 4 步：求同一层次上的组合权系数。设当前层次上的因素为 $A_1, A_2, \cdots, A_n$，相关的上一次因素为 $C_1, C_2, \cdots, C_m$，则对每个 C_i，根据第 3 步的方法都可以得到一个权系数向量 $\boldsymbol{w}^i = (w_1^i, w_2^i, \cdots, w_n^i)$。如果已知上一层 m 个因素的权重分别为 $a_1, a_2, \cdots, a_m$，则

当前层每个因素的组合权系数为

$$\sum_{i=1}^{m} a_i w_1^i, \sum_{i=1}^{m} a_i w_2^i, \cdots, \sum_{i=1}^{m} a_i w_n^i \tag{14-24}$$

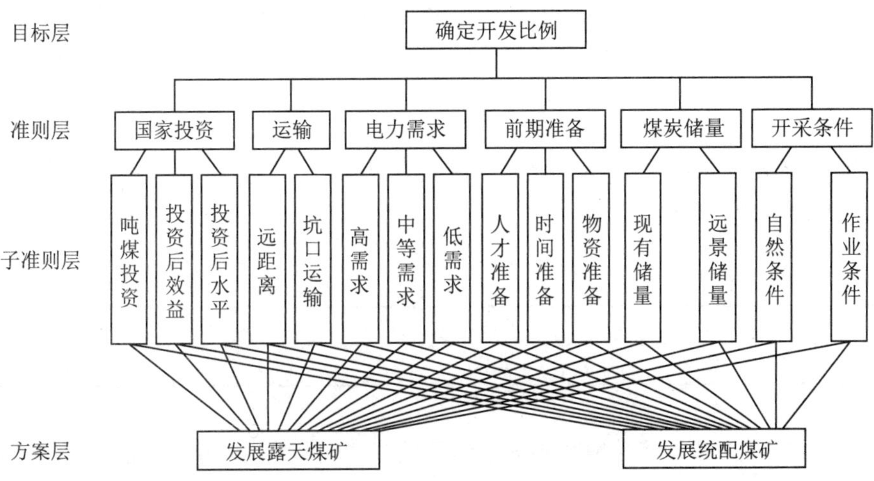

图 14-4 选择煤矿最佳开采方案的分层结构模型

表 14-8

相对重要程度 a_{ij}	定　　义	解　　释
1	同等重要	目标 i 和目标 j 同样重要
3	略微重要	目标 i 比目标 j 略微重要
5	相当重要	目标 i 比目标 j 重要
7	明显重要	目标 i 比目标 j 明显重要
9	绝对重要	目标 i 比目标 j 绝对重要
2, 4, 6, 8	介于两相邻重要程度间	

如此一层层自上而下求下去，一直到最底层（通常是方案层）所有因素的权系数（组合权系数）都求出来为止，根据最底层系数的分布，就可以给出所有备选方案相对于总决策目标的一个优先程度的排序。

由式 (14-24) 可知，若记 B_k 为第 k 层上所有因素相对于上一层有关因素的权向量按列组成的矩阵，则第 k 层上的组合权系数向量矩阵 $\boldsymbol{W}^k$ 满足：

$$\boldsymbol{W}^k = B_k \cdot B_{k-1} \cdot \cdots \cdot B_2 \cdot B_1 \tag{14-25}$$

其中 $B_1 = (1)$。

第 5 步：一致性检验。在得到判断矩阵 $\boldsymbol{A}$ 时，有时可能会出现逻辑判断上的不一致性，因而需要利用一致性指标来进行检验。作为度量判断矩阵一致性的指标，可以用

$$\mathrm{CI} = \frac{\lambda_{\max} - n}{n - 1} \tag{14-26}$$

来检验决策者思维判断的一致性。CI = 0 时说明决策者的判断在逻辑上完全保持一致；CI 值越大，表明判断矩阵的逻辑一致性越差。一般只要 CI $\leqslant 0.1$，即可认为判断矩阵在逻辑上的一致性是可以接受的，否则需要重新进行两两比较的判断。

当判断矩阵的维数 n 越大时，判断的一致性可能越差，此时可适当放宽对高维判断矩阵一致性的要求，为此引入一个修正的判断指标 RI，并取如式 (14-27) 定义的指标 CR 作为衡量判断矩阵一致性的指标：

$$\mathrm{CR} = \frac{\mathrm{CI}}{\mathrm{RI}} \tag{14-27}$$

通常要求 CR $\leqslant 0.1$，即可认为判断矩阵具有满意的一致性，否则需要对判断矩阵进行调整，RI 的取值见表 14-9。

表 14-9

维数	1	2	3	4	5	6	7	8	9
RI	0.00	0.00	0.58	0.90	1.12	1.24	1.32	1.41	1.45

对于判断矩阵的最大特征根和相应的特征向量，可以利用一般线性代数的方法进行计算。但从实用的角度看，一般采用近似方法计算，主要有方根法与和积法。

1. 方根法

（1）计算 $\bar{w}_i$, 其中

$$\bar{w}_i = \sqrt[n]{\prod_{j=1}^{n} a_{ij}} \quad (i = 1, \cdots, n) \tag{14-28}$$

（2）将 $\bar{w}_i$ 规范化，得到 w_i

$$w_i = \frac{\bar{w}_i}{\sum\limits_{i=1}^{n} \bar{w}_i} \quad (i = 1, \cdots, n) \tag{14-29}$$

w_i 即特征向量 $\boldsymbol{w}$ 的第 i 个分量。

（3）求 $\lambda_{\max}$

$$\lambda_{\max} = \sum_{i=1}^{n} \frac{\sum\limits_{j=1}^{n} a_{ij} w_j}{n w_i} \tag{14-30}$$

2. 和积法

（1）按列将 $\boldsymbol{A}$ 规范化，有

$$\bar{b}_{ij} = \frac{a_{ij}}{\sum\limits_{k=1}^{n} a_{kj}}$$

（2）计算 $\bar{w}_i$

$$\bar{w}_i = \sum_{j=1}^{n} \bar{b}_{ij} \quad (i = 1, \cdots, n) \tag{14-31}$$

（3）将 $\bar{w}_i$ 规范化，得到 w_i

$$w_i = \frac{\bar{w}_i}{\sum_{i=1}^{n} \bar{w}_i} \quad (i = 1, \cdots, n) \tag{14-32}$$

w_i 即特征向量 w 的第 i 个分量。

（4）计算 $\lambda_{\max}$

$$\lambda_{\max} = \sum_{i=1}^{n} \frac{\sum_{j=1}^{n} a_{ij} w_j}{n w_i} \tag{14-33}$$

我们用下面的例子来说明层次分析法上述步骤的应用。

例 14-8 小王今年大学毕业，目前正在找工作，他已经收到了 3 家企业的录用函，并需要尽快做出选择，给出回复。小王选择工作的标准包括 4 个方面：工资收入、工作地点、工作兴趣、发展机会，他希望根据这 4 个标准来对 3 个工作机会进行一个综合评估，然后做出选择。图 14-5 给出了小王选择最佳工作机会的层次结构模型。

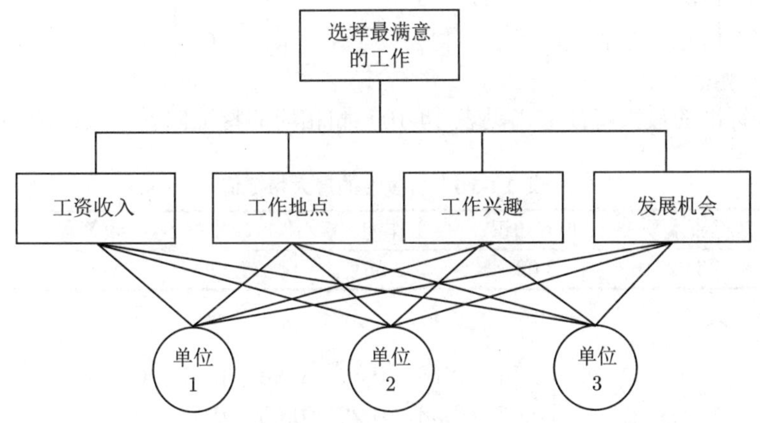

图 14-5 选择最满意工作决策的层次结构分析模型

例 14-9 某单位拟从 3 名候选人中选聘 1 人担任领导职务，选聘的标准有“健康状况、业务知识、工作能力、口才、政策水平、个人作风”等。将这 6 个标准相对于“最适当”的领导干部这个目标来进行两两比较，得到的判断矩阵 $\boldsymbol{A}$ 为

$$
\boldsymbol{A}=\begin{array}{c} \text{健康状况} \\ \text{业务知识} \\ \text{工作能力} \\ \text{口才} \\ \text{政策水平} \\ \text{工作作风} \end{array}\begin{bmatrix} 1 & 1 & 1 & 4 & 1 & 1/2 \\ 1 & 1 & 2 & 4 & 1 & 1/2 \\ 1 & 1/2 & 1 & 5 & 3 & 1/2 \\ 1/4 & 1/4 & 1/5 & 1 & 1/3 & 1/3 \\ 1 & 1 & 1/3 & 3 & 1 & 1 \\ 2 & 2 & 2 & 3 & 1 & 1 \end{bmatrix}
$$

该判断矩阵表明，该单位在选聘领导干部时最看重的是工作作风，而最不重视口才。$\boldsymbol{A}$ 的最大特征值为 6.35，相应的特征向量为

$$
\boldsymbol{B}_2=(0.16,0.19,0.19,0.05,0.12,0.30)^{\mathrm{T}}
$$

类似地可以用特征向量去求 3 个候选人相对于上述 6 个标准的权系数（也就是排序）。用 A、B、C 表示 3 个候选人，假设将这 3 个候选人相对于上述 6 个标准两两比较后的结果为：

$$
\begin{array}{ccc}
\text{健康情况} & \text{业务知识} & \text{工作能力} \\
\begin{array}{c} \\ A \\ B \\ C \end{array}\begin{array}{c} \begin{array}{ccc} A & B & C \end{array} \\ \begin{bmatrix} 1 & 1/4 & 1/2 \\ 4 & 1 & 3 \\ 2 & 1/3 & 1 \end{bmatrix} \end{array} &
\begin{array}{c} \\ A \\ B \\ C \end{array}\begin{array}{c} \begin{array}{ccc} A & B & C \end{array} \\ \begin{bmatrix} 1 & 1/4 & 1/5 \\ 4 & 1 & 1/2 \\ 5 & 2 & 1 \end{bmatrix} \end{array} &
\begin{array}{c} \\ A \\ B \\ C \end{array}\begin{array}{c} \begin{array}{ccc} A & B & C \end{array} \\ \begin{bmatrix} 1 & 3 & 1/3 \\ 1/3 & 1 & 1 \\ 3 & 1 & 1 \end{bmatrix} \end{array}
\end{array}
$$

$$
\begin{array}{ccc}
\text{口才} & \text{政策水平} & \text{工作作风} \\
\begin{array}{c} \\ A \\ B \\ C \end{array}\begin{array}{c} \begin{array}{ccc} A & B & C \end{array} \\ \begin{bmatrix} 1 & 1/3 & 5 \\ 3 & 1 & 7 \\ 1/5 & 1/7 & 1 \end{bmatrix} \end{array} &
\begin{array}{c} \\ A \\ B \\ C \end{array}\begin{array}{c} \begin{array}{ccc} A & B & C \end{array} \\ \begin{bmatrix} 1 & 1 & 7 \\ 1 & 1 & 7 \\ 1/7 & 1/7 & 1 \end{bmatrix} \end{array} &
\begin{array}{c} \\ A \\ B \\ C \end{array}\begin{array}{c} \begin{array}{ccc} A & B & C \end{array} \\ \begin{bmatrix} 1 & 7 & 9 \\ 1/7 & 1 & 5 \\ 1/9 & 1/5 & 1 \end{bmatrix} \end{array}
\end{array}
$$

由此可求得各标准的最大特征值（见表 14-10）和相应的特征向量，及组成的矩阵 $\boldsymbol{B}_3$。

表 14-10 各属性的最大特征值

特征值	健康水平	业务知识	工作能力	口才	政策水平	工作作风
$\lambda_{\max}$	3.02	3.02	3.56	3.05	3.00	3.21

$$
\boldsymbol{B}_3=\begin{array}{c} A \\ B \\ C \end{array}\begin{bmatrix} 0.14 & 0.10 & 0.32 & 0.28 & 0.47 & 0.77 \\ 0.63 & 0.33 & 0.22 & 0.65 & 0.47 & 0.17 \\ 0.24 & 0.57 & 0.46 & 0.07 & 0.07 & 0.05 \end{bmatrix}
$$

从而，有

$$
\boldsymbol{W}^3=\boldsymbol{B}_3\boldsymbol{B}_2=(0.40,0.34,0.26)^{\mathrm{T}}
$$

即在 3 人中应选拔 A 担任领导职务。

14.5.2 在电子表格软件中应用层次分析法

图 14-6 给出了在电子表格软件 Excel 中应用层次分析法求解例 14-8 的说明。表中的 5 个重实线标出的区域分别给出了小王在对“工资收入”“工作地点”“工作兴趣”“发展机会”这 4 个准则相对选择最满意工作这个目标时的相对偏好程度进行两两比较的判断矩阵，以及将 3 个工作机会分别相对于上述 4 个准则进行两两比较后的判断矩阵。

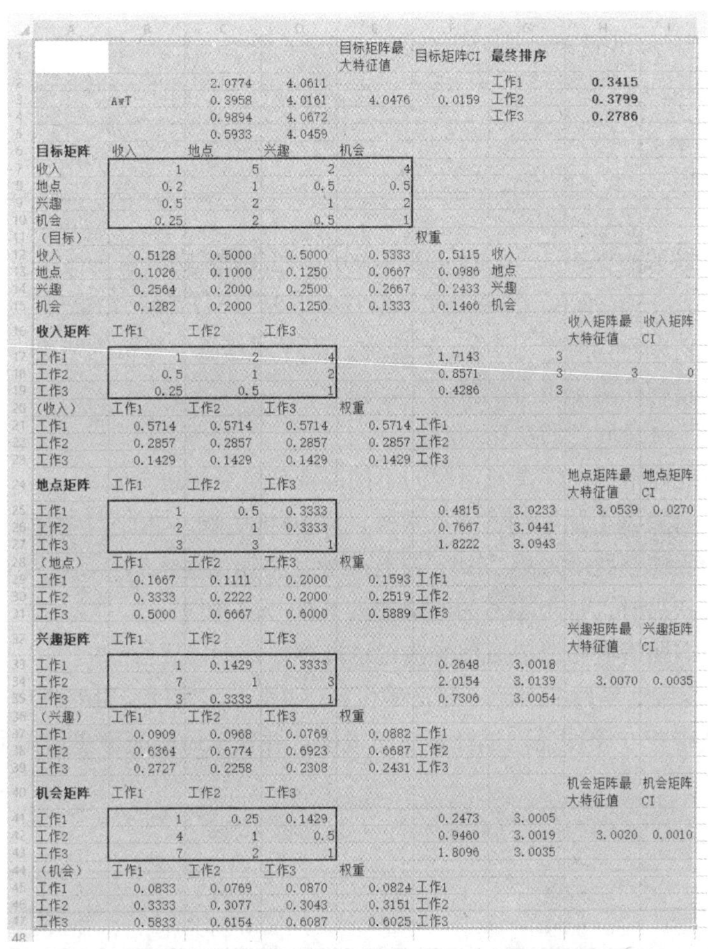

	A	B	C	D	E	F	G	H	I
1					目标矩阵最大特征值	目标矩阵CI	最终排序		
2			2.0774	4.0611			工作1	0.3415	
3		AwT	0.3958	4.0161	4.0476	0.0159	工作2	0.3799	
4			0.9894	4.0672			工作3	0.2786	
5			0.5933	4.0459					
6	目标矩阵	收入	地点	兴趣	机会				
7	收入	1	5	2	4				
8	地点	0.2	1	0.5	0.5				
9	兴趣	0.5	2	1	2				
10	机会	0.25	2	0.5	1				
11	（目标）					权重			
12	收入	0.5128	0.5000	0.5000	0.5333	0.5115	收入		
13	地点	0.1026	0.1000	0.1250	0.0667	0.0986	地点		
14	兴趣	0.2564	0.2000	0.2500	0.2667	0.2433	兴趣		
15	机会	0.1282	0.2000	0.1250	0.1333	0.1466	机会		
16	收入矩阵	工作1	工作2	工作3				收入矩阵最大特征值	收入矩阵CI
17	工作1	1	2	4		1.7143	3		
18	工作2	0.5	1	2		0.8571	3	3	0
19	工作3	0.25	0.5	1		0.4286	3		
20	（收入）	工作1	工作2	工作3	权重				
21	工作1	0.5714	0.5714	0.5714	0.5714	工作1			
22	工作2	0.2857	0.2857	0.2857	0.2857	工作2			
23	工作3	0.1429	0.1429	0.1429	0.1429	工作3			
24	地点矩阵	工作1	工作2	工作3				地点矩阵最大特征值	地点矩阵CI
25	工作1	1	0.5	0.3333		0.4815	3.0233	3.0539	0.0270
26	工作2	2	1	0.3333		0.7667	3.0441		
27	工作3	3	3	1		1.8222	3.0943		
28	（地点）	工作1	工作2	工作3	权重				
29	工作1	0.1667	0.1111	0.2000	0.1593	工作1			
30	工作2	0.3333	0.2222	0.2000	0.2519	工作2			
31	工作3	0.5000	0.6667	0.6000	0.5889	工作3			
32	兴趣矩阵	工作1	工作2	工作3				兴趣矩阵最大特征值	兴趣矩阵CI
33	工作1	1	0.1429	0.3333		0.2648	3.0018		
34	工作2	7	1	3		2.0154	3.0139	3.0070	0.0035
35	工作3	3	0.3333	1		0.7306	3.0054		
36	（兴趣）	工作1	工作2	工作3	权重				
37	工作1	0.0909	0.0968	0.0769	0.0882	工作1			
38	工作2	0.6364	0.6774	0.6923	0.6687	工作2			
39	工作3	0.2727	0.2258	0.2308	0.2431	工作3			
40	机会矩阵	工作1	工作2	工作3				机会矩阵最大特征值	机会矩阵CI
41	工作1	1	0.25	0.1429		0.2473	3.0005		
42	工作2	4	1	0.5		0.9460	3.0019	3.0020	0.0010
43	工作3	7	2	1		1.8096	3.0035		
44	（机会）	工作1	工作2	工作3	权重				
45	工作1	0.0833	0.0769	0.0870	0.0824	工作1			
46	工作2	0.3333	0.3077	0.3043	0.3151	工作2			
47	工作3	0.5833	0.6154	0.6087	0.6025	工作3			
48									

图 14-6 利用电子表格软件 Excel 求解例 14-8

在计算判断矩阵的最大特征根和相应的特征向量时，本例采用的是和积法。单元 F12-F15 给出了 4 个准则在最满意工作中的权重；单元 E21-E23、E29-E31、E37-E39、E45-47 分别给出了三个工作单位相对于“工资收入”“工作地点”“工作兴趣”“发展机会”这 4 个评价准则的权重（即在小王看来，3 个工作机会相对于这 4 个评级准则的排序）。单元 H2-H4 给出了 3 个工作机会相对于总目标的权重：(0.3415，0.3799，0.2786)，即小王对这三个工作机会的最终排序是：单位 2（0.3799）、单位 1（0.3415）、单位 3（0.2786），应优先选择单位 2。

习 题

即测即练

14.1 某企业准备生产甲、乙两种产品，根据对市场需求的调查，可知不同需求状态出现的概率及相应的获利 (单位：万元) 情况, 如表 14-11 所示。试根据期望值最大原则进行决策分析，进行灵敏度分析并计算出转折概率。

表 14-11

方 案	高需求量	低需求量
	$p_1 = 0.7$	$p_2 = 0.3$
甲产品	4	3
乙产品	7	2

14.2 根据以往的资料，一家面包店每天所需面包数 (当天市场需求量) 可能是下列当中的某一个：100，150，200，250，300，但其概率分布不知道。如果一个面包当天没有卖掉，则可在当天结束时以每个 0.15 元处理掉。新鲜面包每个售价为 0.49 元，成本为 0.25 元，假设进货量限制在需求量中的某一个，要求：

（1）做出面包进货问题的决策矩阵；

（2）分别用处理不确定性决策问题的不同准则确定最优进货量。

14.3 在一台机器上加工制造一批零件，共 10 000 个。如加工完后逐个进行修整，则可全部合格，但需修整费 300 元。如不进行修整，根据以往资料，次品率情况见表 14-12。一旦装配中发现次品时，每个零件的返修费为 0.50 元。要求：

（1）分别根据期望值和期望后悔值决定这批零件是否需要修整；

（2）为了获得这批零件中次品率的正确资料，在刚加工完的一批零件中随机抽取了 130 个样品，发现其中有 9 个次品。试计算后验概率，并根据后验概率重新用期望值和期望后悔值进行决策。

表 14-12

次品率 (S)	0.02	0.04	0.06	0.08	0.10
概率 $P(S)$	0.20	0.40	0.25	0.10	0.05

14.4 某食品公司考虑是否参加为某运动会服务的投标，以取得饮料或面包两者之一的供应特许权。两者中任何一项投标被接受的概率为 40%。公司的获利情况取决于天气，若获得的是饮料供应特许权，则当晴天时可获利 2000 元，雨天时要损失 2000 元。若获得的是面包供应特许权，则不论天气如何，都可获利 1000 元。已知天气晴好的可能性为 70%。问：

（1）公司是否可参加投标? 若参加，应为哪一项投标?

（2）若再假定当饮料投标未中时，公司可选择供应冷饮或咖啡。如果供应冷饮，则晴天时可获利 2000 元，雨天时损失 2000 元；如果供应咖啡，则雨天可获利 2000 元，晴天可获利 1000 元。公司是否应参加投标？应为哪一项投标？若当投标不中后，应采取什么决策？

14.5 某石油公司考虑在某地钻井，结果可能出现 3 种情况：无油 (S_1)、油少 (S_2)、油多 (S_3)。公司估计，3 种状态出现的可能性是：$P(S_1)=0.5, P(S_2)=0.3, P(S_3)=0.2$。已知钻井的费用为 7 万元。如果油少，可收入 12 万元；如果油多，可收入 27 万元。为进一步了解地质构造情况，可先进行勘探。勘探的结果可能是：构造较差 (I_1)、构造一般 (I_2)、构造较好 (I_3)。根据过去的经验，地质构造与出油的关系见表 14-13。

表 14-13

$P(I_j\|S_i)$	构造较差 (I_1)	构造一般 (I_2)	构造较好 (I_3)
无油 (S_1)	0.6	0.3	0.1
油少 (S_2)	0.3	0.4	0.3
油多 (S_3)	0.1	0.4	0.5

假定勘探费用为 1 万元，求：

（1）应先进行勘探，还是不进行勘探直接钻井？

（2）如何根据勘探的结果决策是否钻井？

14.6 有一投资者，面临一个带有风险的投资问题。在可供选择的投资方案中，可能出现的最大收益为 20 万元，可能出现的最少收益为 −10 万元。为了确定该投资者在某次决策问题上的效用函数，对投资者进行了以下一系列询问，现将询问结果归纳如下：

（1）投资者认为“以 50%的机会得 20 万元，50%的机会失去 10 万元”和“稳获 0 元”二者对他来说没有差别；

（2）投资者认为“以 50%的机会得 20 万元，50%的机会得 0 元”和“稳获 8 万元”二者对他来说没有差别；

（3）投资者认为“以 50%的机会得 0 元，50%的机会失去 10 万元”和“肯定失去 6 万元”二者对他来说没有差别。

要求：

（1）根据上述询问结果，计算该投资者关于 20 万元、8 万元、0 元、−6 万元和 −10 万元的效用值；

（2）画出该投资者的效用曲线，并说明该投资者是回避风险还是追逐风险的。

参 考 文 献

[1] Moder J.J., Elmaghraby S.E., Handbook of Operations Research, Foundations and Fundamentals, Vol.1; Models and Application, Vol.2, Von Nostrand Reinhold Company, 1978.

[2] Morse P.M., Kimball G.E., Methods of Operations Research, Cambridge: Technology Press of Massachusetts Institute of Technology, New York: Wiley, 1951.

[3] Morse P.M., Brown A.A. etc, Systems Analysis and Operations Research Tool for Policy and Program Planning for Developing Countries, National Academy of Sciences, 1976.

[4] Winston W.L., Operations research: Applications and Algorithms（China Student Edition），北京：清华大学出版社，2011.9.

[5] Hillier F.S., Lieberman G.J., Introduction to Operations Research, 10th Ed. 北京：清华大学出版社, 2015.

[6] Haley K.B., Operational Research'78, North Holland Publish Company, 1979.

[7] Brans J.P., Operational Research'81, North Holland Publish Company, 1981.

[8] Saaty T.L., Mathematical Methods of Operations Research, McGraw Hill Book Company Inc., 1959.

[9] Brans J.P., Operational Research'84, North Holland Publish Company, 1984.

[10] Checkland P.B., Systems Thinking, Systems Practice, Wiley, Chichester, 1981.

[11] Rosenhead J., Mingers J., Rational Analysis for a Problematic World Revisited, Problem Structuring Methods for Complexity, Uncertainty and Conflict, Wiley, Chichester, 2001.

[12] 顾基发，唐锡晋. 软系统工程方法论与软运筹学. 系统研究. 杭州：浙江人民出版社，1996.

[13] Dantzig G.B., Linear Programming 1: Introduction. Springer, New York, 1997.

[14] Dantzig G.B., Linear Programming 2: Theory and Extensions. Springer, New York, 2003.

[15] Vanderbei R J. Linear Programming: Foundations and Extensions. 3rd ed., Springer, New York, 2008.

[16] 裘宗沪. 解线性规划的单纯形算法中避免循环的几种方法. 数学的实践与认识，1978(4).

[17] Schrage L., Optimization Modeling with LINGO,LINDO System Press, Chicago, IL, 2008.

[18] Bazaraa M.S., Linear Programming and Network Flow.Second ed.John Wiley & Sons, 1990.

[19] Williams H.P., Model Building in Mathematical Programming. Fourth ed. Wiley, 1999.

[20] Ignizio J.P., Goal Programming and Extensions.D.C.Heath and Company, 1976.

[21] Taha H.A., Operations Research—An Introduction .Eighth ed.Pearson Education Inc., 2007.

[22] Ragsdale C., Spreadsheet Modeling and Decision Analysis: A Practical Introduction to Management Science. 6th ed., Virginia Polytechnic Institute and State University College Bookstore, 2011.

[23] 越民义. 椭球算法介绍. 运筹学杂志，1983(1).

[24] Karmarkar N., A New Polynomial Time Argorithm for Linear Progamming. Proceedings of 16th Annual ACM Symposium on Theory of Computing, 1984.

[25] Hillier F.S., 等著. 运筹学导论（第 9 版）. 北京：清华大学出版社，2010.

[26] A. Kaufmann. Integer and mixed programming, Theory and Application. Academic Press. INC (London)LTD.

[27] 刁在筠, 刘桂真, 戎晓霞, 王光辉. 运筹学. 北京：高等教育出版社, 2016.
[28] 孙小玲, 李瑞. 整数规划. 北京：科学出版社, 2010.
[29] 司守奎, 孙玺菁. 数学建模算法与应用. 北京：国防工业出版社, 2011.
[30] 南京大学数学系计算数学专业. 最优化方法. 北京：科学出版社，1978.
[31] 王德人. 非线性方程组解法与最优化方法. 北京：人民教育出版社，1979.
[32] 中国科学院数学研究所运筹室. 最优化方法. 北京：科学出版社，1980.
[33] 马仲蕃，魏权龄，赖炎连. 数学规划讲义. 北京：中国人民大学出版社，1981.
[34] 薛嘉庆. 最优化原理与方法. 北京：冶金工业出版社，1983.
[35] 席少霖，赵凤治. 最优化计算方法. 上海：上海科学技术出版社，1983.
[36] 郭耀煌, 等. 运筹学与工程系统分析. 北京：中国建筑工业出版社，1986.
[37] M. 阿佛里耳著. 李元熹等译. 非线性规划——分析与方法. 上海：上海科学技术出版社，1979.
[38] D.M. 希梅尔布劳著，张义燊等译. 实用非线性规划. 北京：科学出版社，1981.
[39] D.G. 鲁恩伯杰著，夏尊铨等译. 线性与非线性规划引论. 北京：科学出版社，1980.
[40] 魏权龄. 经济与管理中的数学规划. 北京：中国人民大学出版社，2011.
[41] 魏权龄，胡显佑. 运筹学基础教程（第三版）. 北京：中国人民大学出版社，2012.
[42] 罗纳德. L. 拉丁著，肖勇波，梁湧译. 运筹学（原书第二版）. 北京：机械工业出版社，2020.
[43] Wismer D.A., Chattergy R. Introduction To Nonlinear Optimization: A Problem Solving Approach, North-Holland Publishing Company, 1978.
[44] Bazaraa M.S., Shetty C.M., Nonlinear Programming: Theory and Algorithms, John Wiley & Sons, 1979.
[45] Gill P.E., Murray W. and Margaret H., Wright, Practical Optimization, Academic Press, 1981.
[46] 高随祥. 图与网络流理论. 北京：高等教育出版社, 2009.
[47] 田丰, 马仲蕃. 图与网络流理论. 北京：科学出版社, 1987.
[48] 谈之弈, 林凌. 组合优化与博弈论. 杭州：浙江大学出版社, 2015.
[49] 谢金星, 邢文顺. 网络优化. 北京：清华大学出版社, 2000.
[50] Ahuja R.K., Magnanti T.L. and Orlin J.B., Network Flows Theory Algorithms and Applications. Prentice-Hall, 1993.
[51] Bollobas B. Modern Graph Theory. Grad Texts Math. 184, Springer, 1998.
[52] Bondy J.A., Murty U.S.R., Graph Theory with Applications. The Macmillan Press, 1976. 吴望名, 李念祖等译. 图论及其应用. 北京：科学出版社,1984.
[53] Chartrand G., Oellermann O.R., Applied and Algorithmic Graph Theory. McGraw-Hill, 1993.
[54] Deo N., Graph Theory with Applications in Engineering and Computer Science. Prentice-Hall, 1974.
[55] Diestel R., Graph Theory. Grad. Texts Math.173, Springer-Verlag, 2000.
[56] Edgar N.G., A solvable routing problem. Networks, 19(5): 587-594, 1989.
[57] Even S. Graph Algorithms. Computer Science Press, 1979.
[58] Fleischner H., Eulerian Graphs and Related Topics. Ann. Dis. Math.45, North Holland,Amsterdam, 1990.
[59] Ford L.R., Fulkerson D.R., Flows in Networks. Princeton University Press, 1962.
[60] Foulds L R., Graph Theory Applications. Springer-Velag, 1992.
[61] Frank K.H., Dana S R, and Pawel W. The Steiner Tree Problem, Volume 53 of Annals of Discrete Mathematics. Elsevier,1992.
[62] Gibbons A., Algorithmic Graph Theory. Cambridge University Press, 1985.

[63] Hu T.C., Combinatorial Algorithms. Addison-Wesley Publishing Company, 1982.

[64] Jensen P.A., Barnes J.W., Network Flow Programming. John Wiely and Sons, 1980. 孙东川译. 网络流规划. 北京：科学出版社, 1988.

[65] Korte B., Vygen J., Combinatorial Optimization. Theory and Algorithms. Springer, 1991.

[66] Lawler E.L., Combinatorial Optimization:Networks and Matroids. Holt Rinehart and Winston, 1976.

[67] Lawler E.L., Lenstra J K and RinooyKan A H G. The Traveling Salesman Problem. Wiley-Interscience. John Wiley, and Sons, 1985.

[68] Lovasz L, Plummer M.D., Matching Theory. Elsevier Science Publishing Company Inc., 1986.

[69] Martin G., Alexander M., Robert W., The Steiner Tree Packing Problem in Vlsi Design. Mathematical Programming, 78(2): 265-281, Aug. 1997.

[70] Papadimitriou C.H., Steiglitz K., Combinatorial Optimization. Algorithms and Complexity. Prentice-Hall, 1982. 刘振宏, 蔡茂诚译. 组合最优化：算法和复杂性. 北京：清华大学出版社,1988.

[71] Karp R.M., Reducibility Among Combinatorial Problems. In Complexity of Computer Computations, pages 85-103. Plenum, 1972.

[72] Stefan H., Jannik S. and Jens V., Dijkstra Meets Steiner: A Fast Exact Goal-oriented Steiner Tree algorithm. Mathematical Programming Computation, 9(2): 135-202, 2016.

[73] Stuart E.D., Robert A.W., The Steiner Problem in Graphs. Networks, 1:195-207, 1972.

[74] Swamy M.N.S., Thulasiraman K., Graphs Networks and Algorithms.Wiley Interscience, John Wiley and Sons, 1981.

[75] Thomas L.M., Richard T.W., Network Design and Transportation Planning: Models and Algorithms. Transportation Science, 18(1):1-55, 1984.

[76] West D.B., Introduction to Graph Theory. Prentice-Hall, 1993.

[77] Wilson R.J., Beineke W.L., Applications of Graph Theory. Academic-Press, 1979.

[78] 中华人民共和国行业标准《工程网络计划技术规程》（JGJ/T 121—99）.

[79] 中国建筑学会建筑统筹管理分会编著. 工程网络计划技术规程教程. 北京：中国建筑工业出版社，2000.

[80] 卢向南. 项目计划与控制. 北京：机械工业出版社，2004.

[81] Jacobs R., Chase R. 运营管理（第 15 版），苏强，霍佳震，邱灿华译，北京：机械工业出版社，2020.

[82] 陆雄文. 管理学大辞海. 上海：上海辞书出版社，2013.

[83] 项目管理知识体系指南（PMBOK 指南）（第六版）, 项目管理协会（Project Management Institute），2018.

[84] Neumann J.V., Morgenstern O., Theory of Games and Economic Behavior, Princeton University Press, 1953.

[85] 中国科学院数学研究所第二室. 对策论 (博弈论) 讲义. 北京：人民教育出版社，1960.

[86] J. 麦克金赛著，高鸿勋, 曾鼎, 王厦生译. 博弈论导引. 北京：人民教育出版社，1960.

[87] Owen G. Game Theory. Academic Press，1982.

[88] 张盛开. 对策论及其应用. 武汉：华中工学院出版社，1985.

[89] 王建华. 对策论. 北京：清华大学出版社，1986.

[90] 张维迎, 陈昕. 博弈论与信息经济学. 上海：上海三联书店、上海人民出版社，1996.

[91] 姜青舫. 实用决策分析. 贵阳：贵州人民出版社, 1985.

[92] 黄孟藩. 管理决策概论. 北京：中国人民大学出版社, 1982.

[93] Zeleny M. Multiple Criteria Decision Making. McGraw Hill Book Company, 1982.

[94] Churchman C.W., Introduction to Operations Research. John Wiley and Son, 1957.

[95] Салуквадзе М. Е. Задачи Векторной оптимизации в теории управления. медниереба, 1975.

[96] Hwang C.L., Masud A.S., Multiple Objective Decision Making. Methods and Applications. Springer-Verlag. Berlin, 1979.

[97] Hwang C.L., Yoon K.S., Multiple Attribute Decision Making. Springea Verlag, 1981.

[98] 陈珽. 决策分析. 北京：科学出版社, 1987.

[99] 顾基发，魏权龄. 多目标决策问题. 应用数学与计算数学, 1980(1).

教师服务

感谢您选用清华大学出版社的教材！为了更好地服务教学，我们为授课教师提供本书的教学辅助资源，以及本学科重点教材信息。请您扫码获取。

教辅获取

本书教辅资源，授课教师扫码获取

样书赠送

管理科学与工程类重点教材，教师扫码获取样书

清华大学出版社

E-mail: tupfuwu@163.com

电话：010-83470332 / 83470142

地址：北京市海淀区双清路学研大厦 B 座 509

网址：http://www.tup.com.cn/

传真：8610-83470107

邮编：100084